量子材料化学の基礎

足立裕彦 著

三共出版

はじめに

　本書は，物質・材料学の観点から量子力学の基礎理論をできるだけ手身近に学び，そして原子・分子・固体を研究するのに必要な原子構造論や分子軌道論を理解し，どのような議論ができるかを学ぶことを目的とする。そして最終的にはそれらの実用的な計算手法と技術を習得するために書かれたものである。

　現代の科学・技術は材料科学・技術の基に成り立っていると言っても過言でない。先端的な技術においては，新しい材料開発が鍵を握っていることが実に多い。新材料の開発・研究には，新しい観点に基づいた手法が求められる。そのためこれからの物質・材料学においては，量子論の観点に立って研究を進めることがますます重要になっている。

　元来量子力学は，実用というより科学の基礎理論として研究され発展してきた。しかしこれからは，もっと積極的に材料学に利用されなければならないと考えられる。近年のコンピューター技術の進歩により，高速コンピューターが手軽に使用できるようになり，またそれに対応して量子力学計算のソフト開発が進み，実際の物質・材料の量子力学計算が以前よりはずっと身近なものになっている。現在までに開発された計算技術を有効に利用することが必要である。それと同時に，新しい材料学の発展のための理論手法の開発にも，未開拓の領域が多く残されている。このような意味で，量子力学の理論と計算手法を駆使できる材料研究者が，より多く育つことが望まれる。

　筆者は1991年に『量子材料化学入門―DV-Xα法からのアプローチ』を執筆した。その当時，筆者らが新しく開発したDV-Xα分子軌道法をいろいろな物質の電子状態計算に応用して，興味深い計算結果が得られるようになってきた。そこで新しく量子材料化学という分野を開拓して，そこへ入門しようという志をもって前書を書いてみた。その後，コンピューターや計算技術の進歩で計算材料科学に関する研究が飛躍的に発展してきたように思われる。しかしそこからどのような科学が生まれてくるのかまだよく理解できていないのが現状といえる。そこでもう一度足下を見つめて基礎から勉強してみたいと思い，本書をまとめることにした。

　本書は新しい構成，基礎編，付録編，計算実習編の3部から構築されている。まず量子材料化学の概要を理解するための基礎編があり，その本文の理解を深めるための基礎的あるいは補足的資料は付録編として各章に対応してまとめた。

　読者はいろいろな読み方ができると思う。まず基礎編本文のみを読んで全般的に理解する。そしてもう少し説明がいる場合には必要な付録の説明を読む。また別にもっと丹念に読みたいと思う場合は必要な付録の説明をその都度読み，詳細な理解を得ながら読み通すこともできる。さらにその中間的な読み方もあると思う。

　また中には，ここで書かれた理論を実際の計算を通してより詳しく理解していきたいと思う

場合もあろうかと思われるので「計算実習編」を用意した。その場合は実際の計算実習を通して，具体的な理解を得ながら読み進むという方法もある。そのための基礎的な理論に関していくつかの計算実習問題も用意されている。さらに実際の研究にも活用できるような原子構造計算，DV-Xα法による分子や錯体，化合物のモデル計算を通して分子，固体の電子状態と化学結合に関する計算ができるようにこの「計算実習編」を設けた。

読者の本書に対する要望も多様と思われるが，今回は基礎編と付録編をまとめた形で『量子材料化学の基礎』として出版する。また別売品として「計算実習編」をその説明書および計算ファイルの形で用意し，必要な読者に提供できるように考えた。購読の詳細については，三共出版のホームページ上に掲示するが，不明な場合は，筆者あるいは出版社にご連絡いただければ対応したい。

本書の内容は1章の序論では，量子力学研究の歴史的な経緯と原子・分子・固体結晶など物質の量子論研究の概要について述べる。次に2章では，古典力学から量子力学がどのように繋がり発展していくかを理解するため，波動力学の基礎をできるだけ簡潔に理解し，原子や電子のミクロの世界を支配している波動力学におけるシュレディンガーの波動方程式とはどのようなものか，そしてそれがどのようにして出来上がっているかを，さらに波動関数の一般的な性質について理解する。続いて3章では，原子構造理論を理解するため，まず水素原子に対するシュレディンガー方程式をどのように解くことができるのか，そしてその結果どのような結論が得られるかについて学ぶ。次の4章では，実際の多電子原子の軌道計算のために開発された，一電子近似に基づくセルフ・コンシステント・フィールド (SCF) 法について理解する。「計算実習編」では，どのようにして原子のシュレディンガー方程式を数値的に計算できるのかを，比較的簡単に書かれたコンピューター・プログラムの実習を通して理解を深め，さらに原子のSCF計算プログラムによる計算を実習して，実際の研究にも利用できるよう習得する。

5章では，分子軌道法の基礎理論を理解し，6章で簡単な分子の分子軌道がどのようにして出来上がっているのかを学ぶ。「計算実習編」では，分子軌道計算の実際についてはdiscrete variational (DV) Xα分子軌道法の概要を理解し，簡単な分子についての計算実習を通してその手法を習得する。

種々のオキソ酸イオンや金属錯体は，多くの物質の基礎単位である。7章では，オキソアニオンの電子状態と化学結合について学び，「計算実習編」でそれらのいくつかについて実際の計算を行い，電子状態の詳細を検討する。8章においては，遷移金属錯体の電子状態と化学結合を取り上げるが，d電子状態とその磁気モーメントが，その物質の物性を決めるのに極めて重要になるので，「計算実習編」でスピン分極を取り入れた計算を行い，磁気的な性質についての理解を深める。

9章では，金属酸化物をはじめとし種々の金属化合物の電子状態と化学結合について議論する。固体物質の電子状態は，バンド理論を用いるのが常套手段であるが，分子軌道法を拡張したクラスター法でも研究することができ，固体中の化学結合に関する知見を得るには最適な方法と考えられる。「計算実習編」ではクラスターモデルを用いて種々の固体化合物の計算を行っ

てその電子状態の理解を深める。

　材料科学が，将来の光科学・工学の発展においてもますます重要になるので，10章では光と分子との相互作用を取り上げた。また種々の材料解析においても，光と物質との相互作用を量子論的に理解することが必要になる。本書では，蛍光X線スペクトルおよびX線吸収スペクトルの解析とX線光電子スペクトルを取り上げその基礎理論を理解し，さらに「計算実習編」で実用スペクトルの解析に活用するための具体的な数値計算を行う。

　2006年からDV-Xα研究協会主催で9回の夏の学校を開催する機会を設けていただいた。本書は，夏の学校における「量子材料科学」セミナーのために作成した資料を基にした。そこにおいては名古屋大学名誉教授森永正彦先生，福岡大学名誉教授脇田久伸先生，香川大学教授石井知彦先生による多大なご助言，ご援助，ご指導を頂いた。また夏の学校の受講生の皆様との議論を通して多くのことを学ぶ機会に恵まれた。森永先生には，金属材料学の専門的な立場から多くの適切な議論をしていただいた。脇田先生には化学者の立場で本書の全般を見ていただき成書として出版するよう勧めていただき，出版までの橋渡しをしていただいた。また石井先生には夏の学校での企画・運営をしていただき，講義資料の細部のアドバイスもしていただいた。

　筆者は長年，高度機能性材料分野の研究助成事業を行っている公益法人泉科学技術振興財団で事業のお手伝いをしているが，そこでは材料科学全般の最新の研究に関する多くの情報を得ることができた。泉財団の理事長泉祐彰氏にはその貴重な機会を与えていただいた。また筆者は2004年京都大学を定年退職し，その後は主に自宅が活動の場になった。そこでは家族，特に妻美沙江の理解と協力が不可欠でそれが心の支えとなった。

　本書の実際の出版に当たっては，三共出版の社長秀島功氏に興味を持っていただき，出版物の形式や内容に関して貴重なご助言をいただいた。また複雑な数式や細かい図が多く，煩雑で大変手間のかかる本書に対する懇切丁寧な編集作業に対して，多大なご尽力をいただき実現できたことを心より感謝する次第である。

2017年2月

著　者

目　次

1　序　　論 …………………………………………………………………… 1

2　波動力学
2-1　等速円運動と単振動 ……………………………………………………… 6
2-2　波　　動 …………………………………………………………………… 8
2-3　波動方程式 ………………………………………………………………… 10
2-4　波動関数と波動方程式の性質 …………………………………………… 12
2-5　原子単位系 ………………………………………………………………… 15

3　水素原子の波動力学
3-1　水素原子のシュレディンガー方程式 …………………………………… 18
3-2　波動方程式の座標変換と変数分離 ……………………………………… 20
3-3　角成分方程式の解 ………………………………………………………… 21
3-4　角関数の性質 ……………………………………………………………… 24
3-5　球面調和関数の実数型表示 ……………………………………………… 25
3-6　動径方程式の解 …………………………………………………………… 27
3-7　動径波動関数の性質 ……………………………………………………… 30
付録　3A　極座標におけるラプラシアン ……………………………………… 37
　　　3B　演算子の直交座標から極座標への座標変換 ………………………… 39
　　　3C　角運動量 …………………………………………………………………… 44
　　　3D　ルジャンドル陪微分方程式とルジャンドル陪関数 ………………… 47
　　　3E　ラゲール陪多項式 ………………………………………………………… 52

4　多電子原子の原子軌道
4-1　一電子近似とセルフ・コンシステント・フィールド法 ……………… 56
4-2　軌道電子による原子核の遮蔽効果 ……………………………………… 58
4-3　スレーター型軌道 ………………………………………………………… 59
4-4　ハートリーのセルフ・コンシステント・フィールド法 ……………… 60
4-5　ハートリー・フォック法 ………………………………………………… 62
4-6　ハートリー・フォック・スレーター法 ………………………………… 65

4-7　原子構造理論 ………………………………………………………………… 69
　付録　4A　ハートリー法における全エネルギーと一電子方程式 …………… 73
　　　　4B　ハートリー・フォック法における交換相互作用 ………………… 77
　　　　4C　Xα 法における交換ポテンシャル ……………………………………… 81
　　　　4D　ハートリー・フォック・スレーター方程式 ……………………… 86
　　　　4E　スレーターの遷移状態法 ……………………………………………… 91
　　　　4F　相対論による原子の波動方程式 …………………………………… 101

5　分子軌道論

　　　5-1　分子のポテンシャルと LCAO 法 …………………………………… 112
　　　5-2　分子軌道法 ……………………………………………………………… 113
　　　5-3　等核2原子分子の分子軌道 …………………………………………… 118
　　　5-4　マリケンの電子密度解析 ……………………………………………… 121
　　　5-5　異核2原子分子の電子状態 …………………………………………… 122
　付録　5A　分子の対称性 ……………………………………………………………… 126

6　簡単な分子の分子軌道

　　　6-1　H_2O 分子の分子軌道 …………………………………………………… 130
　　　6-2　NH_3 分子と CH_4 分子の分子軌道 …………………………………… 135
　　　6-3　等核2原子分子の化学結合と多重結合 ……………………………… 142
　付録　6A　原子軌道間の重なり積分の評価 …………………………………… 145
　　　　6B　軌道の混成 …………………………………………………………… 156
　　　　6C　電子分光 ……………………………………………………………… 160
　　　　6D　分子軌道計算の実際 ― DV-Xα 法 ― ……………………………… 169

7　オキソアニオンの分子軌道

　　　7-1　オキソアニオンの構造 ………………………………………………… 178
　　　7-2　BF_3 の分子軌道 ………………………………………………………… 181
　　　7-3　BO_3^{3-}, CO_3^{2-}, NO_3^- の電子状態と結合性 ……………………………… 184
　　　7-4　SiO_4^{4-}, PO_4^{3-}, SO_4^{2-}, ClO_4^- の電子状態と結合性 ………………… 185
　　　7-5　CrO_4^{2-}, MnO_4^- の電子状態と結合性 ………………………………… 187
　付録　7A　物質中の原子間距離 …………………………………………………… 189

8　遷移金属錯体の電子状態と化学結合

　　　8-1　金属錯体の化学結合 …………………………………………………… 206
　　　8-2　金属錯体の分子軌道 …………………………………………………… 207

8-3 CrO_4^{2-}, MnO_4^- の電子状態 ………………………………………………………… 209
8-4 d 軌道レベルの配位子場分裂 ………………………………………………………… 210
8-5 $[Fe(CN)_6]^{3-}$ 錯体の電子状態 ………………………………………………………… 212
8-6 Co(III) 錯体の化学結合と分光化学系列 ……………………………………………… 215
　付録　8A　スピン分極 ……………………………………………………………………… 217

9　金属化合物の電子状態と化学結合

9-1　金属酸化物 ………………………………………………………………………………… 227
　9-1-1　金属酸化物の分類 ………………………………………………………………… 227
　9-1-2　典型元素酸化物 …………………………………………………………………… 229
　9-1-3　遷移金属酸化物 …………………………………………………………………… 232
　9-1-4　岩塩型，コランダム型およびルチル型構造の遷移金属酸化物 ………………… 235
9-2　金属化合物 ………………………………………………………………………………… 238
　9-2-1　岩塩型化合物 ……………………………………………………………………… 238
　9-2-2　ヒ化ニッケル型化合物 …………………………………………………………… 242
　9-2-3　閃亜鉛鉱型化合物 ………………………………………………………………… 247
　9-2-4　ウルツ鉱型化合物 ………………………………………………………………… 250
　9-2-5　結晶構造の違いによる化学結合性の違い ……………………………………… 253
　付録　9A　イオン結晶中の静電場 ………………………………………………………… 257

10　分子と電磁波との相互作用

10-1　電磁波 …………………………………………………………………………………… 261
10-2　輻射の遷移確率に関するアインシュタインの理論 ………………………………… 262
10-3　電磁場中におけるハミルトニアンと摂動項 ………………………………………… 264
10-4　分子と電磁波との相互作用 …………………………………………………………… 265
10-5　電磁波の吸収および放出の遷移確率 ………………………………………………… 267
10-6　光イオン化過程の理論 ………………………………………………………………… 272
　付録　10A　ラグランジェ方程式およびハミルトン方程式 …………………………… 279
　　　　10B　摂動論 …………………………………………………………………………… 286
　　　　10C　電磁気学における基本的法則とマクスウエルの方程式 ………………… 292
　　　　10D　電磁波の波動方程式と波動関数 …………………………………………… 297
　　　　10E　プランクの熱輻射理論 ……………………………………………………… 300

索　引 …………………………………………………………………………………………… 303

電子書籍

計算実習編（Windows 対応ソフト付）は DL マーケットで販売しています。ソフトには下記の項目が入っています。本編と併せてご使用下さい。

DV-Xα, IIIA, IIIB, IVA, VA, VIA, IXA

定価（本体 2,000 円）＋税

量子材料化学の基礎−計算実習編（Windows 対応ソフト付）

目　次

- **IIIA**　動径波動方程式の数値計算（Numerov 法）
- **IIIB**　水素様原子の動径波動関数

- **IVA**　原子構造計算プログラム "ATOMXA"
- **IVB**　原子核近傍での電子構造計算

- **VA**　2 原子分子の永年方程式

- **VIA**　原子軌道間の重なり積分の評価 "プログラム OIA" の説明
- **VIB**　DV-Xα 計算　CO 分子

- **VIIA**　DV-Xα 計算　NO_3^- イオン
- **VIIB**　DV-Xα 計算　ClO_4^- と MnO_4^- イオン

- **VIIIA**　DV-Xα 計算　$[Fe(CN)_6]^{3-}$ 錯体
- **VIIIB**　DV-Xα 計算　Ti_2 クラスターのスピン状態

- **IXA**　マーデルング場の計算
- **IXB**　DV-Xα 計算　MgO クラスター
- **IXC**　DV-Xα 計算　Fe 酸化物

- **XA**　DV-Xα 計算　オキソアニオンの $L_{2,3}$ 蛍光 X 線スペクトル
- **XB**　DV-Xα 計算　SF_6 の X 線吸収スペクトル
- **XC**　DV-Xα 計算　CO 分子の X 線光電子スペクトル

1 序　　論

　量子力学の理論の枠組みが出来上って，さまざまな科学や技術への応用が試みられてきたが，初期は解析的な数学の手法による理論の展開が主であった。したがって，実際の問題は近似的なモデルに簡単化され，その範囲での理論の数学的な展開が多くなされ，量子物理学の構築に貢献した。近年になって電子計算機の発達に伴い，実際の数値計算による理論手法の開発が進められるようになった。そして現在では，物質の電子状態計算がかなり正確に行えるようになっていて，物性研究や物質探索にも貢献ができるようになっている。

　現在，物質の定量的な量子論計算は，Schrödinger[1]が提案した波動方程式を，ある近似の下で数値的に解くことを中心に進められている。これは多数の原子核と多数の電子を含んだ（さらには動的な）力学的問題であるが，このような複雑な多体問題を正確に解く技術は今のところ存在しない。したがっていくつかの大きな近似の下で計算が行われている。まずは断熱近似（ボルン・オッペンハイマーの近似[2]とも呼ばれる）である。この近似では，原子核の重さが電子の数千倍（陽子の質量は電子の1836倍）もあるので，その運動が電子の運動に比べてきわめて遅く静止しているとする。このように考えると，電子の運動と原子核の運動を分離して，別々に取り扱えることになる。この近似の下で，原子核の位置を固定して，電子系だけの計算を行うことができる。また，その原子配置でのエネルギーが算出されるが，これは位置エネルギーと考えられるので，原子位置を変えて計算を行えばポテンシャル曲面が得られる。このポテンシャル面を使えば，原子核の運動を量子論的に取り扱うことができる。

　シュレディンガー方程式から，原子中の電子軌道は，n, l, mの3つの量子数で規定される波動関数で表すことができる。波動関数は，電子の位置によって決まる関数であるが，波動関数の2乗がその位置での電子の存在確率になる。しかし電子はスピンをもつので，電子状態を正確に規定するためには，スピン状態も含めなければならない。非相対論によるシュレディンガー方程式では，スピン状態を必然的にはとり入れられないので，空間軌道と独立にスピン関数を考えることによって電子軌道（スピン軌道と呼ばれている）を取り扱う。しかし厳密には，相対論のディラック方程式[3]を解くことにより，必然的にスピン状態も含めた電子の波動関数が計算される。また，この非相対論近似により，内殻電子軌道や原子番号が大きい重元素の軌道計算では，無視できない大きな誤差が生じる。

　シュレディンガー方程式の物質への応用としては，まず最も簡単な水素原子に適用され成功を収めた。水素原子の場合，電子は原子核による引力場で運動し，ポテンシャルは原子核の引

力ポテンシャルで表されるので，シュレディンガー方程式は厳密に解析的に解くことができ，原子の量子論の定式化に成功した。電子はシュレディンガー方程式の解，すなわち波動関数で記述できる。これを原子軌道（orbital）と呼び，電子はこの原子軌道を運動すると考える。しかし水素以外の多電子原子では，ポテンシャルは原子核の引力に加え他の電子による斥力が働き，簡単なポテンシャル場では記述できない。また電子はそれぞれ力を及ぼしあって運動するので独立ではなく，電子状態を表す波動関数は系の全電子の座標の関数となる。このような複雑な多体問題を，解析的に解く事は不可能で，何らかの方法で近似的に解かなければならない。問題は，他の電子による場をどのように考えるかということと，多電子の波動関数をどのような形で表すかである。今，ある1つの電子を考えると，他の電子による場は，それらの電子が運動していて刻々変化するので大変複雑である。しかし，他の電子の運動を時間平均した電子雲のようなものを考え，電子雲による静電場で近似できるとする。これに原子核による引力ポテンシャルV_Nを加えた有効ポテンシャル$V_{eff} = V_N + V_{e-e}$というものを考え，これをシュレディンガー方程式のポテンシャルに使うと，考えている電子の軌道に対する波動関数が計算できる。このような近似を一電子模型と呼ぶ。

　Hartree[4]は，一電子模型に基づいてセルフ・コンシステント・フィールド（SCF）法と呼ばれる方法を考え出した。このハートリーの方法では，原子軌道関数の2乗で表される電子電荷（電子雲）を考え，それによる静電ポテンシャルV_{e-e}を求め，そのポテンシャルでシュレディンガー方程式を解く。そしてこの方法で，原子軌道を計算することを繰り返すことによって正しい解を求める。電子系の波動関数は，全電子が占有する軌道関数の積で表す。この波動関数はハートリー積と呼ばれている。

　Slater[5]は，さらに電子雲を空間的にも平均化し，これが原子核の引力を遮蔽すると考え，遮蔽定数Sを導入した。原子核の電荷は$Z_{eff} = Z - S$で表され，有効ポテンシャルは$V_{eff} = -(Z_{eff}/r)$を与える。この方法では，ポテンシャルが水素原子様になるので，シュレディンガー方程式は解析的に解ける。このような考えを基にして得られる原子軌道を，スレーター型軌道（STO: Slater-type orbital）と呼んでいる。STOは分子軌道計算にも用いられている。

　ハートリーの方法では，電子の波動関数としてハートリー積が用いられる。しかしこの多電子系波動関数は，パウリの原理[6]で要求される反対称性を満たしていない。Slater[7]は，多電子波動関数を行列式の形で表し，反対称性を満足するスレーター行列式と呼ばれる関数を提案した。Fock[8]は，スレーター行列式を波動関数に用いることによってハートリーの方法を改良した。この方法はハートリー・フォック法（HF method）と呼ばれ，パウリの原理を満たす正確な方法として一般的によく用いられている。この方法では，波動関数が電子の入れ換えを含むので，電子間相互作用に交換相互作用と呼ばれる項が現れ，有効ポテンシャルには交換ポテンシャルが含まれる。一般的な問題では，このポテンシャルは大変大きな計算になる。

　Slater[9]は，自由電子の波動関数を用い，統計平均することによって，交換ポテンシャルが電子密度の1/3乗に比例する形で近似できることを示した。この方法は，ハートリー・フォック・スレーター法（HFS method）あるいはXα法と呼ばれ，多電子系の大きな系の計算に有効

であることが示された。この方法は後にGaspar[10]やKohn[11]によって，一般的に定式化され密度汎関数法（DFT: density functional theory）と呼ばれる方法に発展して広く応用されている。これらハートリー法，ハートリー・フォック法，ハートリー・フォック・スレーター法，密度汎関数法といったSCF法は，現在では原子だけでなく分子や固体の電子状態にも広く応用されている。

多電子系の問題を，一電子模型で効率よく正確に計算する試みが続けられているが，多体効果と呼ばれる多く問題には適用できない。多電子系のより正確な電子状態を表すには，配置間相互作用法（CI method: configuration interaction method）などの計算が必要になる。

分子の電子状態理論は，HeitlerとLondon[12]がシュレディンガー方程式をH_2分子に適用した原子価結合法（VB method: valence-bond method）がある。この方法は，その後SlaterやPaulingによって一般の分子に拡張され共鳴理論に発展し，ハイトラー・ロンドン・スレーター・ポーリング（HLSP）法とも呼ばれている。しかしこの方法は，実際の定量的な理論計算に適用するにはいろいろな難点があり，一般の分子の電子状態計算にはあまり用いられていない。

もう1つの方法として，Hund[13]やMulliken[14]によって始められた分子軌道法（molecular orbital method）がある。原子価結合法では，原子軌道に電子を詰めることによって分子の電子状態を表すのに対して，分子軌道法では分子全体に広がった分子軌道を電子が占有すると考える。分子軌道法では，通常波動関数は原子軌道の線型結合（LCAO: linear combinations of atomic orbitals）で表され，実際の分子の電子状態計算に実用的であり，いろいろな段階の近似を行うことができる。分子の定性的な議論には，経験的パラメータを用いるヒュッケル法[15]，イオン化エネルギーなどの実験データからパラメータ決めるCNDO（complete neglect of differential overlap）法[16]などの半経験的方法（semi-empirical method），さらに経験的パラメータを用いずに計算する非経験的方法（non-empirical method or ab intio method）[17]などの多くの手法がある。非経験的な分子軌道計算に用いられる電子模型はハートリー・フォック法が多いが，大きな分子には膨大な計算時間が必要になることや，相関相互作用を効率よく取り入れるために最近ではXα法あるいは密度汎関数法もよく用いられている。

固体結晶の電子状態理論は，エネルギーバンド理論（あるいはバンド理論）を中心に発展してきた。典型的な金属結晶の多くの物性は自由電子模型に基づいて議論することができ，多くの定性的な理論が構築された。しかし，実際の物質の定量的な議論には自由電子模型では不十分で，結晶の周期的なポテンシャルの下で運動する電子のシュレディンガー方程式を解かなければならない。周期的ポテンシャルでの波動関数は，ブロッホ[18]の定理で示されるように$\psi_\kappa = u_\kappa(\mathbf{r})e^{i\mathbf{k}\mathbf{r}}$の形をとる。すなわち，自由電子の波動関数$e^{i\mathbf{k}\mathbf{r}}$が結晶格子点の原子のポテンシャルで変調された形になる。実際の結晶中での，正確なブロッホ型波動関数を得るための計算手法の開発が続けられてきて，平面波の組で表すOPW（Orthogonalized plane wave）method[19]，分子軌道法で用いられるLCAO法を拡張したTight binding method[20]，またWigner-Seitz cell[21]内での原子軌道関数と平面波とを繋ぐように工夫されたAPW（Augmented plane wave）method[22]，グリーン関数で導かれる散乱波と繋ぐKKR（Korringa-Kohn-Rostoker）method[23]な

ど多くの計算手法が開発され，様々な結晶の電子状態計算に応用されている[24]。さらに最近では，高速コンピューターを最大限利用して正確な計算ができるよう計算手法の改良や拡張が続けられて，実際の結晶の電子状態計算に用いられている。

以上のように，原子・分子・固体の電子状態計算は理論手法の開発とコンピューターの進歩によって，材料科学の発展に役立つようになってきた。また計算結果の応用についての工夫によって，さらなる大きな貢献ができると考えられる。しかし元に戻って，実際の物質に対する波動方程式をできるだけ正確に解くということを考えると，現在の量子力学計算は，一般的には上にも述べたように大きな近似の下で行われている。それらの近似は，まず非相対論的シュレディンガー方程式を用いた，ボルン・オッペンハイマーの断熱近似の下での電子系の計算である。また多電子系電子状態を求めるのに，有効ポテンシャルを用いた一電子模型で近似されている。これらの近似のための制約を受け，様々な物理的・化学的な現象の定量的な説明ができない場合が多い。したがって，現在までに開発された計算手法をできるだけ有効に利用し，材料科学に役立たせることに加えて，理論手法の改良と新しい手法の開発が，今後の大きな課題であると思われる。

参考文献

1) E. Schrödinger: *Ann. Physik*, **79** (1926) 361, 489.

2) M. Born and J.R. Oppenheimer: *Ann.Physik*, **84** (1927) 457.

3) P. A. M. Dirac: *Proc. Roy. Soc.*, (London) **A117** (1928) 610. **A118** (1928) 351.

4) D. R. Hartree: *Proc. Cambridge Phil.Soc.*, **24** (1928), 426.

5) J.C. Slater: *Phys. Rev.*, **32** (1928) 339. *Phys. Rev.*, **36** (1930) 57.

6) W. Pauli,Jr.: *Z.Physik*, **31** (1925) 765.

7) J. C. Slater: *Phys.Rev.*, **34** (1929) 1293.

8) V. Fock: *Z. Physik*, **61** (1930) 126.

9) J.C. Slater: *Phys.Rev.*, **81** (1953) 385.

10) R. Gaspar: *Acta Phys. Akad. Sci. Hung.*, **3** (1954) 263.

11) P. Hohenberg and W. Kohn: *Phys. Rev.*, **136** (1964) B864. W. Kohn and L.J. Sham: *Phys. Rev.*, **140** (1965) A1133.

12) W. Heitler and F. London: *Z. Physik.*, **44** (1927) 455.

13) F. Hund: *Z.Physik*, **40** (1927) 742.

14) R. S. Mulliken: *Phys. Rev.* **32** (1928), **32** (1928) 761, **33** (1929) 730.

15) E. Hückel: *Z. Physik*, **60** (1930) 423. **70** (1931) 204.

16) J. A. Pople and D.L. Beveridge: "Approximate Molecular Orbital Theory", McGraw-Hill, 1970.

17) H. F. Schaefer, III: "The Electronic Structure of Atoms and Molecules. A Survey of Rigorous Quantum Mechanical Results", Addison-Wesley, (1972).

18) F. Bloch: *Z. Physik*, **52** (1928) 555.

19) C. Herring: Phys. Rev., 57 (1940) 1169. T.O. Woodruff: *Solid State Phys.*, **4** (1957) 367.
20) J. C. Slater and G.F. Koster: *Phys. Rev.*, **94** (1954) 1498.
21) E. Wigner and F. Seitz: *Phys. Rev.*, **43** (1933) 804.
22) J. C. Slater: *Phys. Rev.*, **92** (1953) 603.
23) J. Korringa: Physica., 13 (1947) 392. W. Kohn and N. Rostoker: *Phys. Rev.*, **94** (1954) 1111.
24) J. C. Slater: "Quantum Theory Molecules and Solids" vol.2 MacGraw-Hill, 1965.

2 波動力学

　この章では，古典力学における等速円運動，単振動，バネ運動，波動の問題を展開していくことでシュレディンガーの方程式が導き出されることを説明する。この波動方程式は2階の微分方程式の形で表され，量子力学の基礎方程式となる。またこの方程式は波動関数とエネルギーを含む固有値問題を表し，これを解くことによりエネルギー固有値とその固有関数（波動関数）が得られる。ここでは波動方程式と波動関数の性質や振る舞いについても簡単に説明する。

2-1　等速円運動と単振動

　等速円運動（図 2-1）において，角速度を ω とすると図 2-1 に示すように

$$y = r \cdot \sin \omega t \tag{2-1}$$

と表される。これを時間で微分し，速度を v とすると

$$\frac{dy}{dt} = r\omega \cdot \cos \omega t = v \cdot \cos \omega t \tag{2-2}$$

となる。式 (2-1) の y は等速円運動の y 軸への投影で図 2-1 に示すように単振動になる。また式 (2-2) の微分はその速度である。（回転数 $= v/2\pi r = \omega/2\pi$ なので $v = r\omega$ である）

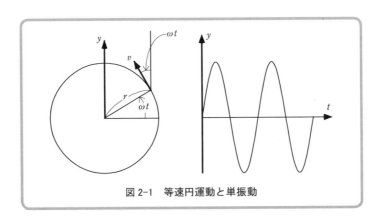

図 2-1　等速円運動と単振動

　また単振動の振動数は，等速円運動の回転数に等しいので，振動数を ν とすると

$$\nu = \frac{\omega}{2\pi} \quad \text{or} \quad \omega = 2\pi\nu \tag{2-3}$$

なので，式 (2-1) は

$$y = r \cdot \sin 2\pi \nu t \tag{2-4}$$

と書ける。単振動は、調和振動あるいは単調和振動ともいう。その周期は

$$\tau = \frac{1}{\nu} = \frac{2\pi}{\omega} \tag{2-5}$$

である。

単振動においては、振動している速度は式 (2-2) より

$$\frac{dy}{dt} = r\omega \cdot \cos \omega t$$

なので、これをさらに時間で微分して式 (2-1) を用いると

$$\frac{d^2y}{dt^2} = -r\omega^2 \cdot \sin \omega t = -\omega^2 y \tag{2-6}$$

となり、これが加速度となる。

単振動は、例えば図 2-2 に示すバネ運動のような、変位に比例する復元力だけがある場合に起きる。バネ運動においてバネの力の定数を K とすると復元力は

$$f = -Ky \tag{2-7}$$

(フックの法則) である。また、力はニュートンの第 2 法則より

$$f = ma = m\frac{dv}{dt} = m\frac{d^2y}{dt^2} \tag{2-8}$$

と書かれる。ここで a は加速度、m は質点の質量、v はその速度である。したがって、式 (2-6)、(2-7)、(2-8) から

$$\omega = \sqrt{\frac{K}{m}} = 2\pi\nu \tag{2-9}$$

となることがわかる。

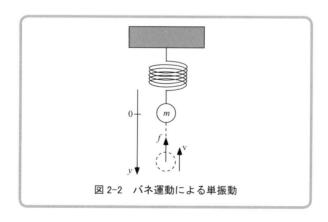

図 2-2　バネ運動による単振動

2-2 波　　　動[1]

振動の進行状況を表す量を位相（あるいは位相角）といい，1周期で2π進む。また，同じ時刻に同じ状態（同じ位相）にある点は波面を作り，波面の進む速度を波の速さあるいは位相速度という。同じ位相を持つ波面間の距離を波長という。波には横波と縦波があり，横波は波の進行方向と垂直に変位し，縦波は進行方向に変位する（図2-3参照）。

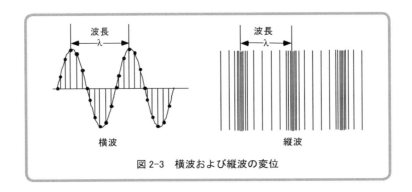

図2-3　横波および縦波の変位

単振動が波形を変えないで，一定速度で一方向に伝わる波は正弦波という。正弦波の進行速度をvとし，波が位置xまで進むのに時間t'かかるとすると

$$x = v\,t' \quad \text{or} \quad t' = \frac{x}{v}$$

であり，位置xにおいては時間t'だけ遅れた振動が起こることになるので，位相は図2-4に示すように$\omega(t-t')$になる。すなわち

$$y = r \cdot \sin \omega(t\text{-}t') = r \cdot \sin\left(\omega t - \omega \frac{x}{v}\right) \tag{2-10}$$

と書ける。波動の状態を表すのに単位長さ当たりの振動の数（これは波長の逆数に等しい）を用いることがある。

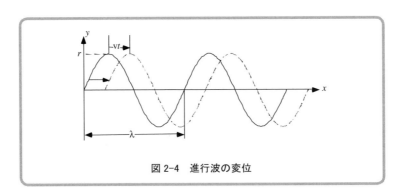

図2-4　進行波の変位

---

[1] ある場所に起きた振動がつぎつぎに他の場所に伝わっていく現象

$$\text{波数} = \frac{1}{\lambda} = \frac{\nu}{v}$$

また位相で表すため，これに 2π をかけたものを位相定数と呼ぶが，これも波数と呼ぶことがある．位相定数を k と書くと

$$k = \frac{2\pi}{\lambda}$$

であるが，$\omega = 2\pi\nu$ の関係を用いると

$$\lambda = \frac{v}{\nu} = \frac{v}{\omega} \times 2\pi$$

なので

$$k = \frac{2\pi}{\lambda} = \frac{\omega}{v} \tag{2-11}$$

と書ける．これを式 (2-10) に用いると

$$y = r \cdot \sin(\omega t - kx) \tag{2-12}$$

と書くことができ，y は時間 t と位置 x の関数で表される．y は波動関数と呼ばれる．式 (2-12) の波は速度 v で進む波で進行波といわれる．

進行方向が逆の 2 つの波を重ね合わせると振幅分布が空間的に伝播しない波ができる．この波を定常波あるいは定在波という．すなわち 2 つの進行方向が逆の波の波動関数を y_1 と y_2 とすると

$$y_1 = r \cdot \sin(\omega t - kx)$$
$$y_2 = r \cdot \sin(-\omega t - kx)$$

と書けるので

$$\begin{aligned} y_1 + y_2 &= r \cdot [\sin(\omega t - kx) - \sin(\omega t + kx)] \\ &= -2r \cdot \cos\omega t \cdot \sin kx \end{aligned} \tag{2-13}$$

となり，x と t の関数に変数分離される．この波は n を整数とすると $x = n\pi/k$ の位置で変位が 0 となり，これは t に無関係に固定される（図 2-5 参照）．この点を節 (node) という．

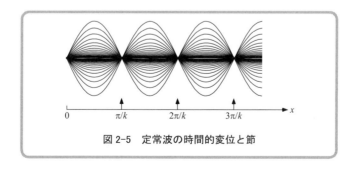

図 2-5　定常波の時間的変位と節

2-3 波動方程式

波動を表す関数を波動関数というが，これは位置 x と時間 t に依存する関数であるので
$$y \equiv \psi(x, t)$$
と書くことにする。

波動関数が解となる波の方程式を波動方程式という。今わかりやすい例として，図 2-6 に示すような振動している糸の問題を取り上げてみる。この糸の変位 ψ は位置 x と時間 t の関数であるが，定常波なので時間 t は因子 $\cos \omega t$ として関係してくる。

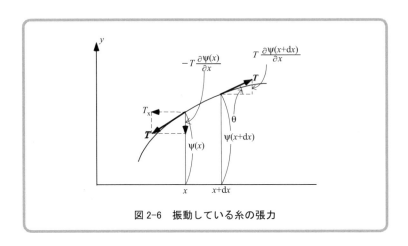

図 2-6 振動している糸の張力

したがって式 (2-13) から
$$\psi(x, t) = u(x) \cdot \cos \omega t \tag{2-14}$$
と書くことができる。そこで糸の微少長さ dx を考え，これにニュートンの法則を適用してみる。この力は微少長さ dx の両端に逆向きの張力が働いていることによる。この張力の y 方向成分は $T_y = T \sin \theta$ であるが，θ が小さいとして $\sin \theta \cong \tan \theta$ と近似できるので，$x + dx$ の点では $T_y(x+dx) \cong T \tan \theta = T\,(\partial \psi/\partial x)$ となる。x 点では張力が逆向きで $T_y(x) = -T\,(\partial \psi/\partial x)$ である。これらの和が合計の y 方向の力になり

$$T_y(x+dx) + T_y(x) = T\left[\frac{\partial \psi(x+dx)}{\partial x} - \frac{\partial \psi(x)}{\partial x}\right] \cong T\left(\frac{\partial^2 \psi}{\partial x^2}\right)dx \tag{2-15}$$

と書くことができる。

この力は質量×加速度に等しくなければならない。長さ dx の糸の質量を mdx とすると $f = m\,(\partial^2 \psi/\partial t^2)\,dx$ である。したがって

$$T\left(\frac{\partial^2 \psi}{\partial x^2}\right) = m\,\frac{\partial^2 \psi}{\partial t^2} \tag{2-16}$$

の関係が成り立つ。これが振動している糸の波動方程式ということになる。

この波動方程式の解は式 (2-14) で書かれる。時間に関係する因子が $\cos \omega t$ の形で表され，u は x のみの関数である。また式 (2-6) から，$\partial^2 \psi/\partial t^2$ は $-\omega^2 \psi$ に等しくなければならない。これを用いて時間に依存しない形

$$\frac{d^2u}{dx^2} + \omega^2 \frac{m}{T} u = 0 \tag{2-17}$$

と書き直すことができる。この波動方程式の解は式 (2-13) のように $u(x) = \sin kx$ になるので，これを2階微分して式 (2-17) と比較すれば

$$k = \omega \sqrt{\frac{m}{T}} \tag{2-18}$$

であることがわかる。したがって式 (2-17) は

$$\frac{d^2u}{dx^2} + k^2 u = 0 \tag{2-19}$$

と書くことができる。ここで波数 k は式 (2-11) で書いたように $2\pi/\lambda$ に等しい。これがポテンシャルがない場合の時間に依存しない通常の波動方程式である。

次に質量が m で，ポテンシャル $V(x)$ の場の力を受けて，x 方向に運動している粒子を考える。エネルギー保存則より全エネルギー E は

$$E = \frac{1}{2} mv^2 + V(x) = \frac{p^2}{2m} + V(x) \tag{2-20}$$

である。ここで p は運動量である。また波の一般的な性質から

$$p = \frac{h}{\lambda} \tag{2-21}$$

の関係がある（光波の場合 $E = h\nu = mc^2$ であり，$p = mc = E/c = h\nu/c$ であるが，$\nu = c/\lambda$ なので $p = h/\lambda$ となる―ド・ブローイの式）。

一方，式 (2-11) から波数が $k = 2\pi/\lambda$ なので

$$p = \frac{h}{2\pi} k = \hbar k \quad \text{or} \quad k = \frac{p}{\hbar} \tag{2-22}$$

と書くことができる。したがって式 (2-20) は

$$\frac{p^2}{2m} + V(x) = \frac{\hbar^2 k^2}{2m} + V(x) = E$$

あるいは

$$\frac{\hbar^2}{2m} k^2 = E - V(x)$$

であり，これを式 (2-19) の波動方程式に代入すると

$$\frac{\hbar^2}{2m} \frac{d^2u}{dx^2} + [E - V(x)] u = 0 \tag{2-23}$$

となる。これが1次元の問題に対するシュレディンガーの波動方程式である。この式でポテンシャル $V(x)$ はそれぞれの問題で違った形をとることになる。

この微分方程式は x, y, z 座標が独立なので，直ちに2次元および3次元の問題に拡張することができる。3次元の場合，波動関数は x, y, z の関数で $u = u(x, y, z)$ となり，式 (2-23) は

$$\frac{\hbar^2}{2m}\left(\frac{\partial^2}{\partial x^2}+\frac{\partial^2}{\partial y^2}+\frac{\partial^2}{\partial z^2}\right)u + [E - V(x,y,z)]u = 0$$

と書かれるが

$$\frac{\partial^2}{\partial x^2}+\frac{\partial^2}{\partial y^2}+\frac{\partial^2}{\partial z^2} = \left(\mathbf{i}\frac{\partial}{\partial x}+\mathbf{j}\frac{\partial}{\partial y}+\mathbf{k}\frac{\partial}{\partial z}\right)^2 = \nabla^2 \tag{2-24}$$

と書けば（∇^2 はラプラシアンと呼ばれる）

$$\frac{\hbar^2}{2m}\nabla^2 u + (E - V)u = 0 \tag{2-25}$$

あるいは書き直して

$$\left(-\frac{\hbar^2}{2m}\nabla^2 + V\right)u = Eu \tag{2-26}$$

と簡単な形で表すことができる。この式の左辺のかっこの中は「運動エネルギー＋ポテンシャルエネルギー」に対する演算子で，ハミルトン演算子（ハミルトニアン）と呼ばれ

$$H = -\frac{\hbar^2}{2m}\nabla^2 + V \tag{2-27}$$

と書くと，シュレディンガー方程式は簡単に

$$Hu = Eu \tag{2-28}$$

と書くことができる。

2-4 波動関数と波動方程式の性質

1次元のポテンシャルがない場合の波動関数は，式 (2-12) で書いたように

$$\psi(x,t) = \sin(kx - \omega t) \tag{2-29}$$

であるが，これが微分方程式の解であれば $\cos(kx - \omega t)$ も解になり，一般的にはその線型結合の形で表される。すなわち

$$\psi(x,t) = e^{\pm i(kx - \omega t)}$$
$$= \cos(kx - \omega t) \pm i\sin(kx - \omega t) \tag{2-30}$$

ここで $i = (-1)^{1/2}$ である。

この $\psi(x,t) = e^{i(kx - \omega t)}$ を t について偏微分すると

$$\frac{\partial \psi}{\partial t} = -i\omega\psi \tag{2-31}$$

また x について2階の偏微分をとると

$$\frac{\partial \psi}{\partial x} = ik\psi, \quad \frac{\partial^2 \psi}{\partial x^2} = -k^2\psi \tag{2-32}$$

が得られる。また

$$E = \hbar\omega \tag{2-33}$$

の関係があるので，式 (2-31) の両辺に $i\hbar$ をかけると

$$i\hbar \frac{\partial \psi}{\partial t} = E\psi \qquad (2\text{-}34)$$

となる．すなわち波動力学ではエネルギー E は $i\hbar(\partial/\partial t)$ の演算子で置き代えられることになる．すなわち

$$E \to i\hbar \frac{\partial}{\partial t} \qquad (2\text{-}35)$$

である．また

$$p = \hbar k \qquad (2\text{-}36)$$

の関係（式 (2-22) 参照）があり，式 (2-32) の x に関する微分で最初の式は両辺に $-i\hbar$ をかけると $-i\hbar(\partial \psi/\partial x) = p\psi$ となるので

$$p \to -i\hbar \frac{\partial}{\partial x} \qquad (2\text{-}37)$$

と置き代えられる．このような演算子で表すと古典論によるエネルギーの式は

$$E = \frac{p^2}{2m} + V \quad \to \quad E = \frac{\hbar^2}{2m}\frac{\partial^2}{\partial x^2} + V \qquad (2\text{-}38)$$

と置き代えられる．これが一次元のシュレディンガー方程式のハミルトニアンであることは式 (2-27) と比較してもわかる．

また式 (2-34) と式 (2-38) から，自由粒子の場合 ($V = 0$)

$$i\hbar \frac{\partial \psi}{\partial t} = -\frac{\hbar^2}{2m}\frac{\partial^2 \psi}{\partial x^2} \qquad (2\text{-}39)$$

が得られるが，これは時間 t に依存する形になっているので，時間を含むような一般的な波動方程式である．また外力が加わるとき ($V \neq 0$) は

$$i\hbar \frac{\partial \psi}{\partial t} = \left(-\frac{\hbar^2}{2m}\frac{\partial^2}{\partial x^2} + V\right)\psi \qquad (2\text{-}40)$$

となる．

波動関数 ψ は波動性をもつ粒子の振舞いを量子力学的に記述するものであり，古典論の粒子の運動の軌道に対応するものと考えられる．波動関数の物理的な意味は，粒子の存在する確率の高いところでは大きく，確率の低いところでは小さいということになる．しかし確率というものは常に正の実数でなければならないのに，波動方程式の解である波動関数は複素数の値をもったり，負になったりする．実際には波動関数の 2 乗（複素関数の場合は ψ と複素共役な $\psi*$ との積）が位置の確率密度 P になる．すなわち

$$P(\mathbf{r}, t) = |\psi(\mathbf{r}, t)|^2 \qquad (2\text{-}41)$$

したがって ψ は一価で連続で，しかも有限の値をもたなければならないと考えられる．また空間のどこかでは必ず粒子は見つかるので，式 (2-41) を全空間で積分すれば 1 になる．すなわち

$$\int |\psi(\mathbf{r}, t)|^2 \, d\mathbf{r} = 1 \qquad (2\text{-}42)$$

である。これを ψ が規格化されているという。

　さらにエネルギー状態の違う波動関数をかけて積分すれば 0 になる。これを 2 つの波動関数は直交しているという。このことは以下のように証明される。エネルギー状態 1, 2 に対するシュレディンガー方程式は

$$-\frac{1}{2}\frac{\mathrm{d}^2}{\mathrm{d}x^2}\psi_1 + V\psi_1 = E_1\psi_1$$

$$-\frac{1}{2}\frac{\mathrm{d}^2}{\mathrm{d}x^2}\psi_2 + V\psi_2 = E_2\psi_2$$

である。ここで後で述べる原子単位系を用いた（原子単位系では $m=1, \hbar=1$ である）。これらの両辺に左から ψ_2 および ψ_1 をかけて差をとると

$$-\frac{1}{2}\left(\psi_2\frac{\mathrm{d}^2}{\mathrm{d}x^2}\psi_1 - \psi_1\frac{\mathrm{d}^2}{\mathrm{d}x^2}\psi_2\right) = (E_1 - E_2)\psi_1 \cdot \psi_2$$

また

$$\frac{\mathrm{d}}{\mathrm{d}x}\left(\psi_2\frac{\mathrm{d}}{\mathrm{d}x}\psi_1\right) - \frac{\mathrm{d}}{\mathrm{d}x}\left(\psi_1\frac{\mathrm{d}}{\mathrm{d}x}\psi_2\right) = \psi_2\frac{\mathrm{d}^2}{\mathrm{d}x^2}\psi_1 - \psi_1\frac{\mathrm{d}^2}{\mathrm{d}x^2}\psi_2$$

なので

$$-\frac{1}{2}\int_{-\infty}^{\infty}\left(\psi_2\frac{\mathrm{d}^2}{\mathrm{d}x^2}\psi_1 - \psi_1\frac{\mathrm{d}^2}{\mathrm{d}x^2}\psi_2\right)\mathrm{d}x = (E_1 - E_2)\int_{-\infty}^{\infty}\psi_1 \cdot \psi_2 \mathrm{d}x$$

であるが

$$-\frac{1}{2}\int_{-\infty}^{\infty}\left(\psi_2\frac{\mathrm{d}^2}{\mathrm{d}x^2}\psi_1 - \psi_1\frac{\mathrm{d}^2}{\mathrm{d}x^2}\psi_2\right)\mathrm{d}x = -\frac{1}{2}\left[\psi_2\frac{\mathrm{d}}{\mathrm{d}x}\psi_1 - \psi_1\frac{\mathrm{d}}{\mathrm{d}x}\psi_2\right]_{-\infty}^{\infty} = 0$$

となる。したがって

$$\int_{-\infty}^{\infty}\psi_1 \cdot \psi_2 \mathrm{d}x = 0 \tag{2-43}$$

であることがわかる。

　一般に波動関数は 2 階の微分方程式の解である。すなわち式 (2-23) のように

$$\frac{\mathrm{d}^2\psi}{\mathrm{d}x^2} = 2(V - E)\psi$$

の形で表される。関数の 1 階微分はその点における勾配を与え，2 階微分は曲率を与える。したがって $(V-E) < 0$ の領域では，$\psi > 0$ の場合 $(V-E)\psi$ は負になるので，$\mathrm{d}^2\psi/\mathrm{d}x^2 < 0$ で ψ は上に凸，$\psi < 0$ の場合は $(V-E)\psi > 0$ で $\mathrm{d}^2\psi/\mathrm{d}x^2 > 0$ なので下に凸となり，波動関数 ψ が振動することになる（図 2-7 参照）。また逆に $(V-E) > 0$ の領域では $\psi > 0$ なら下に凸，$\psi < 0$ なら上に凸になり波動関数は，減衰するか発散することになる。

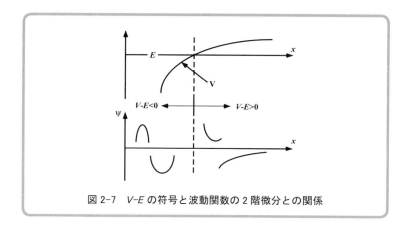

図 2-7 *V-E* の符号と波動関数の 2 階微分との関係

2-5 原子単位系

原子・分子を扱う場合，原子のスケールにふさわしい単位系を用いるのが便利で，次のように決められる原子単位系がある。

長さ（ボーア半径，1 ボーア）

$$a_0 = \frac{h^2}{4\pi^2 m_e e^2} = 0.5291772 \times 10^{-10} \, \text{m}$$

電荷（陽子の電荷）

$$e = 4.803242 \times 10^{-10} \, \text{esu}$$
$$= 1.6021892 \times 10^{-10} \, \text{C}$$

質量（電子の質量）

$$m_e = 9.109534 \times 10^{-31} \, \text{kg}$$

エネルギー（a_0 離れた 2 つの e に働く静電エネルギー）

$$\varepsilon_0 = \frac{e^2}{a_0} = 4.359813 \times 10^{-11} \, \text{erg} \quad \text{（これを 1 ハートリーという）}$$

時間（原子秒）

$$\frac{\hbar}{\varepsilon_0} = 2.418885 \times 10^{-17} \, s$$

この単位系では

$$\hbar^2 = 1$$

となる。

原子単位系を用いるとシュレディンガー方程式

$$\left(-\frac{\hbar^2}{2m}\nabla^2 + V\right)\psi = E\psi$$

は

$$\left(-\frac{1}{2}\nabla^2 + V\right)\psi = E\psi$$

と簡単に書ける。またエネルギーの単位1ハートリーは $2R_y$ (リドベリー) になるが，スレーターの原子単位ではハートリーの原子単位の 1/2 のエネルギー単位（すなわち $1R_y = \varepsilon_0/2$）を用いる。したがってスレーターの原子単位ではシュレディンガー方程式は

$$(-\nabla^2 + V)\psi = E\psi$$

と書かれる。

水素のイオン化エネルギーは

$$\frac{1}{2}\varepsilon_0 = 1R_y = 2.17991 \times 10^{-11} \text{ erg} = 1.36058 \text{eV}$$

である。

演習問題

ボーアの水素原子モデルでは，電子がプロトンの周りを半径1ボーアで円運動している。

a) 円運動の回転数および角速度を求めよ。この運動をバネ運動に焼き直し振動数とバネ定数を求めよ。分子中の原子間結合はバネで近似でき，H_2 分子の力の定数は 5.7×10^{-3} dyn Å^{-1} であるが，これと比較せよ。ただし 1 dyn = 10^{-5}N, 1 N = kg m s^{-2} である。

また電子に働く力の場と地球の重力場（9.80665 ms^{-2}）とを比較せよ。

b) 円運動の途中でプロトンからの静電引力が突然なくなると，電子は円軌道から外れ直線的に投げ出されるが，そのときの速度を求めよ。この速度を大リーグの速球投手の球速（160 km h^{-1}）や音速（330 m s^{-1}）と比較せよ。

3 水素原子の波動力学

　シュレディンガー（E. Shrödinger）[1]は1926年に，ド・ブローイ（Louis de Broglie）の物質波[2]の着想を発展させ，波動力学に関する一連の論文を発表した。まず水素原子の問題を取り上げ，ハミルトン力学における変分原理に沿って，微分方程式の形で表した固有値問題としての波動方程式（シュレディンガー方程式）を導き出した。その方程式の解について数学的に検討した結果，解およびその導関数が一価で連続かつ有限という条件のもとで，特定のエネルギー固有値に対してのみ解が存在する（量子化）ことを見出した。シュレディンガー方程式の解は水素原子中の電子の存在状態（電子状態）を表す関数である。すなわち波動関数（固有関数）が空間的な電子の存在確率に対応する関数で（ボルンは波動関数の2乗が確率密度を表すことを提唱した[3]），固有値がそのエネルギーに対応すると考える。この理論はボーアの原子理論におけるエネルギー値を再現でき，原子スペクトル（バルマー系列や連続スペクトル）を正確に記述できることを示した。さらにシュタルク効果，二原子分子の回転などの問題や，摂動論を展開することによって，さらに多くの複雑な物理事象に適用できることを示し，量子論的な波動力学を確立した。

　この章ではシュレディンガーが最初に取り上げた水素原子の波動力学について述べる。この波動方程式は直交座標 (x, y, z) を極座標 (r, θ, ϕ) に座標変換して，角 (θ, ϕ) に関する方程式と動径 r に関する方程式に分離して解くことができる。角に関する方程式の解はルジャンドル陪関数と呼ばれる特殊関数で表すことができる。また r に関する方程式の解は，エネルギー固有値が負の場合，ラゲール陪関数という特殊関数で表すことができる（エネルギーが正の場合については10章で述べる）。これらの関数は量子条件を満足する波動方程式の解となり，水素原子の波動関数はこれらの関数の積で表されることになる。この章ではさらに波動関数の振舞いや性質についても少し詳しく述べる。

3-1 水素原子のシュレディンガー方程式

水素原子は原子核となる陽子を座標の中心にとると，そのまわりを電子がその引力ポテンシャルを受けて運動している。この場合，原子核位置を座標の原点にとり，電子の位置を **r** とすると，電子が感じる原子核による引力ポテンシャルは

$$V(\mathbf{r}) = V(r) = -\frac{Ze^2}{r} \tag{3-1}$$

となる。ここで r は **r** の絶対値 $r = |\mathbf{r}|$ で原子核から電子までの距離である。Z は原子番号，すなわち原子核を構成する陽子数で水素の場合は $Z = 1$ となる。シュレディンガー方程式は

$$\left(-\frac{\hbar^2}{2m}\nabla^2 - \frac{Ze^2}{r}\right)\psi = E\psi$$

であるが，原子単位系を用いると水素原子では

$$\left(-\frac{1}{2}\nabla^2 - \frac{1}{r}\right)\psi = E\psi \tag{3-2}$$

と書かれる。

ポテンシャルが原点からの距離 r だけの関数で表される場合（中心力場）座標は3次元の極座標 (r, θ, ϕ) で表すのが便利である。(x, y, z) 座標の (r, θ, ϕ) 座標への変換は図3-1および式(3-3)に示す。ここで r は動径と呼ぶ。

$$\left.\begin{array}{l} x = r\sin\theta\cos\phi \\ y = r\sin\theta\sin\phi \\ z = r\cos\phi \end{array}\right\} \tag{3-3}$$

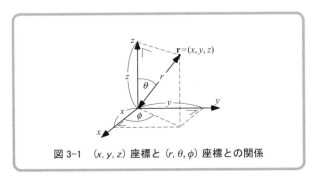

図 3-1　(x, y, z) 座標と (r, θ, ϕ) 座標との関係

それでは水素原子のシュレディンガー方程式はどのように解くことができるか考えてみよう。まずそのプロセスの概略を図3-2に示しておく。

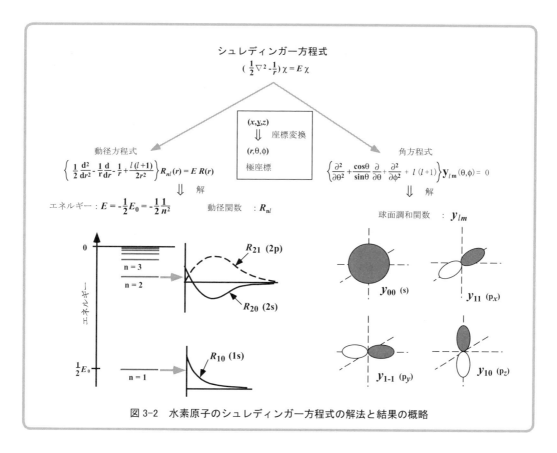

図 3-2 水素原子のシュレディンガー方程式の解法と結果の概略

　まず (x, y, z) 座標の 3 次元偏微分方程式で表されるシュレディンガー方程式を極座標 (r, θ, ϕ) に変数変換する。その結果偏微分方程式は動径 r だけに関する微分方程式（動径方程式）と角 θ, ϕ に関する方程式に分離できる。角に関する方程式はさらに θ だけに関する方程式と ϕ だけに関する方程式に分離できる。動径に関する微分方程式はラゲール（Laguerre[*1]）の陪微分方程式，またその解はラゲール陪関数として知られていて，これが動径軌道関数 R_{nl} となる。動径方程式はエネルギー E を含んでおり同時にエネルギーも求まる。また角 θ に関する方程式はルジャンドル（Legendre[*2]）陪微分方程式であり，またその解はルジャンドル陪関数として知られている関数である。さらに ϕ に関する方程式は簡単な微分方程式になり，その解は $e^{im\phi}$ の形で表される。角 θ, ϕ に関する方程式の解 y_{lm} は球面調和関数として知られた関数になる。以上が概略であるが，以下にその詳細について述べていくことにする。

[*1] Laguerre, Edmond Nicolas（1834-1886）フランスの数学者，ラゲール幾何学，楕円関数，微分方程式の研究を行った。
[*2] Legendre, Adrien Marie（1752-1833）フランスの数学者，整数論，楕円関数（積分）の研究を行った。

3-2 波動方程式の座標変換と変数分離

シュレディンガー方程式は

$$(-\frac{1}{2}\nabla^2 + V)\psi = E\psi \tag{3-4}$$

と書かれるが，中心力場ではVが動径rだけの関数（球対称）になり，波動関数は極座標の変数で分離でき

$$\psi(x,y,z) = \psi(r,\theta,\phi) = R(r) \cdot Y(\theta,\phi) \tag{3-5}$$

と書くことができる。ここでRは動径rだけの関数で波動関数の空間的な拡がりを表すものになり，Yは角の関数なので波動関数の方向性を示すものである。Yはさらに

$$Y(\theta,\phi) = \Theta(\theta) \cdot \Phi(\phi) \tag{3-6}$$

と分離できる。波動関数は，波動方程式を変数分離して，その解として得られる。そこで，まず直交座標(x,y,z)を極座標(r,θ,ϕ)に変換する。

水素原子ではポテンシャルが

$$V(r) = -\frac{1}{r} \tag{3-7}$$

とrだけの関数であり，問題はラプラシアン

$$\nabla^2 = \frac{\partial^2}{\partial x^2} + \frac{\partial^2}{\partial y^2} + \frac{\partial^2}{\partial z^2} \tag{3-8}$$

を極座標に変換することになる。

その1つの方法は，式(3-3)を逆変換し，その偏微分を直接実行することである[*1]。もう1つの方法はベクトル解析の手法を用いて(x,y,z)直交座標を直交曲線座標(r,θ,ϕ)に変換する方法である[*2]。その結果，式(3-4)は$V=-1/r$とすると

$$\left\{-\frac{1}{2}\left[\frac{1}{r^2}\frac{\partial}{\partial r}\left(r^2\frac{\partial}{\partial r}\right) + \frac{1}{r^2\sin\theta}\frac{\partial}{\partial \theta}\left(\sin\theta\frac{\partial}{\partial \theta}\right) + \frac{1}{r^2\sin\theta}\frac{\partial^2}{\partial \phi^2}\right] - \frac{1}{r}\right\}\psi = E\psi \tag{3-9}$$

と変換される。

次に式(3-9)を変数rだけの方程式，θだけの方程式，ϕだけの方程式の3つに分解する。それにはまずψに式(3-5)を代入して両辺にr^2をかけると

$$-\frac{1}{2}\left[\frac{\partial}{\partial r}\left(r^2\frac{\partial}{\partial r}\right)R(r)Y(\theta,\phi) + \frac{1}{\sin\theta}\frac{\partial}{\partial \theta}\left(\sin\theta\frac{\partial}{\partial \theta}\right)R(r)Y(\theta,\phi)\right.$$

$$\left. + \frac{1}{\sin^2\theta}\frac{\partial^2}{\partial \phi^2}R(r)Y(\theta,\phi)\right] - rR(r)Y(\theta,\phi) = r^2 E R(r) Y(\theta,\phi)$$

となるが，両辺を$\psi = RY$で割ると

$$-\frac{1}{2}\left[\frac{1}{R}\frac{\partial}{\partial r}\left(r^2\frac{\partial}{\partial r}R\right) + \frac{1}{Y}\frac{1}{\sin\theta}\frac{\partial}{\partial \theta}\left(\sin\theta\frac{\partial}{\partial \theta}Y\right) + \frac{1}{Y}\frac{1}{\sin^2\theta}\frac{\partial^2}{\partial \phi^2}Y\right] - r = r^2 E$$

が得られ整理すると

[*1] 付録3Aを参照。

[*2] 付録3Bを参照。

$$-\frac{1}{2}\frac{1}{R}\frac{\partial}{\partial r}\left(r^2\frac{\partial}{\partial r}R\right) - r - r^2 E$$
$$= \frac{1}{2}\frac{1}{Y}\left[\frac{1}{\sin\theta}\frac{\partial}{\partial\theta}\left(\sin\theta\frac{\partial}{\partial\theta}Y\right) + \frac{1}{\sin^2\theta}\frac{\partial^2}{\partial\phi^2}Y\right] \quad (3\text{-}10)$$

となる。ここで左辺は動径 r だけに関係し，右辺は角 θ, ϕ だけに関係することがわかる。ここで互いに独立な変数 r, θ, ϕ が変化しても常に成り立つので，左辺と右辺とがある定数になる。その定数の値を $-\lambda/2$ と置いてみると，式 (3-10) が

$$\left[-\frac{1}{2}\frac{1}{r^2}\frac{\mathrm{d}}{\mathrm{d}r}\left(r^2\frac{\mathrm{d}}{\mathrm{d}r}\right) - \frac{1}{r} + \frac{\lambda}{2r^2}\right]R(r) = ER(r) \quad (3\text{-}11)$$

$$\left[\frac{1}{\sin\theta}\frac{\partial}{\partial\theta}\left(\sin\theta\frac{\partial}{\partial\theta}\right) + \frac{1}{\sin^2\theta}\frac{\partial^2}{\partial\phi^2} + \lambda\right]Y(\theta,\phi) = 0 \quad (3\text{-}12)$$

の2つの式に分離され，式 (3-11) の r のみに関係する動径方程式と式 (3-12) の角 θ, ϕ にのみ関係する角方程式が得られる。式 (3-12) はさらに $\sin^2\theta$ をかけ $Y(\theta,\phi) = \Theta(\theta)\Phi(\phi)$ として整理すると次のようになる。

$$-\frac{1}{\Theta}\sin\theta\frac{\partial}{\partial\theta}\left(\sin\theta\frac{\partial}{\partial\theta}\Theta\right) - \lambda\sin^2\theta = \frac{1}{\Phi}\frac{\partial^2}{\partial\phi^2}\Phi \quad (3\text{-}13)$$

ここで θ だけに関する項と ϕ だけに関する項に分離されるが，左右両辺は独立な変数 θ と ϕ とが別々に変化しても常に成り立つことから定数に等しいことがわかる。この定数の値を $-\nu$ と置くとすると式 (3-13) は

$$\frac{\mathrm{d}^2\Phi(\phi)}{\mathrm{d}\phi^2} + \nu\Phi(\phi) = 0 \quad (3\text{-}14)$$

$$\frac{1}{\sin\theta}\frac{\mathrm{d}}{\mathrm{d}\theta}\left[\sin\theta\frac{\mathrm{d}}{\mathrm{d}\theta}\Theta(\theta)\right] - \frac{\nu}{\sin^2\theta}\Theta(\theta) + \lambda\Theta(\theta) = 0 \quad (3\text{-}15)$$

の2つの式に分離できる。

3-3 角成分方程式の解

角部分に関する波動方程式は式 (3-14), (3-15) に示した。式 (3-14) の微分方程式の一般解は，
$$\Phi(\phi) = Ae^{i\sqrt{\nu}\phi} + Be^{-i\sqrt{\nu}\phi}$$
であるが，ϕ が $0 \sim 2\pi$ で Φ とその微分が連続であるという条件から，ν はある整数（0 を含む）の2乗であることが必要で，$m(=\pm\sqrt{\nu})$ を 0 または整数とすると

$$\Phi = \Phi_m(\phi) = \sqrt{\frac{1}{2\pi}}e^{im\phi} \quad (3\text{-}16)$$

となり，この中に波動関数として物理的に意味のある解はすべて含まれることになる。ここで係数の $(1/2\pi)^{1/2}$ は規格化のための因子で

$$\int_0^{2\pi}\Phi_m{}^*(\phi)\Phi_m(\phi)\,\mathrm{d}\phi = 1 \quad (3\text{-}17)$$

を満たす。整数 m は正負および 0 の値をとり得る（m は磁気量子数と呼ばれる）。

次に θ に関する波動方程式 (3-15) について考える。まず $z = \cos\theta$ と変数を変換する。そうすると $dz = -\sin\theta \, d\theta$ なので

$$\frac{d}{d\theta} = \frac{d}{dz}\frac{dz}{d\theta} = -\sin\theta\frac{d}{dz}$$

であり，これを式 (3-15) に代入し，$\nu = m^2$，$\lambda = l(l+1)$ と置き代えると

$$\frac{1}{\sin\theta}\frac{d}{d\theta}\left(\sin\theta\frac{d}{d\theta}\Theta\right) - \frac{m^2}{\sin^2\theta}\Theta + l(l+1)\Theta$$

$$= \frac{d}{dz}\left[(1-z^2)\frac{d}{dz}\Theta\right] - \frac{m^2}{1-z^2}\Theta + l(l+1)\Theta \tag{3-18}$$

$$= (1-z^2)\frac{d^2}{dz^2}\Theta - 2z\frac{d}{dz}\Theta + \left(l(l+1) - \frac{m^2}{1-z^2}\right)\Theta = 0 \tag{3-18'}$$

と書かれる[*1]。

式 (3-18) の微分方程式はルジャンドル (Legendre) 陪微分方程式と呼ばれ，その波動関数としての意味を持つ解はルジャンドル陪関数（associated Legendre function）と呼ばれる特殊関数になる[*2]。

また式 (3-18) の $m = 0$ の場合

$$\frac{d}{dz}\left[(1-z^2)\frac{dP_l(z)}{dz}\right] + l(l+1)P_l(z) = 0$$

は，ルジャンドルの微分方程式と呼ばれ，その解がルジャンドルの多項式と呼ばれる特殊関数になることがわかっている[*3]。

ルジャンドル多項式は

$$P_l(z) = \frac{1}{2^l l!}\frac{d^l(z^2-1)^l}{dz^l} \qquad l = (1, 2, 3, \cdots) \tag{3-19}$$

$$P_0(z) = 1$$

で定義される。具体的には $p_0(z) = 1$, $p_1(z) = z$, $p_2(z) = (1/2)(3z^2-1)$, $p_3(z) = (1/2)(5z^3-3z)\cdots$ といった関数になる。

次にルジャンドル陪関数は

$$P_l^{|m|}(z) \equiv (1-z^2)^{|m|/2}\frac{d^{|m|}}{dz^{|m|}}P_l(z) \tag{3-20}$$

と定義される。またルジャンドル陪関数は

$$\int_{-1}^{+1}P_l^{|m|}(z)P_{l'}^{|m|}(z)\,dz = \begin{cases} 0 & (l \neq l') \\ \dfrac{2}{2l+1}\dfrac{(l+|m|)!}{(l-|m|)!} & (l = l') \end{cases} \tag{3-21}$$

の性質があり

[*1] $\lambda = l(l+1)$ の置き代えについては付録3Cを参照。

[*2] このことに関しては「付録3D ルジャンドル (Legendre) 陪微分方程式とルジャンドル陪関数」に詳しく述べられているので参照されたい。

[*3] 付録3Dを参照。

$$\Theta(\theta) = \sqrt{\frac{2l+1}{2}\frac{(l-|m|)!}{(l+|m|)!}} P_l^{|m|}(\cos\theta) \tag{3-22}$$

とすれば規格化されることになる。

ルジャンドル陪関数 (associated Legendre function) の具体的な形を表 3-1 に示す。

表 3-1 ルジャンドル陪関数

$l=0$: $p_0(z)=1$
$l=1$: $p_1(z)=z$, $p_1^1(z)=(1-z^2)^{1/2}$
$l=2$: $p_2(z)=(1/2)(3z^2-1)$, $p_2^1(z)=3z(1-z^2)^{1/2}$, $p_2^2(z)=3(1-z^2)$
$l=3$: $p_3(z)=(1/2)(5z^3-3z)$, $p_3^1(z)=(3/2)(5z^2-1)(1-z^2)^{1/2}$, $p_3^2(z)=15z(1-z^2)$,
$p_3^3(z)=15z(1-z^2)^{3/2}$,
....

以上で角 θ, ϕ に関する波動関数がわかったわけであるが，実際に具体的に波動関数の性質を理解するには，$\Phi(\phi)\cdot\Theta(\theta)$ のように θ と ϕ との関数に分離した形で見るより，(θ,ϕ) と合わせて立体的な関数で調べる方が理解しやすい。したがって θ と ϕ とに分離する前の式 (3-6) の解 $Y(\theta,\phi)$ を調べるという事になるが，この関数は

$$Y(\theta,\phi) = \Theta(\theta)\cdot\Phi(\phi)$$

なので式 (3-16) と式 (3-22) より

$$Y(\theta,\phi) = Y_{lm}(\theta,\phi) = \left(-\frac{m}{|m|}\right)^m \sqrt{\frac{2l+1}{4\pi}\frac{(l-|m|)!}{(l+|m|)!}} P_l^{|m|}(\cos\theta) e^{im\phi} \tag{3-23}$$

と書くことができる。この関数は球面調和関数 (spherical harmonics) という名で知られている。その具体的な形は表 3-2 に示しておく。

表 3-2 球面調和関数

$Y_{00}=\sqrt{1/4\pi}$
$Y_{11}=-\sqrt{3/8\pi}\sin\theta\exp i\phi = -\sqrt{3/8\pi}\,(x+iy)/r$, $Y_{10}=\sqrt{3/4\pi}\cos\theta=\sqrt{3/4\pi}\,z/r$,
$Y_{1-1}=\sqrt{3/8\pi}\sin\theta\exp(-i\phi)=\sqrt{3/8\pi}\,(x-iy)/r$
$Y_{22}=\sqrt{15/32\pi}\sin^2\theta\exp 2i\phi = \sqrt{15/32\pi}\,(x+iy)^2/r^2$
$Y_{21}=-\sqrt{15/8\pi}\sin\theta\cos\theta\exp i\phi = -\sqrt{15/8\pi}\,z(x+iy)/r^2$,
$Y_{20}=\sqrt{5/16\pi}(3\cos^2\theta-1)=\sqrt{5/16\pi}\,(3z^2-r^2)/r^2$,
$Y_{2-1}=\sqrt{15/8\pi}\sin\theta\cos\theta\exp(-i\phi)=\sqrt{15/8\pi}\,z(x-iy)/r^2$,
$Y_{2-2}=\sqrt{15/32\pi}\sin^2\theta\exp(-2i\phi)=\sqrt{15/32\pi}\,(x-iy)^2/r^2$
$Y_{33}=-\sqrt{35/64\pi}\sin^3\theta\exp(3i\phi)=-\sqrt{35/64\pi}\,(x+iy)^3/r^3$,
$Y_{32}=\sqrt{105/32\pi}\sin^2\theta\cos\theta\exp(2i\phi)=\sqrt{105/32\pi}\,z(x+iy)^2/r^3$,
$Y_{31}=-\sqrt{21/64\pi}\sin\theta(5\cos^2\theta-1)\exp(i\phi)=-\sqrt{21/64\pi}\,(5z^2-r^2)(x+iy)/r^3$,
$Y_{30}=\sqrt{7/64\pi}(5\cos^2\theta-3)\cos\theta=\sqrt{7/64\pi}\,z(5z^2-3r^2)/r^3$,
$Y_{3-1}=\sqrt{21/64\pi}\sin\theta(5\cos^2\theta-1)\exp(-i\phi)=\sqrt{21/64\pi}\,(5z^2-r^2)(x-iy)/r^3$,
$Y_{3-2}=\sqrt{105/32\pi}\sin^2\theta\cos\theta\exp(-2i\phi)=\sqrt{105/32\pi}\,z(x-iy)^2/r^3$,
$Y_{3-3}=\sqrt{35/64\pi}\sin^3\theta\exp(-3i\phi)=\sqrt{35/64\pi}\,(x-iy)^3/r^3$,
....

3-4 角関数の性質

関数 Y_{lm} は角成分の微分方程式の解として得られたわけであるが，これが解になるためには l が 0 か正の整数である必要があることは式 (3-19) のこの関数の定義からも理解できる。また式 (3-19) および式 (3-22) の定義および表 3-1 からわかるように関数 P_l は l 次の多項式なので m は 0 か正負の整数であり，$l \geq m \geq -l$ でなければならない。そして $m = -l, -l+1, \cdots, l-1, l$ の計 $2l+1$ 個の解が許されることになる。l は方位量子数あるいは軌道角運動量量子数と呼ばれる。

次に Y_{lm} の角度に関する性質について調べてみる。波動方程式の解である波動関数が原子軌道になるので，角 (θ, ϕ) に関する成分 $Y_{lm}(\theta, \phi)$ は原子軌道の立体的な性質を理解する上で重要である。

まず $l = 0$ の場合，$m = 0$ なので $Y_{00} = \sqrt{1/4}$ だけが存在する。この関数は θ, ϕ に依存せず，常に $\sqrt{1/4}$ という一定値をとるので球対称の関数である。この関数で表される原子軌道関数を慣習で s 軌道と呼ぶ。

$l = 1$ の場合，角 θ に関する部分は $\sin\theta$ か $\cos\theta$ である（表 3-2 参照）。これらの関数は角 θ が $0 \to 2\pi$ 変化する間にそれぞれ $0 \to +1 \to 0 \to -1 \to 0$ あるいは $1 \to 0 \to -1 \to 0 \to 1$ と変化する関数である（図 3-3 参照）。

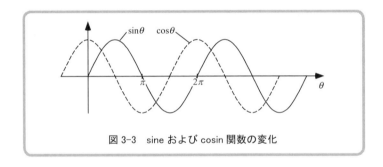

図 3-3　sine および cosin 関数の変化

図 3-4 はその変化の様子を示したものである。z 軸を縦軸にとると θ は z 軸からの傾きになる。次に中心から動径方向に長さ $\cos\theta$ の点をプロットしていくとこの図のようになる。$\cos\theta$ の場合 $\theta = 0$ で 1 であり $\theta = \pi/2$ で 0，$\pi/2 < \theta \leq \pi$ では負の値になるので点線で示してある。この図から $\cos\theta$ は z 方向を向いた関数で $\sin\theta$ はそれと垂直な方向を向いた関数であることがわかる。球面調和関数 Y_{10} は $\cos\theta$，Y_{11} と Y_{1-1} は $\sin\theta$ を含む奇関数ということになり，$\theta = 0$ あるいは $\theta = \pi/2$ の節面をもつ。このような $l = 1$ の関数で表される原子軌道を p 軌道と呼ぶ。

$l = 2$ の場合，$Y_{2\pm 2}$ は $\sin^2\theta$，$Y_{2\pm 1}$ は $\sin\theta\cos\theta$，Y_{20} は $3\cos^2\theta - 1$ を含む関数で，同様な図で示すことができる。この場合は 2 つの節面を持つ偶関数で，この関数で表される原子軌道は d 軌道と呼ぶ。$l = 3$ の関数は，3 つの節面をもつ奇関数で f 軌道関数と呼ばれる。原子軌道の命名はその軌道角運動量に基づいていて $l = 0, 1, 2, 3, 4, 5, \cdots$ の軌道関数に対してローマ字の名前を付け，s, p, d, f, g, h, $\cdots$ 軌道と f 軌道以下はアルファベット順に記号をつける。

次に z 軸の周りの回転角 ϕ についての性質を調べてみる。この関数は l に関係なく $e^{im\phi}$ で表

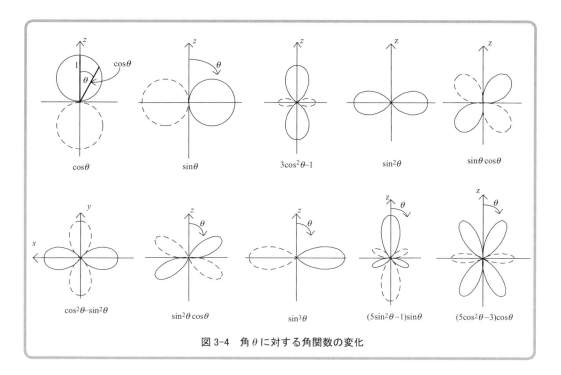

図 3-4 角 θ に対する角関数の変化

される。まず $m = 0$ の場合，ϕ に依存しないので，z 方向から見れば円対称である。これは角運動量の z 方向成分が 0 の軌道ということになる[*1]。

$m = \pm 1$ の場合は，軌道角運動量の z 方向成分は $\hbar$ の単位で 1 になる。したがって角運動量の z 方向成分が ± 1 の軌道ということになる。また $m = \pm 2$ および $m = \pm 3$ の軌道関数は角運動量の z 方向成分が ± 2 および ± 3 ということになる。

3-5 球面調和関数の実数型表示

原子軌道関数の角成分である球面調和関数は式 (3-23) あるいは表 3-2 に示されるが，この関数は複素関数である。そのためこの関数を通常の 3 次元空間で理解するのは困難である。そこでこれらの一次結合をとって実数型の関数で表す方が軌道の形を理解したり，実際の数値計算を行ったりする場合に便利なことが多い。$l = 1$ の場合は ϕ に関する関数は $m = \pm 1$ のとき $\exp(\pm i\phi)$ の複素関数になる。この場合，$\exp(i\phi) \pm \exp(-i\phi) \to \cos\phi$ or $\sin\phi$ のように一次結合をとって実数型の関数にすると便利である。元の複素型の関数は式 (3-16) で書かれるが

$$\int_0^{2\pi} \Phi_m{}^*(\phi)\Phi_{m'}(\phi)\,\mathrm{d}\phi = \frac{1}{2\pi}\int_0^{2\pi} e^{i(m'-m)\phi}\mathrm{d}\phi$$

$$\begin{cases} 1 & (m = m') \\ 0 & (m \neq m') \end{cases} \quad (3\text{-}24)$$

のように規格・直交化されている。一次結合を取る場合もそれらが規格・直交化されるようにすればよい。すなわち $l = 1, m = \pm 1$ の場合

[*1] 付録 3C 参照。

$$\frac{1}{\sqrt{2}}(Y_{11}-Y_{1-1}) = -\sqrt{\frac{3}{4\pi}}\sin\theta\cos\phi = -\sqrt{\frac{3}{4\pi}}\frac{x}{r}$$

$$\frac{-i}{\sqrt{2}}(Y_{11}+Y_{1-1}) = -\sqrt{\frac{3}{4\pi}}\sin\theta\cos\phi = -\sqrt{\frac{3}{4\pi}}\frac{y}{r}$$

のようにすればよい．一般的には実数型球面調和関数を y_{lm} のように書くことにして

$$y_{lm}(\theta,\phi) = (i)^{\frac{|m|-m}{2m}}\frac{1}{\sqrt{2}}\left[Y_{l|m|} + (-1)^{|m+1/2|-1/2}Y_{l-|m|}\right] \quad (m \neq 0)$$

$$y_{l0}(\theta,\phi) = Y_{l0}(\theta,\phi)$$

あるいは

$$y_{lm}(\theta,\phi) = (i)^{lm}\sqrt{\frac{2l+1}{2\pi}\frac{(l-|m|)!}{(l+|m|)!}}\cdot P_l^{|m|}(\cos\theta) \times \begin{cases}\cos m\phi & (m>0)\\ \sin m\phi & (m<0)\end{cases} \quad (3\text{-}25)$$

$$y_{l0}(\theta,\phi) = Y_{l0}(\theta,\phi)$$

とすると，表 3-3 に示す実数型球面調和関数が得られる．またこれらの関数を模式的に示すと図 3-5 のようになる．

表 3-3 実数型球面調和関数

原子軌道	y_{lm}	関数形	Y_{lm} の結合	名　称
s	y_{00}	$\sqrt{1/4\pi}$	Y_{00}	s
p	y_{11}	$-\sqrt{3/4\pi}\,x/r$	$\sqrt{1/2}\,(Y_{11}-Y_{1-1})$	p_x
	y_{10}	$\sqrt{3/4\pi}\,z/r$	Y_{10}	P_z
	y_{1-1}	$-\sqrt{3/4\pi}\,y/r$	$-\sqrt{1/2}\,i\,(Y_{11}+Y_{1-1})$	P_y
d	y_{22}	$\sqrt{15/16\pi}\,(x^2-y^2)/r^2$	$\sqrt{1/2}\,(Y_{22}+Y_{2-2})$	$d_{x^2-y^2}$
	y_{21}	$-\sqrt{15/4\pi}\,zx/r^2$	$\sqrt{1/2}\,(Y_{21}-Y_{2-1})$	d_{zx}
	y_{20}	$\sqrt{5/16\pi}\,(3z^2-r^2)/r^2$	Y_{20}	$d_{3z^2-r^2}$
	y_{2-1}	$-\sqrt{15/4\pi}\,yz/r^2$	$-\sqrt{1/2}\,i\,(Y_{21}+Y_{2-1})$	d_{yz}
	y_{2-2}	$\sqrt{15/4\pi}\,xy/r^2$	$-\sqrt{1/2}\,i\,(Y_{22}-Y_{2-2})$	d_{xy}
f	y_{33}	$-\sqrt{35/32\pi}\,x(x^2-3y^2)/r^3$	$\sqrt{1/2}\,(Y_{33}-Y_{3-3})$	$f_{x(x^2-3y^2)}$
	y_{32}	$\sqrt{105/16\pi}\,z(x^2-y^2)/r^3$	$\sqrt{1/2}\,(Y_{32}+Y_{3-2})$	$f_{z(x^2-y^2)}$
	y_{31}	$-\sqrt{21/32\pi}\,x(5z^2-r^2)/r^3$	$\sqrt{1/2}\,(Y_{31}-Y_{3-1})$	$f_{x(5z^2-r^2)}$
	y_{30}	$\sqrt{7/16\pi}\,z(5z^2-3r^2)/r^3$	Y_{30}	$f_{z(5z^2-3r^2)}$
	y_{3-1}	$-\sqrt{21/32\pi}\,y(5z^2-r^2)/r^3$	$-\sqrt{1/2}\,i\,(Y_{31}+Y_{3-1})$	$f_{y(5z^2-r^2)}$
	y_{3-2}	$\sqrt{105/4\pi}\,xyz/r^3$	$-\sqrt{1/2}\,i\,(Y_{32}-Y_{3-2})$	f_{xyz}
	y_{3-3}	$-\sqrt{35/32\pi}\,y(3x^2-y^2)/r^3$	$-\sqrt{1/2}\,i\,(Y_{33}+Y_{3-3})$	$f_{y(3x^2-y^2)}$

これらの関数の形はこの図からもわかるが，関数の角度依存性から例えば y_{11} は $\sin\theta\cos\phi = x/r$，y_{1-1} は $\sin\theta\sin\phi = y/r$ なので，それぞれ x および y 方向に伸びた関数であることがわかる．また $y_{10} = Y_{10} = z/r$ は z 方向に広がる関数なので，これらを表 3-3 に示すように p_x, p_y, p_z 軌道関数と呼んでいる．同様にして $l=2$（d 軌道）の場合，$m = \pm 2$ では $y_{22} = (x^2-y^2)/r^2$ および $y_{2-2} = xy/r^2$ なのでそれぞれ $d_{x^2-y^2}$，d_{xy} と，$m = \pm 1$ の場合 $y_{21} = xz/r^2$，$y_{2-1} = yz/r^2$ なので d_{xz}，d_{yz} と，また $m = 0$ では $y_{20} = Y_{20} = (3z^2-r^2)/r^2$ で $d_{3z^2-r^2}$ と名づけることができる．$l=3$ の f 軌道の場合も

表 3-3 に示すようにそれぞれ $f_{x(x^2-3y^2)}$, $f_{z(x^2-y^2)}$, ‥‥などと呼ぶことができる。

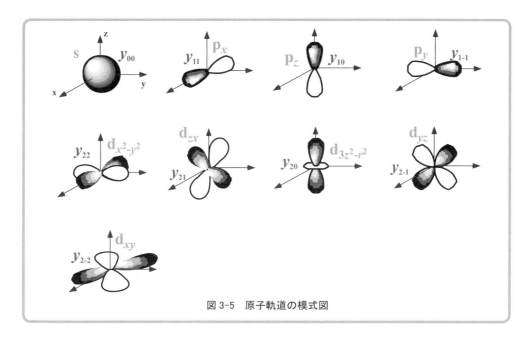

図 3-5 原子軌道の模式図

3-6 動径方程式の解

シュレディンガー方程式の動径 r に関する方程式は式 (3-11)

$$\left[-\frac{1}{2}\frac{1}{r^2}\frac{\mathrm{d}}{\mathrm{d}r}\left(r^2\frac{\mathrm{d}}{\mathrm{d}r}\right)-\frac{1}{r}+\frac{l(l+1)}{2r^2}\right]R(r)=ER(r) \tag{3-26}$$

であるが,この解を求めてみる。ただし前節までの議論より $\lambda = l(l+1)$ と置き換えた。

まず,この微分方程式において原子軌道としての解になるためには,r が非常に大きいところでは値が減少していき 0 に近づかなければならない。r が大きいところでは上式の [ ] 中の第 2, 第 3 項を 0 と近似できるので

$$-\frac{1}{2}\frac{1}{r^2}\frac{\mathrm{d}}{\mathrm{d}r}\left(r^2\frac{\mathrm{d}}{\mathrm{d}r}\right)R(r)=\left(-\frac{1}{2}\frac{\mathrm{d}^2}{\mathrm{d}r^2}-\frac{1}{r}\frac{\mathrm{d}}{\mathrm{d}r}\right)R(r)\cong-\frac{1}{2}\frac{\mathrm{d}^2}{\mathrm{d}r^2}R(r)=ER(r)$$

となり,この解は

$$R(r)\cong e^{-\sqrt{-2E}r}$$

であることがわかる(ここで E は負であり,$\exp(+\sqrt{-2E}r)$ も解であるが r が大きいところで発散する)。したがって式 (3-26) の完全な解を

$$R(r)=e^{-\rho/2}F(\rho) \tag{3-27}$$

と書くことができる。ここで $\rho = 2\sqrt{-2E}r$ と置き換えた。すなわち $\rho \propto r$ が小さいところではある関数 $F(\rho)$ で変化し,大きいところでは指数関数的に減少していく。式 (3-27) を式 (3-26) に代入すると

$$\frac{\mathrm{d}\rho}{\mathrm{d}r}=2\sqrt{-2E}, \quad \frac{\mathrm{d}R}{\mathrm{d}r}=\frac{\mathrm{d}R}{\mathrm{d}\rho}\frac{\mathrm{d}\rho}{\mathrm{d}r}=2\sqrt{-2E}e^{-\rho/2}\left(F'-\frac{1}{2}F\right)$$

$$\frac{d^2 R}{dr^2} = \left(2\sqrt{-2E}\right)^2 e^{-\rho/2}\left(F'' - F' + \frac{1}{4}F\right)$$

なので，$n = 1/\sqrt{-2E}$ と書くと

$$F'' + \left(\frac{2}{\rho} - 1\right)F' + \left[\frac{n}{\rho} - \frac{1}{\rho} - \frac{l(l+1)}{\rho^2}\right]F = 0 \tag{3-28}$$

が得られる。ここで F', F'' は F の ρ に関する微分を表す。この方程式において F' と F の係数は原点 ($\rho = 0$) で特異点になる（無限大になる）が正則点（微分可能）であるので

$$F(\rho) = \rho^\omega L(\rho) \tag{3-29}$$

と置くことができる。F を ρ で微分すると

$$F' = \omega \rho^{\omega-1} L + \rho^\omega L'$$
$$F'' = \omega(\omega-1)\rho^{\omega-2} L + 2\omega \rho^{\omega-1} L' + \rho^\omega L''$$

なので式 (3-28) は

$$L'' + \left[\frac{2(\omega+1)}{\rho} - 1\right]L' + \left[\frac{\omega(\omega+1) - l(l+1)}{\rho^2} + \frac{n - \omega - 1}{\rho}\right]L = 0$$

となるが，$\omega = l$ とし，この式に ρ をかけると

$$\rho L'' + [2(l+1) - \rho]L' + (n - l - 1)L = 0 \tag{3-30}$$

が得られる。この微分方程式はラゲール陪多項式（associated Laguerre polynominal）と呼ばれる特殊関数が解になり[*1]，式 (3-30) で $l = 0$ の場合の解は，ラゲール多項式と呼ばれる関数になることがわかっている。

ラゲール多項式は

$$L_s(\rho) = e^\rho \frac{d^s}{d\rho^s}(\rho^s e^{-\rho}) = \sum_{t=0}^{\infty} (-1)^t \binom{s}{t} \frac{\rho^t}{t!} \tag{3-31}$$

で定義される（ここで s は $n+l$ に対応する）。またラゲール多項式を t 階微分してラゲール陪多項式を定義する（t は $2l+1$ に対応する）。すなわち

$$L_s^{(t)}(\rho) = \frac{d^t}{d\rho^t} L_s(\rho) \tag{3-32}$$

$$\left(L_s^{(t)}(\rho) = \sum_{k=0}^{s-t} (-1)^{k+1} \frac{(s!)^2}{(s-t-k)!(t+k)!k!} \rho^k \text{ とも書ける}\right)$$

ところでシュレディンガーの動径方程式 (3-26) の解は，式 (3-27)，(3-29) から

$$R(r) = e^{-\rho/2} \rho^l L_s^{(t)}(\rho) \tag{3-33}$$

のように書くことができる。$t = 2l+1$, $s = n+l$ と置き換えをすると動径方程式の解，すなわち動径波動関数は

$$R_{nl}(r) = \left\{\left(\frac{2Z}{n}\right)^3 \frac{(n-l-1)!}{2n[(n+l)!]^3}\right\}^{1/2} e^{-\rho/2} \rho^l L_{n+l}^{2l+1}(\rho) \tag{3-34}$$

[*1] ラゲール陪多項式および微分方程式 (3-30) の詳細については付録 3E に説明されているので参照されたい。

となる。ここで水素原子では $Z=1$ である。この関数の係数は規格化条件

$$\int_0^\infty r^2 R_{nl}^2(r)\,dr = 1 \tag{3-35}$$

を満たすものである。

式 (3-34) の動径関数（水素原子の動径軌道関数に対応する）はラゲール陪関数と呼ばれ，具体的な形は表 3-4 に示す。また n が 3 までの関数の形を図 3-6 に示す。

表 3-4 水素様動径波動関数

$R_{10}(\rho) = (Z/a)^{3/2} \cdot 2e^{-\rho/2}$

$R_{20}(\rho) = (\frac{1}{2\sqrt{2}})(Z/a)^{3/2} \cdot (2-\rho)e^{-\rho/2}, \quad R_{21}(\rho) = (\frac{1}{2\sqrt{6}})(Z/a)^{3/2} \cdot \rho\, e^{-\rho/2}$

$R_{30}(\rho) = (\frac{1}{9\sqrt{3}})(Z/a)^{3/2} \cdot (6-6\rho+\rho^2)e^{-\rho/2}, \quad R_{31}(\rho) = (\frac{1}{9\sqrt{6}})(Z/a)^{3/2} \cdot (4-\rho)\rho\, e^{-\rho/2},$

$R_{32}(\rho) = (\frac{1}{9\sqrt{30}})(Z/a)^{3/2} \cdot \rho^2\, e^{-\rho/2}$

$R_{40}(\rho) = (\frac{1}{96})(Z/a)^{3/2} \cdot (24-36\rho+12\rho^2-\rho^3)e^{-\rho/2}, \quad R_{41}(\rho) = (\frac{1}{32\sqrt{15}})(Z/a)^{3/2} \cdot (20-10\rho+\rho^2)\rho\, e^{-\rho/2},$

$R_{42}(\rho) = (\frac{1}{96\sqrt{5}})(Z/a)^{3/2} \cdot (6-\rho)\rho^2\, e^{-\rho/2}, \quad R_{43}(\rho) = (\frac{1}{96\sqrt{35}})(Z/a)^{3/2} \cdot \rho^3\, e^{-\rho/2}$

$R_{50}(\rho) = (\frac{1}{300\sqrt{5}})(Z/a)^{3/2} \cdot (120-240\rho+120\rho^2-20\rho^3+\rho^2)e^{-\rho/2},$

$R_{51}(\rho) = (\frac{1}{150\sqrt{30}})(Z/a)^{3/2} \cdot (120-90\rho+18\rho^2-\rho^3)\rho\, e^{-\rho/2},$

$R_{52}(\rho) = (\frac{1}{150\sqrt{70}})(Z/a)^{3/2} \cdot (42-14\rho+\rho^2)\rho^2\, e^{-\rho/2}, \quad R_{53}(\rho) = (\frac{1}{300\sqrt{70}})(Z/a)^{3/2} \cdot (8-\rho)\rho^3\, e^{-\rho/2}$

$R_{54}(\rho) = (\frac{1}{900\sqrt{70}})(Z/a)^{3/2} \cdot \rho^4\, e^{-\rho/2}$

$R_{60}(\rho) = (\frac{1}{2160\sqrt{6}})(Z/a)^{3/2} \cdot (720-1800\rho+1200\rho^2-300\rho^3+30\rho^2-\rho^5)e^{-\rho/2},$

$R_{61}(\rho) = (\frac{1}{432\sqrt{210}})(Z/a)^{3/2} \cdot (840-840\rho+252\rho^2-38\rho^3+\rho^4)\rho\, e^{-\rho/2},$

$R_{62}(\rho) = (\frac{1}{864\sqrt{105}})(Z/a)^{3/2} \cdot (336-168\rho+24\rho^2-\rho^3)\rho^2\, e^{-\rho/2},$

$R_{63}(\rho) = (\frac{1}{2592\sqrt{35}})(Z/a)^{3/2} \cdot (72-18\rho+\rho^2)\rho^3\, e^{-\rho/2}, \quad R_{64}(\rho) = (\frac{1}{12960\sqrt{7}})(Z/a)^{3/2} \cdot (10-\rho)\rho^4\, e^{-\rho/2},$

$R_{65}(\rho) = (\frac{1}{12960\sqrt{77}})(Z/a)^{3/2} \cdot \rho^5\, e^{-\rho/2}$

$R_{70}(\rho) = (\frac{1}{17640\sqrt{7}})(Z/a)^{3/2} \cdot (5040-1512\rho+25200\rho^2-4200\rho^3+630\rho^4-42\rho^5+\rho^6)e^{-\rho/2},$

$R_{71}(\rho) = (\frac{1}{11760\sqrt{21}})(Z/a)^{3/2} \cdot (6720-8400\rho+3360\rho^2-560\rho^3+40\rho^4-\rho^5)\rho\, e^{-\rho/2},$

$R_{72}(\rho) = (\frac{1}{7056\sqrt{105}})(Z/a)^{3/2} \cdot (3024-2016\rho+432\rho^2-36\rho^3+\rho^4)\rho^2\, e^{-\rho/2},$

$R_{73}(\rho) = (\frac{1}{17640\sqrt{42}})(Z/a)^{3/2} \cdot (720-90\rho+30\rho^2-\rho^3)\rho^3\, e^{-\rho/2},$

$R_{74}(\rho) = (\frac{1}{17640\sqrt{154}})(Z/a)^{3/2} \cdot (110-22\rho+\rho^2)\rho^4\, e^{-\rho/2},$

$R_{75}(\rho) = (\frac{1}{35280\sqrt{231}})(Z/a)^{3/2} \cdot (12-\rho)\rho^5\, e^{-\rho/2}, \quad R_{76}(\rho) = (\frac{1}{35280\sqrt{303}})(Z/a)^{3/2} \cdot \rho^6\, e^{-\rho/2}$

....

$\rho = \frac{2Z}{na}r, \quad a = \frac{h^2}{4\pi^2 me^2}$ （ボーア半径）

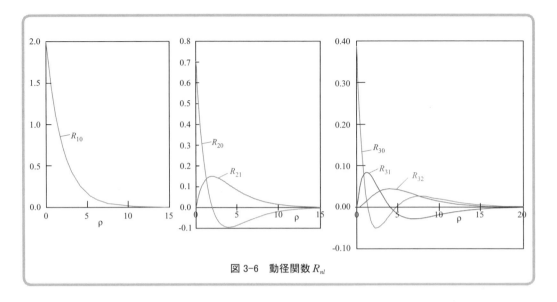

図 3-6　動径関数 R_{nl}

上に述べたように式 (3-28) を導いたときに $n = 1/\sqrt{-2E}$ と置いた。したがって

$$E = -\frac{1}{2}\frac{1}{n^2} \tag{3-36}$$

である。ラゲール陪関数は，$s = n + l$ および $t = 2l + 1$ と置いて得られたが，s はラゲール多項式の次数で整数である（(3-31) 式参照）。また $n = s−l$ なので n も整数でなければならない。さらに L_{n+l}^{2l+1} の関数の定義式 (3-32) から $s \geq t$ なので $n + l \geq 2l + 1$ あるいは $n−l \geq 1$ である。方位量子数 l は 0, 1, 2, 3, … の値をとるので n は 1 より大きい整数となる。この整数 n は主量子数と呼ばれる。

水素の原子軌道のエネルギーは式 (3-36) で与えられるが，これは $1/n^2$ に $-1/2$ をかけた値になっている。この値はボーア (Bohr) の古典的水素模型で得られた結果と一致している。

3-7　動径波動関数の性質

原子軌道の動径成分となるラゲール陪関数は式 (3-34) で与えられ表 3-4 に示した。実際の原子軌道はこの動径関数に球面調和関数（実数型の式 (3-25)，あるいは複素型の式 (3-23)）をかけたものになるが，球面調和関数が原子軌道の方向性を表しているのに対して，ラゲール陪関数は原子軌道の拡がりを表す。表 3-4 のいくつかを図 3-6 に示した。また図 3-7 には動径関数に動径 r をかけた関数とそれを 2 乗した動径分布関数も示しておく。

図 3-6 からわかるように R_{10} は 1s 軌道の動径関数であるが，$r = 0$ における値が 2 であり r の指数関数として単調に減少していく。R_{20}（2s 軌道）は $r = 0$ で $(1/2)^{1/2}$ の値になり，1 回振動するので節を持ち，r が大きいところで指数関数的に減少していく。R_{30}（3s 軌道）は $r = 0$ でやはり有限の値になり，2 回振動した後，指数関数的に減少していく。この関数は 2 つの節を持つ。

R_{21}（2p 軌道）は $r = 0$ で値が 0 であり，最初直線的に増大していき，その後指数関数的に減

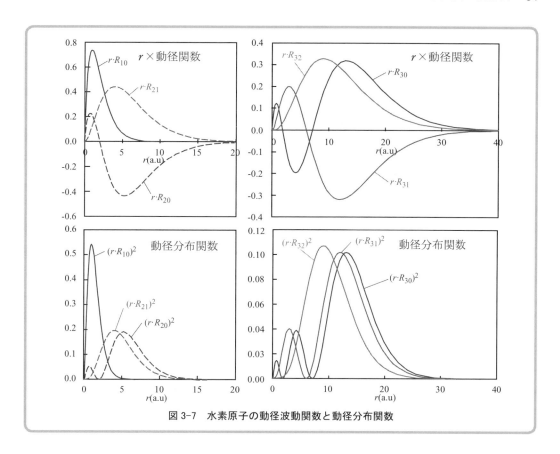

図 3-7 水素原子の動径波動関数と動径分布関数

少していく。R_{31}(3p 軌道)は $r = 0$ でやはり 0 であり,最初直線的に増大し 1 回振動した後,指数関数的に減少していく。この関数は 1 つの節を持つ。これらのことより動径関数の振る舞いを定性的に知ることができる。まず $l = 0$,すなわち s 軌道の場合,$r = 0$ で有限の値をとるので,電子の存在確率(電子密度と解釈できる)が有限である。しかし $l > 0$ の軌道は $r = 0$ での波動関数の値および電子密度が 0 になる。このことは後で述べるように軌道角運動量と関係していて,角運動量が 0 ($l = 0$) の s 軌道電子のみが原子核位置で有限の電子密度を持つことになるのである。また動径波動関数 R_{nl} は n-l-1 の節を持つことがわかる。さらに $r = 0$ における関数の立ち上がりが r^l 程度になることがわかる。

波動関数はそれ自身では物理的な意味を持たないが,その 2 乗は電子の存在確率,すなわち電子密度である。そこで $4\pi r^2 \{\psi(r)\}^2 dr$ という量をとると,それは半径 r で厚さが dr の球殻内の電子の電荷になる。この $4\pi r^2 \{\psi(r)\}^2$ は動径分布関数と呼ばれ,原点から距離 r 離れたところの球面上での電子密度を表している($4\pi r^2$ は半径 r の球面の面積である)。半径 r の球内で電子密度の積分を行うと

$$\int [\psi(r)]^2 dr = \iiint [R_{nl}(r)]^2 [y_{lm}(\theta,\phi)]^2 r^2 \sin\theta \, d\theta d\phi dr$$
$$= \int_0^r r'^2 [R_{nl}(r')]^2 dr' \int_0^{2\pi} \int_0^{\theta} [y_{lm}(\theta,\phi)]^2 \sin\theta \, d\theta d\phi$$

であるが,角部分は規格化されていて積分値は 1 になる。したがって動径部分は

$$\int_0^{\infty} r^2 [R_{nl}(r)]^2 dr = 1 \tag{3-37}$$

のように規格化されることになる。このような理由で動径関数を表すのに R_{nl} に r をかけた形で表す場合がある。式 (3-37) の規格化の条件から 1s 軌道の場合

$$\int_0^\infty r^2[R_{10}(r)]^2 \mathrm{d}r = \int_0^\infty (r \times 2e^{-r})^2 \mathrm{d}r = 4\int_0^\infty r^2 e^{-2r} \mathrm{d}r = 1$$

となっていることがわかる *。

$$*\left(\int r^n e^{-ar} \mathrm{d}r = -e^{-ar} \sum_{k=0}^\infty \frac{1}{a^{k+1}} \frac{n!}{(n-k)!} r^{(n-k)}\right)$$

また電子密度の分布の平均距離,すなわち r の平均値 (r の期待値という) は 1s 軌道の場合,

$$\langle r \rangle_{1s} = \int_0^\infty r \times \{rR_{10}(r)\}^2 \mathrm{d}r = 4\int_0^\infty r^3 e^{-2r} \mathrm{d}r = \frac{3}{2}$$

となり,ボーア半径の 1.5 倍の値になることがわかる。一般的に R_{nl} に対する r の平均値は

$$\langle r \rangle_{nl} = \left(\frac{n^2}{Z}\right)\left[1 + \frac{1}{2}\left\{1 - \frac{l(l+1)}{2r^2}\right\}\right]$$

と表される。

次にもう少し詳細に動径方程式 (3-26) を調べてみよう。

$$\left[-\frac{1}{2}\frac{1}{r^2}\frac{\mathrm{d}}{\mathrm{d}r}\left(r^2\frac{\mathrm{d}}{\mathrm{d}r}\right) - \frac{1}{r} + \frac{l(l+1)}{2r^2}\right]R_{nl}(r) = ER_{nl}(r) \tag{3-38}$$

であるが,この式で左辺の第 1 項は運動エネルギーに対応した項で,第 2 項はポテンシャルエネルギーの項である。元のシュレディンガー方程式 (3-2) と比較してみると,第 3 項として $l(l+1)/2r^2$ が付け加わった形になっていることがわかる。この項は式 (3-2) を極座標で表し,動径成分を変数分離する際,つまり 3 次元の問題を 1 次元の問題に還元する際に現れた項である。波動方程式の意味からこの項をポテンシャル項に加え,有効ポテンシャル (V_{eff}) と考えることにすると

$$V_{\mathrm{eff}} = -\frac{1}{r} + \frac{l(l+1)}{2r^2} \tag{3-39}$$

と書いて,動径方程式は

$$\left[-\frac{1}{2}\frac{1}{r^2}\frac{\mathrm{d}}{\mathrm{d}r}\left(r^2\frac{\mathrm{d}}{\mathrm{d}r}\right) + V_{\mathrm{eff}}\right]R_{nl}(r) = ER_{nl}(r) \tag{3-40}$$

と書ける。l は方位量子数であるが,これはまた角運動量に関係する量子数でもある。もう 1 度シュレディンガー方程式を変数分離したところまで戻ってみる。式 (3-10) $= -\lambda/2$ と置いて,式 (3-11) と式 (3-12) が得られたわけであるが,このとき角部分は $\lambda = -l(l+1)$ として

$$\left[-\frac{1}{\sin\theta}\frac{\partial}{\partial\theta}\left(\sin\theta\frac{\partial}{\partial\theta}\right) - \frac{1}{\sin^2\theta}\frac{\partial^2}{\partial\phi^2}\right]Y_{lm}(\theta,\phi) = l(l+1)Y_{lm}(\theta,\phi) \tag{3-41}$$

となったわけである。実はこの式の左辺の演算子に $\hbar^2$ をかけたものは角運動量 L の 2 乗に等しいのである[*1]。また式 (3-11) が得られ,その際 $l(l+1)/2r^2$ の項が出現したのである。この問題を古典論と対応させて考えてみる。

[*1] 付録 3C の式 (3C-9) ～ (3C-11) を参照,ただし $\hbar$ は原子単位系では 1 に等しい。

古典力学において，原点から距離 r のところを運動している粒子の角運動量を L とする。粒子の質量を m，速度を v とすると $L = mrv$ である。また遠心力を考えると

$$\text{遠心力} = \frac{mv^2}{r} = \frac{L^2}{mr^3}$$

と書ける。このような遠心力が働いていることは遠心力ポテンシャル $L^2/2mr^2 (= -\int f\,dr)$ が存在していることに対応している。量子論では角運動量の2乗は $\mathbf{L}^2 = \hbar^2 l(l+1)$ で置き換えられる[*1]。したがって

$$\text{遠心力ポテンシャル} = \frac{l(l+1)}{2r^2} \tag{3-42}$$

と表される（原子単位系）。

このように式 (3-39) の有効ポテンシャル V_{eff} の中の付加項は遠心力ポテンシャルに対応していることがわかる。動径波動方程式はこのような V_{eff} のもとで解くことになる。したがって量子数 l が異なれば V_{eff} が違ってくる。$l=0$（s 軌道）の場合は V_{eff} は $V = -1/r$ そのもので $r \to 0$ で $-\infty$ に近づくが，$l>0$ では遠心力ポテンシャルが $1/r^2$ の程度で $+\infty$ になるので V_{eff} も r が小さくなると $+\infty$ に近づいていく（図 3-8 参照）。このようなポテンシャルで解かれた微分方程式の結果が，式 (3-34) で示されるラゲール陪関数で表される動径波動関数なのである。この結果をもう一度注意してみると次のようなことがわかる。まず l が異なる場合の有効ポテンシャルに対する波動関数を調べてみる。$l=0$ の場合，$r \to 0$ で V_{eff} が $-\infty$ に近づくので，粒子は $r=0$ の点に置いても存在することができ，波動関数の値は 0 でない。$l>0$ 場合は r が小さいところでポテンシャルの壁ができることになるので，電子は $r=0$ の位置まで近づくことができないことになり，$r=0$ の点では波動関数は 0 になる。すなわち図 3-8 に示されているように，粒子は遠心力ポテンシャルの壁ではね返され，ポテンシャルの窪みの範囲内に局在することになる。

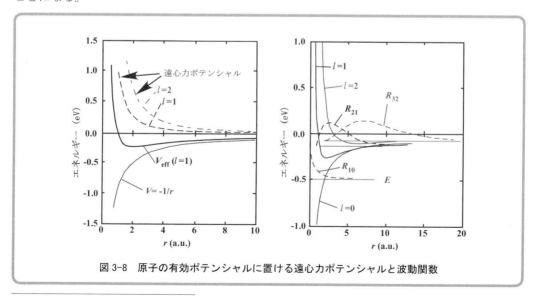

図 3-8 原子の有効ポテンシャルに置ける遠心力ポテンシャルと波動関数

[*1] 付録 3C 参照。

水素原子の波動方程式を解いてみた結果，次のような結論が得られたことになる．まず電子の運動状態はボーア模型の円軌道のようなものではなく，確率関数（波動関数）の形で表され，ある位置で電子を見出す確率で記述される．これを古典力学の軌道と対応させて軌道関数 (orbital) と呼ぶ．電子はある量子条件（主量子数 n，方位量子数 l，磁気量子数 m で規定される）を満たすいろいろな軌道を運動することができる．その中で $l = 0$ の軌道電子は角運動量 ($= \hbar\sqrt{l(l+1)}$) が 0 で原子核の位置まで侵入できる．古典力学との対応で考えると，角運動量は $L = r \times mv$ なので $L = 0$ の軌道は $r = 0$，すなわち原子核の位置を通過する軌道を運動すると解釈できる．$l > 0$ の軌道は，角運動量をもっているので $r > 0$ の位置に存在し，常に原子核から離れた軌道運動をする．電子の感じるポテンシャルは $V = -1/r$ であるが，これらの軌道を与える波動方程式を解く際，遠心力に対応する項が加わった有効ポテンシャルを取り扱うことになるので，その結果として角運動量をもつ軌道が得られるのである．水素原子の軌道はシュレディンガー方程式と呼ばれる 3 次元の 2 階の偏微分方程式の解として得られるが，その解は n, l, m の 3 つの量子数の組で規定され，次のような条件を満たさなければならない．まず n は 1 以上の正の整数 ($n \geq 1$) で，l は 0 か正の整数であるが，$l < n$ でなければならない．また m は 0 あるいは正負の整数で，$m = -l, -l+1, \cdots, l-1, l$ の計 $2l+1$ 個の m の値をもつ解が存在する．したがって

$n = 1, l = 0, m = 0$　　　　　　　　（1 つの 1s 軌道）

$n = 2, l = 0, m = 0$　　　　　　　　（1 つの 2s 軌道）

$n = 2, l = 1, m = -1, 0, 1$　　　　　（3 つの 2p 軌道）

$n = 3, l = 0, m = 0$　　　　　　　　（1 つの 3s 軌道）

$n = 3, l = 1, m = -1, 0 1$　　　　　（3 つの 3p 軌道）

$n = 3, l = 2, m = -2, -1, 0, 1, 2$　　（5 つの 3d 軌道）

・・・・・・・・・・・・・・・・

の軌道が存在することがわかる．

最後に水素原子のシュレディンガー方程式を解いて得られた原子軌道関数の性質を図 3-9 に示すようにまとめることができる．

まず原子軌道関数は定常波としての性質を持ち，ラゲールの陪関数で表される動径関数と球面調和関数との積で表すことができる．そしてこれらの関数の性質により原子軌道関数は主量子数 n，方位量子数 l，磁気量子数 m の 3 つの量子数で規定できる．より正確に原子軌道を表すにはスピン量子数を考慮しなければならないが，ここでは露わには含まれない．1 つの原子軌道にはスピンが上向きと下向きの 2 つの電子が占有できるので，収容電子数は軌道数の 2 倍になる．

原子軌道は方位量子数 l で分類され，$l = 0, 1, 2, 3$ に対して s 軌道, p 軌道, d 軌道, f 軌道などと呼ばれる．軌道数は磁気量子数 m の数が $2l+1$ 通りあるので，それぞれ 1, 3, 5, 7 となる．1 つひとつの原子軌道は球面調和関数の関数形で p_x, p_y, p_z などと記すことができる．

軌道電子のエネルギーは $E = -1/(2n^2)$ で主量子数 n の 2 乗に逆比例し，$n = 1$ のとき最低

軌道関数 　　$\chi_{nlm}(r,\theta,\phi) = R_{nl}(r) \times Y_{lm}(\theta,\phi)$

動径関数 　　$R_{nl}(\rho)=[(\frac{2}{n})^3 \frac{(n-l-1)!}{2n\{(n+l)!\}^3}]^{1/2} e^{-\frac{\rho}{2}} \rho^l L_{n+l}^{2l+1}(\rho)$

球面調和関数 $Y_{lm}(\theta,\phi) = \{\frac{(2l+1)(l-|m|)!}{4\pi(l+|m|)!}\}^{1/2} P_l^{|m|}(\cos\theta) e^{im\phi}$

主量子数 n ($n=1, 1, 2, 4, \cdots$)　　　規格・直交化

方位量子数 l ($0 \leq l < n$)

磁気量子数 m ($m = l, l-1, \cdots, -l$)

$$\int \chi_i^* \chi_j \, dr = \begin{cases} 1 & (i=j) \\ 0 & (i \neq j) \end{cases}$$

軌道エネルギー $E\ (= -\frac{1}{2n^2})$

l	名称	軌道数	m		収容電子数
0	s	1	0	s	2
1	p	3	-1,0,1	p_x, p_y, p_z	6
2	d	5	-2,-1,0,1,2	$d_{x^2-y^2}, d_{xz}, d_{3z^2-r^2}, d_{yz}, d_{xy}$	10
3	f	7	-3,-2,-1,0,1,2,3	$f_{x(x^2-3y^2)}, f_{z(x^2-y^2)}, f_{x(5z^2-r^2)}, f_{z(5z^2-3r^2)},$ $f_{y(5z^2-3r^2)}, f_{xyz}, f_{y(3x^2-y^2)}$	14
⋯					

図 3-9　水素原子軌道の性質

のエネルギーをもつ。このときのエネルギー値は $E = -1/2$（原子単位で）である。n が大きくなるとエネルギーは高くなり，$n = \infty$ で $E = 0$ となるが，これは電子の軌道半径（軌道関数では r の期待値に対応する）と関係があり，n が大きくなると半径は n^2 の程度で大きくなり，電子のポテンシャルエネルギーが高くなっていくためである。$r = \infty$ では電子のポテンシャルは 0 なので力を全く受けない状態になり，この場合のエネルギーは 0（真空準位という）である。水素原子の 1 個の電子はどれか 1 つの軌道を運動することになるが，通常はエネルギーの最も低い状態（基底状態という），すなわち $n = 1$ の 1s 軌道に入る。この電子がエネルギーを得て高いエネルギー状態（励起状態），すなわち $n \geq 2$ の軌道に遷移することができる。この際電子はエネルギーを吸収するが，励起状態の寿命があり，今度はエネルギーを放出してエネルギーの低い状態に遷移することになる[*1]。

[*1] 動径方程式の Numerov 法による数値解法は計算実習 IIIA「動径方程式の数値計算実習」で説明されている。このプログラムでは式 (3-26) のエネルギー E を変化させながら数値的に解くことができるので，特定のエネルギー（固有値）に対してのみ原子の動径関数が存在するなどの性質について実際に検討することができる。また計算実習 IIIB「水素様原子の動径波動関数」では解析的にラゲール陪関数を用いて動径関数を求めることできる。

参考文献

1) Erwin Schrödinger, Annalen der Physik (4) vol.79, 1926, pp.361-376. ibid., pp.489-527. Die Naturwissenshaften, vol.28, pp.664-666. Annalen der Physik (4) vol.79, 1926, pp.734-756. ibid., vol.80, 1926, pp.437-490. ibid., vol.81, 1926, pp.109-139. ibid., vol.82, 1927, pp.257-264. ibid., pp.265-272. ibid., vol.83, 1927. これらの論文は，『波動力学論文集　シュレディンガー選集1』，湯川秀樹監修，田中正，南政次共訳，共立出版（昭和49年）に収録されている。

2) Louis de Broglie, Thesis, Paris, 1924, Ann. de Physique (10) 3, 22 (1925).

3) Max Born, Zeitschrift für Physik, 37, (1926), pp. 863–867.

演習問題

水素の原子軌道が規格化，直交化されていることを確かめよ。原子軌道は動径関数 $R_{nl}(r)$ と角関数（球面調和関数）$Y_{lm}(\theta,\phi)$ との積 $\chi_{nlm}(r,\theta,\phi) = R_{nl}(r) \times Y_{lm}(\theta,\phi)$ で表される。

a) 1s, 2s, 2p 軌道の動径関数がそれぞれ規格化されていることを確かめよ。また直交条件はどうかを調べよ。

b) s, p_x, p_y, p_z 軌道関数は球面調和関数で表されるが，それぞれが規格・直交化されていることを確かめよ。

c) 1s, 2s, 2p 原子軌道がすべて規格・直交化されていることを確かめよ。

d) ボーアの水素模型では電子軌道の半径は $a_0 n^2$ で量子数 n の2乗に比例する。量子論では原子軌道は広がりを持っているので古典論のような意味での軌道の半径はないが，電子雲の広がりの平均値

$$\langle r \rangle_{nlm} = \int \chi^*_{nlm}\, r\, \chi_{nlm} dr$$

を軌道半径と定義することができる。水素原子の軌道 1s, 2s, 2p, 3s, 3p, 3d の軌道半径を計算し，ボーア模型の場合と比較せよ。

付　録

3A　極座標におけるラプラシアン

直交座標 (x, y, z) と極座標 (r, θ, ϕ) との対応は次のようになる。

$$\left. \begin{array}{l} x = r \sin\theta \cos\phi \\ y = r \sin\theta \sin\phi \\ z = r \cos\theta \end{array} \right\} \tag{3A-1}$$

これを逆変換すれば

$$\left. \begin{array}{l} r = (x^2 + y^2 + z^2)^{1/2} \\ \theta = \sin^{-1}\{(x^2 + y^2)/(x^2 + y^2 + z^2)\}^{1/2} \\ \phi = \tan^{-1}\left(\dfrac{y}{x}\right) \end{array} \right\} \tag{3A-2}$$

である。またこれらの微分の変換は

$$\left. \begin{array}{l} \dfrac{\partial r}{\partial x} = \sin\theta \cos\phi,\ \dfrac{\partial r}{\partial y} = \sin\theta \sin\phi,\ \dfrac{\partial r}{\partial z} = \cos\theta \\[2mm] \dfrac{\partial \theta}{\partial x} = \dfrac{\cos\theta \cos\phi}{r},\ \dfrac{\partial \theta}{\partial y} = \dfrac{\cos\theta \sin\phi}{r},\ \dfrac{\partial \theta}{\partial z} = \dfrac{\sin\theta}{r} \\[2mm] \dfrac{\partial \phi}{\partial x} = -\dfrac{\sin\phi}{r \sin\theta},\ \dfrac{\partial \phi}{\partial y} = \dfrac{\cos\phi}{r \sin\theta},\ \dfrac{\partial \phi}{\partial z} = 0 \end{array} \right\} \tag{3A-3}$$

となり，これを用いると

$$\left. \begin{array}{l} \dfrac{\partial}{\partial x} = \dfrac{\partial}{\partial r}\dfrac{\partial r}{\partial x} + \dfrac{\partial}{\partial \theta}\dfrac{\partial \theta}{\partial x} + \dfrac{\partial}{\partial \phi}\dfrac{\partial \phi}{\partial x} \\[2mm] \qquad = \sin\theta \cos\phi \dfrac{\partial}{\partial r} + \dfrac{\cos\theta \cos\phi}{r}\dfrac{\partial}{\partial \theta} - \dfrac{\sin\phi}{r \sin\theta}\dfrac{\partial}{\partial \phi} \\[2mm] \dfrac{\partial}{\partial y} = \sin\theta \sin\phi \dfrac{\partial}{\partial r} + \dfrac{\cos\theta \sin\phi}{r}\dfrac{\partial}{\partial \theta} + \dfrac{\cos\phi}{r \sin\theta}\dfrac{\partial}{\partial \phi} \\[2mm] \dfrac{\partial}{\partial z} = \cos\theta \dfrac{\partial}{\partial r} - \dfrac{\sin\theta}{r}\dfrac{\partial}{\partial \theta} \end{array} \right\} \tag{3A-4}$$

が得られる。これをもう一度微分すると

$$\begin{aligned} \dfrac{\partial^2}{\partial x^2} &= \dfrac{\partial}{\partial r}\left(\dfrac{\partial}{\partial x}\right)\dfrac{\partial r}{\partial x} + \dfrac{\partial}{\partial \theta}\left(\dfrac{\partial}{\partial x}\right)\dfrac{\partial \theta}{\partial x} + \dfrac{\partial}{\partial \phi}\left(\dfrac{\partial}{\partial x}\right)\dfrac{\partial \phi}{\partial x} \\ &= \sin\theta \cos\phi \dfrac{\partial}{\partial r}\left(\sin\theta \cos\phi \dfrac{\partial}{\partial r} + \dfrac{\cos\theta \cos\phi}{r}\dfrac{\partial}{\partial \theta} - \dfrac{\sin\phi}{r \sin\theta}\dfrac{\partial}{\partial \phi}\right) \\ &\quad + \dfrac{\cos\theta \cos\phi}{r}\dfrac{\partial}{\partial \theta}\left(\sin\theta \cos\phi \dfrac{\partial}{\partial r} + \dfrac{\cos\theta \cos\phi}{r}\dfrac{\partial}{\partial \theta} - \dfrac{\sin\phi}{r \sin\theta}\dfrac{\partial}{\partial \phi}\right) \\ &\quad - \dfrac{\sin\phi}{r \sin\theta}\dfrac{\partial}{\partial \phi}\left(\sin\theta \cos\phi \dfrac{\partial}{\partial r} + \dfrac{\cos\theta \cos\phi}{r}\dfrac{\partial}{\partial \theta} - \dfrac{\sin\phi}{r \sin\theta}\dfrac{\partial}{\partial \phi}\right) \end{aligned}$$

$$
\begin{aligned}
&= \sin^2\theta \cos^2\phi \frac{\partial^2}{\partial r^2} + \frac{\sin\theta\cos\theta\cos^2\phi}{r}\frac{\partial^2}{\partial r\partial\theta} + \frac{\sin\theta\cos\theta\cos^2\phi}{r^2}\frac{\partial}{\partial\theta} \\
&\quad - \frac{\sin\phi\cos\phi}{r}\frac{\partial^2}{\partial r\partial\phi} + \frac{\sin\phi\cos\phi}{r^2}\frac{\partial}{\partial\phi} + \frac{\sin\theta\cos\theta\cos^2\phi}{r}\frac{\partial^2}{\partial\theta\partial r} \\
&\quad + \frac{\cos^2\theta\cos^2\phi}{r}\frac{\partial}{\partial r} + \frac{\cos^2\theta\cos^2\phi}{r^2}\frac{\partial^2}{\partial\theta^2} - \frac{\sin\theta\cos\theta\cos^2\phi}{r^2}\frac{\partial}{\partial\theta} \\
&\quad - \frac{\cos\theta\sin\phi\cos\phi}{r^2\sin\theta}\frac{\partial^2}{\partial\theta\partial\phi} + \frac{\cos^2\theta\sin\phi\cos\phi}{r^2\sin^2\theta}\frac{\partial}{\partial\phi} - \frac{\sin\phi\cos\phi}{r}\frac{\partial^2}{\partial\phi\partial r} \\
&\quad + \frac{\sin^2\phi}{r}\frac{\partial}{\partial r} - \frac{\cos\theta\sin\phi\cos\phi}{r^2\sin\theta}\frac{\partial^2}{\partial\theta\partial\phi} + \frac{\cos\theta\sin^2\phi}{r^2\sin\theta}\frac{\partial}{\partial\theta} \\
&\quad + \frac{\sin^2\phi}{r^2\sin^2\theta}\frac{\partial^2}{\partial\phi^2} + \frac{\sin\phi\cos\phi}{r^2\sin^2\phi}\frac{\partial}{\partial\theta}
\end{aligned}
$$

である。これを整理して結局

$$
\begin{aligned}
\frac{\partial^2}{\partial x^2} &= \sin^2\theta\cos^2\phi \frac{\partial^2}{\partial r^2} + \frac{2\sin\theta\cos\theta\cos^2\phi}{r}\frac{\partial^2}{\partial r\partial\theta} \\
&\quad + \left(\frac{\cos\theta\sin^2\phi}{r^2\sin\theta} - \frac{2\sin\theta\cos\theta\cos^2\phi}{r^2}\right)\frac{\partial}{\partial\theta} - \frac{2\sin\phi\cos\phi}{r}\frac{\partial^2}{\partial\phi\partial r} \\
&\quad + \frac{2\sin\phi\cos\phi}{r^2\sin^2\theta}\frac{\partial}{\partial\phi} + \frac{\cos^2\theta\cos^2\phi+\sin^2\phi}{r}\frac{\partial}{\partial r} + \frac{\cos^2\theta\cos^2\phi}{r^2}\frac{\partial^2}{\partial\theta^2} \\
&\quad - \frac{2\cos\theta\sin\phi\cos\phi}{r^2\sin\theta}\frac{\partial^2}{\partial\theta\partial\phi} + \frac{\sin^2\phi}{r^2\sin^2\theta}\frac{\partial^2}{\partial\phi^2} \\
\frac{\partial^2}{\partial y^2} &= \sin^2\theta\sin^2\phi \frac{\partial^2}{\partial r^2} + \frac{2\sin\theta\cos\theta\sin^2\phi}{r}\frac{\partial^2}{\partial r\partial\theta} \\
&\quad + \left(\frac{\cos\theta\cos^2\phi}{r^2\sin\theta} - \frac{2\sin\theta\cos\theta\sin^2\phi}{r^2}\right)\frac{\partial}{\partial\theta} + \frac{2\sin\phi\cos\phi}{r}\frac{\partial^2}{\partial\phi\partial r} \\
&\quad - \frac{2\sin\phi\cos\phi}{r^2\sin^2\theta}\frac{\partial}{\partial\phi} + \frac{\cos^2\theta\cos^2\phi+\cos^2\phi}{r}\frac{\partial}{\partial r} + \frac{\cos^2\theta\sin^2\phi}{r^2}\frac{\partial^2}{\partial\theta^2} \\
&\quad + \frac{2\cos\theta\sin\phi\cos\phi}{r^2\sin\theta}\frac{\partial^2}{\partial\theta\partial\phi} + \frac{\cos^2\phi}{r^2\sin^2\theta}\frac{\partial^2}{\partial\phi^2} \\
\frac{\partial^2}{\partial z^2} &= \cos^2\theta \frac{\partial^2}{\partial r^2} - \frac{2\sin\theta\cos\theta}{r}\frac{\partial^2}{\partial r\partial\theta} + \frac{2\sin\theta\cos\theta}{r^2}\frac{\partial}{\partial\theta} \\
&\quad + \frac{\sin^2\theta}{r}\frac{\partial}{\partial r} + \frac{\sin^2\theta}{r^2}\frac{\partial^2}{\partial\theta^2}
\end{aligned}
$$

が得られる。これらを加え合わせると

$$
\nabla^2 = \frac{\partial^2}{\partial r^2} + \frac{2}{r}\frac{\partial}{\partial r} + \frac{1}{r^2}\frac{\partial^2}{\partial\theta^2} + \frac{\cos\theta}{r^2\sin\theta}\frac{\partial}{\partial\theta} + \frac{1}{r^2\sin^2\theta}\frac{\partial^2}{\partial\phi^2}
$$

となることがわかる。この式は

$$
\nabla^2 = \frac{1}{r^2}\frac{\partial}{\partial r}\left(r^2\frac{\partial}{\partial r}\right) + \frac{1}{r^2\sin\theta}\frac{\partial}{\partial\theta}\left(\sin\theta\frac{\partial}{\partial\theta}\right) + \frac{1}{r^2\sin^2\theta}\frac{\partial^2}{\partial\phi^2}
$$

と書くこともできる。これをシュレディンガー方程式 (3-4) に代入すれば

$$
\left\{-\frac{1}{2}\left[\frac{1}{r^2}\frac{\partial}{\partial r}\left(r^2\frac{\partial}{\partial r}\right) + \frac{1}{r^2\sin\theta}\frac{\partial}{\partial\theta}\left(\sin\theta\frac{\partial}{\partial\theta}\right) + \frac{1}{r^2\sin^2\theta}\frac{\partial^2}{\partial\phi^2}\right] - \frac{1}{r}\right\}\Psi = E\Psi \tag{3A-5}
$$

となる。

3B 演算子の直交座標から極座標への座標変換

　直交座標系 (x, y, z) から極座標系 (r, θ, ϕ) への変換は，以下のようにベクトル解析における曲線直交座標の手法を用いて行うことができる。

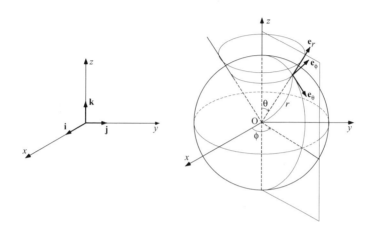

　極座標 (r, θ, ϕ) は直交曲線座標であり，$(x, y, z) \to (r, \theta, \phi)$ の対応は

$$\left.\begin{array}{l} x = r \sin\theta \cos\phi \\ y = r \sin\theta \sin\phi \\ z = r \cos\theta \end{array}\right\} \tag{3B-1}$$

で与えられる。ただし，領域は $r > 0, 0 < \theta < \pi, 0 \le \phi \le 2\pi$ であり，$r = 0$ や $\theta = 0, \pi$ のときは，1対1の対応でなくなる。直線座標 (x, y, z) では $\mathbf{r} = x\mathbf{i} + y\mathbf{j} + z\mathbf{k}$ で与えられ，(r, θ, ϕ) では $\mathbf{r} = u_r \mathbf{e}_r + u_\theta \mathbf{e}_\theta + u_\phi \mathbf{e}_\phi$ で与えられる。ここで $\mathbf{i}, \mathbf{j}, \mathbf{k}$ および $\mathbf{e}_r, \mathbf{e}_\theta, \mathbf{e}_\phi$ はそれぞれの座標の基本単位ベクトルで，(x, y, z) および (u_r, u_θ, u_ϕ) で座標点を表す。$\mathbf{r}$ の r, θ, ϕ に対する導関数は，$\partial \mathbf{r}/\partial x = \mathbf{i}, \partial \mathbf{r}/\partial y = \mathbf{j}, \partial \mathbf{r}/\partial z = \mathbf{k}$ なので

$$\left.\begin{array}{l} \dfrac{\partial \mathbf{r}}{\partial r} = \dfrac{\partial \mathbf{r}}{\partial x}\dfrac{\partial x}{\partial r} + \dfrac{\partial \mathbf{r}}{\partial y}\dfrac{\partial y}{\partial r} + \dfrac{\partial \mathbf{r}}{\partial z}\dfrac{\partial z}{\partial r} = \mathbf{i} \sin\theta \cos\phi + \mathbf{j} \sin\theta \sin\phi + \mathbf{k} \cos\theta \\[4pt] \dfrac{\partial \mathbf{r}}{\partial \theta} = \dfrac{\partial \mathbf{r}}{\partial x}\dfrac{\partial x}{\partial \theta} + \dfrac{\partial \mathbf{r}}{\partial y}\dfrac{\partial y}{\partial \theta} + \dfrac{\partial \mathbf{r}}{\partial z}\dfrac{\partial z}{\partial \theta} = r(\mathbf{i} \cos\theta \cos\phi + \mathbf{j} \cos\theta \sin\phi - \mathbf{k} \sin\theta) \\[4pt] \dfrac{\partial \mathbf{r}}{\partial \phi} = \dfrac{\partial \mathbf{r}}{\partial x}\dfrac{\partial x}{\partial \phi} + \dfrac{\partial \mathbf{r}}{\partial y}\dfrac{\partial y}{\partial \phi} + \dfrac{\partial \mathbf{r}}{\partial z}\dfrac{\partial z}{\partial \phi} = r(-\mathbf{i} \sin\theta \sin\phi + \mathbf{j} \sin\theta \cos\phi) \end{array}\right\} \tag{3B-2}$$

またこれらの絶対値を

$$\left.\begin{array}{l}h_r = \left|\dfrac{\partial \mathbf{r}}{\partial r}\right| = \sqrt{\sin^2\theta \cos^2\phi + \sin^2\theta \sin^2\phi + \cos^2\theta} = 1 \\[6pt] h_\theta = \left|\dfrac{\partial \mathbf{r}}{\partial \theta}\right| = r\sqrt{\cos^2\theta \cos^2\phi + \cos^2\theta \sin^2\phi + \sin^2\theta} = r \\[6pt] h_\phi = \left|\dfrac{\partial \mathbf{r}}{\partial \phi}\right| = r\sqrt{\sin^2\theta \sin^2\phi + \sin^2\theta \cos^2\phi} = r\sin\theta\end{array}\right\} \quad (3\text{B-}3)$$

とおくことにする。極座標の単位ベクトル $\mathbf{e}_r, \mathbf{e}_\theta, \mathbf{e}_\phi$ は

$$\left.\begin{array}{l}\mathbf{e}_r = \dfrac{\partial \mathbf{r}/\partial r}{h_r} = \mathbf{i}\sin\theta\cos\phi + \mathbf{j}\sin\theta\sin\phi + \mathbf{k}\cos\theta \\[6pt] \mathbf{e}_\theta = \dfrac{\partial \mathbf{r}/\partial \theta}{h_\theta} = \mathbf{i}\cos\theta\cos\phi + \mathbf{j}\cos\theta\sin\phi - \mathbf{k}\sin\theta \\[6pt] \mathbf{e}_\phi = \dfrac{\partial \mathbf{r}/\partial \phi}{h_\phi} = -\mathbf{i}\sin\phi + \mathbf{j}\cos\phi\end{array}\right\} \quad (3\text{B-}4)$$

である。ここで $\mathbf{e}_r, \mathbf{e}_\theta, \mathbf{e}_\phi$ は式 (3B-4) からわかるように

$$\left.\begin{array}{l}\mathbf{e}_r \times \mathbf{e}_\theta = \mathbf{e}_\phi,\ \mathbf{e}_\theta \times \mathbf{e}_\phi = \mathbf{e}_r,\ \mathbf{e}_\phi \times \mathbf{e}_r = \mathbf{e}_\theta \\ \mathbf{e}_r \times \mathbf{e}_r = \mathbf{e}_\theta \times \mathbf{e}_\theta = \mathbf{e}_\phi \times \mathbf{e}_\phi = 0 \\ \mathbf{e}_r \cdot \mathbf{e}_r = \mathbf{e}_\theta \cdot \mathbf{e}_\theta = \mathbf{e}_\phi \cdot \mathbf{e}_\phi = 1 \\ \mathbf{e}_r \cdot \mathbf{e}_\theta = \mathbf{e}_\theta \cdot \mathbf{e}_\phi = \mathbf{e}_\phi \cdot \mathbf{e}_r = 0\end{array}\right\} \quad (3\text{B-}5)$$

などの関係があり，直交座標であることが確かめられる。また

$$\dfrac{\partial \mathbf{r}}{\partial r} = \dfrac{\partial \mathbf{r}}{\partial x}\dfrac{\partial x}{\partial r} + \dfrac{\partial \mathbf{r}}{\partial y}\dfrac{\partial y}{\partial r} + \dfrac{\partial \mathbf{r}}{\partial z}\dfrac{\partial z}{\partial r}, \quad \nabla r = \mathbf{i}\dfrac{\partial r}{\partial x} + \mathbf{j}\dfrac{\partial r}{\partial y} + \mathbf{k}\dfrac{\partial r}{\partial z}$$

なので

$$\dfrac{\partial \mathbf{r}}{\partial r} \cdot \nabla r = \left(\mathbf{i}\dfrac{\partial x}{\partial r} + \mathbf{j}\dfrac{\partial y}{\partial r} + \mathbf{k}\dfrac{\partial z}{\partial r}\right) \cdot \left(\mathbf{i}\dfrac{\partial r}{\partial x} + \mathbf{j}\dfrac{\partial r}{\partial y} + \mathbf{k}\dfrac{\partial r}{\partial z}\right)$$

$$= \dfrac{\partial r}{\partial x}\dfrac{\partial x}{\partial r} + \dfrac{\partial r}{\partial y}\dfrac{\partial y}{\partial r} + \dfrac{\partial r}{\partial z}\dfrac{\partial z}{\partial r} = \dfrac{\partial r}{\partial r} = 1$$

となり，同様に $(\partial \mathbf{r}/\partial \theta) \cdot \nabla\theta = 1$, $(\partial \mathbf{r}/\partial \phi) \cdot \nabla\phi = 1$ が得られる。これらの式と式 (3B-4), (3B-5) から

$$\mathbf{e}_r = h_r \nabla r,\ \mathbf{e}_\theta = h_\theta \nabla\theta,\ \mathbf{e}_\phi = h_\phi \nabla\phi \quad (3\text{B-}6)$$

の関係が導かれる。

つぎにスカラー場 f の勾配 ∇f について考える。まず

$$d\mathbf{r} \cdot \nabla f = (\mathbf{i}\,dx + \mathbf{j}\,dy + \mathbf{k}\,dz)\left(\mathbf{i}\dfrac{\partial f}{\partial x} + \mathbf{j}\dfrac{\partial f}{\partial y} + \mathbf{k}\dfrac{\partial f}{\partial z}\right)$$

$$= \dfrac{\partial f}{\partial x}\,dx + \dfrac{\partial f}{\partial y}\,dy + \dfrac{\partial f}{\partial z}\,dz = df \quad (3\text{B-}7)$$

であることがわかる。また極座標では

$$df = \frac{\partial f}{\partial r}dr + \frac{\partial f}{\partial \theta}d\theta + \frac{\partial f}{\partial \phi}d\phi \tag{3B-8}$$

であり，式 (3B-4) を用いると

$$d\mathbf{r} = \frac{\partial \mathbf{r}}{\partial r}dr + \frac{\partial \mathbf{r}}{\partial \theta}d\theta + \frac{\partial \mathbf{r}}{\partial \phi}d\phi = h_r\,\mathbf{e}_r\,dr + h_\theta\,\mathbf{e}_\theta\,d\theta + h_\phi\,\mathbf{e}_\phi\,d\phi$$

となるので，$\nabla f = f_r\mathbf{e}_r + f_\theta\mathbf{e}_\theta + f_\phi\mathbf{e}_\phi$ とおくことにすると，式 (3B-7) は

$$df = d\mathbf{r}\cdot\nabla f = (h_r\,\mathbf{e}_r\,dr + h_\theta\,\mathbf{e}_\theta\,d\theta + h_\phi\,\mathbf{e}_\phi\,d\phi)(f_r\mathbf{e}_r + f_\theta\mathbf{e}_\theta + f_\phi\mathbf{e}_\phi)$$
$$= h_r f_r\,dr + h_\theta f_\theta\,d\theta + h_\phi f_\phi\,d\phi$$

となる．したがって f の勾配は式 (3B-8) と比較することによって

$$\nabla f = \frac{\mathbf{e}_r}{h_r}\frac{\partial f}{\partial r} + \frac{\mathbf{e}_\theta}{h_\theta}\frac{\partial f}{\partial \theta} + \frac{\mathbf{e}_\phi}{h_\phi}\frac{\partial f}{\partial \phi}$$

$$= \mathbf{e}_r\frac{\partial f}{\partial r} + \frac{\mathbf{e}_\theta}{r}\frac{\partial f}{\partial \theta} + \frac{\mathbf{e}_\phi}{r\sin\theta}\frac{\partial f}{\partial \phi} \tag{3B-9}$$

と表されることがわかる．

つぎにベクトル場 $\mathbf{A}$ の発散 $\nabla\cdot\mathbf{A}$ について考える．ベクトル場 $\mathbf{A}$ は成分に分けて

$$\mathbf{A} = A_r\,\mathbf{e}_r + A_\theta\,\mathbf{e}_\theta + A_\phi\,\mathbf{e}_\phi \tag{3B-10}$$

と書くことにする．また式 (3B-5), (3B-6) から

$$\left.\begin{array}{l}\mathbf{e}_r\times\mathbf{e}_\theta = h_r\nabla r\times h_\theta\nabla\theta = h_r h_\theta\nabla r\times\nabla\theta = \mathbf{e}_\phi \\ \mathbf{e}_\theta\times\mathbf{e}_\phi = h_\theta h_\phi\nabla\theta\times\nabla\phi = \mathbf{e}_r \\ \mathbf{e}_\phi\times\mathbf{e}_r = h_\phi h_r\nabla\phi\times\nabla r = \mathbf{e}_\theta\end{array}\right\} \tag{3B-11}$$

の関係があることがわかる．

$\mathbf{A}$ の発散は式 (3B-10) から $\nabla\cdot\mathbf{A} = \nabla\cdot(A_r\mathbf{e}_r) + \nabla\cdot(A_\theta\mathbf{e}_\theta) + \nabla\cdot(A_\phi\mathbf{e}_\phi)$ であるが，式 (3B-11) を用いて

$$\nabla\cdot(A_r\mathbf{e}_r) = \nabla\cdot[(A_r h_\theta h_\phi)(\nabla\theta\times\nabla\phi)]$$
$$= (\nabla\theta\times\nabla\phi)\cdot\nabla(A_r h_\theta h_\phi) + (A_r h_\theta h_\phi)\nabla\cdot(\nabla\theta\times\nabla\phi)$$
$$= (\nabla\theta\times\nabla\phi)\cdot\nabla(A_r h_\theta h_\phi) = \frac{\mathbf{e}_r}{h_\theta h_\phi}\nabla(A_r h_\theta h_\phi)$$
$$= \frac{\mathbf{e}_r}{h_\theta h_\phi}\left(\frac{\mathbf{e}_r}{h_r}\frac{\partial}{\partial r} + \frac{\mathbf{e}_\theta}{h_\theta}\frac{\partial}{\partial \theta} + \frac{\mathbf{e}_\phi}{h_\phi}\frac{\partial}{\partial \phi}\right)(A_r h_\theta h_\phi) = \frac{\mathbf{e}_r}{h_\theta h_\phi}\frac{\partial}{\partial r}(A_r h_\theta h_\phi) \tag{3B-12}$$

となることがわかる．ここで $\nabla\cdot(\nabla\theta\times\nabla\phi) = 0$ となることを用いた．上式に式 (3B-3) を用いると

$$\nabla\cdot(A_r\mathbf{e}_r) = \frac{1}{r^2\sin\theta}\frac{\partial}{\partial r}(r^2\sin\theta\,A_r) = \frac{\partial}{\partial r}A_r + \frac{2A_r}{r\sin\theta}$$

となる．同様にして

$$\nabla\cdot(A_\theta\mathbf{e}_\theta) = \frac{1}{r}\frac{\partial}{\partial \theta}A_\theta, \quad \nabla\cdot(A_\phi\mathbf{e}_\phi) = \frac{1}{r\sin\theta}\frac{\partial}{\partial \phi}A_\phi$$

が得られ，$\nabla\cdot\mathbf{A} = \nabla\cdot(A_r\mathbf{e}_r) + \nabla\cdot(A_\theta\mathbf{e}_\theta) + \nabla\cdot(A_\phi\mathbf{e}_\phi)$ なので

$$\nabla\cdot\mathbf{A} = \frac{1}{r^2\sin\theta}\left[\frac{\partial}{\partial r}(r^2\sin\theta\, A_r) + \frac{\partial}{\partial\theta}(r\sin\theta\, A_\theta) + \frac{\partial}{\partial\phi}(rA_\phi)\right]$$

$$= \frac{\partial}{\partial r}A_r + \frac{2A_r}{r\sin\theta} + \frac{1}{r}\frac{\partial}{\partial\theta}A_\theta + \frac{\cos\theta\, A_\theta}{r\sin\theta} + \frac{1}{r\sin\theta}\frac{\partial}{\partial\phi}A_\phi \qquad (3\text{B-}13)$$

となることがわかる．

次に $\mathbf{A}$ の回転は，$\nabla\times\mathbf{A} = \nabla\times(A_r\mathbf{e}_r) + \nabla\times(A_\theta\mathbf{e}_\theta) + \nabla\times(A_\phi\mathbf{e}_\phi)$ であるが，式 (3B-6) を用いると $\nabla\times(A_r\mathbf{e}_r) = \nabla\times(A_r h_r\nabla r) = A_r h_r(\nabla\times\nabla r) + \nabla\cdot(A_r h_r)\times\nabla r = 0 + \nabla\cdot(A_r h_r)\times(\mathbf{e}_r/h_r)$ となるが，式 (3B-9) を用いると

$$\nabla\times(A_r\mathbf{e}_r) = \left[\frac{\mathbf{e}_r}{h_r}\frac{\partial}{\partial r}(A_r h_r) + \frac{\mathbf{e}_\theta}{h_\theta}\frac{\partial}{\partial\theta}(A_r h_r) + \frac{\mathbf{e}_\phi}{h_\phi}\frac{\partial}{\partial\phi}(A_r h_r)\right]\times\frac{\mathbf{e}_r}{h_r}$$

$$= \frac{\mathbf{e}_\theta}{h_r h_\phi}\frac{\partial}{\partial\phi}(A_r h_r) - \frac{\mathbf{e}_\phi}{h_r h_\theta}\frac{\partial}{\partial\theta}(A_r h_r) = \frac{\mathbf{e}_\theta}{r\sin\theta}\frac{\partial}{\partial\phi}(A_r) - \frac{\mathbf{e}_\phi}{r}\frac{\partial}{\partial\theta}(A_r)$$

となる．同様にして

$$\nabla\times(A_\theta\mathbf{e}_\theta) = \frac{\mathbf{e}_\phi}{r}\frac{\partial}{\partial r}(rA_\theta) - \frac{\mathbf{e}_r}{r^2\sin\theta}\frac{\partial}{\partial\phi}(rA_\theta),$$

$$\nabla\times(A_\phi\mathbf{e}_\phi) = \frac{\mathbf{e}_r}{r^2\sin\theta}\frac{\partial}{\partial\theta}(r\sin\theta\, A_\phi) - \frac{\mathbf{e}_\theta}{r\sin\theta}\frac{\partial}{\partial r}(r\sin\theta\, A_\phi)$$

となり，結局

$$\nabla\times\mathbf{A} = \frac{\mathbf{e}_r}{r^2\sin\theta}\left[\frac{\partial}{\partial\theta}(r\sin\theta\, A_\phi) - \frac{\partial}{\partial\phi}(rA_\theta)\right]$$

$$+ \frac{\mathbf{e}_\theta}{r\sin\theta}\left[\frac{\partial}{\partial\phi}(A_r) - \frac{\partial}{\partial r}(r\sin\theta\, A_\phi)\right] + \frac{\mathbf{e}_\phi}{r}\left[\frac{\partial}{\partial r}(rA_\theta) - \frac{\partial}{\partial\theta}(A_r)\right] \qquad (3\text{B-}14)$$

となることがわかる．

さらにラプラシアン $\nabla^2 f$ を考える．$\nabla^2 f = \nabla\cdot(\nabla f)$ であるが，式 (3B-9) より

$$\nabla f = \frac{\mathbf{e}_r}{h_r}\frac{\partial}{\partial r}f + \frac{\mathbf{e}_\theta}{h_\theta}\frac{\partial}{\partial\theta}f + \frac{\mathbf{e}_\phi}{h_\phi}\frac{\partial}{\partial\phi}f$$

であり

$$\nabla\cdot(\nabla f) = \nabla\cdot\left(\frac{\mathbf{e}_r}{h_r}\frac{\partial}{\partial r}f + \frac{\mathbf{e}_\theta}{h_\theta}\frac{\partial}{\partial\theta}f + \frac{\mathbf{e}_\phi}{h_\phi}\frac{\partial}{\partial\phi}f\right)$$

と書けるが，$\nabla f = \mathbf{A} = A_r\mathbf{e}_r + A_\theta\mathbf{e}_\theta + A_\phi\mathbf{e}_\phi$ とおくと，$A_r = (1/h_r)(\partial f/\partial r) = \partial f/\partial r$, $A_\theta = (1/h_\theta)(\partial f/\partial\theta) = (1/r)(\partial f/\partial\theta)$, $A_\phi = (1/h_\phi)(\partial f/\partial\phi) = (1/r\sin\theta)(\partial f/\partial\phi)$ となり，これを式 (3B-12) あるいは式 (3B-13) に代入すると

$$\nabla^2 f = \frac{1}{h_r h_\theta h_\phi}\left[\frac{\partial}{\partial r}\left(\frac{h_\theta h_\phi}{h_r}\frac{\partial f}{\partial r}\right) + \frac{\partial}{\partial\theta}\left(\frac{h_r h_\phi}{h_\theta}\frac{\partial f}{\partial\theta}\right) + \frac{\partial}{\partial\phi}\left(\frac{h_r h_\theta}{h_\phi}\frac{\partial f}{\partial\phi}\right)\right]$$

$$= \frac{1}{r^2 \sin\theta} \left[\frac{\partial}{\partial r} \left(r^2 \sin\theta \frac{\partial}{\partial r} \right) + \frac{\partial}{\partial \theta} \left(\sin\theta \frac{\partial}{\partial \theta} \right) + \frac{\partial}{\partial \phi} \left(\frac{1}{\sin\theta} \frac{\partial}{\partial \phi} \right) \right] f$$

$$= \left[\frac{1}{r^2} \frac{\partial}{\partial r} \left(r^2 \frac{\partial}{\partial r} \right) + \frac{1}{r^2 \sin\theta} \frac{\partial}{\partial \theta} \left(\sin\theta \frac{\partial}{\partial \theta} \right) + \frac{1}{r^2 \sin\theta} \frac{\partial^2}{\partial \phi^2} \right] f \tag{3B-15}$$

と表すことができる。

3C　角運動量

角運動量 **L** は古典論では

$$\mathbf{L} = \mathbf{r} \times \mathbf{p} \tag{3C-1}$$

で, x, y, z 成分に分けると

$$\begin{aligned}\mathbf{L} &= (\mathbf{i}x + \mathbf{j}y + \mathbf{k}z) \times (\mathbf{i}p_x + \mathbf{j}p_y + \mathbf{k}p_z) \\ &= \mathbf{i}(yp_z - zp_y) + \mathbf{j}(zp_x - xp_z) + \mathbf{k}(xp_y - yp_x) \\ &= \mathbf{i}L_x + \mathbf{j}L_y + \mathbf{k}L_z\end{aligned} \tag{3C-2}$$

と書ける。ここで $\mathbf{i}, \mathbf{j}, \mathbf{k}$ は x, y, z 方向の単位ベクトルで, L_x, L_y, L_z は角運動量の x, y, z 方向成分となる。

量子論では $p_x \to -i\hbar \partial/\partial x$ などの置き換えをすると

$$\left. \begin{aligned} L_x &= yp_z - zp_y = -i\hbar \left(y \frac{\partial}{\partial z} - z \frac{\partial}{\partial y} \right) \\ L_y &= zp_x - xp_z = -i\hbar \left(z \frac{\partial}{\partial x} - x \frac{\partial}{\partial z} \right) \\ L_z &= xp_y - yp_x = -i\hbar \left(x \frac{\partial}{\partial y} - y \frac{\partial}{\partial x} \right) \end{aligned} \right\} \tag{3C-3}$$

となる。この式の $\partial/\partial x, \partial/\partial y, \partial/\partial z$ を波動方程式の変数変換のとき行ったのと同様に極座標に変換すると（付録3A 式 (3A-4) を参照）

$$\left. \begin{aligned} \frac{\partial}{\partial x} &= \sin\theta\cos\phi \frac{\partial}{\partial r} + \frac{\cos\theta\cos\phi}{r} \frac{\partial}{\partial \theta} - \frac{\sin\phi}{r\sin\theta} \frac{\partial}{\partial \phi} \\ \frac{\partial}{\partial y} &= \sin\theta\sin\phi \frac{\partial}{\partial r} + \frac{\cos\theta\sin\phi}{r} \frac{\partial}{\partial \theta} + \frac{\cos\phi}{r\sin\theta} \frac{\partial}{\partial \phi} \\ \frac{\partial}{\partial z} &= \cos\theta \frac{\partial}{\partial r} - \frac{\sin\theta}{r} \frac{\partial}{\partial \theta} \end{aligned} \right\} \tag{3C-4}$$

なので式 (3C-3) は

$$L_x = i\hbar \left(\sin\phi \frac{\partial}{\partial \theta} + \cot\theta\cos\phi \frac{\partial}{\partial \phi} \right) \tag{3C-5}$$

$$L_y = i\hbar \left(-\cos\phi \frac{\partial}{\partial \theta} + \cot\theta\sin\phi \frac{\partial}{\partial \phi} \right) \tag{3C-6}$$

$$L_y = -i\hbar \frac{\partial}{\partial \phi} \tag{3C-7}$$

になる。

次に角運動量の2乗を表す演算子を調べてみる。

$$\mathbf{L}^2 = L_x^2 + L_y^2 + L_z^2 \tag{3C-8}$$

であるが

$$L_x{}^2 = -\hbar^2 \left(\sin\phi\,\frac{\partial}{\partial\theta} + \cot\theta\cos\phi\,\frac{\partial}{\partial\phi}\right)\left(\sin\phi\,\frac{\partial}{\partial\theta} + \cot\theta\cos\phi\,\frac{\partial}{\partial\phi}\right)$$

$$= -\hbar^2 \Big[\sin^2\phi\,\frac{\partial^2}{\partial\theta^2} - \frac{1+\cos^2\theta}{\sin^2\theta}\sin\phi\cos\phi\,\frac{\partial}{\partial\phi} + 2\cot\theta\sin\phi\cos\phi\,\frac{\partial^2}{\partial\theta\partial\phi}$$

$$+ \cot\theta\cos^2\phi\,\frac{\partial}{\partial\theta} + \cot^2\theta\cos^2\phi\,\frac{\partial^2}{\partial\phi^2}\Big]$$

$$L_y{}^2 = -\hbar^2 \Big[\cos^2\phi\,\frac{\partial^2}{\partial\theta^2} + \frac{1+\cos^2\theta}{\sin^2\theta}\sin\phi\cos\phi\,\frac{\partial}{\partial\phi} - 2\cot\theta\sin\phi\cos\phi\,\frac{\partial^2}{\partial\theta\partial\phi}$$

$$+ \cot\theta\sin^2\phi\,\frac{\partial}{\partial\theta} + \cot^2\theta\sin^2\phi\,\frac{\partial^2}{\partial\phi^2}\Big]$$

$$L_z{}^2 = -\hbar^2\,\frac{\partial^2}{\partial\phi^2}$$

なので式 (3C-8) は

$$\mathbf{L}^2 = -\hbar^2 \Big[\frac{1}{\sin\theta}\frac{\partial}{\partial\theta}\Big(\sin\theta\,\frac{\partial}{\partial\theta}\Big) + \frac{1}{\sin^2\theta}\frac{\partial^2}{\partial\phi^2}\Big] \tag{3C-9}$$

となることがわかる。

ところでシュレディンガー方程式の角成分は 3 章水素原子の波動力学の式 (3-12) の λ を $l(l+1)$ に置き換えると

$$\Big[\frac{1}{\sin\theta}\frac{\partial}{\partial\theta}\Big(\sin\theta\,\frac{\partial}{\partial\theta}\Big) + \frac{1}{\sin^2\theta}\frac{\partial^2}{\partial\phi^2} + l(l+1)\Big]Y_{lm}(\theta,\phi) = 0 \tag{3C-10}$$

なので

$$\mathbf{L}^2 Y_{lm}(\theta,\phi) = \hbar^2 l(l+1)Y_{lm}(\theta,\phi) \tag{3C-11}$$

となり，Y_{lm} の角運動量の 2 乗の固有値が $\hbar^2 l(l+1)$ に等しいということがわかる。あるいは角運動量の絶対値が $\hbar\{l(l+1)\}^{1/2}$ となる。方位量子数 l は角運動量を表す量子数になっているので軌道角運動量量子数とも呼ばれる。また角運動量の z 方向成分は式 (3C-7) から

$$L_z = -i\hbar\,\frac{\partial}{\partial\phi}$$

であるが，波動関数の ϕ 成分 $\Phi_m(\phi)$ は

$$\Phi_m(\phi) = \sqrt{\frac{1}{2\pi}}\,e^{im\phi}$$

なので（3 章水素原子の波動力学の式 (3-16) 参照）

$$L_z\Phi_m(\phi) = -i\hbar\,\frac{\partial}{\partial\phi}\sqrt{\frac{1}{2\pi}}\,e^{im\phi}$$

$$= \hbar m\Phi_m(\phi) \tag{3C-12}$$

であることがわかる。すなわち角運動量の z 方向成分は $\hbar m$ である。

それでは L_x, L_y を $Y_{lm}(\theta,\phi) = \Theta(\theta)\cdot\Phi(\phi)$ に作用させるとどのようになるのであろうか。演算子 L_x, L_y は式 (3C-3) で表されているが，極座標で書くと式 (3C-5), (3C-6) のようになった。この演算子には $\partial/\partial\theta$ および $\partial/\partial\phi$ が含まれる。$\partial/\partial\phi$ は上のように $\Phi_m(\phi)$ だけに作用し，式 (3C-12)

に示されるようになる。$\partial/\partial\theta$ は今度は $\Theta(\theta)$ だけに作用する。$z = \cos\theta$ と書くと

$$\frac{\partial}{\partial\theta} = \frac{\partial}{\partial z}\frac{\partial z}{\partial\theta} = -\sin\theta\frac{\partial}{\partial z}$$

であり，3章水素原子の波動力学の式 (3-20) から $m > 0$ とすると

$$P_l^m(z) = (1-z^2)^{m/2}\frac{d^m}{dz^m}P_l(z) \tag{3C-13}$$

なので

$$\frac{d}{d\theta}P_l^m(\cos\theta) = -P_l^{m+1}(\cos\theta) + m\cot\theta\cdot P_l^m(\cos\theta) \tag{3C-14}$$

となる。またルジャンドルの微分方程式を m 回微分すると

$$(1-z^2)\frac{d^{m+2}}{dz^{m+2}}P_l(z) - 2z(m+1)\frac{d^{m+1}}{dz^{m+1}}P_l(z) + [l(l+1)-m(m+1)]\frac{d^m}{dz^m}P_l(z) = 0$$

となった（この展開は 3-3 角成分方程式の解および付録 3D で述べられている。ルジャンドルの陪微分方程式は 3 章の式 (3-18′) に示してある）。これは式 (3C-13) を用いて書き直し，$m \to m-1$ と置き換えると

$$P_l^{m+1}(\cos\theta) - 2m\cot\theta\cdot P_l^m(\cos\theta) + [l(l+1)-m(m+1)]P_l^{m-1}(\cos\theta) = 0$$

が得られるが，これを書き直して

$$m\cot\theta\cdot P_l^m(\cos\theta) = \frac{1}{2}[P_l^{m+1}(\cos\theta) + (l+m)(l-m+1)P_l^{m-1}(\cos\theta)] \tag{3C-15}$$

となる。

　(3C-11) 式に示すように球面調和関数 Y_{lm} は $\mathbf{L}^2$ の固有関数であり，その固有値が $\hbar^2 l(l+1)$ であることがわかったが，式 (3C-5), (3C-6), (3C-7) で表される L_x, L_y, L_z という演算子を作用させるとどうなるかを調べてみる。球面調和関数 Y_{lm} は

$$Y_{lm}(\theta, \phi) = \left(-\frac{m}{|m|}\right)^m \sqrt{\frac{2l+1}{4\pi}\frac{(l-|m|)!}{(l+|m|)!}}\cdot P_l^m(\cos\theta)\cdot e^{im\phi} \tag{3C-16}$$

である。式 (3C-5), (3C-14), (3C-15) などを使うと

$$L_x Y_{lm} = i\hbar\left(\sin\phi\frac{\partial}{\partial\theta} + \cot\theta\cos\phi\frac{\partial}{\partial\phi}\right)Y_{lm}$$

$$= \frac{1}{2}\hbar\left[\sqrt{(l-m)(l+m+1)}\,Y_{lm+1} + \sqrt{(l+m)(l-m+1)}\,Y_{lm-1}\right] \tag{3C-17}$$

$$L_y Y_{lm} = \frac{1}{2}\hbar\left[-\sqrt{(l-m)(l+m+1)}\,Y_{lm+1} + \sqrt{(l+m)(l-m+1)}\,Y_{lm-1}\right] \tag{3C-18}$$

が得られる。L_z を作用させた結果はすでに式 (3C-12) に示してある。

　次に (L_x+iL_y) および (L_x-iL_y) という演算子を調べてみると式 (3C-17), (3C-18) から

$$(L_x+iL_y)Y_{lm} = \hbar\sqrt{(l-m)(l+m+1)}\,Y_{lm+1} \tag{3C-19}$$

$$(L_x-iL_y)Y_{lm} = \hbar\sqrt{(l+m)(l-m+1)}\,Y_{lm-1} \tag{3C-20}$$

という結果が得られ，それぞれ m の値を 1 ずつ上げたり，下げたりするので昇降演算子と呼ばれる。

3D　ルジャンドル陪微分方程式とルジャンドル陪関数

3章の式 (3-18') の微分方程式は

$$(1-z)\frac{d^2}{dz^2}\Theta - 2z\frac{d}{dz}\Theta + \left\{l(l+1) - \frac{m^2}{1-z^2}\right\}\Theta = 0 \tag{3D-1}$$

ルジャンドル (Legendre) 陪微分方程式と呼ばれる方程式で，その解はルジャンドル陪関数 (associated Legendre function) である。

式 (3D-1) の $m = 0$ の場合

$$(1-z)\frac{d^2}{dz^2}\Theta - 2z\frac{d}{dz}\Theta + l(l+1)\Theta = 0 \tag{3D-2}$$

は，ルジャンドルの微分方程式と呼ばれる。ここで $z = \cos\theta (-1 \leq z \leq 1)$ であるが，この微分方程式に対して，ルジャンドルの多項式 (Legendre Polynominal) は θ の変化に対して周期性を持つ ($z = \pm 1$ で 1 あるいは -1 の値をとり波動関数としての性質を持つ) 解になることが知られている。

ここではまず，ルジャンドル多項式 p_l を定義し，それが解となる微分方程式を導き，その方程式が (3D-2) に等しくなることを確かめる。つぎに p_l を $|m|$ 回微分して得られるルジャンドル陪関数を定義し，それが解となる微分方程式を導きその方程式が式 (3D-1) に等しくなることを示す (m は 3 章の式 (3-16) に現れ，磁気量数と呼ばれる 0 または正負の整数である)。

まず，ルジャンドル多項式は

$$\left.\begin{array}{l} p_l(z) = \dfrac{1}{2^l l!}\dfrac{d^l(z^2-1)^l}{dz^l} \quad (l = 1, 2, 3, \cdots) \\ p_0(z) = 1 \end{array}\right\} \tag{3D-3}$$

で定義され，具体的には表 3D-1 に示される関数で，z に対しては次頁図のように変化する。

表 3D-1　ルジャンドル多項式

$p_0(z) = 1,$
$p_1(z) = z,$
$p_2(z) = (1/2)(3z^2 - 1),$
$p_3(z) = (1/2)(5z^3 - 3z),$
$p_4(z) = (1/8)(35z^4 - 30Z^2 + 3),$
$p_5(z) = (1/8)(63z^5 - 70Z^3 + 15z),$
$p_6(z) = (1/16)(231z^6 - 315Z^4 + 105z^2 - 5),$
$p_7(z) = (1/16)(429z^7 - 693Z^5 + 315z^3 - 35z),$
$p_8(z) = (1/128)(6435z^8 - 12012Z^6 + 6930z^4 - 1260z^2 + 35),$
　　　　$\cdots\cdots\cdots$

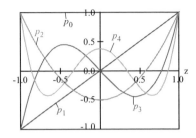

ルジャンドル多項式 p_l は次の母関数 T と関係づけられる。

$$T(z,t) = (1 - 2tz + t^2)^{-1/2} = \sum_{l=0}^{\infty} P_l(z) t^l \tag{3D-4}$$

すなわち，母関数 T を t の冪で展開した時の係数がルジャンドル多項式になる。

次にこの関数 p_l が解となる微分方程式を作ってみる。まず式 (3D-4) の T を t で偏微分すれば

$$\frac{\partial T}{\partial t} = \sum_{l=0}^{\infty} l P_l(z) t^{l-1}$$

$$= \frac{z-t}{(1-2tz+t^2)^{3/2}} = \frac{z-t}{1-2tz+t^2} \sum_{l=0}^{\infty} P_l(z) t^l.$$

これを整理すると

$$\sum_{l=0}^{\infty} [l(1-2tz+t^2)P_l(z)t^{l-1} - (z-t)P_l(z)t^l] = 0$$

と書くことができ，t の冪でまとめると

$$\sum_{l=0}^{\infty} [(l+1)P_l(z)t^{l+1} - z(2l+1)P_l(z)t^l + lP_l(z)t^{l-1}] = 0$$

となる。この和の中で t の同じ冪の係数をまとめてみると

$$\cdots + [(l+1)P_{l+1}(z) - z(2l+1)P_l(z) + lP_{l-1}(z)]t^l + \cdots = 0$$

であるが，t が任意の変数なので $\{\ \}$ 中の値が常に 0 になる必要がある。すなわち

$$(l+1)P_{l+1}(z) - z(2l+1)P_l(z) + lP_{l-1}(z) = 0 \tag{3D-5}$$

である。この漸化式を使えば P_{l-1} と P_l とから P_{l+1} を求めることができる。

次に T を z について偏微分すると

$$\frac{\partial T}{\partial z} = \sum_{l=0}^{\infty} P_l'(z) t^l = \frac{t}{(1-2tz+t^2)^{3/2}} = \frac{t}{1-2tz+t^2} \sum_{l=0}^{\infty} P_l(z) t^l$$

となり，書き直すと

$$\sum_{l=0}^{\infty} [(1-2tz+t^2)P_l'(z)t^l - tP_l(z)t^l] = 0$$

であるが，t の冪で整理すると

$$\sum_{l=0}^{\infty} \{P_l'(z)t^l - [2zP_l'(z) + P_l(z)]t^{l+1} + P_l'(z)t^{l+2}\} = 0$$

となり，上と同じように t の同じ冪でまとめると，その係数が 0 とならなければならないので

$$P_{l+1}'(z) - 2zP_l'(z) + P_{l-1}'(z) - P_l(z) = 0 \tag{3D-6}$$

である。

　式 (3D-5) と (3D-6) とから微分方程式を作るわけであるが，それには式 (3D-5) を z で微分したものから式 (3D-6) に $(l+1)$ をかけたものを差し引いてみる。そうすると

$$zP_l'(z) - P_{l-1}'(z) - lP_l(z) = 0 \tag{3D-7}$$

となるが，P'_{l-1} に式 (3D-6) を代入すると

$$P_{l+1}'(z) - zP_l'(z) - (l+1)P_l(z) = 0$$

が得られる。この式で l を $l-1$ で置き代え，式 (3D-7) に z をかけたものを差し引くと

$$(1-z^2)P_l'(z) + lzP_l(z) - lP_{l-1}(z) = 0$$

となり，これをもう一度 z で微分すれば

$$\frac{d}{dz}\left[(1-z^2)\frac{dP_l(z)}{dz}\right] + lz\frac{dP_l(z)}{dz} + lP_l(z) - l\frac{dP_{l-1}(z)}{dz} = 0$$

が得られる。この式の $lzP'_l - lP'_{l-1}$ のところに式 (3D-7) に l をかけたものを代入すると

$$\frac{d}{dz}\left[(1-z^2)\frac{dP_l(z)}{dz}\right] + l(l+1)P_l(z) = 0 \tag{3D-8}$$

が得られる。この式は式 (3D-2) のルジャンドルの微分方程式である。ここで l は定義から正の整数（0 を含む）であり，原子軌道関数の方位量子数に対応する。

　次にルジャンドル微分方程式を $|m|$ 回微分すればルジャンドル陪微分方程式を得ることができ，この方程式の解がルジャンドル陪関数になるのであるが，その前にルジャンドル陪関数について調べておく。

　ルジャンドル陪関数は

$$P_l^{|m|}(z) \equiv (1-z^2)^{|m|/2}\frac{d^{|m|}}{dz^{|m|}}P_l(z) \tag{3D-9}$$

と定義される。すなわち，式 (3D-3) で定義されたルジャンドル多項式を $|m|$ 回微分して係数 $(1-z^2)^{|m|/2}$ をかけたものである。この関数を微分すると

$$\frac{d}{dz}P_l^{|m|}(z) = (1-z^2)^{|m|/2}\frac{d^{|m|+1}}{dz^{|m|+1}}P_l(z) - |m|z(1-z^2)^{|m|/2-1}\frac{d^{|m|}}{dz^{|m|}}P_l(z)$$

となり，もう一度微分すると，

$$\frac{d^2}{dz^2}P_l^{|m|}(z) = (1-z^2)^{|m|/2}\frac{d^{|m|+2}}{dz^{|m|+2}}P_l(z) - 2|m|z(1-z^2)^{|m|/2-1}\frac{d^{|m|+1}}{dz^{|m|+1}}P_l(z)$$

$$- |m|(1-z^2)^{|m|/2-2}(1+z^2-z^2|m|)\frac{d^{|m|}}{dz^{|m|}}P_l(z)$$

が得られる。これらの式を書き直すと

$$(1-z^2)\frac{\mathrm{d}^{|m|+2}}{\mathrm{d}z^{|m|+2}}P_l(z) = (1-z^2)^{1-|m|/2}\frac{\mathrm{d}^2}{\mathrm{d}z^2}P_l^{|m|}(z) + 2|m|z(1-z^2)^{-|m|/2}\frac{\mathrm{d}}{\mathrm{d}z}P_l^{|m|}(z)$$
$$+ |m|(1-z^2)^{-1-|m|/2}(1+z^2+z^2|m|)P_l^{|m|}(z) \tag{3D-10}$$

$$2z(|m|+1)\frac{\mathrm{d}^{|m|+1}}{\mathrm{d}z^{|m|+1}}P_l(z) = 2z(|m|+1)(1-z^2)^{-|m|/2}\Big[\frac{\mathrm{d}}{\mathrm{d}z}P_l^{|m|}(z)$$
$$+ |m|z(1-z^2)^{-1}P_l^{|m|}(z)\Big] \tag{3D-11}$$

となる。

次にルジャンドル微分方程式 (3D-8) を $|m|$ 回微分するのであるが，まず

$$\frac{\mathrm{d}^{|m|}}{\mathrm{d}z^{|m|}}\Big[(1-z^2)\frac{\mathrm{d}^2}{\mathrm{d}z^2}P_l(z)\Big]$$
$$= (1-z^2)\frac{\mathrm{d}^{|m|+2}}{\mathrm{d}z^{|m|+2}}P_l(z) - 2|m|z\frac{\mathrm{d}^{|m|+1}}{\mathrm{d}z^{|m|+1}}P_l(z) - |m|(|m|-1)\frac{\mathrm{d}^{|m|}}{\mathrm{d}z^{|m|}}P_l(z)$$

$$\frac{\mathrm{d}^{|m|}}{\mathrm{d}z^{|m|}}\Big[-2z\frac{\mathrm{d}}{\mathrm{d}z}P_l(z)\Big] = -2z\frac{\mathrm{d}^{|m|+1}}{\mathrm{d}z^{|m|+1}}P_l(z) - 2|m|\frac{\mathrm{d}^{|m|}}{\mathrm{d}z^{|m|}}P_l(z)$$

$$\frac{\mathrm{d}^{|m|}}{\mathrm{d}z^{|m|}}[l(l+1)P_l(z)] = l(l+1)\frac{\mathrm{d}^{|m|}}{\mathrm{d}z^{|m|}}P_l(z)$$

なので式 (3D-8) を $|m|$ 回微分すると

$$\frac{\mathrm{d}^{|m|}}{\mathrm{d}z^{|m|}}\Big\{\frac{\mathrm{d}}{\mathrm{d}z}\Big[(1-z^2)\frac{\mathrm{d}}{\mathrm{d}z}P_l(z)\Big] + l(l+1)P_l(z)\Big\}$$
$$= (1-z^2)\frac{\mathrm{d}^{|m|+2}}{\mathrm{d}z^{|m|+2}}P_l(z) - 2z(|m|+1)\frac{\mathrm{d}^{|m|+1}}{\mathrm{d}z^{|m|+1}}P_l(z)$$
$$+ [l(l+1)] - |m|(|m|+1)\frac{\mathrm{d}^{|m|}}{\mathrm{d}z^{|m|}}P_l(z) = 0$$

となる。この式に式 (3D-10), (3D-11) を代入し，式 (3D-9) を用いると

$$(1-z^2)\frac{\mathrm{d}^{|m|+2}}{\mathrm{d}z^{|m|+2}}P_l(z) - 2z(|m|+1)\frac{\mathrm{d}^{|m|+1}}{\mathrm{d}z^{|m|+1}}P_l(z) + [l(l+1) - |m|(|m|+1)]\frac{\mathrm{d}^{|m|}}{\mathrm{d}z^{|m|}}P_l(z)$$
$$= (1-z^2)^{-|m|/2}\Big\{(1-z^2)\frac{\mathrm{d}^2}{\mathrm{d}z^2}P_l^{|m|}(z) - 2z\frac{\mathrm{d}}{\mathrm{d}z}P_l^{|m|}(z) + \Big[l(l+1) - \frac{|m|^2}{1-z^2}\Big]P_l^{|m|}(z)\Big\} = 0$$

となり，ルジャンドル陪微分方程式

$$(1-z^2)\frac{\mathrm{d}^2}{\mathrm{d}z^2}P_l^{|m|}(z) - 2z\frac{\mathrm{d}}{\mathrm{d}z}P_l^{|m|}(z) + \Big[l(l+1) - \frac{|m|^2}{1-z^2}\Big]P_l^{|m|}(z) = 0 \tag{3D-12}$$

が得られる。この式は (3D-1) に等しいことがわかる。すなわち式 (3D-1) の解 $\Theta(\theta)$ がルジャンドル陪関数 $P_l^{|m|}(z)$ に対応していることになる。

またルジャンドル陪関数は

$$\int_{-1}^{+1} P_l^{|m|}(z) P_{l'}^{|m|}(z) dz = \begin{cases} 0 & (l = l') \\ \dfrac{2}{2l+1}\dfrac{(l+|m|)!}{(l-|m|)!} & (l = l') \end{cases} \tag{3D-13}$$

の性質があり

$$\Theta(\theta) = \sqrt{\frac{2l+1}{2} \frac{(l-|m|)!}{(l+|m|)!}} P_l^{|m|}(\cos\theta) \tag{3D-14}$$

とすれば規格化されることになる。ルジャンドル陪関数は具体的に表 3D-2 に示す。

表 3D-2 ルジャンドル陪関数

$l = 0$: $p_0(z) = 1$

$l = 1$: $p_1(z) = z$, $p_1^1(z) = (1-z^2)^{1/2}$

$l = 2$: $p_2(z) = (1/2)(3z^2-1)$, $p_2^1(z) = 3z(1-z^2)^{1/2}$, $p_2^2(z) = 3(1-z^2)$

$l = 3$: $p_3(z) = (1/2)(5z^3-3z)$, $p_3^1(z) = (3/2)(5z^2-1)(1-z^2)^{1/2}$, $p_3^2(z) = 15z(1-z^2)$, $p_3^3(z) = 15(1-z^2)^{3/2}$

$l = 4$: $p_4(z) = (1/8)(35z^4-30z^2+3)$, $p_4^1(z) = (5/2)(7z^3-3z)(1-z^2)^{1/2}$, $p_4^2(z) = (15/2)(7z^2-1)(1-z^2)$, $p_4^3(z) = 105z(1-z^2)^{3/2}$, $p_4^4(z) = 105(1-z^2)^2$

$l = 5$: $p_5(z) = (1/8)(63z^5-70z^3+15z)$, $p_5^1(z) = (15/8)(21z^4-14z^2+1)(1-z^2)^{1/2}$, $p_5^2(z) = (105/2)(3z^3-z)(1-z^2)$, $p_5^3(z) = (105/2)(9z^2-1)(1-z^2)^{3/2}$, $p_5^4(z) = 945z(1-z^2)^2$, $p_5^5(z) = 945(1-z^2)^{5/2}$

$l = 6$: $p_6(z) = (1/16)(231z^6-315z^4+105z^2-5)$, $p_6^1(z) = (21/8)(33z^5-30z^3+5z)(1-z^2)^{1/2}$, $p_6^2(z) = (105/8)(33z^4-18z^2+1)(1-z^2)$, $p_6^3(z) = (315/2)(11z^3-3z)(1-z^2)^{3/2}$, $p_6^4(z) = (945/2)(11z^2-1)(1-z^2)^2$, $p_6^5(z) = 10395z(1-z^2)^{5/2}$, $p_6^6(z) = 10395(1-z^2)^3$

$l = 7$: $p_7(z) = (1/16)(429z^7-693z^5+315z^3-35z)$, $p_7^1(z) = (7/16)(429z^6-495z^4+135z^2-5)(1-z^2)^{1/2}$, $p_7^2(z) = (63/8)(143z^5-110z^3+15z)(1-z^2)$, $p_7^3(z) = (315/8)(143z^4-66z^2+3)(1-z^2)^{3/2}$, $p_7^4(z) = (3465/2)(13z^3-3z)(1-z^2)^2$, $p_7^5(z) = (10395/2)(13z^2-1)(1-z^2)^{5/2}$, $p_7^6(z) = 135135z(1-z^2)^3$, $p_7^7(z) = 135135(1-z^2)^{7/2}$

$l = 8$: $p_8(z) = (1/128)(6435z^8-12012z^6+6930z^4-1260z^2+35)$, $p_8^1(z) = (9/16)(715z^7-1001z^5+385z^3-35z)(1-z^2)^{1/2}$, $p_8^2(z) = (315/16)(143z^6-143z^4+33z^2-1)(1-z^2)$, $p_8^3(z) = (3465/8)(39z^5-26z^3+3z)(1-z^2)^{3/2}$, $p_8^4(z) = (10395/8)(65z^4-26z^2+z)(1-z^2)^2$, $p_8^5(z) = (135135/2)(5z^3-1z)(1-z^2)^{5/2}$, $p_8^6(z) = (135135/2)(15z^2-1)(1-z^2)^3$, $p_8^7(z) = 2027025z(1-z^2)^{7/2}$, $p_8^8(z) = 2027025(1-z^2)^4$

....

3E ラゲール陪多項式（associated Laguerre polynominal）

3 章の式 (3-30) の微分方程式
$$\rho L'' + [2(l+1) - \rho] L' + (n - l - 1) L = 0 \tag{3E-1}$$
はラゲール陪多項式（associated Laguerre polynominal）と呼ばれる特殊関数が解になる。そこでこの関数が満足する微分方程式を導き，それが式 (3E-1) と一致することを確かめることにする。式 (3E-1) において $l = 0$ の場合，ラゲールの微分方程式と呼ばれ，その解がラゲール多項式と呼ばれる。

まずラゲール多項式と呼ばれる関数 $L_s(\rho)$ および次のように関係付けられる母関数 $U(\rho, u)$ を導入する。

$$L_s(\rho) = e^\rho \frac{d^s}{d\rho^s}(\rho^s e^{-\rho}) = \sum_{t=0}^{\infty} (-1)^t \binom{s}{t} \frac{\rho^t}{t!} \tag{3E-2}$$

$$U(\rho, u) = \frac{e^{-\frac{\rho u}{1-u}}}{1-u} = \sum_{s=0}^{\infty} \frac{L_s(\rho)}{s!} u^s \tag{3E-3}$$

母関数 U を ρ および u で偏微分する方法を用いることにするが，まず u で偏微分すると

$$\frac{\partial U}{\partial u} = \sum_{s=0}^{\infty} \frac{L_s(\rho)}{(s-1)!} u^{s-1} = \frac{e^{-\frac{\rho u}{1-u}}}{1-u}\left[\frac{1}{1-u} - \frac{\rho}{(1-u)^2}\right] = \frac{1-u-\rho}{(1-u)^2} \sum_{s=0}^{\infty} \frac{L_s(\rho)}{s!} u^s$$

なのでこれを整理して

$$\sum_{s=0}^{\infty} \left[(1-u)^2 \frac{L_s}{(s-1)!} u^{s-1} - (1-u-\rho)\frac{L_s}{s!} u^s\right] = 0$$

が得られ，u の同じ冪のものを集めて，その係数を 0 とすると

$$L_{s+2} - (3 - \rho + 2s) L_{s+1} + (s+1)^2 L_s = 0$$

となる。これを ρ について 2 回微分すれば

$$L_{s+2}'' - (3 - \rho + 2s) L_{s+1}'' + 2L_{s+1}' + (s+1)^2 L_s'' = 0 \tag{3E-4}$$

が得られる。

次に U を ρ で偏微分すれば

$$\frac{\partial U}{\partial \rho} = \sum_{s=0}^{\infty} \frac{L_s'}{s!} u^s = -\frac{u}{(1-u)^2} e^{-\frac{\rho u}{1-u}} = \frac{u}{1-u} \sum_{s=0}^{\infty} \frac{L_s}{s!} u^s$$

なので整理して

$$\sum_{s=0}^{\infty} \frac{u^s}{s!}[(1-u)L_s' + uL_s] = 0$$

となるが，u の同じ冪のものを集め，その係数が 0 になることから

$$L_{s+1}' - (s+1)L_s' + (s+1)L_s = 0 \tag{3E-5}$$

が得られる。これをもう一度 ρ で微分すると
$$L_{s+1}' = (s+1)(L_s'' - L_s') \tag{3E-6}$$
となるが，s を $s+1$ で置き換え，式 (3E-5), (3E-6) を使うと
$$\begin{aligned}L_{s+2}'' &= (s+2)(L_{s+1}'' - L_{s+1}')\\&= (s+2)[(s+1)(L_s'' - L_s') - (s+1)(L_s' - L_s)]\\&= (s+2)(s+1)(L_s'' - 2L_s' + L_s)\end{aligned} \tag{3E-7}$$
が得られる。こうして得られた $L_{s+2}'', L_{s+1}'', L_{s+1}'$ を式 (3E-4) に代入すると
$$\rho L_s'' + (1-\rho)L_s' + sL_s = 0 \tag{3E-8}$$
が得られる。これがラゲール多項式に関する微分方程式ということになる。

さらにこの式を ρ について t 回微分することにより
$$\rho L_s^{(t+2)} + (t+1-\rho)L_s^{(t+1)} + (s-t)L_s^{(t)} = 0 \tag{3E-9}$$
が得られる。ここで $L_s^{(t)}$ は $L_s(\rho)$ の ρ に関する t 階微分である。

次にラゲール多項式を t 階微分してラゲール陪多項式を定義する。すなわち
$$L_s^{(t)}(\rho) = \frac{d^t}{d\rho^t} L_s(\rho) \tag{3E-10}$$
である。この関数を用いると式 (3E-9) は
$$\rho L_s^{(t)''} + (t+1-\rho)L_s^{(t)'} + (s-t)L_s^{(t)} = 0 \tag{3E-11}$$
と書くことができる。この式が式 (3E-10) で定義されるラゲール陪多項式が解となる微分方程式である。

また式 (3E-1) は $s = n+l, t = 2l+1$ と置きかえると式 (3E-11) となり，その解は
$$L_s^{(t)}(\rho) = (-1)^t \frac{\{\Gamma(s+1)\}^2}{t!\Gamma(s-t+1)} F(t-s, t+1; \rho)$$
の形でも与えられる。ここで $F(a, c; x)$ は合流超幾何関数で
$$F(a, c; x) = 1 + \sum_{i=1}^{\infty} \frac{a(a+1)\cdots(a+i-1)}{c(c+1)\cdots(c+i-1)} \frac{x^i}{i!}$$
で定義される。これは s が整数のときは式 (3E-10) で定義されるラゲールの陪多項式になり
$$\begin{aligned}L_s^{(t)}(\rho) &= (-1)^t \frac{s!}{(s-t)!} e^z \rho^{-t} \frac{d^{s-t}}{d\rho^{s-t}}(e^{-\rho}\rho^s)\\&= s! \rho^{-t} \sum_{r=t}^{s} \frac{s(s-1)\cdots(r+1)}{(s-r)!(r-t)!} \rho^r\end{aligned} \tag{3E-10'}$$
となる。これを $s = n+l, t = 2l+1$ と置き換え，量子数 n, l, m で表すと
$$L_{n+l}^{2l+1}(\rho) = \sum_{k=0}^{n-l-1} (-1)^{k+1} \frac{\{(n+l)!\}^2 \rho^k}{(n-l-1-k)!(2l+1+k)!k!} \tag{3E-10''}$$
と書くことができる。

式 (3E-2) で定義されるラゲール多項式の具体的な形は表 3E-1 に示すが，次頁の図のような変化をする。

表 3E-1 ラゲール多項式

$L_1(\rho) = 1 - \rho, \quad L_2(\rho) = 2 - 4\rho + \rho^2, \quad L_3(\rho) = 6 - 18\rho + 9\rho^2 - \rho^3,$
$L_4(\rho) = 24 - 96\rho + 72\rho^2 - 16\rho^3 + \rho^4, \quad L_5(\rho) = 120 - 600\rho + 600\rho^2 - 200\rho^3 + 25\rho^4 - \rho^5,$
$L_6(\rho) = 720 - 4320\rho + 5400\rho^2 - 2400\rho^3 + 450\rho^4 - 36\rho^5 + \rho^6,$
$L_7(\rho) = 5040 - 35280\rho + 52920\rho^2 - 29400\rho^3 + 7350\rho^4 - 882\rho^5 + 49\rho^6 - \rho^7,$
....

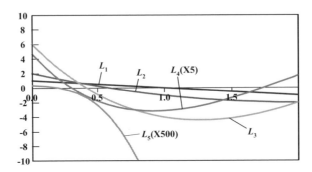

また式 (3E-10″) で定義されるラゲール陪多項式は表 3E-2 に示す。

表 3E-2 ラゲール陪多項式

$L_1^1(\rho) = -1 \; (n=1, l=0 \text{ に対応}),$ $L_2^1(\rho) = -2(2-\rho) \; (n=2, l=0),$
$L_3^1(\rho) = -3(\rho^2 - 6\rho + 6) \; (n=3, l=0),$ $L_3^3(\rho) = -6 \; (n=2, l=1),$
$L_4^1(\rho) = 4(\rho^3 - 12\rho^2 + 36\rho - 24) \; (n=4, l=0),$ $L_4^3(\rho) = 24(\rho - 4) \; (n=3, l=1),$
$L_5^1(\rho) = 5(\rho^4 - 20\rho^3 + 120\rho^2 - 240\rho + 120) \; (n=5, l=0),$ $L_5^3(\rho) = 60(\rho^2 - 10\rho + 20) \; (n=4, l=1),$
$L_5^5(\rho) = 120 \; (n=3, l=2),$
....

表 3E-2 のラゲール陪多項式のいくつかを下図に示した。表からもわかるように $L_1^1(1s)$, $L_3^3(2p)$, $L_5^5(3d)$ は定数になる。また, $L_2^1(2s)$, $L_4^3(3p)$ は一次の関数になる。

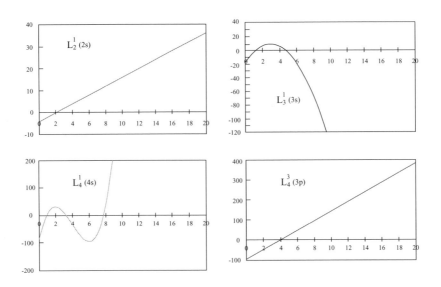

水素原子の動径関数はラゲール陪多項式に ρ^l と $e^{-\rho/2}$ がかかるので，ρ が小さいところでは ρ^l として，ρ が大きいところでは $e^{-\rho/2}$ として振舞う．

水素様原子の動径関数は 3-6 節で説明されているようにラゲール陪多項式 L_{n+i}^{2l+1} から成るラゲール陪関数

$$R_{nl}(\rho) = -\left\{\left(\frac{2Z}{na}\right)^3 \frac{(n-l-1)!}{2n(n+l)!^3}\right\}^{1/2} \rho^l e^{-\rho/2} L_{n+i}^{2l+1}(\rho) \tag{3E-12}$$

で与えられる．動径 ρ に対する関数 R_{nl} の値は，計算実習 IIIB に用意されているプログラム NonHydrg で容易に求めることができる．

4 多電子原子の原子軌道

　水素原子にはただ1個の電子が存在し，その電子状態はシュレディンガー方程式を解析的に解いて理解することができた。それでは次に2個以上の電子が存在する（原子番号が2以上の）ヘリウム，リチウム，ベリリウムといった多電子原子の場合にそれらの電子はどのように理解できるのであろうか。

　それを考える前に電子のスピンについて述べておく。中性のアルカリ原子のスペクトルを測定すると，同じ主量子数と方位量子数をもつ準位が2つの準位に分裂することが観測される。この事実を説明するためUhlenbeckとGoudsmitが電子は自転（スピン）しているという概念を導入した。そして実験の解析から電子スピンの角運動量は1/2単位の量子数で量子化され，1個の電子スピンの量子数は $s = \pm 1/2$ の値をもつことが示された。したがって同じ (n, l, m) の空間軌道を占める電子でも $s = +1/2$ と $-1/2$ の2種類の電子が存在することになる。

　さて多数の電子をもつ原子の電子状態は，各電子が (n, l, m) で規定される軌道にどのように入っていくかによって決まる。実際の原子では電子が原子軌道を占有する際パウリの原理（Pauli Principle あるいは排他原理 Exclusion Principle）と呼ばれる原理に従う。この原理によれば「電子は4つの量子数 n, l, m, s で区別され，2つの電子がこの4つの量子数のすべてについて同じ値をもつことはできない」。電子の軌道はスピン量子数も含めると4つの量子数で規定されるので（スピン関数も含めた軌道をスピン軌道と呼ぶことにする），結局各スピン軌道には1個の電子しか入れないことになる。2つ以上の電子が存在するときは，通常電子はエネルギーの低いスピン軌道に順番に入っていく。そうすることにより最もエネルギーの低い電子状態，すなわち基底状態になる。

　この章では，2個以上の電子を持つ原子の電子状態について考える。今ある一つの電子を考え，その他の電子の影響はそれらの運動を時間平均した電子雲と考える。そしてその電子雲が原子核の引力を遮蔽すると考えるのが便利である。次に軌道電子の遮蔽効果の概念について述べる。このような考えで提案されたのがスレーター軌道である。またその効果を表すのに波動方程式に従って導かれたハートリーのセルフ・コンシステント・フィールド法，ハートリー・フォック法，ハートリー・フォック・スレーター法などがあり，それらの方法について述べてみる。

4-1　一電子近似とセルフ・コンシステント・フィールド（SCF）法

　前章で述べたように水素原子の波動方程式を解き波動関数を知ることができた。多電子原子

の場合も波動方程式は

$$\left(-\frac{1}{2}\nabla^2 + V\right)\psi = E\psi$$

と書くことができる。水素原子ではポテンシャル V は核の引力項 $-1/r$ だけで表され，波動方程式を解析的に解くことができた。ところが多電子原子の場合は，1つの電子に作用するのは核による引力だけでなく他の電子による斥力が加わる。他の電子による斥力は，その電子の座標だけで決まるものではなく，他の電子がその瞬間にどこに存在するかによって決まる。このような多体運動の問題は数学的に厳密には解くことが不可能である。したがって何らかの近似を用いて近似解を求めなければならない。

まず他の電子との相互作用は，相互作用する電子の座標が刻々変化するので，時間に依存することになる。この相互作用を厳密に考慮しようとすると問題を解くことができない。そこでこの相互作用を時間平均するという近似を用いることにする。そうすると他の電子の存在は電荷密度の形で表され，今考えている電子の座標が決まれば他の電子によるポテンシャルをきめることができる。このような近似（一電子近似）によってシュレディンガー方程式は

$$\left[-\frac{1}{2}\nabla^2 + V(\mathbf{r})\right]\psi = E\psi \tag{4-1}$$

と書ける。次に電子の密度分布は原子軌道関数を2乗することによって求めることができる。この電子密度分布は必ずしも球対称とは限らないが，問題を簡単にするため電子密度分布を球対称と近似することにする。このように考えると中心力場の問題になる。この場合ポテンシャルは

$$V(\mathbf{r}) \to V(r) = -\frac{Z}{r} + V_{\text{e-e}}(r) \tag{4-2}$$

とすることができる。このような問題では，水素原子の場合と同様に波動方程式は極座標において変数分離が可能になる。またこの波動方程式の角部分は水素原子の場合と全く同じである。すなわち波動関数は

$$\psi(\mathbf{r}) = R_{nl}(r) \cdot y_{lm}(\theta, \phi) \tag{4-3}$$

と書くことができる。したがって問題として動径部分の $R_{nl}(r)$ を求めることだけが残される。動径方程式は

$$\left[-\frac{1}{2}\frac{1}{r^2}\frac{d}{dr}\left(r^2\frac{d}{dr}\right) - \frac{Z}{r} + V_{\text{e-e}} + \frac{l(l+1)}{2r^2}\right]R_{nl}(r) = E \cdot R_{nl}(r) \tag{4-4}$$

と書かれる。この微分方程式は $V_{\text{e-e}}(r)$ の項があるため水素原子の場合のように解析的に解は求められない。そこでこれを数値的に計算して数値解としての $R_{nl}(r)$ を計算する。実際の原子についてこのような計算をする方法として Hartree などが開発したハートリー法やハートリー・フォック法そしてハートリー・フォック・スレーター法および密度汎関数法などのセルフ・コンシステント・フィールド法（SCF: self-consistent-field method）がある。これらの方法で実際の原子の軌道を求めることができる。ただし角部分方程式は上に述べたように水素原子

の場合と全く同じであり，軌道の方向性については水素原子における議論がそのまま使える。

4-2　軌道電子による原子核の遮蔽効果

多電子原子では，考えている電子の他の電子によるポテンシャル V_{e-e} は原子核による引力を遮蔽する効果になる。

各軌道電子の遮蔽はその電子の電子雲の形に左右され，例えばs電子は球対称に分布し核の周りを取り囲んでいるので，p, d, f電子などより核を遮蔽する効果が大きい。逆に他の電子に遮蔽される効果は小さい。その状況を図4-1に模式的に示した。例えばs電子とp電子を取り上げ比較してみると，s電子雲は遮蔽効果が大きくp電子をよく遮蔽する。逆にp電子雲はs電子に対する遮蔽効果が小さい。つまりs電子の方がp電子より核の引力を強く受けることになり，軌道のエネルギーが低くなる。波動関数の節面は方位量子数 l の数に等しく，したがって l が大きいほど他の電子を遮蔽する効果は小さく，逆に自分は遮蔽されやすいということになる。

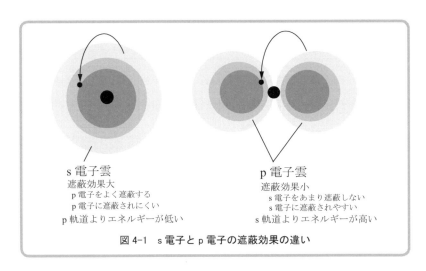

図4-1　s電子とp電子の遮蔽効果の違い

このように各軌道電子の遮蔽定数が異なるので，有効核電荷が違ってきて異なったポテンシャル場で運動することになる。そのため軌道のエネルギーも影響され，l が小さいほど大きな核電荷を感じることになるので，軌道準位は低くなる。水素原子の場合と比べ，多電子原子のエネルギー準位図は模式的に図4-2のようになる。また原子番号 Z が大きくなると当然原子軌道レベル全体の低下が起こる。内殻軌道レベルは遮蔽効果が小さいので，核電荷の大きさに従って $-Z/r$ 程度（r の平均も Z に反比例する）の変化になるが，外殻軌道レベルの変化は遮蔽効果のため複雑になる。

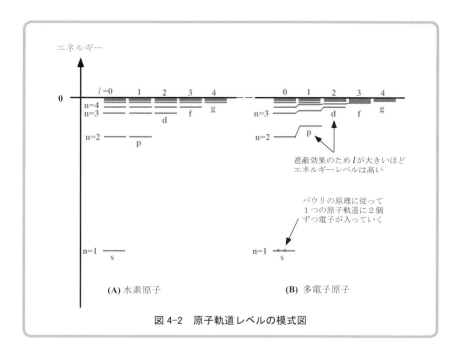

図 4-2　原子軌道レベルの模式図

4-3　スレーター型軌道（STO）

SCF 法が開発されたのと独立に Slater は多電子原子の近似的な原子軌道を求める方法を提案した。動径関数 $R_{nl}(r)$ とエネルギー E は，当然水素原子の場合と違ってくる。水素原子の場合，動径関数 $R_{nl}(r)$ の節の数は n-l-1 であった。多電子原子の数値的に求められた解の場合も同様に考えればよい。すなわち動径関数の変化の様子は定性的には水素原子と同じである。違いは軌道の定量的な拡がりということになる。

水素原子の場合，軌道電子のエネルギーは

$$E = -\frac{1}{2}\frac{1}{n^2} \tag{4-5}$$

であった。これは多電子原子では成り立たず，軌道エネルギーは n だけでなく l の値によっても異なってくる。式 (4-2) のポテンシャルを見ると，原子核の引力項に他の電子との斥力の項が加わった形になっているが，これは他の電子が作る電子雲が核電荷を遮蔽していると考えることができる。そう考えるとポテンシャルは

$$V(r) = -\frac{Z-S}{r} = -\frac{Z_{\text{eff}}}{r} \tag{4-6}$$

と書くことができる。ここで S は遮蔽定数（screening constant or shielding constant）と呼ばれ，Z_{eff} は部分的に遮蔽された核電荷で有効核電荷と呼ぶことができる。他の $(Z-1)$ 個の電子が，核を完全に遮蔽すると $S = Z-1$ であるが，電子の分布が電子雲の形で表わされるので不完全な遮蔽になり，S は $Z-1$ より小さい。正確には S は核からの距離 r に依存する。しかし Slater は原子の性質を簡単に記述できるよう各原子軌道の電子に対する遮蔽定数 S を算出する経験的方法を考案した。その方法では S を次のようにして決める。

ⅰ) 軌道電子の殻を (1s), (2s, 2p), (3s, 3p), (3d), (4s,4p), (4d), (4f), (5s,5p), ····· のように分類する。s, p は同じ殻を作ると考える。

ⅱ) 考えている電子の殻より外側の殻の電子からの寄与は 0 とする。

ⅲ) 同じ殻の電子の寄与は 0.35 とする。（ただし 1s のみ 0.30 とする）

ⅳ) (ns, np) 電子に対しては $(n-1)$ 殻の電子の寄与は 0.85 とする。

ⅴ) nd, nf 電子に対しては (ns, np) 殻も含め，内側の殻の電子からの寄与はすべて 1.0 とする。

ⅵ) $(n-2)$ 殻およびそれより内殻電子の寄与は 1.0 とする。

例えば Fe 原子の場合，各軌道電子に対する遮蔽定数を計算してみると
$S_{1s} = 0.30 \times 1$, $S_{2s} = 0.35 \times 7 + 0.85 \times 2 = 4.15 = S_{2p}$, $S_{3s} = 0.35 \times 7 + 0.85 \times 8 + 1.0 \times 2 = 11.25 = S_{3p}$,
$S_{3d} = 0.35 \times 5 + 1.0 \times 18 = 19.75$, $S_{4s} = 0.35 \times 1 + 0.85 \times 14 + 1.0 \times 10 = 22.25$ と算出される。こうして得られる遮蔽定数から有効核電荷 $Z_{eff} = Z - S$ を求め，これが各軌道電子に作用する核電荷と考える。Slater はさらにこの有効核電荷の作用する場の中で運動する電子の軌道を近似的に表すスレーター軌道（Slater-type-orbital, STO）と呼ばれている関数を提案した。STO は

$$R_{nl}(r) = (2\zeta)^{n+1/2}[(2n)!]^{-1/2} r^{n-1} e^{-\zeta \cdot r}, \quad (\zeta = Z_{eff}/n_{eff}) \tag{4-7}$$

と表される。ここで n_{eff} は有効主量子数で主量子数との対応は次のように決める。

n	1	2	3	4	5	6
n_{eff}	1	2	3	3.7	4	4.2

n と n_{eff} との差は量子欠損と呼ばれる。式 (4-7) の係数は規格化因子である。

4-4 ハートリーのセルフ・コンシステント・フィールド法

1928 年，Hartree によって最初に提案された SCF 法は彼の直感から生まれたものであるが，物質の電子状態計算の飛躍的な発展に大きく貢献した。この方法では多電子系において，ある 1 つの電子には原子核による静電引力と他の電子による斥力が作用するが，他の電子から作用する力は，それら電子の平均的な電荷密度による静電斥力で近似できると考える。そして各電子は他の電子と原子核の作る平均電場の中を独立に運動し，そのポテンシャルによって決まる軌道を運動すると考える。このように 1 つひとつの電子が各々の軌道を運動すると考える方法は，多電子系のシュレディンガー方程式を実際に解くのに有効な近似法で一電子近似と呼ばれる。

このように考えると，全電子系の波動関数 ψ はハートリー積と呼ばれる積の形で表すことができる。すなわち $\phi_i(\mathbf{r}_i)$ を i 番目の電子の一電子波動関数である軌道関数とすると

$$\psi(\mathbf{r}_1, \mathbf{r}_2, \cdots, \mathbf{r}_n) = \phi_1(\mathbf{r}_1) \cdot \phi_2(\mathbf{r}_2) \cdots \phi_n(\mathbf{r}_n) \tag{4-8}$$

である。電子の存在確率は $|\psi|^2$ で表される。この $|\psi|^2$ は式 (4-8) から，各電子の確率密度

$|\phi_i|^2$ の積に等しい。すなわち

$$|\psi|^2 = \prod_i |\phi_i|^2 \tag{4-9}$$

であるが，これは確率論から互いに独立なそれぞれの確率が $|\phi_i|^2$ の事象が起こる場合に相当している。このように多電子系波動関数を，独立な電子の軌道関数の積で表すことが可能と思われる。厳密には多電子系ハミルトニアンは2つの電子 i と j との間の瞬間的な位置関係で決まる時間に依存する相互作用を含むが，上述の近似を行えば，波動方程式の変数分離を行って一電子に関する波動方程式に還元できる。このようにハートリーのセルフ・コンシステントな軌道理論では全電子系の波動関数を一電子軌道関数の積で，またハミルトニアンを有効一電子ハミルトニアンで近似する。すなわち

$$H(\mathbf{r}_1, \mathbf{r}_2, \cdots, \mathbf{r}_n) = \sum_i h_i(\mathbf{r}_i) = \sum_i \left(-\frac{1}{2}\nabla_i^2 + V_i\right) \tag{4-10}$$

と書ける。ここで V_i は電子 i に作用する有効一電子ポテンシャルで，他の電子による平均場を含む。ハートリーのSCF法では有効ポテンシャルは原子核による引力ポテンシャルと，他のすべての電子の平均電荷密度の空間分布によって決まる静電反発のポテンシャルの和で表されるということになる。したがってこの方法では一電子波動方程式は

$$h_i(\mathbf{r}) \cdot \phi_i(\mathbf{r}) = \varepsilon_i \cdot \phi_i(\mathbf{r}) \tag{4-11}$$

と表される。この方程式を解くと軌道関数 ϕ_i が得られるが，この ϕ_i から作られる電荷密度が有効ポテンシャル V_i を作った電荷密度に等しくなるなら，これをセルフ・コンシステントな場（SCF）が得られたとする。

セルフ・コンシステントな場における一電子の有効ポテンシャルは

$$V_i(\mathbf{r}) = V_N(\mathbf{r}) + V_C(\mathbf{r}) + V_{Xi}(\mathbf{r}) \tag{4-12}$$

と書くことができる。ここで V_N は原子核による引力ポテンシャルで

$$V_N(\mathbf{r}_1) = -\frac{Z}{r_1} \tag{4-13}$$

V_C は全電子が作る平均電荷密度，すなわち電子雲との斥力ポテンシャル

$$V_C(\mathbf{r}_1) = \sum_j \int \frac{\rho_j(\mathbf{r}_2)}{r_{12}} d\mathbf{r}_2 \tag{4-14}$$

である。ここで $\mathbf{r}_1$ は核から見た電子1の座標，r_{12} は電子1と2との距離である。また ρ_j は軌道 j の電子の電荷密度

$$\rho_j(\mathbf{r}) = f_j |\phi_j(\mathbf{r})|^2 \tag{4-15}$$

である。ここで f_j は軌道 j の電子数である。式 (4-14) の静電ポテンシャルは全電子電荷との相互作用で，いま考えている電子 i 自身の電荷も含めた形になっている。すなわち自分自身との相互作用（自己相互作用）が含まれているので，当然これは差し引かなければならない。式 (4-12) の V_{Xi} がその項で

$$V_{Xi}(\mathbf{r}_1) = -\int \frac{\rho_i(\mathbf{r}_2)}{r_{12}} d\mathbf{r}_2 \tag{4-16}$$

とすればよい。したがって実際考慮する電子間の斥力ポテンシャル V_C+V_{Xi} は

$$V_C(\mathbf{r}_1) + V_{Xi}(\mathbf{r}_1) = \sum_j \int \frac{\rho_j(\mathbf{r}_2)}{r_{12}} d\mathbf{r}_2 - \int \frac{\rho_i(\mathbf{r}_2)}{r_{12}} d\mathbf{r}_2$$

$$= \sum_{j \neq i} \int \frac{\rho_j(\mathbf{r}_2)}{r_{12}} d\mathbf{r}_2 \tag{4-17}$$

として初めから自己相互作用を含まない形で書ける。

ところで全電子系のハミルトニアンは

$$H = \sum_{i=1}^n \left(-\frac{1}{2}\nabla_i^2 - \frac{Z}{r_i} + \sum_{j<i} \frac{1}{r_{ij}} \right) \tag{4-18}$$

である。シュレディンガー方程式 $H\psi = E\psi$ の両辺の左から ψ^* をかけて積分すれば全電子系のエネルギー E が求まる。波動関数 ψ が規格化されているなら、$\int \psi^*\psi d\tau = 1$ なので

$$E = \int \psi^* H \psi d\tau = \int \psi^* \sum_{i=1}^n \left(-\frac{1}{2}\nabla_i^2 - \frac{Z}{r_i} + \sum_{j<i} \frac{1}{r_{ij}} \right) \psi d\tau \tag{4-19}$$

である。次に波動関数として式 (4-8) のハートリー積を用いて式を整理すると

$$E = \sum_k \int \phi_k^*(\mathbf{r}_1)\left[-\frac{1}{2}\nabla_1^2 - \frac{Z}{r_1} + \frac{1}{2}\sum_l \int \frac{\rho_l(\mathbf{r}_2)}{r_{12}} d\mathbf{r}_2 - \frac{1}{2}\int \frac{\rho_k(\mathbf{r}_2)}{r_{12}} d\mathbf{r}_2 \right]\phi_k(\mathbf{r}_1) d\mathbf{r}_1 \tag{4-20}$$

となる。この [ ] 内の第 1 項は運動エネルギーの演算子，第 2 項は原子核の引力ポテンシャル，第 3 項は電子間斥力のポテンシャルで係数 1/2 は 2 つの電子間の組み合わせを 2 回数えないためのものである。第 4 項は第 3 項の中に含めてしまった自己相互作用を差し引くための項である。これが全電子系のエネルギーとなる。

次に変分原理を適用すると，一電子方程式

$$\left[-\frac{1}{2}\nabla_1^2 - \frac{Z}{r_1} + \sum_l \int \frac{\phi_l^*(\mathbf{r}_2) \cdot \phi_l(\mathbf{r}_2)}{r_{12}} d\mathbf{r}_2 - \int \frac{\phi_i^*(\mathbf{r}_2) \cdot \phi_i(\mathbf{r}_2)}{r_{12}} d\mathbf{r}_2 \right]\phi_i(\mathbf{r}_1) = \varepsilon_k \cdot \phi_i(\mathbf{r}_1) \tag{4-21}$$

が導びかれる。これがハートリー法における一電子方程式である[*1]。式 (4-21) は式 (4-11) に対応しているので，一電子ハミルトニアン h_i は

$$h_i(\mathbf{r}_1) = -\frac{1}{2}\nabla_1^2 - \frac{Z}{r_1} + \sum_l \int \frac{\phi_l^*(\mathbf{r}_2) \cdot \phi_l(\mathbf{r}_2)}{r_{12}} d\mathbf{r}_2 - \int \frac{\phi_i^*(\mathbf{r}_2) \cdot \phi_i(\mathbf{r}_2)}{r_{12}} d\mathbf{r}_2 \tag{4-22}$$

と書かれることがわかる。またポテンシャルは式 (4-12) ～ (4-16) で仮定した有効ポテンシャルに等しいことがわかる。

4-5　ハートリー・フォック法

ハートリーの方法では全電子系の波動関数は式 (4-8) の積で表される。ところがパウリの原理によれば，波動関数は 2 つの電子の入れ替えに対して反対称でなければならないが，式 (4-8)

[*1]　全エネルギー E および一電子方程式の導出の詳細は付録 4A を参照されたい。

の波動関数はそうならない。この電子模型では，軌道 i の電子の密度は $|\phi_i(\mathbf{r})|^2$ で示されるが，これは他の電子がどこに存在しようが無関係に決まる。しかし実際にはその電子がある場所に存在しているときは，他の電子はその位置に近づけないはずである。すなわち波動関数には，電子間の相関関係が全く無視されていることになる。パウリの原理を満足するように導入されたのがスレーター行列式で，次のような関数である。

$$\psi = (n!)^{-1/2} \begin{vmatrix} \phi_1(\mathbf{r}_1) \phi_1(\mathbf{r}_2) \cdots \phi_1(\mathbf{r}_n) \\ \phi_2(\mathbf{r}_1) \phi_2(\mathbf{r}_2) \cdots \phi_2(\mathbf{r}_n) \\ \cdots\cdots\cdots\cdots\cdots\cdots\cdots \\ \phi_n(\mathbf{r}_1) \phi_n(\mathbf{r}_2) \cdots \phi_n(\mathbf{r}_n) \end{vmatrix} \tag{4-23}$$

ここで軌道 ϕ_i はスピン関数も含むように拡張され，各電子は同じ軌道でもスピンが上向きと下向きで異なるスピン軌道を運動すると考える。この関数は行列式の性質から2つの行あるいは列が等しいと 0 になる。これは1つのスピン軌道を2つの電子が占有する確率や2つの電子が同じ位置を占める確率が 0 であることを意味している。また電子 i と j とを入れ換えると，符号が変わり反対称の性質を持つことになる。置換演算子を P_t とすると，この波動関数は

$$\psi(\mathbf{r}_1, \mathbf{r}_2, \cdots) = (n!)^{-1/2} \sum_t [\delta_{P_t} \cdot P_t [\phi_1(\mathbf{r}_1) \phi_2(\mathbf{r}_2) \cdots \phi_n(\mathbf{r}_n)]] \tag{4-24}$$

と書かれる。ここで δ_P は偶置換（偶数回の置換）に対しては 1，奇置換に対しては -1 である。ハートリー・フォック法では，波動関数にはハートリー積の代わりに式 (4-23) のスレーター行列式を用いる。この波動関数を用いると式 (4-20) の全エネルギー E は

$$\begin{aligned} E = \sum_k \Biggl\{ &\int \phi_k{}^*(\mathbf{r}_1) \left[-\frac{1}{2}\nabla_1{}^2 - \frac{Z}{r_1} \right] \phi_k(\mathbf{r}_1) \, d\mathbf{r}_1 \\ &+ \frac{1}{2} \sum_l \iint \phi_k{}^*(\mathbf{r}_1) \phi_l{}^*(\mathbf{r}_2) \left(\frac{1}{r_{12}}\right) \phi_k(\mathbf{r}_1) \phi_l(\mathbf{r}_2) \, d\mathbf{r}_1 d\mathbf{r}_2 \\ &- \frac{1}{2} \sum_l \iint \phi_k{}^*(\mathbf{r}_1) \phi_l{}^*(\mathbf{r}_2) \left(\frac{1}{r_{12}}\right) \phi_l(\mathbf{r}_1) \phi_k(\mathbf{r}_2) \, d\mathbf{r}_1 d\mathbf{r}_2 \Biggr\} \end{aligned} \tag{4-25}$$

となる[*1]。ここで第 2, 3 項の係数 1/2 は $l = k$ の項を含め（第 3 項で差し引きされる）(l, k) 対の和とするためのものである。第 3 項の負の符号は k と l との置換で奇置換になるので $\delta P_t = -1$ となるからである。式 (4-25) をハートリーの式 (4-20) と比較すると，第 1 項の運動エネルギーと原子核の引力項および電子雲との斥力項は全く等しい。違うのは第 3 項で，ハートリー法では自己相互作用を差し引く項であったが，ハートリー・フォック法では自己相互作用の項に加えて，$k \neq l$ の場合でも 2 つの電子の座標を交換した項が含まれる。このためこの項を交換相互作用と呼ぶ。

ハートリー法の場合と同様変分原理により一電子方程式を導びくことができる。式 (4-25) でハートリー法と違うのは第 3 項のみであり，式 (4-21) に対応して

$$\left[-\frac{1}{2}\nabla_1{}^2 - \frac{Z}{r_1} + \sum_l \int \frac{\phi_l{}^*(\mathbf{r}_2) \cdot \phi_l(\mathbf{r}_2)}{r_{12}} d\mathbf{r}_2 + V_{Xi}(\mathbf{r}_1) \right] \phi_i(\mathbf{r}_1) = \varepsilon_i \phi_i(\mathbf{r}_1) \tag{4-26}$$

[*1] 詳細は付録 4B を参照されたい。

が得られる。ただしハートリー法では
$$V_{Xi}(\mathbf{r}_1) = -\int \phi_i^*(\mathbf{r}_2)(1/r_{12})\phi_i(\mathbf{r}_2)\,d\mathbf{r}_2 \tag{4-27}$$
であったが，ハートリー・フォック法では
$$V_{Xi}(\mathbf{r}_1) = -\frac{\sum_l \int \phi_i^*(\mathbf{r}_1)\phi_l^*(\mathbf{r}_2)(1/r_{12})\phi_l(\mathbf{r}_1)\phi_i(\mathbf{r}_2)\,d\mathbf{r}_2}{\phi_i^*(\mathbf{r}_1)\phi_i(\mathbf{r}_1)} \tag{4-28}$$

である[*1]。

ハートリー・フォック法では，式(4-26)の両辺の左から ϕ_i^* をかけて積分すると軌道 i のエネルギー

$$\varepsilon_i = \int \phi_k^*(\mathbf{r}_1)\left[-\frac{1}{2}\nabla_1^2 - \frac{Z}{r_1} + \sum_l \int \frac{\phi_l^*(\mathbf{r}_2)\phi_l(\mathbf{r}_2)}{r_{12}}\,d\mathbf{r}_2 \right.$$
$$\left. -\frac{\sum_l \int \phi_i^*(\mathbf{r}_1)\phi_l^*(\mathbf{r}_2)(1/r_{12})\phi_l(\mathbf{r}_1)\phi_i(\mathbf{r}_2)\,d\mathbf{r}_2}{\phi_i^*(\mathbf{r}_1)\phi_i(\mathbf{r}_1)}\right]\phi_i(\mathbf{r}_1)\,d\mathbf{r}_1 \tag{4-29}$$

が得られる。

イオン化エネルギーは軌道電子を取り去るのに必要なエネルギーで，中性状態を $f_i = f_{i0}$，イオン状態を $f_i = f_{i0} - 1$ とすると

$$I_i = E(f_i = f_{i0} - 1) - E(f_i = f_{i0})$$
$$= \sum_{k \neq i}\int \phi_k^*(\mathbf{r}_1)\left[-\frac{1}{2}\nabla_1^2 - \frac{Z}{r_1} + \frac{1}{2}\sum_{l \neq i}\int \frac{\phi_l^*(\mathbf{r}_2)\phi_l(\mathbf{r}_2)}{r_{12}}\,d\mathbf{r}_2\right]\phi_k(\mathbf{r}_1)\,d\mathbf{r}_1$$
$$-\sum_k \int \phi_k^*(\mathbf{r}_1)\left[-\frac{1}{2}\nabla_1^2 - \frac{Z}{r_1} + \frac{1}{2}\sum_l \int \frac{\phi_l^*(\mathbf{r}_2)\phi_l(\mathbf{r}_2)}{r_{12}}\,d\mathbf{r}_2\right]\phi_k(\mathbf{r}_1)\,d\mathbf{r}_1$$
$$-\frac{1}{2}\sum_{k \neq i}\sum_{l \neq i}\iint \phi_k^*(\mathbf{r}_1)\phi_l^*(\mathbf{r}_2)(1/r_{12})\phi_l(\mathbf{r}_1)\phi_k(\mathbf{r}_2)\,d\mathbf{r}_1 d\mathbf{r}_2$$
$$+\frac{1}{2}\sum_k \sum_l \iint \phi_k^*(\mathbf{r}_1)\phi_l^*(\mathbf{r}_2)(1/r_{12})\phi_l(\mathbf{r}_1)\phi_k(\mathbf{r}_2)\,d\mathbf{r}_1 d\mathbf{r}_2$$
$$= -\left\{\int \phi_i^*(\mathbf{r}_1)\left[-\frac{1}{2}\nabla_1^2 - \frac{Z}{r_1} + \sum_l \int \frac{\phi_l^*(\mathbf{r}_2)\phi_l(\mathbf{r}_2)}{r_{12}}\,d\mathbf{r}_2\right.\right.$$
$$\left.\left. -\frac{\sum_l \iint \phi_i^*(\mathbf{r}_1)\phi_l^*(\mathbf{r}_2)(1/r_{12})\phi_l(\mathbf{r}_1)\phi_i(\mathbf{r}_2)\,d\mathbf{r}_2}{\phi_i^*(\mathbf{r}_1)\phi_i(\mathbf{r}_1)}\right]\phi_i(\mathbf{r}_1)\,d\mathbf{r}_1\right\} \tag{4-30}$$

と書くことができ，式(4-29)から軌道エネルギー ε_i に負の符号をつけたものに等しいことが分かる。すなわち軌道電子のエネルギーは，その電子のイオン化エネルギーに負の符号をつけたものに等しい。これをクープマンズ(Koopmans)の定理という。ただし軌道関数はイオン状態でも変化しないとしているので，これが誤差の原因になる。

[*1] 式の展開の詳細および交換ポテンシャルの物理的意味については付録4Bを参照されたい。

4-6 ハートリー・フォック・スレーター法

ハートリー・フォック法を用いると，パウリの原理に矛盾しない，よい近似で電子状態の計算を行うことができる。しかしそれでもまだいくつかの欠点がある。ハートリー・フォック法では交換ポテンシャルを含めることにより，同じ向きのスピンの電子が近づかないという交換相互作用は取り入れられ，パウリの原理に従う。ところが向きの違うスピンの電子同士も静電反発力で互いに近づかないはずである。この相互作用を相関相互作用と呼んでいる。ハートリー・フォック法ではこの相関相互作用の方は考慮されていない。もう1つの欠点は，実際の計算上の問題である。例えば交換相互作用の計算は一般に4中心積分の大変やっかいな計算になるので，大型計算機を使っても計算時間が膨大になる。交換ポテンシャルは複雑な形で表されるが，物理的な意味は，電子の周りにその電子の勢力範囲の形で電荷の不足した空間（フェルミ孔と呼ばれる）ができるということである。そして時間平均された電荷密度による静電ポテンシャルから，その不足分による静電ポテンシャルを差し引くことを意味している。このことを簡単な模型で考えてみよう。

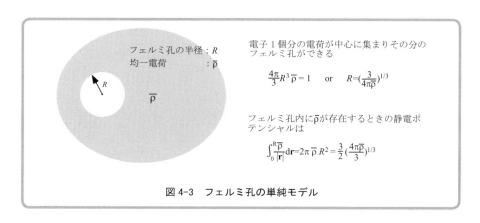

図 4-3 フェルミ孔の単純モデル

図 4-3 に示すように一様に分布した電子電荷を仮定し，空間の一点に電子が1個存在すると考える。さらにその周囲には，電荷が完全に抜けた球状のフェルミ孔が存在するとする。その電荷の空洞の半径は R で，その空洞内に分布していた電子1個分の電荷が，その中心の一点に集まったと考える。元々の電荷密度を $(\bar{\rho}_\uparrow)$ と書くと

$$4\pi R^3 \bar{\rho}_\uparrow / 3 = 1 \tag{4-31}$$

である。この値が1になるのは電子1個分の電荷を意味する。↑はその電子が上向きのスピンを持ち，交換ポテンシャルが上向きのスピンのみに意味を持つためである。空洞内に一様な電荷が分布しているとき静電ポテンシャルは

$$\int_S \frac{\bar{\rho}_\uparrow}{|\mathbf{r}|} d\mathbf{r} = 2\pi \bar{\rho}_\uparrow R^2 \tag{4-32}$$

であるが，式 (4-31) から

$$\bar{\rho}_\uparrow = \frac{3}{4\pi R^3} \tag{4-33}$$

あるいは

$$R = \left(\frac{3}{4\pi\bar{\rho}_\uparrow}\right)^{1/3} \tag{4-34}$$

なので，その静電ポテンシャルは

$$2\pi\bar{\rho}_\uparrow R^2 = \frac{3}{2R} = \frac{3}{2}\left(\frac{4\pi\bar{\rho}_\uparrow}{3}\right)^{1/3} \tag{4-35}$$

と書くことができる。すなわち交換ポテンシャルはこの程度の大きさで，近似的に電子密度の 1/3 乗に比例することがわかる。実際には電荷の空洞ができるので，このポテンシャルを全静電ポテンシャルから差し引くことになる。

Slater[1] は自由電子ガスの場合について厳密に計算し，式 (4-28) が

$$V_{XC}(\mathbf{r}) = -3\left[\frac{3}{4\pi}\bar{\rho}_\uparrow(\mathbf{r})\right]^{1/3} \tag{4-36}$$

になることを示した*1。その後 Gaspar[2] が，さらに後に Kohn[3] らがより一般的な理論を展開した。その理論は密度汎関数法と呼ばれている。この議論で式 (4-36) の V_{XC} に 2/3 の因子をかけなければいけないことが示された。

ハートリー・フォック・スレーター法では交換相互作用の項が式 (4-36) のように $\rho^{1/3}$ に比例する。したがって全電子系のエネルギーは

$$\begin{aligned}E = &\sum_k f_k \int \phi_k^*(\mathbf{r}_1)\left(-\frac{1}{2}\nabla_1^2 - \frac{Z}{r_i}\right)\phi_k(\mathbf{r}_1)d\mathbf{r}_1 \\&+ \frac{1}{2}\iint \frac{\rho(\mathbf{r}_1)\rho(\mathbf{r}_2)}{r_{12}}d\mathbf{r}_1 d\mathbf{r}_2 - \frac{3}{2}\times\left(\frac{3}{4\pi}\right)^{1/3}\int[\rho_\uparrow(\mathbf{r}_1)^{4/3} + \rho_\downarrow(\mathbf{r}_1)^{4/3}]d\mathbf{r}_1\end{aligned} \tag{4-37}$$

と書ける。ここで $\phi_{k\uparrow}$ は上向きのスピン軌道を表す。また

$$\rho_\uparrow(\mathbf{r}) = \sum_{k\uparrow} f_{k\uparrow}\phi_{k\uparrow}^*(\mathbf{r})\phi_{k\uparrow}(\mathbf{r}) \tag{4-38}$$

であり，下向きスピンについても同様に書ける。$f_{k\uparrow}$ は $\phi_{k\uparrow}$ の電子占有数で

$$\rho(\mathbf{r}) = \rho_\uparrow(\mathbf{r}) + \rho_\downarrow(\mathbf{r})$$

である。

ハートリー・フォック・スレーター法の場合も変分法により式 (4-37) から一電子方程式が得られる。ハートリー・フォック法と違うのは交換相互作用の項のみであり，ハートリー・フォック・スレーター法の一電子方程式は

$$\left\{-\frac{1}{2}\nabla_1^2 - \frac{Z}{r_1} + \int\frac{\rho(\mathbf{r}_2)}{r_{12}}d\mathbf{r}_2 - 2\left[\frac{3}{4\pi}\rho_\uparrow(\mathbf{r}_1)\right]^{1/3}\right\}\phi_{i\uparrow}(\mathbf{r}_1) = \varepsilon_{i\uparrow}\phi_{i\uparrow}(\mathbf{r}_1) \tag{4-39}$$

となる。

ハートリー・フォック法では電子間相互作用は，式 (4-25) と (4-26) とを比較するとわかるように，全電子系ハミルトニアンでは一電子のものと比べ 1/2 の係数がかかっている。ところ

---

*1　詳細は付録 4C 参照されたい。

がハートリー・フォック・スレーター法では式 (4-37) と (4-39) を比較すればわかるように交換相互作用項は 1/2 ではなく 3/4 である。ところで式 (4-37) の全エネルギーの交換相互作用項は自由電子ガスの場合のものである。Slater は実際の原子や分子では，これにある係数をかけた方がより正確なポテンシャルが得られることを指摘した。すなわち，式 (4-36) に係数 α をかけ

$$V_{Xc}(\mathbf{r}) = -3\alpha \left[\frac{3}{4\pi}\rho_\uparrow(\mathbf{r}_1)\right]^{1/3} \tag{4-40}$$

とする。全エネルギーは式 (4-37) の代わりに

$$E = \sum_k f_k \int \phi_k^*(\mathbf{r}_1) \left[-\frac{1}{2}\nabla_1^2 - \frac{Z}{r_i}\right] \phi_k(\mathbf{r}_1) \mathrm{d}\mathbf{r}_1 + \frac{1}{2}\iint \frac{\rho(\mathbf{r}_1)\rho(\mathbf{r}_2)}{r_{12}} \mathrm{d}\mathbf{r}_1 \mathrm{d}\mathbf{r}_2$$
$$- \frac{9}{4}\alpha \left(\frac{3}{4\pi}\right)^{1/3} \int [\rho_\uparrow(\mathbf{r}_1)^{4/3} + \rho_\downarrow(\mathbf{r}_1)^{4/3}] \mathrm{d}\mathbf{r}_1 \tag{4-41}$$

となり，一電子方程式は式 (4-39) の代わりに

$$\left\{-\frac{1}{2}\nabla_1^2 - \frac{Z}{r_1} + \int \frac{\rho(\mathbf{r}_2)}{r_{12}} \mathrm{d}\mathbf{r}_2 - 3\alpha \left[\frac{3}{4\pi}\rho_\uparrow(\mathbf{r}_1)\right]^{1/3}\right\} \phi_{i\uparrow}(\mathbf{r}_1) = \varepsilon_i \phi_{i\uparrow}(\mathbf{r}_1) \tag{4-42}$$

となる。Slater はこのポテンシャルを用いる方法を Xα 法を名づけた。自由電子ガスでは α = 2/3 になる。この変数 α の値は，Xα 法の全エネルギーの値がハートリー・フォック法の値と等しくなるようにして決めることができる。そうして決められた α の値は H 原子で 0.978, He で 0.773, Li で 0.781 となり，その後原子番号とともに減少していき，重い原子では 2/3 に近づく[*1]。通常の分子軌道計算では，すべての原子について $\alpha = 0.7$ としても大きな誤差にならない。

ハートリー・フォック法では，軌道エネルギー ε_i はイオン化エネルギーの符号を変えたものに等しいが，Xα 法ではそうならない。式 (4-41) の全エネルギー E を軌道 $i\uparrow$ の電子数 $f_{i\uparrow}$ で偏微分すると

$$\frac{\partial E}{\partial f_{i\uparrow}} = \int \phi_{i\uparrow}^*(\mathbf{r}_1) \left\{-\frac{1}{2}\nabla_1^2 - \frac{Z}{r_1} + \int \frac{\rho(\mathbf{r}_2)}{r_{12}} \mathrm{d}\mathbf{r}_2 - 3\alpha \left[\frac{3}{4\pi}\rho_\uparrow(\mathbf{r}_1)\right]^{1/3}\right\} \phi_{i\uparrow}(\mathbf{r}_1) \mathrm{d}\mathbf{r}_1 \tag{4-43}$$

である。次に式 (4-42) の両辺から $\phi_{i\uparrow}^*$ をかけて積分してみると

$$\int \phi_{i\uparrow}^*(\mathbf{r}_1) \left\{-\frac{1}{2}\nabla_1^2 - \frac{Z}{r_1} + \int \frac{\rho(\mathbf{r}_2)}{r_{12}} \mathrm{d}\mathbf{r}_2 - 3\alpha \left[\frac{3}{4\pi}\rho_\uparrow(\mathbf{r}_1)\right]^{1/3}\right\} \phi_{i\uparrow}(\mathbf{r}_1) \mathrm{d}\mathbf{r}_1 = \varepsilon_{i\uparrow} \tag{4-44}$$

が得られる。式 (4-43) との比較から Xα 法では

$$\varepsilon_{i,\mathrm{X}\alpha} = \frac{\partial E}{\partial f_i} \tag{4-45}$$

であることがわかる。一方ハートリー・フォック法では

$$\varepsilon_{i,\mathrm{HF}} = E(f_i = f_{i0}) - E(f_i = f_{i0} - 1) \tag{4-46}$$

で，f_i の差分になり，軌道エネルギーの物理的な意味が違っていることになる。すなわち Xα 法では全エネルギーの一次微分が軌道エネルギーに等しい。

[*1] 詳細は付録 4C 参照。

全エネルギーEは軌道占有数fに依存する。式(4-41)などからわかるように,核からの引力項はfに比例し,電子間の斥力項はfの2乗に比例する。また交換相互作用は斥力項に比べて小さいので,全エネルギーEは2次式で近似でき

$$E \cong a + bf + cf^2 \tag{4-47}$$

と書ける[*1]。イオン化エネルギーIはイオン状態($f=f_0-1$)と中性状態($f=f_0$)との全エネルギーの差

$$I = E(f = f_0-1) - E(f = f_0) \cong -b+c-2cf_0 \tag{4-48}$$

である。この値は2次曲線の性質から$f=f_0-1/2$におけるEの勾配に負の符号をつけたものに等しい。すなわち式(4-47)から

$$-\frac{dE}{df}\bigg|_{f=f_0-1/2} \cong -b-2c\left(f_0-\frac{1}{2}\right) = -b+c-2cf_0 \tag{4-49}$$

となる。このことから$X\alpha$法では,中性状態とイオン状態との中間状態$f=f_0-1/2$,すなわち電子を半分取り去った状態(スレーターの遷移状態と呼ぶことにする)の軌道エネルギーがイオン化エネルギーに負の符号をつけたものに等しくなることがわかる[*2]。実際にスレーターの遷移状態で計算してみると,小さい誤差で実験値と一致する。いくつかの原子のイオン化エネルギーの計算結果と実験値の比較を表4-1に示しておく。

表4-1 ハートリー・フォック法および$X\alpha$法によるイオン化エネルギーとその近似値および実験値の比較(単位はeV)

	ハートリー・フォック法		$X\alpha$法		実 験 値
	ΔSCF[a)]	K.T.[b)]	ΔSCF	T.S.[c)]	
Li	5.34	5.34	4.96	5.03	5.39
Be	8.04	8.41	9.23	9.18	9.32
B	7.93	8.43	8.06	7.93	8.30
C	10.01	11.09	10.78	10.64	10.67
N	12.34	13.93	13.55	13.40	12.43
O	14.39	16.77	16.40	16.25	15.69
F	17.11	19.86	19.35	19.20	18.67

a) ΔSCFはイオン状態と中性状態とのエネルギー差, b) K.T.はクープマンズ定理から求めた値
c) T.S.はスレーター遷移状態の計算で求めた値

$X\alpha$法のもう1つの特徴は,軌道エネルギーεがマリケンの電気陰性度$\chi = (1/2)\cdot(I+A)$に負の符号をつけたものに等しくなることである。Iは式(4-48)から,また電子親和力Aは

$$A = E(f_0) - E(f_0 + 1) \cong -b-2cf_0 \tag{4-50}$$

なので,$\chi \cong -b-2cf_0$となる。一方軌道のエネルギーは式(4-47)を微分して

$$\frac{\partial E}{\partial f}\bigg|_{f_0} \cong b+2cf_0 \cong -\chi \tag{4-51}$$

となり,中性状態でのエネルギー固有値が$-\chi$に等しいことがわかる。

このように$X\alpha$法では軌道エネルギーは,その軌道電子数が微小変化したときの全エネルギーの変化に等しくなるが,これは電子系の化学ポテンシャルに相当し,またこれが電気陰性

[*1] 詳細は付録4Dを参照。
[*2] この厳密な理論は付録4Eスレーターの遷移状態法を参照されたい。

度に対応しているということは，化学にとってきわめて重要な意味を持つと考えられる。

Xα法による原子軌道の数値計算はHerman & Skillman[4]によって周期表の全元素についてなされた。本書では筆者が開発した改良された原子軌道計算プログラム "ATOMXA"[*1] を用いて計算された結果が示されている。またこのプログラムでは相対論[*2]による原子の計算やスピン分極した原子の計算，さらにスレーターの遷移状態計算やイオン化エネルギーの計算などができる。

"ATOMXA" を用いて，周期表の全元素について軌道エネルギーの非相対論計算を行った例を図4-4に示した。図には周期表の全元素について，原子軌道レベルをプロットした。4-1節で述べたように各軌道レベルは原子番号とともに低下し，特に内殻軌道になると急激に下がることがわかる。また各元素の最外殻軌道を黒点で示した。

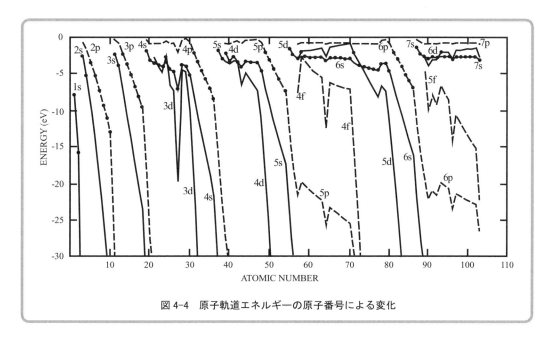

図4-4　原子軌道エネルギーの原子番号による変化

4-7　原子構造理論

原子の構造は理論的には上で述べてきたように原子核を中心に運動する電子状態理論で明らかにすることができる。すなわち一電子近似を用いてシュレディンガー方程式

$$\left[-\frac{1}{2}\nabla^2 + V_{eff}(\mathbf{r})\right]\chi_{nlm}(\mathbf{r}) = \varepsilon_{nl}\chi_{nlm}(\mathbf{r}) \tag{4-52}$$

を解き，そこで得られた1s, 2s, 2p, … といった原子軌道 χ_{nlm} に電子がパウリの原理に従って占有していく。その結果決まる電子の配置状態で原子構造を規定することができる。表4-2には，エネルギーの一番低い基底状態における電子配置を示した。以上述べた理論を用いて，原子に関するさまざまな実験データを解析することができるし，元素の周期律やイオン化ポテンシャル，電気陰性度などの種々の性質を説明できる。

[*1]　このプログラムを用いて周期表の全元素についての数値計算が可能である。
[*2]　付録4Fを参照。

表 4-2　元素の電子配置

Z		電子配置	Z		電子配置	Z		電子配置
1	H	1s	37	Rb	(Kr)5s	72	Hf	(Xe)4f^{14}5d^{2}6s^2
2	He	1s^2	38	Sr	(Kr)5s^2	73	Ta	(Xe)4f^{14}5d^{3}6s^2
3	Li	(He)2s	39	Y	(Kr)4d5s^2	74	W	(Xe)4f^{14}5d^{4}6s^2
4	Be	(He)2s^2	40	Zr	(Kr)4d^{2}5s^2	75	Re	(Xe)4f^{14}5d^{5}6s^2
5	B	(He)2s^{2}2p	41	Nb	(Kr)4d^{4}5s	76	Os	(Xe)4f^{14}5d^{6}6s^2
6	C	(He)2s^{2}2p^2	42	Mo	(Kr)4d^{5}5s	77	Ir	(Xe)4f^{14}5d^{7}6s^2
7	N	(He)2s^{2}2p^3	43	Tc	(Kr)4d^{5}5s^2	78	Pt	(Xe)4f^{14}5d^{9}6s
8	O	(He)2s^{2}2p^4	44	Ru	(Kr)4d^{7}5s	79	Au	(Xe)4f^{14}5d^{10}6s
9	F	(He)2s^{2}2p^5	45	Rh	(Kr)4d^{8}5s	80	Hg	(Xe)4f^{14}5d^{10}6s^2
10	Ne	(Ne)2s^{2}2p^6	46	Pd	(Kr)4d^{10}	81	Tl	(Xe)4f^{14}5d^{10}6s^{2}6p
11	Na	(Ne)3s	47	Ag	(Kr)4d^{10}5s	82	Pb	(Xe)4f^{14}5d^{10}6s^{2}6p^2
12	Mg	(Ne)3s^2	48	Cd	(Kr)4d^{10}5s^2	83	Bi	(Xe)4f^{14}5d^{10}6s^{2}6p^3
13	Al	(Ne)3s^{2}3p	49	In	(Kr)4d^{10}5s^{2}5p	84	Po	(Xe)4f^{14}5d^{10}6s^{2}6p^4
14	Si	(Ne)3s^{2}3p^2	50	Sn	(Kr)4d^{10}5s^{2}5p^2	85	At	(Xe)4f^{14}5d^{10}6s^{2}6p^5
15	P	(Ne)3s^{2}3p^3	51	Sb	(Kr)4d^{10}5s^{2}5p^3	86	Rn	(Xe)4f^{14}5d^{10}6s^{2}6p^6
16	S	(Ne)3s^{2}3p^4	52	Te	(Kr)4d^{10}5s^{2}5p^4	87	Fr	(Rn)7s
17	Cl	(Ne)3s^{2}3p^5	53	I	(Kr)4d^{10}5s^{2}5p^5	88	Ra	(Rn)7s^2
18	Ar	(Ne)3s^{2}3p^6	54	Xe	(Kr)4d^{10}5s^{2}5p^6	89	Ac	(Rn)6d7s^2
19	K	(Ar)4s	55	Cs	(Xe)6s	90	Th	(Rn)6d^{2}7s^2
20	Ca	(Ar)4s^2	56	Ba	(Xe)6s^2	91	Pa	(Rn)5f^{2}6d7s^2
21	Sc	(Ar)3d4s^2	57	La	(Xe)5d6s^2	92	U	(Rn)5f^{3}6d7s^2
22	Ti	(Ar)3d^{2}4s^2	58	Ce	(Xe)4f5d6s^2	93	Np	(Rn)5f^{4}6d7s^2
23	V	(Ar)3d^{3}4s^2	59	Pr	(Xe)4f^{3}6s^2	94	Pu	(Rn)5f^{6}7s^2
24	Cr	(Ar)3d^{5}4s	60	Nd	(Xe)4f^{4}6s^2	95	Am	(Rn)5f^{7}7s^2
25	Mn	(Ar)3d^{5}4s^2	61	Pm	(Xe)4f^{5}6s^2	96	Cm	(Rn)5f^{7}6d7s^2
26	Fe	(Ar)3d^{6}4s^2	62	Sm	(Xe)4f^{6}6s^2	97	Bk	(Rn)5f^{9}7s^2
27	Co	(Ar)3d^{7}4s^2	63	Eu	(Xe)4f^{7}6s^2	98	Cf	(Rn)5f^{10}7s^2
28	Ni	(Ar)3d^{8}4s^2	64	Gd	(Xe)4f^{7}5d6s^2	99	Es	(Rn)5f^{11}7s^2
29	Cu	(Ar)3d^{10}4s	65	Tb	(Xe)4f^{9}6s^2	100	Fm	(Rn)5f^{12}7s^2
30	Zn	(Ar)3d^{10}4s^2	66	Dy	(Xe)4f^{10}6s^2			
31	Ga	(Ar)3d^{10}4s^{2}4p	67	Ho	(Xe)4f^{11}6s^2			
32	Ge	(Ar)3d^{10}4s^{2}4p^2	68	Er	(Xe)4f^{12}6s^2			
33	As	(Ar)3d^{10}4s^{2}4p^3	69	Tm	(Xe)4f^{13}6s^2			
34	Se	(Ar)3d^{10}4s^{2}4p^4	70	Yb	(Xe)4f^{14}6s^2			
35	Br	(Ar)3d^{10}4s^{2}4p^5	71	Lu	(Xe)4f^{14}5d6s^2			
36	Kr	(Ar)3d^{10}4s^{2}4p^6						

しかし，もう少し厳密にいえば，一電子シュレディンガー方程式におけるポテンシャルは多電子系の正確なポテンシャルではなく，一電子軌道に対する有効ポテンシャル V_{eff} を用いている．その結果得られる多電子系波動関数は一般的に多電子系ハミルトニアン

$$H = \sum_{i=1}^{n} \left(-\frac{1}{2}\nabla_i^2 - \frac{Z}{r_i} + \sum_{j<i} \frac{1}{r_{ij}} \right) \tag{4-53}$$

の固有関数になっていない．そのため，種々のスペクトルに現れる多重項構造などの多電子効果と呼ばれているさまざまな現象の説明ができない．より正確な電子状態は，さらに近似を進めた多電子状態理論，例えば配置間相互作用法（configuration interactin, CI method）と呼ばれる方法で計算することができる．この方法では，多電子状態を複数個（厳密には無限個）のスレーター行列式を組み合わせた関数で表す．この方法でも相関相互作用を十分にとり入れるためには膨大な計算が必要になる．多電子状態理論は，種々の実験データを説明するために重要であるがここでは省略する．

原子番号の大きい重元素では，いわゆる相対論効果が大きく，非相対論近似のシュレディンガー方程式では誤差が大きくなり，詳細な電子状態の議論ができない．このような場合は相対

論によるディラック方程式

$$(c\boldsymbol{\alpha}\mathbf{p} + \beta mc^2 + V)\phi_{n\kappa\mu}(\mathbf{r}) = W\phi_{n\kappa\mu}(\mathbf{r}) \tag{4-54}$$

を解く必要がある。これから得られる原子軌道関数 $\phi_{n\kappa\mu}$ は

$$\phi_{n\kappa\mu}(\mathbf{r}) = \begin{cases} f_{n\kappa}(r)\chi_\kappa^\mu(\hat{\mathbf{r}}) \\ ig_{n\kappa}(r)\chi_\kappa^\mu(\hat{\mathbf{r}}) \end{cases} \tag{4-55}$$

のように表される4成分の関数である。ここで $f_{n\kappa}, g_{n\kappa}$ は動径関数の大きい成分と小さい成分であり，χ_κ^μ は角成分の球面調和関数 $Y_l^{\mu-m}$ とスピン関数 $S(m)$ の積の形

$$\chi_\kappa^\mu(\hat{\mathbf{r}}) = \sum C(l\,\tfrac{1}{2}\,j;\mu-m_s,m)Y_l^{\mu-m}(\hat{\mathbf{r}})S(m) \tag{4-56}$$

で表される。相対論の波動力学の詳細は，ここではこれ以上述べない[*1]。

通常，原子の電子状態を考えるとき原子核は電子に対する引力ポテンシャルの中心としての点電荷の取り扱いをする。しかし実際には，有限の大きさを持ち，正の電荷のスピンによる磁気モーメントを持つ粒子である。そのため核外電子と電気的，磁気的な相互作用が生じる。この相互作用は超微細相互作用（hyperfine interaction）と呼ばれており，原子核のエネルギー状態に影響し核磁気共鳴やメスバウアー分光などで観測される。また，大変小さいが原子の電子状態にも影響を与える。

原子構造の問題として，可視・紫外・X線領域での原子スペクトルや多重電離が大きな領域を占める。これらの問題を扱うには正確な励起状態の理論が必要になる。そのためには相対論による多電子状態理論の，さらには電子―核間の超微細相互作用の精度よい計算が必要になる[*2]。

参考文献

1) J.C.Slater, *Phys.Rev.*, **81**, 385, 1951.
2) R.Gaspar, *Acta Phys.Akad.Sci.Hung.*, **3**, 263, 1954.
3) W.Kohn and L.J.Sham, *Phys.Rev.*, **140**, A1133, 1965.
4) F.Herman and S.Skillman, "*Atomic Structure Calculations*", Prentice-Hall, 1963.

[*1] 付録4Fで説明されているのでそちらを参照されたい。また相対論による分子軌道理論に関しては足立裕彦著，『量子材料化学入門』（三共出版）に詳しく述べられている。

[*2] プログラム"ATOMXA"では，非相対論のシュレディンガー方程式および相対論のディラック方程式を解く原子軌道計算を行うことができ，計算実習IVAでは非スピン分極，スピン分極および相対論による原子軌道計算の演習を行う。また計算実習IVBでは原子核近傍での電子状態の計算実習ができ，有限体積の原子核を用いた原子核近傍での電子状態の詳細を計算し，超微細相互作用などを検討することができる。

演習問題

(a) 多電子原子のシュレディンガー方程式

$$\left(-\frac{1}{2}\nabla^2 + V_{\text{eff}}\right)\phi = \varepsilon\phi$$

において有効ポテンシャル V_{eff} は

$$V_{\text{eff}} = \frac{Z}{r} + V_{\text{e-e}}$$

であるが，近似的に

$$V_{\text{eff}} = \frac{Z_{\text{eff}}}{r} = -\frac{Z-S}{r}$$

と置ける。ここで Z_{eff} は有効核荷電，S は遮蔽定数である。スレーター則に従って，酸素原子の 1s, 2s, 2p, 軌道電子に対する遮蔽定数を計算し，スレーター軌道 R_{nl}

$$R_{nl}(r) = (2\zeta)^{n+1/2}[(2n)!]^{-1/2}r^{n-1}e^{-\zeta r} \qquad (\zeta = \frac{Z_{\text{eff}}}{n_{\text{eff}}})$$

の具体的な式を書け。

(b) 電子状態計算における SCF 法による 1 電子シュレディンガー方程式は

$$\left[-\frac{1}{2}\nabla_1^2 - \frac{Z}{r_1} + \sum_l \int \frac{\phi_l^*(\mathbf{r}_2)\cdot\phi_l(\mathbf{r}_2)}{r_{12}}d\mathbf{r}_2 + V_{\text{X}k}\right]\phi_k(\mathbf{r}_1) = \varepsilon_k\phi_k(\mathbf{r}_1)$$

と書かれ，ハートリー法，ハートリー・フォック法，ハートリー・フォック・スレーター法で $V_{\text{X}k}$ は

$$V_{\text{X}k} = -\int \frac{\phi_k^*(\mathbf{r}_2)\phi_k(\mathbf{r}_2)}{r_{12}}d\mathbf{r}_2 \qquad\qquad \text{(ハートリー法)}$$

$$V_{\text{X}k} = -\frac{\sum_l \int \phi_k^*(\mathbf{r}_1)\phi_l^*(\mathbf{r}_2)(1/r_{12})\phi_l(\mathbf{r}_1)\phi_k(\mathbf{r}_2)}{\phi_i^*(\mathbf{r}_1)\phi_i(\mathbf{r}_1)}d\mathbf{r}_2 \quad \text{(ハートリー・フォックス法)}$$

$$V_{\text{X}k} = -3\alpha\left[\frac{3}{4\pi}\rho_{\uparrow}(\mathbf{r})\right]^{1/3} \qquad \text{(ハートリー・フォックス・スレーター法)}$$

と表すことができ，それぞれ自己相互作用ポテンシャル，交換ポテンシャル，Xα 交換ポテンシャルと呼ばれる。これら自己相互作用ポテンシャル，交換ポテンシャル，Xα 交換ポテンシャルについて簡単に説明せよ。

付　録

4A　ハートリー法における全エネルギーと一電子方程式

ハートリー法における全電子系エネルギー

4章で述べたように，全電子系の波動関数 ψ はハートリー積（式 (4-8)）

$$\psi(\mathbf{r}_1, \mathbf{r}_2, \cdots, \mathbf{r}_n) = \phi_1(\mathbf{r}_1) \cdot \phi_2(\mathbf{r}_2) \cdots \phi_n(\mathbf{r}_n) \tag{4A-1}$$

で表される。また全電子系のハミルトニアンは（式 (4-18)）

$$H = \sum_{i=1}^{n} \left(-\frac{1}{2} \nabla_i^2 - \frac{Z}{r_i} + \sum_{j<i} \frac{1}{r_{ij}} \right) \tag{4A-2}$$

である。

シュレディンガー方程式 $H\psi = E\psi$ の両辺の左から ψ^* をかけて積分すれば全電子系のエネルギー E（式 (4-19)）

$$E = \int \psi^* \sum_{i=1}^{n} \left(-\frac{1}{2} \nabla_i^2 - \frac{Z}{r_i} + \sum_{j<i} \frac{1}{r_{ij}} \right) \psi \, d\tau \tag{4A-3}$$

である。ここで波動関数として式 (4A-1) のハートリー積を用いると

$$\begin{aligned}
E &= \int \phi_1^*(\mathbf{r}_1) \cdot \phi_2^*(\mathbf{r}_2) \cdots \phi_n^*(\mathbf{r}_n) \sum_{i=1}^{n} \left(-\frac{1}{2} \nabla_i^2 - \frac{Z}{r_i} + \sum_{j<i} \frac{1}{r_{ij}} \right) \phi_1(\mathbf{r}_1) \cdot \phi_2(\mathbf{r}_2) \cdots \phi_n(\mathbf{r}_n) \, d\tau \\
&= \int \phi_1^*(\mathbf{r}_1) \cdot \phi_2^*(\mathbf{r}_2) \cdots \phi_n^*(\mathbf{r}_n) \sum_{i=1}^{n} \left(-\frac{1}{2} \nabla_i^2 - \frac{Z}{r_i} \right) \phi_1(\mathbf{r}_1) \cdot \phi_2(\mathbf{r}_2) \cdots \phi_n(\mathbf{r}_n) \, d\tau \\
&\quad + \sum_{i=1}^{n} \sum_{j<i} \int \phi_1^*(\mathbf{r}_1) \cdot \phi_2^*(\mathbf{r}_2) \cdots \phi_n^*(\mathbf{r}_n) \left(\frac{1}{r_{ij}} \right) \phi_1(\mathbf{r}_1) \cdot \phi_2(\mathbf{r}_2) \cdots \phi_n(\mathbf{r}_n) \, d\tau
\end{aligned} \tag{4A-4}$$

と書けるが，右辺第1項の和の中は電子 i にのみ作用する演算子を含むだけであり，ϕ_i が規格化されていると

$$\sum_{i=1}^{n} \int \phi_1^*(\mathbf{r}_1) \cdot \phi_2^*(\mathbf{r}_2) \cdots \phi_n^*(\mathbf{r}_n) \left(-\frac{1}{2} \nabla_i^2 - \frac{Z}{r_i} \right) \phi_1(\mathbf{r}_1) \cdot \phi_2(\mathbf{r}_2) \cdots \phi_n(\mathbf{r}_n) \, d\tau$$

$$= \sum_{k=1}^{n} \int \phi_k^*(\mathbf{r}_1) \left(-\frac{1}{2} \nabla_1^2 - \frac{Z}{r_1} \right) \phi_k(\mathbf{r}_1) \, d\mathbf{r}_1 \tag{4A-5}$$

となる。ここで電子の番号を付け替え r_i を r_1 と書いた。式 (4A-4) の右辺第2項は電子 i と j との2つの電子に関係する項で

$$\begin{aligned}
&\sum_{i=1}^{n} \sum_{j<i} \int \phi_1^*(\mathbf{r}_1) \cdot \phi_2^*(\mathbf{r}_2) \cdots \phi_n^*(\mathbf{r}_n) \left(\frac{1}{r_{ij}} \right) \phi_1(\mathbf{r}_1) \cdot \phi_2(\mathbf{r}_2) \cdots \phi_n(\mathbf{r}_n) \, d\tau \\
&= \sum_{k=1}^{n} \sum_{l<k} \iint \phi_k^*(\mathbf{r}_1) \cdot \phi_l^*(\mathbf{r}_2) \left(\frac{1}{r_{12}} \right) \phi_k(\mathbf{r}_1) \cdot \phi_l(\mathbf{r}_2) \, d\mathbf{r}_1 d\mathbf{r}_2 \\
&= \sum_{k=1}^{n} \int \phi_k^*(\mathbf{r}_1) \left[\sum_{l<k} \int \phi_l^*(\mathbf{r}_2) \left(\frac{1}{r_{12}} \right) \phi_l(\mathbf{r}_2) \, d\mathbf{r}_2 \right] \phi_k(\mathbf{r}_1) \, d\mathbf{r}_1
\end{aligned}$$

$$= \frac{1}{2}\sum_{k=1}^{n}\left\{\int\phi_k^*(\mathbf{r}_1)\left[\sum_{l=1}^{n}\int\phi_l^*(\mathbf{r}_2)\left(\frac{1}{r_{12}}\right)\phi_l(\mathbf{r}_2)d\mathbf{r}_2\right]\phi_k(\mathbf{r}_1)d\mathbf{r}_1\right.$$
$$\left. -\iint\phi_k^*(\mathbf{r}_1)\cdot\phi_k^*(\mathbf{r}_2)\left(\frac{1}{r_{12}}\right)\phi_k(\mathbf{r}_1)\cdot\phi_k(\mathbf{r}_2)d\mathbf{r}_1 d\mathbf{r}_2\right\} \tag{4A-6}$$

と書かれる。i と j とのすべての組についての和は

$$\sum(i,j,\text{pair}) = \sum_i\sum_{j<i}(i,j) = \frac{1}{2}\sum_i\left[\sum_j(i,j) - (i,i)\right]$$

となることを用いた。式 (4A-5), (4A-6) を用いると式 (4A-4) は，本文式 (4-20) で示したように

$$E = \sum_k\int\phi_k^*(\mathbf{r}_1)\Big[-\frac{1}{2}\nabla_1^2 - \frac{Z}{r_1} + \frac{1}{2}\sum_l\int\frac{\phi_l^*(\mathbf{r}_2)\cdot\phi_l^*(\mathbf{r}_2)}{r_{12}}d\mathbf{r}_2$$
$$-\frac{1}{2}\int\frac{\phi_k^*(\mathbf{r}_2)\cdot\phi_k^*(\mathbf{r}_2)}{r_{12}}d\mathbf{r}_2\Big]\phi_k(\mathbf{r}_1)d\mathbf{r}_1$$
$$= \sum_k\int\phi_k^*(\mathbf{r}_1)\Big[-\frac{1}{2}\nabla_1^2 - \frac{Z}{r_1} + \frac{1}{2}\sum_l\int\frac{\rho_l(\mathbf{r}_2)}{r_{12}}d\mathbf{r}_2$$
$$-\frac{1}{2}\int\frac{\rho_k(\mathbf{r}_2)}{r_{12}}d\mathbf{r}_2\Big]\phi_k(\mathbf{r}_1)d\mathbf{r}_1 \tag{4A-7}$$

となる。ここで ρ_l は軌道 l の電子の電荷密度（式 (4-15)）

$$\rho_l(\mathbf{r}_1) = f_l|\phi_l(\mathbf{r})|^2 \tag{4A-8}$$

である。

ハートリー法における一電子方程式

次に変分原理を適用して一電子方程式を導いてみよう。いま波動関数 ϕ_i が $\delta\phi_i$ 変化したとする。そのときの E の変分を δE とし，これが 0 になる条件を見つけてみよう。今 E を

$$E = E_0 + E_1 + E_2$$
$$E_0 = \sum_k\int\phi_k^*(\mathbf{r}_1)\left(-\frac{1}{2}\nabla_1^2 - \frac{Z}{r_1}\right)\phi_k(\mathbf{r}_1)d\mathbf{r}_1$$
$$E_1 = \sum_k\int\phi_k^*(\mathbf{r}_1)\Big\{\frac{1}{2}\sum_l\int\frac{\phi_l^*(\mathbf{r}_2)\phi_l(\mathbf{r}_2)}{r_{12}}d\mathbf{r}_2\Big\}\phi_k(\mathbf{r}_1)d\mathbf{r}_1$$
$$E_2 = \sum_k\int\phi_k^*(\mathbf{r}_1)\Big\{-\frac{1}{2}\int\frac{\phi_k^*(\mathbf{r}_2)\phi_k(\mathbf{r}_2)}{r_{12}}d\mathbf{r}_2\Big\}\phi_k(\mathbf{r}_1)d\mathbf{r}_1$$

と書き，式の展開を詳細に書くと

$$E_0 + \delta E_0 = \sum_{k\neq i}\int\phi_k^*(\mathbf{r}_1)\left(-\frac{1}{2}\nabla_1^2 - \frac{Z}{r_1}\right)\phi_k(\mathbf{r}_1)d\mathbf{r}_1$$
$$+ \int\{\phi_i^*(\mathbf{r}_1) + \delta\phi_i^*(\mathbf{r}_1)\}\left(-\frac{1}{2}\nabla_1^2 - \frac{Z}{r_1}\right)\{\phi_i(\mathbf{r}_1) + \delta\phi_i(\mathbf{r}_1)\}d\mathbf{r}_1$$
$$= \sum_k\int\phi_k^*(\mathbf{r}_1)\left(-\frac{1}{2}\nabla_1^2 - \frac{Z}{r_1}\right)\phi_k(\mathbf{r}_1)d\mathbf{r}_1$$
$$+ \Big[\int\delta\phi_i^*(\mathbf{r}_1)\left(-\frac{1}{2}\nabla_1^2 - \frac{Z}{r_1}\right)\phi_i(\mathbf{r}_1)d\mathbf{r}_1 + c.j\Big] + h.t$$

$$= E_0 + \left[\int \delta\phi_i{}^*(\mathbf{r}_1)\left(-\frac{1}{2}\nabla_1{}^2 - \frac{Z}{r_1}\right)\phi_i(\mathbf{r}_1)\,d\mathbf{r}_1 + c.j\right] + h.t$$

$$E_1 + \delta E_1 = \sum_{k\neq i}\int\phi_k{}^*(\mathbf{r}_1)\Big\{\frac{1}{2}\sum_{l\neq i}\int\frac{\phi_l{}^*(\mathbf{r}_2)\phi_l(\mathbf{r}_2)}{r_{12}}\,d\mathbf{r}_2$$
$$+ \int\frac{\{\phi_i{}^*(\mathbf{r}_2)+\delta\phi_i{}^*(\mathbf{r}_2)\}\{\phi_i(\mathbf{r}_2)+\delta\phi_i(\mathbf{r}_2)\}}{r_{12}}\,d\mathbf{r}_2\Big\}\phi_k(\mathbf{r}_1)\,d\mathbf{r}_1$$
$$+ \int\{\phi_i{}^*(\mathbf{r}_1)+\delta\phi_i{}^*(\mathbf{r}_1)\}\Big\{\frac{1}{2}\sum_{l\neq i}\int\frac{\phi_l{}^*(\mathbf{r}_2)\phi_l(\mathbf{r}_2)}{r_{12}}\,d\mathbf{r}_2$$
$$+ \int\frac{\{\phi_i{}^*(\mathbf{r}_2)+\delta\phi_i{}^*(\mathbf{r}_2)\}\{\phi_i(\mathbf{r}_2)+\delta\phi_i(\mathbf{r}_2)\}}{r_{12}}\,d\mathbf{r}_2\Big\}\{\phi_i(\mathbf{r}_1)+\delta\phi_i(\mathbf{r}_1)\}\,d\mathbf{r}_1$$

$$= \sum_k\int\phi_k{}^*(\mathbf{r}_1)\Big\{\frac{1}{2}\sum_l\int\frac{\phi_l{}^*(\mathbf{r}_2)\phi_l(\mathbf{r}_2)}{r_{12}}\,d\mathbf{r}_2\Big\}\phi_k(\mathbf{r}_1)\,d\mathbf{r}_1$$
$$+ \left[\sum_{k\neq i}\int\phi_k{}^*(\mathbf{r}_1)\Big\{\frac{1}{2}\int\frac{\delta\phi_i{}^*(\mathbf{r}_2)\phi_i(\mathbf{r}_2)}{r_{12}}\,d\mathbf{r}_2\Big\}\phi_k(\mathbf{r}_1)\,d\mathbf{r}_1 + c.j\right] + h.t$$
$$+ \left[\int\phi_i{}^*(\mathbf{r}_1)\Big\{\frac{1}{2}\int\frac{\delta\phi_i{}^*(\mathbf{r}_2)\phi_i(\mathbf{r}_2)}{r_{12}}\,d\mathbf{r}_2\Big\}\phi_i(\mathbf{r}_1)\,d\mathbf{r}_1 + c.j\right] + h.t$$
$$+ \left[\int\delta\phi_i{}^*(\mathbf{r}_1)\Big\{\frac{1}{2}\sum_{l\neq i}\int\frac{\phi_l{}^*(\mathbf{r}_2)\phi_l(\mathbf{r}_2)}{r_{12}}\,d\mathbf{r}_2\Big\}\phi_i(\mathbf{r}_1)\,d\mathbf{r}_1 + c.j\right] + h.t$$
$$+ \left[\int\delta\phi_i{}^*(\mathbf{r}_1)\Big\{\frac{1}{2}\int\frac{\phi_i{}^*(\mathbf{r}_2)\phi_i(\mathbf{r}_2)}{r_{12}}\,d\mathbf{r}_2\Big\}\phi_i(\mathbf{r}_1)\,d\mathbf{r}_1 + c.j\right] + h.t$$

となる。ここで電子 1 と 2 を入れ替えると第 2 項と 4 項，3 項と 5 項が同じになり，(1/2) の係数がなくなるので

$$E_1 + \delta E_1 = E_1 + \left[\int\delta\phi_i{}^*(\mathbf{r}_1)\Big\{\sum_l\int\frac{\phi_l{}^*(\mathbf{r}_2)\phi_l(\mathbf{r}_2)}{r_{12}}\,d\mathbf{r}_2\Big\}\phi_i(\mathbf{r}_1)\,d\mathbf{r}_1 + c.j\right] + h.t$$

となる。上の式で $c.j.$, $h.t.$ はそれぞれ複素共役項，高次の項である。同様に

$$E_2 + \delta E_2 = \sum_{k\neq i}\int\phi_k{}^*(\mathbf{r}_1)\Big\{-\frac{1}{2}\int\frac{\phi_k{}^*(\mathbf{r}_2)\phi_k(\mathbf{r}_2)}{r_{12}}\,d\mathbf{r}_2\Big\}\phi_k(\mathbf{r}_1)\,d\mathbf{r}_1$$
$$+ \int\{\phi_i{}^*(\mathbf{r}_1)+\delta\phi_i{}^*(\mathbf{r}_1)\}\Big\{-\frac{1}{2}\int\frac{\{\phi_i{}^*(\mathbf{r}_2)+\delta\phi_i{}^*(\mathbf{r}_2)\}\{\phi_i(\mathbf{r}_2)+\delta\phi_i(\mathbf{r}_2)\}}{r_{12}}\,d\mathbf{r}_2\Big\}$$
$$\times \{\phi_i(\mathbf{r}_1)+\delta\phi_i(\mathbf{r}_1)\}\,d\mathbf{r}_1$$

$$= \sum_k\int\phi_k{}^*(\mathbf{r}_1)\Big\{-\frac{1}{2}\sum_l\int\frac{\phi_k{}^*(\mathbf{r}_2)\phi_k(\mathbf{r}_2)}{r_{12}}\,d\mathbf{r}_2\Big\}\phi_k(\mathbf{r}_1)\,d\mathbf{r}_1$$
$$+ \left[\int\delta\phi_i{}^*(\mathbf{r}_1)\Big\{-\frac{1}{2}\int\frac{\phi_i{}^*(\mathbf{r}_2)\phi_i(\mathbf{r}_2)}{r_{12}}\,d\mathbf{r}_2\Big\}\phi_i(\mathbf{r}_1)\,d\mathbf{r}_1 + c.j\right] + h.t$$
$$+ \left[\int\phi_i{}^*(\mathbf{r}_1)\Big\{-\frac{1}{2}\int\frac{\delta\phi_i{}^*(\mathbf{r}_2)\phi_i(\mathbf{r}_2)}{r_{12}}\,d\mathbf{r}_2\Big\}\phi_i(\mathbf{r}_1)\,d\mathbf{r}_1 + c.j\right] + h.t$$
$$= E_2 + \left[\int\delta\phi_i{}^*(\mathbf{r}_1)\Big\{-\int\frac{\phi_i{}^*(\mathbf{r}_2)\phi_i(\mathbf{r}_2)}{r_{12}}\,d\mathbf{r}_2\Big\}\phi_i(\mathbf{r}_1)\,d\mathbf{r}_1 + c.j\right] + h.t$$

となり，結局

$$E + \delta E = E_0 + E_1 + E_2$$

$$+ \left[\int \delta\phi_i{}^*(\mathbf{r}_1)\left(-\frac{1}{2}\nabla_1^2 - \frac{Z}{r_1}\right)\phi_i(\mathbf{r}_1)\,d\mathbf{r}_1 + c.j\right] + h.t$$

$$+ \left[\int \delta\phi_i{}^*(\mathbf{r}_1)\left\{\sum_l \int \frac{\phi_l{}^*(\mathbf{r}_2)\phi_l(\mathbf{r}_2)}{r_{12}}d\mathbf{r}_2\right\}\phi_i(\mathbf{r}_1)\,d\mathbf{r}_1 + c.j\right] + h.t$$

$$+ \left[\int \delta\phi_i{}^*(\mathbf{r}_1)\left\{-\int \frac{\phi_i{}^*(\mathbf{r}_2)\phi_l(\mathbf{r}_2)}{r_{12}}d\mathbf{r}_2\right\}\phi_i(\mathbf{r}_1)\,d\mathbf{r}_1 + c.j\right] + h.t$$

$$= E + \left[\int \delta\phi_i{}^*(\mathbf{r}_1)\left\{-\frac{1}{2}\nabla_1^2 - \frac{Z}{r_1} + \sum_l \int \frac{\phi_l{}^*(\mathbf{r}_2)\phi_l(\mathbf{r}_2)}{r_{12}}d\mathbf{r}_2\right.\right.$$
$$\left.\left. -\int \frac{\phi_i{}^*(\mathbf{r}_2)\phi_i(\mathbf{r}_2)}{r_{12}}d\mathbf{r}_2\right\}\phi_i(\mathbf{r}_1)\,d\mathbf{r}_1 + c.j\right] + h.t$$

である。したがって

$$\delta E = \left[\int \delta\phi_i{}^*(\mathbf{r}_1)\left\{-\frac{1}{2}\nabla_1^2 - \frac{Z}{r_1} + \sum_l \int \frac{\phi_l{}^*(\mathbf{r}_2)\phi_l(\mathbf{r}_2)}{r_{12}}d\mathbf{r}_2\right.\right.$$
$$\left.\left. -\int \frac{\phi_i{}^*(\mathbf{r}_2)\phi_i(\mathbf{r}_2)}{r_{12}}d\mathbf{r}_2\right\}\phi_i(\mathbf{r}_1)\,d\mathbf{r}_1 + c.j\right] + h.t \tag{4A-9}$$

と表される。

ここでラグランジュの未定乗数法を適用してみよう。補助的な条件として ϕ_i が $\delta\phi_i$ だけ変化しても規格・直交条件を満たすとし

$$\delta\int\phi_i{}^*(\mathbf{r}_1)\phi_i(\mathbf{r}_1)\,d\mathbf{r}_1 = 0 \tag{4A-10}$$

および未定乗数 ε_i を導入し

$$\delta\{E - \varepsilon_i \int \phi_i{}^*(\mathbf{r}_1)\phi_i(\mathbf{r}_1)\,d\mathbf{r}_1\} = 0$$

とする。これに式 (4A-9), (4A-10) を代入すれば

$$\delta E = \int \delta\phi_i{}^*(\mathbf{r}_1)\left\{-\frac{1}{2}\nabla_1^2 - \frac{Z}{r_1} + \sum_l \int \frac{\phi_l{}^*(\mathbf{r}_2)\phi_l(\mathbf{r}_2)}{r_{12}}d\mathbf{r}_2\right.$$
$$\left. -\int \frac{\phi_i{}^*(\mathbf{r}_2)\phi_i(\mathbf{r}_2)}{r_{12}}d\mathbf{r}_2\right\}\phi_i(\mathbf{r}_1)\,d\mathbf{r}_1 + 複素共役の項 + 高次の項 = 0 \tag{4A-11}$$

である。$\delta\phi_i$ は任意の変化なので、結局

$$\left\{-\frac{1}{2}\nabla_1^2 - \frac{Z}{r_1} + \sum_l \int \frac{\phi_l{}^*(\mathbf{r}_2)\phi_l(\mathbf{r}_2)}{r_{12}}d\mathbf{r}_2\right.$$
$$\left. -\int \frac{\phi_i{}^*(\mathbf{r}_2)\phi_i(\mathbf{r}_2)}{r_{12}}d\mathbf{r}_2\right\}\phi_i(\mathbf{r}_1) = \varepsilon_i \phi_i(\mathbf{r}_1) \tag{4A-12}$$

が $\delta E = 0$ を満たす条件ということになる。これが 4 章の式 (4-21) で示されたハートリー法における一電子方程式である。

4B　ハートリー・フォック法における交換相互作用

ハートリー・フォック法における全電子系エネルギーおよび一電子方程式

　ハートリー・フォック法では，パウリの原理を満足するスレーター行列式で波動関数を表す（4 章式 (4-23)）。

$$\psi = (n!)^{-1/2} \begin{vmatrix} \phi_1(\mathbf{r}_1) \phi_1(\mathbf{r}_2) \cdots \phi_1(\mathbf{r}_n) \\ \phi_2(\mathbf{r}_1) \phi_2(\mathbf{r}_2) \cdots \phi_2(\mathbf{r}_n) \\ \cdots\cdots\cdots\cdots\cdots\cdots \\ \phi_n(\mathbf{r}_1) \phi_n(\mathbf{r}_2) \cdots \phi_n(\mathbf{r}_n) \end{vmatrix} \tag{4B-1}$$

この波動関数は

$$\psi(\mathbf{r}_1, \mathbf{r}_2, \cdots) = (n!)^{-1/2} \sum_l \delta_{Pt} \cdot P_t [\phi_1(\mathbf{r}_1) \phi_2(\mathbf{r}_2) \cdots \phi_n(\mathbf{r}_n)] \tag{4B-2}$$

とも書かれる（4 章式 (4-24)）。この波動関数を用いると 4 章の式 (4-19) の全エネルギー E は

$$\begin{aligned}
E &= \int \psi^* H \psi d\tau \\
&= \frac{1}{n!} \int \sum_t \delta_{Pt} P_t [\phi_1^*(\mathbf{r}_1) \phi_2^*(\mathbf{r}_2) \cdots \phi_n^*(\mathbf{r}_n)] \sum_i \left(-\frac{1}{2} \nabla_i^2 - \frac{Z}{r_i} + \sum_{j<i} \frac{1}{r_{ij}} \right) \\
&\quad \times \sum_s \delta_{Ps} P_s [\phi_1(\mathbf{r}_1) \phi_2(\mathbf{r}_2) \cdots \phi_n(\mathbf{r}_n)] d\tau \\
&= \frac{1}{n!} \sum_t \sum_s \delta_{Pt} \delta_{Ps} \int \Big\{ P_t [\phi_1^*(\mathbf{r}_1) \phi_2^*(\mathbf{r}_2) \cdots \phi_n^*(\mathbf{r}_n)] \sum_i \left(-\frac{1}{2} \nabla_i^2 - \frac{Z}{r_i} \right) \\
&\quad \times P_s [\phi_1(\mathbf{r}_1) \phi_2(\mathbf{r}_2) \cdots \phi_n(\mathbf{r}_n)] d\tau \\
&\quad + \int P_t [\phi_1^*(\mathbf{r}_1) \phi_2^*(\mathbf{r}_2) \cdots \phi_n^*(\mathbf{r}_n)] \sum_i \sum_{j<i} \left(\frac{1}{r_{ij}} \right) P_s [\phi_1(\mathbf{r}_1) \phi_2(\mathbf{r}_2) \cdots \phi_n(\mathbf{r}_n)] \Big\} d\tau
\end{aligned} \tag{4B-3}$$

となる。この右辺第 1 項の演算子は電子 i のみに作用するものなので，ϕ_i の直交性から P_t と P_s とが等しいとき以外は 0 になる。置換 P_t の数は $n!$ なので，第 1 項は

$$n! \sum_k \int \phi_k^*(\mathbf{r}_1) \left(-\frac{1}{2} \nabla_1^2 - \frac{Z}{r_1} \right) \phi_k(\mathbf{r}_1) d\mathbf{r}_1$$

に等しい。第 2 項は電子 i と j の 2 つの座標に関係するので，P_t と P_s とが等しいときと，$P_t P_s$ の置換により 2 つの電子の座標のみが入替わるとき以外は 0 になる。その置換の数はやはり $n!$ になる。$P_t = P_s$ のときは

$$n! \sum_k \sum_{l<k} \iint \phi_k^*(\mathbf{r}_1) \phi_l^*(\mathbf{r}_2) \left(\frac{1}{r_{12}} \right) \phi_k(\mathbf{r}_1) \phi_l(\mathbf{r}_2) d\mathbf{r}_1 d\mathbf{r}_2$$

である。また $P_t \neq P_s$ で 2 つの電子のみが入れ替わるときは

$$-n! \sum_k \sum_{l<k} \iint \phi_k{}^*(\mathbf{r}_1)\phi_l{}^*(\mathbf{r}_2)\left(\frac{1}{r_{12}}\right)\phi_l(\mathbf{r}_1)\phi_k(\mathbf{r}_2)\mathrm{d}\mathbf{r}_1\mathrm{d}\mathbf{r}_2$$

になるが,このときはスピン軌道 k と l とはスピンが等しくなければ 0 になる。したがって式 (4B-3) の E は

$$\begin{aligned}
E &= \sum_k \Big\{ \int \phi_k{}^*(\mathbf{r}_1)\left(-\frac{1}{2}\nabla_1^2 - \frac{Z}{r_1}\right)\phi_k(\mathbf{r}_1)\mathrm{d}\mathbf{r}_1 \\
&\quad + \sum_{l<k} \iint \phi_k{}^*(\mathbf{r}_1)\phi_l{}^*(\mathbf{r}_2)\left(\frac{1}{r_{12}}\right)\phi_k(\mathbf{r}_1)\phi_l(\mathbf{r}_2)\mathrm{d}\mathbf{r}_1\mathrm{d}\mathbf{r}_2 \\
&\quad - \sum_{l<k} \iint \phi_k{}^*(\mathbf{r}_1)\phi_l{}^*(\mathbf{r}_2)\left(\frac{1}{r_{12}}\right)\phi_l(\mathbf{r}_1)\phi_k(\mathbf{r}_2)\mathrm{d}\mathbf{r}_1\mathrm{d}\mathbf{r}_2 \Big\} \\
&= \sum_k \Big\{ \int \phi_k{}^*(\mathbf{r}_1)\left(-\frac{1}{2}\nabla_1^2 - \frac{Z}{r_1}\right)\phi_k(\mathbf{r}_1)\mathrm{d}\mathbf{r}_1 \\
&\quad + \frac{1}{2}\sum_l \iint \phi_k{}^*(\mathbf{r}_1)\phi_l{}^*(\mathbf{r}_2)\left(\frac{1}{r_{12}}\right)\phi_k(\mathbf{r}_1)\phi_l(\mathbf{r}_2)\mathrm{d}\mathbf{r}_1\mathrm{d}\mathbf{r}_2 \\
&\quad - \frac{1}{2}\sum_l \iint \phi_k{}^*(\mathbf{r}_1)\phi_l{}^*(\mathbf{r}_2)\left(\frac{1}{r_{12}}\right)\phi_l(\mathbf{r}_1)\phi_k(\mathbf{r}_2)\mathrm{d}\mathbf{r}_1\mathrm{d}\mathbf{r}_2 \Big\}
\end{aligned} \quad (4\text{B-4})$$

となる。ここで第 2, 3 項の係数 $1/2$ は $l = k$ の項を含め(第 3 項で差し引きされる)$\Sigma(k)\Sigma(l<k)$ と等しくするためのものである。第 3 項の負の符号は k と l との置換になるので $\delta P_t \cdot \delta P_s = -1$ となるからである。式 (4B-4) をハートリー法の 4 章式 (4-20) と比較すると,第 1 項の運動エネルギーと原子核の引力項および電子雲との斥力項は全く等しい。違うのは第 3 項で,ハートリー法では自己相互作用を差し引く項であったが,ハートリー・フォック法では自己相互作用の項に加えて,$k \neq l$ の場合でも 2 つの電子の座標を交換した項が含まれる。このためこの項を交換相互作用と呼ぶ。

次に変分原理により一電子方程式を導いてみる。ハートリー法と違うのは第 3 項の交換相互作用項のみである。付録 4A と同じように ϕ_i が $\phi_i + \delta\phi_i$ に変化すると E が $E + \delta E$ に変化するとし

$$E_2 = -\frac{1}{2}\sum_k \sum_l \iint \phi_k{}^*(\mathbf{r}_1)\phi_l{}^*(\mathbf{r}_2)\left(\frac{1}{r_{12}}\right)\phi_l(\mathbf{r}_1)\phi_k(\mathbf{r}_2)\mathrm{d}\mathbf{r}_1\mathrm{d}\mathbf{r}_2 \quad (4\text{B-5})$$

と書くと

$$\begin{aligned}
E_2 + \delta E_2 &= -\frac{1}{2}\sum_{k\neq i}\sum_{l\neq i}\iint \phi_k{}^*(\mathbf{r}_1)\phi_l{}^*(\mathbf{r}_2)\left(\frac{1}{r_{12}}\right)\phi_l(\mathbf{r}_1)\phi_k(\mathbf{r}_2)\mathrm{d}\mathbf{r}_1\mathrm{d}\mathbf{r}_2 \\
&\quad - \frac{1}{2}\sum_{k\neq i}\iint \phi_k{}^*(\mathbf{r}_1)\{\phi_i{}^*(\mathbf{r}_2)+\delta\phi_i{}^*(\mathbf{r}_2)\}\left(\frac{1}{r_{12}}\right)\{\phi_i(\mathbf{r}_1)+\delta\phi_i(\mathbf{r}_1)\}\phi_k(\mathbf{r}_2)\mathrm{d}\mathbf{r}_1\mathrm{d}\mathbf{r}_2 \\
&\quad - \frac{1}{2}\sum_{l\neq i}\iint \{\phi_i{}^*(\mathbf{r}_1)+\delta\phi_i{}^*(\mathbf{r}_1)\}\phi_l{}^*(\mathbf{r}_2)\left(\frac{1}{r_{12}}\right)\phi_l(\mathbf{r}_1)\{\phi_i(\mathbf{r}_2)+\delta\phi_i(\mathbf{r}_2)\}\mathrm{d}\mathbf{r}_1\mathrm{d}\mathbf{r}_2 \\
&\quad - \frac{1}{2}\iint \{\phi_i{}^*(\mathbf{r}_1)+\delta\phi_i{}^*(\mathbf{r}_1)\}\{\phi_i{}^*(\mathbf{r}_2)+\delta\phi_i{}^*(\mathbf{r}_2)\}\left(\frac{1}{r_{12}}\right) \\
&\qquad\qquad \times \{\phi_i(\mathbf{r}_1)+\delta\phi_i(\mathbf{r}_1)\}\{\phi_i(\mathbf{r}_2)+\delta\phi_i(\mathbf{r}_2)\}\mathrm{d}\mathbf{r}_1\mathrm{d}\mathbf{r}_2
\end{aligned}$$

$$= -\frac{1}{2} \sum_k \sum_l \iint \phi_k^*(\mathbf{r}_1)\phi_l^*(\mathbf{r}_2)\left(\frac{1}{r_{12}}\right)\phi_l(\mathbf{r}_1)\phi_k(\mathbf{r}_2)d\mathbf{r}_1 d\mathbf{r}_2$$

$$-\frac{1}{2}\left[\sum_k \iint \phi_k^*(\mathbf{r}_1)\delta\phi_i^*(\mathbf{r}_2)\left(\frac{1}{r_{12}}\right)\phi_i(\mathbf{r}_1)\phi_k(\mathbf{r}_2)d\mathbf{r}_1 d\mathbf{r}_2 + c.j\right] + h.t$$

$$-\frac{1}{2}\left[\sum_l \iint \delta\phi_i^*(\mathbf{r}_1)\phi_l^*(\mathbf{r}_2)\left(\frac{1}{r_{12}}\right)\phi_l(\mathbf{r}_1)\phi_i(\mathbf{r}_2)d\mathbf{r}_1 d\mathbf{r}_2 + c.j\right] + h.t$$

$$= E_2 + \left[\iint \delta\phi_i^*(\mathbf{r}_1)\phi_l^*(\mathbf{r}_2)\left(\frac{1}{r_{12}}\right)\phi_l(\mathbf{r}_1)\phi_i(\mathbf{r}_2)d\mathbf{r}_1 d\mathbf{r}_2 + c.j\right] + h.t$$

となり

$$\delta E_2 = \left[\sum_l \iint \delta\phi_i^*(\mathbf{r}_1)\phi_l^*(\mathbf{r}_2)\left(\frac{1}{r_{12}}\right)\phi_l(\mathbf{r}_1)\phi_i(\mathbf{r}_2)d\mathbf{r}_1 d\mathbf{r}_2 + c.j\right] + h.t \tag{4B-6}$$

である。ここでラグランジュの未定乗数法を用いると，一電子方程式

$$\left\{-\frac{1}{2}\nabla_1^2 - \frac{Z}{r_1} + \sum_l \iint \frac{\phi_l^*(\mathbf{r}_2)\phi_l(\mathbf{r}_2)}{r_{12}}d\mathbf{r}_2 \right.$$
$$\left. - \frac{\sum_l \int \phi_i^*(\mathbf{r}_1)\phi_l^*(\mathbf{r}_2)(1/r_{12})\phi_l(\mathbf{r}_1)\phi_i(\mathbf{r}_2)d\mathbf{r}_2}{\phi_i^*(\mathbf{r}_1)\phi_i(\mathbf{r}_1)}\right\}\phi_i(\mathbf{r}_1) = \varepsilon_i \phi_i(\mathbf{r}_1) \tag{4B-7}$$

が得られる。左辺 { } 内の第4項は交換ポテンシャルと呼ばれる。

ハートリー・フォック法における交換相互作用

交換ポテンシャルの物理的意味を考えてみよう。この交換ポテンシャルは，いま考えている電子が位置 $\mathbf{r}_1$ に存在するとき，その周囲から電子1個分に相当する電荷を取り除いたときの静電ポテンシャルの変化に等しいのである。つまり，いま考えている位置 $\mathbf{r}_1$ では電子は分布した電荷ではなく，周りの電子1個分の電荷密度が点 $\mathbf{r}_1$ に集合して1個の電子として存在し，そのまわりには電荷の抜けた穴（フェルミ孔という）ができると考えればよい。このことを確かめてみよう。

いま軌道 i の電子が $\mathbf{r}_1$ にあるとするとする。この電子に作用する他の電子による静電反発は式 (4B-7) から

$$\sum_l \int \frac{\phi_l^*(\mathbf{r}_2)\phi_l(\mathbf{r}_2)}{r_{12}}d\mathbf{r}_2 - \frac{\sum_l \int \phi_i^*(\mathbf{r}_1)\phi_l^*(\mathbf{r}_2)(1/r_{12})\phi_l(\mathbf{r}_1)\phi_i(\mathbf{r}_2)d\mathbf{r}_2}{\phi_i^*(\mathbf{r}_1)\phi_i(\mathbf{r}_1)}$$

$$= \frac{\sum_l \int \phi_i^*(\mathbf{r}_1)\phi_l^*(\mathbf{r}_2)[\phi_i(\mathbf{r}_1)\phi_l(\mathbf{r}_2) - \phi_l(\mathbf{r}_1)\phi_i(\mathbf{r}_2)](1/r_{12})d\mathbf{r}_2}{\phi_i^*(\mathbf{r}_1)\phi_i(\mathbf{r}_1)}$$

$$= \int \frac{\rho_{\text{eff},i}(\mathbf{r}_1,\mathbf{r}_2)}{r_{12}}d\mathbf{r}_2 \tag{4B-8}$$

と書くことができる。ここで点 $\mathbf{r}_2$ にあって，$\mathbf{r}_1$ の電子に作用している「有効電荷」を

$$\rho_{\text{eff},i}(\mathbf{r}_1,\mathbf{r}_2) = \frac{\sum_l \phi_i^*(\mathbf{r}_1)\phi_l^*(\mathbf{r}_2)[\phi_i(\mathbf{r}_1)\phi_l(\mathbf{r}_2) - \phi_l(\mathbf{r}_1)\phi_i(\mathbf{r}_2)]}{\phi_i^*(\mathbf{r}_1)\phi_i(\mathbf{r}_1)} \tag{4B-9}$$

と書いた。この有効電荷 ρ_{eff} の値を調べてみよう。$\mathbf{r}_2$ が $\mathbf{r}_1$ に近づくと $[\phi_i(\mathbf{r}_1)\phi_l(\mathbf{r}_2) - \phi_l(\mathbf{r}_1)\phi_i(\mathbf{r}_2)]$

の値は小さくなり，$r_2 = r_1$ では $[\phi_i(\mathbf{r}_1)\phi_l(\mathbf{r}_1) - \phi_l(\mathbf{r}_1)\phi_i(\mathbf{r}_1)]$ なので0になる．すなわち電子間の反発を引き起こす電荷は $\mathbf{r}_1$ に近づくと小さくなり，$\mathbf{r}_1$ では ρ_{eff} は0になる（図4B-1参照）．

いいかえると，ある1個の電子が存在している位置では他の電子が存在する確率は0で，その点から遠ざかると大きくなっていく．また式(4B-9)は書き直すと

$$\rho_{\text{eff},i}(\mathbf{r}_1, \mathbf{r}_2) = \sum_l \phi_l^*(\mathbf{r}_2)\phi_l(\mathbf{r}_2) - \frac{\sum_l \phi_i^*(\mathbf{r}_1)\phi_l^*(\mathbf{r}_2)\phi_l(\mathbf{r}_1)\phi_i(\mathbf{r}_2)}{\phi_i^*(\mathbf{r}_1)\phi_i(\mathbf{r}_1)}$$
$$= \rho(\mathbf{r}_2) - \rho_{Xi}(\mathbf{r}_1, \mathbf{r}_2) \tag{4B-10}$$

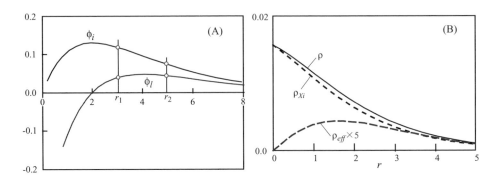

図4B-1　r_1, r_2 点における ϕ_i, ϕ_l の値（A）と r_1 点から見た r_2 点での電荷密度 $\rho, \rho_{Xi}, \rho_{\text{eff}}$ の変化（B）

である．この第1項は全電子による電荷密度である．第2項は電荷の欠陥となる．この電荷の不足分 ρ_{Xi} を全空間で積分してみると

$$\int \rho_{Xi}(\mathbf{r}_1, \mathbf{r}_2)\, d\mathbf{r}_2 = \frac{\sum_l \int \phi_i^*(\mathbf{r}_1)\phi_l^*(\mathbf{r}_2)\phi_l(\mathbf{r}_1)\phi_i(\mathbf{r}_2)\, d\mathbf{r}_2}{\phi_i^*(\mathbf{r}_1)\phi_i(\mathbf{r}_1)} = 1 \tag{4B-11}$$

となる．ここで ϕ_i の規格・直交条件を用いた．このことから $\mathbf{r}_1$ に1個の電子が存在するとき，それに作用する有効電荷はその周囲から合計電子1個分不足するが，それが点 $\mathbf{r}_1$ に集合していると考えればよい．したがってこの領域は $\mathbf{r}_1$ の電子の勢力範囲といえる．ハートリー法の場合も自己相互作用を差し引いた．この有効電荷は全電子電荷から，その電子自身の軌道の電荷，$|\phi_i|^2$ を差し引いたものであった．したがってこの場合，電荷の欠陥は空間的に軌道の広がりを持つ．それがハートリー・フォック法では注目する電子の座標 $\mathbf{r}_1$ の近くに局在し，電荷の穴ができると考えるのである．

例えば，図4B-1(A)のような軌道関数を仮定し，距離 $r_2 - r_1 = r$ を変化させたときの電荷密度 $\rho, \rho_{Xi}, \rho_{\text{eff}}$ の値は図(B)に示すように変化する．すなわち，式(4B-10)で示すようにフェルミ孔内では大きさが ρ_{Xi} の電荷欠損があり，電荷密度 ρ からそれが差し引かれるので，r_1 でポテンシャルとして感じる有効電荷 ρ_{eff} は r_2 が r_1 に近づき等しくなると（$r = 0$）0になる．

4C　Xα法における交換ポテンシャル

ハートリー・フォックの一電子方程式は 4 章で

$$\left[-\frac{1}{2}\nabla_1^2 - \frac{Z}{r_1} + \sum_l \int \frac{\phi_l^*(\mathbf{r}_2)\phi_l(\mathbf{r}_2)}{r_{12}} d\mathbf{r}_2 + V_{Xi}(\mathbf{r}_1)\right]\phi_i(\mathbf{r}_1) = \varepsilon_i \phi_i(\mathbf{r}_1) \tag{4C-1}$$

と書かれ，交換ポテンシャルの項はスピン m_s を考慮すると

$$V_{x_i m_s}(\mathbf{r}_1) = \frac{\sum(j)\delta(m_s, m_{sj})n_j \int \phi_i^*(\mathbf{r}_1)\phi_j^*(\mathbf{r}_2)(1/r_{12})\phi_j(\mathbf{r}_1)\phi_i(\mathbf{r}_2) d\mathbf{r}_2}{\phi_i^*(\mathbf{r}_1)\phi_i(\mathbf{r}_1)} \tag{4C-2}$$

と表される。ここで m_{sj} はスピン軌道 j のスピンを表す。しかし式 (4C-2) のように表される交換ポテンシャル $V_{x_i m_s}$ は各々のスピン軌道に対して与えられるので，実際計算を行うのにたいへんやっかいである。そこでスレーターらは，この項を統計的に扱って簡単な形で近似する方法を発展させた。

その方法は 2 種類の近似を用いている。その 1 つは各々のスピン軌道で異なる $V_{x_i m_s}$ を用いることを避けるため，その重率平均をとることである。もう 1 つの近似はそのように得られた平均の交換ポテンシャルを自由電子模型に基づいて計算するというものである。

まず，最初の近似すなわち $V_{x_i m_s}$ の重率平均をとるには次のようにする。位置 1 において上向きスピンの電子と下向きスピンの電子とによる電荷密度が存在すると考える。いまスピンが m_s である電子に対する交換ポテンシャルを考えると，その位置においてスピンが m_s である電子のうち i 番目のスピン軌道の電子である確率は

$$\frac{\delta(m_s, m_{si})\phi_i^*(\mathbf{r}_1)\phi_i(\mathbf{r}_1)}{\sum(j)\delta(m_s, m_{sj})n_j\phi_j^*(\mathbf{r}_1)\phi_j(\mathbf{r}_1)} \tag{4C-3}$$

である。重率平均はすべてのスピン軌道について，式 (4C-2) の $V_{x_i m_s}$ にこの確率をかけ，すべてのスピン軌道についての和をとればよい。すなわち

$$[V_{x_i m_s}(\mathbf{r}_1)]_{AV}$$
$$= \frac{\sum(i,j)\delta(m_s, m_{si})\delta(m_s, m_{sj})n_i n_j \int \phi_i^*(\mathbf{r}_1)\phi_j^*(\mathbf{r}_2)(1/r_{12})\phi_j(\mathbf{r}_1)\phi_i(\mathbf{r}_2) d\mathbf{r}_2}{\sum(j)\delta(m_s, m_{sj})n_j\phi_j^*(\mathbf{r}_1)\phi_j(\mathbf{r}_1)} \tag{4C-4}$$

となる。このように重率平均した交換ポテンシャルを用いる方法はハイパー・ハートリー・フォック法[*1]と呼ばれている。

この近似により各スピン軌道に対して別々の交換ポテンシャルではなく，すべてのスピン軌道に対して 1 つの交換ポテンシャルを用いればよいことになる。しかしそれでもこのポテンシャルを計算するのは大変手間がかかる。そこでスレーターはスピン軌道を自由電子ガスの波

---

*1　J.B.Mann, Los Alamos Sci.Lab.Rep. LA-3690,1967 and LA-3691,1968

動関数で近似することによって，さらに簡単な形で表わした．自由電子ガスの波動関数は体積を V とすると

$$\phi_i(\mathbf{r}_1) = (1/\sqrt{V}) \exp(i\mathbf{k}_i\mathbf{r}_1)$$

で表わされる．これを式 (4C-4) に代入すると

$$[V_{X\uparrow}(\mathbf{r}_1)]_{AV} = -\frac{1}{V^2} \frac{\sum(i\uparrow, j\uparrow) n_i n_j \int \exp[i(\mathbf{k}_i - \mathbf{k}_j)(\mathbf{r}_2 - \mathbf{r}_1)](1/r_{12}) d\mathbf{r}_2}{\phi_i^*(\mathbf{r}_1)\phi_i(\mathbf{r}_1)} \tag{4C-5}$$

となる．ここで上向きスピン ($m_s = 1/2$) を↑で表わした．また全スピン軌道についての平均ポテンシャルなので $[V_{X,m_s}]_{AV}$ を $[V_{X\uparrow}]_{AV}$ と書いた．ここでは自由電子ガスを考えているので，エネルギー準位は離散的でなく連続帯を作っている．この場合は式 (4C-5) の和を積分の形に置き換えればよい．すなわち

$$\sum(i, j) \to (V/8\pi^3)^2 \iint d\mathbf{k}_i d\mathbf{k}_j$$

とする．そうすると

$$[V_{X\uparrow}(\mathbf{r}_1)]_{AV} = -\left(\frac{1}{8\pi^3}\right)^2 \frac{1}{\rho_\uparrow(\mathbf{r}_1)} \iiint \exp[i(\mathbf{k}_i - \mathbf{k}_j)(\mathbf{r}_2 - \mathbf{r}_1)](1/r_{12}) d\mathbf{k}_i d\mathbf{k}_j d\mathbf{r}_2 \tag{4C-6}$$

となる．次に $\mathbf{r}_2 - \mathbf{r}_1 = \mathbf{r}_{12}$ の方向を z 軸にとれば

$$i(\mathbf{k}_i - \mathbf{k}_j)(\mathbf{r}_2 - \mathbf{r}_1) = i(k_{iz} - k_{jz})r_{12}$$

なので，式 (4C-6) の積分は

$$\iint \exp[i(\mathbf{k}_i - \mathbf{k}_j)(\mathbf{r}_2 - \mathbf{r}_1)](2/r_{12}) d\mathbf{k}_i d\mathbf{k}_j$$
$$= \iiint \exp(ik_{iz}r_{12}) dk_{ix} dk_{iy} dk_{iz} \times \iiint \exp(ik_{jz}r_{12}) dk_{jx} dk_{jy} dk_{jz} \tag{4C-7}$$

と書ける．次にこの積分の積分範囲を決めなげればならない．それには運動量空間を考える．電子は運動量が $p = 0$ から $p = p_{max}$ までの状態を占めているとする．上向きスピンをもつ電子数を $n_\uparrow$ とすると

$$\frac{4\pi}{3} p_{max}^3 = \frac{n_\uparrow}{V} h^3$$

なので

$$p_{max} = h\left(\frac{3}{4\pi}\frac{n_\uparrow}{V}\right)^{1/3} = h\left(\frac{3}{4\pi}\rho_\uparrow\right)^{1/3}$$

となり，$p = \hbar k$ なので

$$k_{max} = 2\pi\left(\frac{3}{4\pi}\rho_\uparrow\right)^{1/3} \tag{4C-8}$$

であることがわかる（図 4C-1 を参照）．

式 (4C-7) の積分の $\iint dk_x dk_y$ の部分は半径が $(k_{max}^2 - k_z^2)^{1/2}$ の円の面積に等しい．したがって積分は k_z が $-k_{max}$ から k_{max} までの領域について行えばよい．すなわち

$$\iiint \exp(ik_{iz}r_{12}) dk_{ix} dk_{iy} dk_{iz} = \int_{-k_{max}}^{k_{max}} \pi(k_{max}^2 - k_{iz}^2) \exp(ik_{iz}r_{12}) dk_{iz}$$
$$= \pi\left[(k_{max}^2 - k_{iz}^2)\frac{\exp(ik_{iz}r_{12})}{ir_{12}} + \frac{2}{ir_{12}}\int k_{iz} \exp(ik_{iz}r_{12}) dk_{iz}\right]_{-k_{max}}^{k_{max}}$$

$$= 4\pi \left(k_{\max}\right)^3 \frac{\sin x - x\cos x}{x^3}$$

である。ここで $x = k_{\max} r_{12}$ とおいた。また $\mathbf{k}_j$ についての積分もまったく同じになる。さらに $d\mathbf{r}_2$ についての全空間の積分は

$$\int d\mathbf{r}_2 = \int 4\pi r_2^2 dr_2 = \int 4\pi r_{12}^2 dr_{12} = \frac{4\pi}{k_{\max}} \int r_{12}^2 dx$$

と置けるので

$$[V_{X\uparrow}(\mathbf{r}_1)]_{AV} = -\frac{1}{\pi^3} \frac{1}{\rho_\uparrow(\mathbf{r}_1)} k_{\max}^4 \int_0^\infty \frac{(\sin x - x\cos x)^2}{x^5} dx \tag{4C-9}$$

となる。上式の積分は部分積分を行うことにより

$$\int_0^\infty \frac{(\sin x - x\cos x)^2}{x^5} dx = \int_0^\infty \frac{\sin^2 x}{x^5} dx - \int_0^\infty \frac{\sin(2x)}{x^4} dx + \int_0^\infty \frac{\cos^2 x}{x^3} dx$$

$$\int \frac{\sin^2 x}{x^5} dx = -\frac{1}{4} \frac{\sin^2 x}{x^4} + \int \frac{\sin x \cdot x \cos x}{2x^4} dx$$

$$= -\frac{1}{4} \frac{\sin^2 x}{x^4} - \frac{1}{12} \frac{\sin(2x)}{x^3} - \frac{1}{12} \frac{\cos(2x)}{x^3} + \frac{1}{6} \frac{\sin(2x)}{x} - \frac{1}{3} \frac{\cos(2x)}{x} dx$$

$$-\int \frac{\cos(2x)}{x^4} dx = \frac{1}{3} \frac{\sin(2x)}{x^3} + \frac{1}{3} \frac{\cos(2x)}{x^2} - \frac{2}{3} \frac{\sin(2x)}{x} + \frac{4}{3} \int \frac{\cos(2x)}{x} dx$$

$$\int \frac{\cos^2 x}{x^3} dx = -\frac{1}{2} \frac{\cos(2x)}{x^2} + \frac{1}{2} \frac{\sin(2x)}{x} - \int \frac{\cos(2x)}{x} dx$$

である。結局

$$\int_0^\infty \frac{(\sin x - x\cos x)^2}{x^5} dx = \frac{1}{4} \left[-\frac{\sin^2 x}{x^4} + \frac{\sin(2x)}{x^3} - \frac{\cos(2x)}{x^2} \right]_0^\infty$$

となる。ところで $x \to 0$ において

$$\sin x = x - \frac{1}{6} x^3 + \cdots\cdots, \quad \sin(2x) = x - \frac{4}{3} x^3 + \cdots\cdots, \quad \cos x = 1 - 2x^2 + \cdots\cdots$$

と展開できるので

$$\int_0^\infty \frac{(\sin x - x\cos x)^2}{x^5} dx = \frac{1}{4} \tag{4C-10}$$

が得られる。

式 (4C-8) と式 (4C-10) を式 (4C-9) に代入すれば

$$[V_{X\uparrow}(\mathbf{r}_1)]_{AV} = -\frac{1}{4}\frac{1}{\pi^3}\frac{1}{\rho_\uparrow(\mathbf{r}_1)}(2\pi)^4\left[\frac{3}{4\pi}\rho_\uparrow(\mathbf{r}_1)\right]^{4/3}$$

$$= -3\left[\frac{3}{4\pi}\rho_\uparrow(\mathbf{r}_1)\right]^{1/3} \tag{4C-11}$$

となることがわかる。すなわち交換ポテンシャルが位置 $\mathbf{r}_1$ における電子密度 $\rho_\uparrow(\mathbf{r}_1)$ の 1/3 乗に比例するという簡単な形で表わすことができるわけである。これがスレーターが最初に導いた交換ポテンシャルである。

Xα ポテンシャルにおける α 値

実際の計算で用いられている Xα 交換ポテンシャルは 4 章の式 (4-40) で与えられている。すなわち

$$V_{XC\uparrow}(\mathbf{r}) = -3\alpha\left[\frac{3}{4\pi}\rho_\uparrow(\mathbf{r})\right]^{1/3} \tag{4C-12}$$

である。ここで α はパラメータであり，適当な値を決めて用いなければならない。原子の場合，Schwarz[*1] は全エネルギーの値がハイパー・ハートリー・フォック法で計算した値に一致するように α の値を決めた。次の表 4C-1 はこのようにして与えられた値を示す。

このように決められた α の値は H 原子では 0.978 で 1 に近く He では 0.77，Li で 0.78，Be で 0.76 となり，その後は原子番号が大きくなると減少し 0.7 に近くなっていく。これらの値を図 4C-2 にプロットした。

しかし Schwarz の表に与えられているのは原子番号 41 の Nb までの値である。そこで筆者はそれ以降の元素についても，ハートリー・フォック法での全エネルギーと一致するように α の値を計算して，表および図 4C-2 に追加して示してある[*2]。筆者の計算はハートリー・フォック法での値と一致するように決めた。両者の値はわずかなズレがあるが，Schwarz の計算は基底電子配置の統計平均を取ったハイパー・ハートリー・フォック法での計算と一致するように決められているためである。閉殻構造の希ガス類では両者の計算は基本的に一致することになり，わずかの誤差で一致していることがわかる。

[*1] K.Schwarz, *Phys.Rev.* **B5**, 2466 (1972)
[*2] 足立裕彦，「交換相互作用およびフェルミ孔についての一考察」，DV-Xα 研究協会会報，vol.22 (2009)，p75

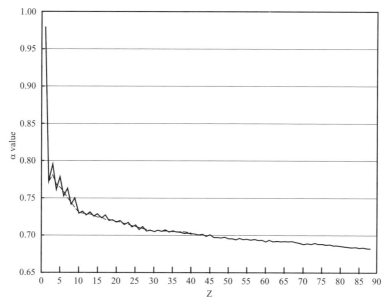

図 4C-2 Xα法における交換ポテンシャルのパラメータα値の原子番号による変化
Schwarzの値は破線で，筆者の値は実線で示す。

表 4C-1 Xα法における交換ポテンシャルのパラメータα値

Z	元素	α値(Schwarz)	α値(Adachi)	Z	元素	α値(Adachi)
1	H	0.97804	0.97687	46	Pd	0.69956
2	He	0.77298	0.77290	47	Ag	0.69939
3	Li	0.78147	0.79658	48	Cd	0.69841
4	Be	0.76823	0.76282	49	In	0.69866
5	B	0.76531	0.77915	50	Sn	0.69699
6	C	0.75928	0.75444	51	Sb	0.69732
7	N	0.75197	0.76486	52	Te	0.69650
8	O	0.74447	0.74266	53	I	0.69691
9	F	0.73732	0.75183	54	Xe	0.69605
10	Ne	0.73081	0.73103	55	Cs	0.69603
11	Na	0.73115	0.73354	56	Ba	0.69527
12	Mg	0.72913	0.72853	57	La	0.69635
13	Al	0.72853	0.73224	58	Ce	0.69495
14	Si	0.72751	0.72708	59	Pr	0.69546
15	P	0.72620	0.73010	60	Nd	0.69347
16	S	0.72475	0.72467	61	Pm	0.69486
17	Cl	0.72325	0.72762	62	Sm	0.69278
18	Ar	0.72177	0.72179	63	Eu	0.69453
19	K	0.72117	0.72210	64	Gd	0.69278
20	Ca	0.71984	0.71846	65	Tb	0.69405
21	Sc	0.71841	0.72063	66	Dy	0.69405
22	Ti	0.71695	0.71545	67	Ho	0.69368
23	V	0.71556	0.71770	68	Er	0.69211
24	Cr	0.71352	0.71271	69	Tm	0.69120
25	Mn	0.71279	0.71514	70	Yb	0.69046
26	Fe	0.71151	0.70982	71	Lu	0.69088
27	Co	0.71018	0.71310	72	Hf	0.69028
28	Ni	0.70896	0.70739	73	Ta	0.69078
29	Cu	0.70697	0.70754	74	W	0.68997
30	Zn	0.70673	0.70607	75	Re	0.69020
31	Ga	0.7069	0.70752	76	Os	0.68925
32	Ge	0.70684	0.70642	77	Ir	0.68955
33	As	0.70665	0.70763	78	Pt	0.68845
34	Se	0.70638	0.70620	79	Au	0.68814
35	Br	0.70606	0.70732	80	Hg	0.68742
36	Kr	0.70574	0.70558	81	Tl	0.68727
37	Rb	0.70553	0.70557	82	Pb	0.68659
38	Sr	0.70504	0.70427	83	Bi	0.68643
39	Y	0.70465	0.70476	84	Po	0.68573
40	Zr	0.70424	0.70305	85	At	0.68561
41	Nb	0.70383	0.70360	86	Rn	0.68489
42	Mo		0.70192	87	Fr	0.68459
43	Tc		0.70268	88	Ra	0.68393
44	Ru		0.70064	89	Ac	
45	Rh		0.70157			

4D　ハートリー・フォック・スレーター方程式

ハートリー・フォック・スレーター法では全電子系のエネルギーは4章の式 (4-37) で次のように表される。

$$E = \sum_k f_k \int \phi_k^*(\mathbf{r}_1) \left(-\frac{1}{2} \nabla_1^2 - \frac{Z}{r_1} \right) \phi_k(\mathbf{r}_1) d\mathbf{r}_1 + \frac{1}{2} \iint \frac{\rho(\mathbf{r}_1) \rho(\mathbf{r}_2)}{r_{12}} d\mathbf{r}_1 d\mathbf{r}_2$$

$$-\frac{3}{2} \times \left(\frac{3}{4\pi}\right)^{1/3} \int [\rho_\uparrow(\mathbf{r}_1)^{4/3} + \rho_\downarrow(\mathbf{r}_1)^{4/3}] d\mathbf{r}_1 \tag{4D-1}$$

ハートリー・フォック法と同様に変分原理により一電子方程式が得られる。ハートリー・フォック法と違うのは交換相互作用の項のみである。スピンが上向きの場合について考えてみる。$\phi_{i\uparrow}$ が $\phi_{i\uparrow} + \delta\phi_{i\uparrow}$ に変化すると，電子密度 $\rho_\uparrow$ が $\rho_\uparrow + \delta\rho_\uparrow$ になる。すなわち

$$\rho_\uparrow(\mathbf{r}) + \delta\rho_\uparrow(\mathbf{r}) = \sum_{l \neq i} \rho_l(\mathbf{r}) + f_i [\phi_{i\uparrow}^*(\mathbf{r}) + \delta\phi_{i\uparrow}^*(\mathbf{r})][\phi_{i\uparrow}(\mathbf{r}) + \delta\phi_{i\uparrow}(\mathbf{r})]$$

$$= \sum_{l \neq i} \rho_l(\mathbf{r}) + f_{i\uparrow} [\phi_{i\uparrow}^*(\mathbf{r}) \phi_{i\uparrow}(\mathbf{r}) + \delta\phi_{i\uparrow}^*(\mathbf{r}) \phi_{i\uparrow}(\mathbf{r}) + c.j. + h.t.]$$

$$= \rho_\uparrow(\mathbf{r}) + f_i [\phi_{i\uparrow}^*(\mathbf{r}) \phi_{i\uparrow}(\mathbf{r}) + c.j. + h.t.] \tag{4D-2}$$

であり

$$(\rho_\uparrow + \delta\rho_\uparrow)^{4/3} = \rho_\uparrow^{4/3} \left(1 + \frac{\delta\rho_\uparrow}{\rho_\uparrow}\right)^{4/3} = \rho_\uparrow^{4/3} \left[1 + \frac{4}{3}\frac{\delta\rho_\uparrow}{\rho_\uparrow} + \frac{2}{9}\left(\frac{\delta\rho_\uparrow}{\rho_\uparrow}\right)^2 + \cdots\right]$$

$$= \rho_\uparrow^{4/3} + \frac{4}{3}\rho_\uparrow^{1/3} f_i [\delta\phi_{i\uparrow}^*(\mathbf{r}) \phi_{i\uparrow}^*(\mathbf{r}) + c.j. + h.t.] \tag{4D-3}$$

なので，交換相互作用の項の変分は

$$-\frac{3}{2} \times \frac{4}{3} \times \left(\frac{3}{4\pi}\right)^{1/3} [\rho_\uparrow(\mathbf{r}_1)]^{1/3} f_k [\delta\phi_k^*(\mathbf{r}) \phi_{k\uparrow}(\mathbf{r}) + c.j. + h.t.] \tag{4D-4}$$

と表される。したがって，ハートリー・フォック・スレーター法では，一電子方程式は

$$\left\{ -\frac{1}{2} \nabla_1^2 - \frac{Z}{r_1} + \int \frac{\rho(\mathbf{r}_2)}{r_{12}} d\mathbf{r}_2 - 2\left[\frac{3}{4\pi} \rho_\uparrow(\mathbf{r}_1)\right]^{1/3} \right\} \phi_{i\uparrow}(\mathbf{r}) = \varepsilon_{i\uparrow} \phi_{i\uparrow}(\mathbf{r}) \tag{4D-5}$$

と書ける（4章の式 (4-39)）。上の交換相互作用は自由電子ガスの場合の式であり，実際の原子や分子では，交換相互作用項に係数 α をかけ，全エネルギーは

$$E = \sum_k f_k \int \phi_k^*(\mathbf{r}_1) \left(-\frac{1}{2} \nabla_1^2 - \frac{Z}{r_1} \right) \phi_k(\mathbf{r}_1) d\mathbf{r}_1 + \frac{1}{2} \iint \rho(\mathbf{r}_1) \left(\frac{1}{r_{12}}\right) \rho(\mathbf{r}_2) d\mathbf{r}_1 d\mathbf{r}_2$$

$$-\frac{9}{4} \alpha \left(\frac{3}{4\pi}\right)^{1/3} \int [\rho_\uparrow(\mathbf{r}_1)^{4/3} + \rho_\downarrow(\mathbf{r}_1)^{4/3}] d\mathbf{r}_1 \tag{4D-6}$$

一電子方程式は

$$\left\{-\frac{1}{2}\nabla_1^2 - \frac{Z}{r_1} + \int \frac{\rho(\mathbf{r}_2)}{r_{12}} d\mathbf{r}_2 - 3\alpha\left[\frac{3}{4\pi}\rho_\uparrow(\mathbf{r}_1)\right]^{1/3}\right\}\phi_{i\uparrow}(\mathbf{r}_1) = \varepsilon_i\phi_{i\uparrow}(\mathbf{r}_1) \qquad (4D\text{-}7)$$

と表される。付録 4C で述べているように自由電子ガスでは $\alpha = 2/3$ になり，式 (4D-5) に一致する。

交換ポテンシャルは 4 章や付録 4C で述べたようにフェルミ孔のモデルで理解することが出来る。フェルミ孔は電子 1 個分に相当する電荷の欠損した孔である。これを理解するためにフェルミ孔を球と仮定し，その球内では同じスピンの電子電荷が 0 と仮定すれば球の半径を計算することができる。図 4D-1 は Xα 法で CO 分子を計算し，その電荷密度分布の等高線をプロットしたものである。

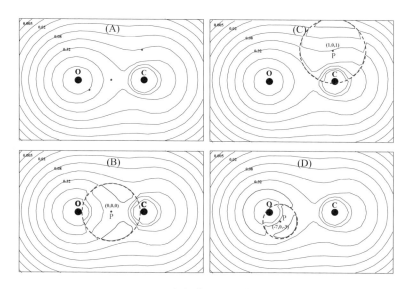

図 4D-1　CO 分子の電子密度プロットと点 P におけるフェルミ孔

図 (A) は分子軌道計算から得られた電子密度マップである。図 (B), (C), (D) は電子が点 P に存在するときのフェルミ球とその球内の同じスピンの電子電荷が欠損した電子密度をプロットしたものである。この図からフェルミ孔がどの程度の大きさかが理解でき，また電荷密度の大きいところでは半径が小さく，密度の小さいところでは半径が大きくなる様子がよく理解できる。図 (B), (C), (D) では電子がそれぞれ点 P (0,0,0), (1,0,1), (−0.7,0,−0.3) に存在する場合の様子を示した。例えば図 (B) の場合，電子密度 $\rho_P = 0.463$ で球の半径 $R_P = 0.953$ (a.u.) である。この点での Xα 交換ポテンシャル ($\alpha = 0.7$ として) は $V_{X\alpha}(\mathbf{r}_P) = -0.819$ (a.u.) であるが，この球内の電荷 (1e) による静電ポテンシャルは $V_c(R_P) = 1.496$ (a.u.) なのでかなりの違いがあることがわかる。これはフェルミ孔の単純モデルでは静電ポテンシャルが $(3/2)(4\pi\rho_\uparrow/3)^{1/3}$ $= (3/2)(2\pi\rho/3)^{1/3} = 1.919158 \times \rho^{1/3}$ と評価されるが，Xα ポテンシャルでは $V_{X\alpha} = 3\alpha(3\rho/8\pi)^{1/3}$ $= 1.033982 \times \rho^{1/3} (\alpha = 0.7)$ と計算されるので，単純モデルでは過大評価していていることに

なる。それ以外でもフェルミ球内での電荷分布の変化が大きいことやフェルミ孔を単純な球で近似したことがあげられる。ともかく実際のイメージとしては，電子が点Pにあるときにはこのようなフェルミ孔を引きずって運動していることになる。

ハートリー・フォック法では，軌道エネルギー ε_k はイオン化エネルギーの符号を変えたものに等しい（クープマンズの定理，4章の式 (4-30)）。Xα 法ではこれが成り立たないことを示そう。4章式 (4-43)～(4-46) で述べた議論と重なるが，まず式 (4-41) の全エネルギー E を軌道 $i\uparrow$ の電子数 $f_{i\uparrow}$ で偏微分してみる。

$$\frac{\partial E}{\partial f_{i\uparrow}} = \int \phi_{i\uparrow}^*(\mathbf{r}_1)\left(-\frac{1}{2}\nabla_1^2 - \frac{Z}{r_1}\right)\phi_i(\mathbf{r}_1)d\mathbf{r}_1 + \frac{1}{2}\int \phi_{i\uparrow}^*(\mathbf{r}_1)\left\{\int \frac{\rho(\mathbf{r}_2)}{r_{12}}d\mathbf{r}_2\right\}\phi_{i\uparrow}(\mathbf{r}_1)d\mathbf{r}_1$$

$$+ \frac{1}{2}\int \phi_{i\uparrow}^*(\mathbf{r}_2)\left\{\int \frac{\rho(\mathbf{r}_1)}{r_{12}}d\mathbf{r}_1\right\}\phi_{i\uparrow}(\mathbf{r}_2)d\mathbf{r}_2 - 3\alpha\left(\frac{3}{4\pi}\right)^{1/3}\int \phi_{i\uparrow}^*(\mathbf{r}_1)[\rho_\uparrow(\mathbf{r}_1)]^{1/3}\phi_{i\uparrow}(\mathbf{r}_1)d\mathbf{r}_1$$

$$= \int \phi_{i\uparrow}^*(\mathbf{r}_1)\left\{-\frac{1}{2}\nabla_1^2 - \frac{Z}{r_1} + \int \frac{\rho(\mathbf{r}_2)}{r_{12}}d\mathbf{r}_2 - 3\alpha\left[\frac{3}{4\pi}\rho_\uparrow(\mathbf{r}_1)\right]^{1/3}\right\}\phi_{i\uparrow}(\mathbf{r}_1)d\mathbf{r}_1 \quad (4D\text{-}8)$$

である。ここで

$$\frac{\partial \rho(\mathbf{r})}{\partial f_{i\uparrow}} = \frac{\partial |\rho_\uparrow(\mathbf{r}) + \rho_\downarrow(\mathbf{r})|}{\partial f_{i\uparrow}} = \phi_{i\uparrow}^*(\mathbf{r})\phi_{i\uparrow}(\mathbf{r}) \quad (4D\text{-}9)$$

を用いた。次に式 (4D-7) の両辺の左から $\phi_{i\uparrow}^*$ をかけて積分してみると

$$\int \phi_{i\uparrow}^*(\mathbf{r}_1)\left\{-\frac{1}{2}\nabla_1^2 - \frac{Z}{r_1} + \int \frac{\rho(\mathbf{r}_2)}{r_{12}}d\mathbf{r}_2 - 3\alpha\left[\frac{3}{4\pi}\rho_\uparrow(\mathbf{r}_1)\right]^{1/3}\right\}\phi_{i\uparrow}(\mathbf{r}_1)d\mathbf{r}_1 = \varepsilon_{i\uparrow} \quad (4D\text{-}10)$$

が得られるが，式 (4D-8) との比較から Xα 法では

$$\varepsilon_{i,X\alpha} = \frac{\partial E}{\partial f_i} \quad (4D\text{-}11)$$

であることがわかる。一方ハートリー・フォック法では

$$\varepsilon_{i,\text{HF}} = E(f_i = f_{i0}) - E(f_i = f_{i0} - 1) \quad (4D\text{-}12)$$

で，f_i の差分になる。しかし Xα では微分になり，軌道エネルギーの物理的な意味が違っていることになる。

Xα 法では全エネルギーの一次微分が軌道エネルギーに等しいことがわかった。次に2階微分を調べてみる。

$$\frac{\partial^2 E}{\partial f_{i\uparrow}^2} = \frac{\partial \varepsilon_{i\uparrow}}{\partial f_{i\uparrow}} = \iint \phi_{i\uparrow}^*(\mathbf{r}_1)\phi_{i\uparrow}^*(\mathbf{r}_2)\left(\frac{1}{r_{12}}\right)\phi_{i\uparrow}^*(\mathbf{r}_1)\phi_{i\uparrow}^*(\mathbf{r}_2)d\mathbf{r}_1 d\mathbf{r}_2$$

$$- \alpha\left(\frac{3}{4\pi}\right)^{1/3}\int [\phi_{i\uparrow}^*(\mathbf{r}_1)\phi_{i\uparrow}(\mathbf{r}_1)]^2 [\rho_\uparrow(\mathbf{r}_1)]^{-2/3}d\mathbf{r}_1 \quad (4D\text{-}13)$$

で，第1項は軌道 i の電子雲同士の静電斥力エネルギーであり，第2項は交換ポテンシャルの微分で小さな値となる。さらに3階微分は

$$\frac{\partial^3 E}{\partial f_{i\uparrow}^3} = \frac{2}{3}\alpha\left(\frac{3}{4\pi}\right)^{1/3}\int [\phi_{i\uparrow}^*(\mathbf{r}_1)\phi_{i\uparrow}(\mathbf{r}_1)]^{1/3}[\rho_\uparrow(\mathbf{r}_1)]^{-5/3}d\mathbf{r}_1 \quad (4D\text{-}14)$$

で，さらに小さい値になる。

全エネルギー E は占有数 f_i に依存するので，f_i の多項式の形で書ける．標準状態における占有数を f_{i0} として，そのまわりで展開すると

$$E(f_i) = E(f_{i0}) + \left.\frac{\partial E}{\partial f_i}\right|_{f_{i0}} (f_i - f_{i0}) + \frac{1}{2}\left.\frac{\partial^2 E}{\partial f_i^2}\right|_{f_{i0}} (f_i - f_{i0})^2$$

$$+ \frac{1}{6}\left.\frac{\partial^3 E}{\partial f_i^3}\right|_{f_{i0}} (f_i - f_{i0})^3 + \frac{1}{24}\left.\frac{\partial^4 E}{\partial f_i^4}\right|_{f_{i0}} (f_i - f_{i0})^4 + \cdots\cdots \quad (4\text{D-}15)$$

となる．このことを実際の原子を例にあげて調べてみよう．

例えば，O原子の全エネルギーを，2p電子数 f_{2p} を変化させながら，計算実習 IVA のプログラム 'ATOMXA' で計算し，$f_{2p} = 4$ のまわりで6次の項まで展開すると

$$E = -74.76919 - 0.32807(f_{2p}-4) + 0.25260(f_{2p}-4)^2 - 0.01865(n_{2p}-4)^3$$
$$+ 0.00990(f_{2p}-4)^4 + 0.00885(f_{2p}-4)^5 + 0.00260(f_{2p}-4)^6 \quad (4\text{D-}16)$$

の式で表すことができる．こうして得られた E の変化を図 4D-2 に示す．

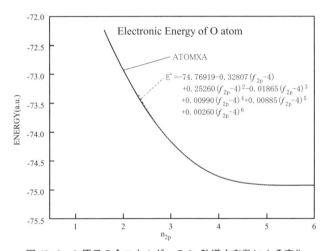

図 4D-2　O原子の全エネルギーの 2p 軌道占有数による変化

上の式から3次以下の係数は小さいので，2次式で近似しても大きな誤差にならず，E は近似的に2次式で表すことができる．4章式 (4-47)～(4-49) で少し議論したが

$$E \cong a + bf + cf^2 \quad (4\text{D-}17)$$

と書ける．イオン化エネルギー I は $f = f_0 - 1$ と $f = f_0$ との全エネルギーの差

$$I = E(f = f_0 - 1) - E(f = f_0)$$
$$\cong a + b(f_0 - 1) + c(f_0 - 1)^2 - (a + bf_0 + cf_0^2) = -b + c - 2cf_0 \quad (4\text{D-}18)$$

である．この値は2次曲線の性質から（図 4D-3 を参照）$f = f_0 - 1/2$ における E の勾配に負の符号をつけたものに等しい．すなわち式 (4D-17) から

$$\left.\frac{dE}{df}\right|_{f = f_0 - 1/2} = -b - 2c\left(f_0 - \frac{1}{2}\right) = -b + c - 2cf_0 \quad (4\text{D-}19)$$

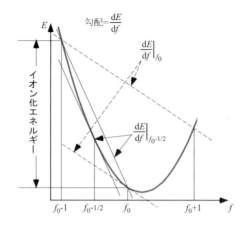

図 4D-3　二次曲線 $E(f)$ と $\varepsilon_{X\alpha}$ の勾配

となる。このことから $X\alpha$ 法では，中性状態 $f = f_0$ とイオン状態 $f = f_0-1$ との中間状態 $f = f_0-1/2$，すなわち電子を半分取り去った状態（スレーターの遷移状態[*1]と呼ばれる）の軌道エネルギーがイオン化エネルギーに負の符号をつけたものに等しくなることがわかる。

このことをもう少し厳密に調べてみよう。式 (4D-15) の E は f_i について偏微分すると

$$\frac{\partial E}{\partial f_i} = \left.\frac{\partial E}{\partial f_i}\right|_{f_{i0}} + \left.\frac{\partial^2 E}{\partial f_i^2}\right|_{f_{i0}} (f_i - f_{i0}) + \frac{1}{2}\left.\frac{\partial^3 E}{\partial f_i^3}\right|_{f_{i0}} (f_i - f_{i0})^2 + \cdots\cdots \tag{4D-20}$$

なので $f_i = f_{i0}-1/2$ とすると

$$\varepsilon_i^{\mathrm{T}} = \left.\frac{\mathrm{d}E}{\mathrm{d}f}\right|_{f=f_0-1/2} = \left.\frac{\partial E}{\partial f_i}\right|_{f_{i0}} - \frac{1}{2}\left.\frac{\partial^2 E}{\partial f_i^2}\right|_{f_{i0}} + \frac{1}{8}\left.\frac{\partial^3 E}{\partial f_i^3}\right|_{f_{i0}} + \tag{4D-21}$$

となる。ここで添え字Tはスレーターの遷移状態を表す。一方イオン化エネルギーは式 (4D-15) から

$$-I_i = E(f_i = f_{i0}) - E(f_i = f_{i0}-1)$$
$$= \left.\frac{\partial E}{\partial f_i}\right|_{f_{i0}} - \frac{1}{2}\left.\frac{\partial^2 E}{\partial f_i^2}\right|_{f_{i0}} + \frac{1}{6}\left.\frac{\partial^3 E}{\partial f_i^3}\right|_{f_{i0}} + \cdots\cdots \tag{4D-22}$$

である。式 (4D-21) と (4D-22) とを比較してわかるように，$(1/24)\cdot \partial^3 E/\partial f_i^3$ の誤差で一致している。イオン化エネルギーの計算結果と実験値の比較は 4 章の表 4-1 に示されている。$X\alpha$ 法のもう 1 つの特徴は，軌道エネルギー ε がマリケンの電気陰性度 χ に負の符号をつけたものに等しくなることである。すなわち 4 章式 (4-51) に示したように

$$\left.\frac{\mathrm{d}E}{\mathrm{d}f}\right|_{f_0} \cong b + 2cf_0 = -\chi \tag{4D-24}$$

である。

[*1]　スレーターの遷移状態については付録 4E に詳しく述べられている。

4E　スレーターの遷移状態法

　電子遷移に伴うエネルギー変化は，理論的には電子系全エネルギーの遷移の前後における差を計算して求めることができる。しかし，スレーターは遷移過程の中間状態を仮定すれば，軌道の一電子エネルギーを計算して近似できることを示した。これをスレーターは遷移状態（Transition state）と呼んだ。ここではそれに関する理論的な議論を行ってみる。

Xα法におけるエネルギー表示

　Xα法では，電子系の全エネルギー E は，4章式 (4-41) に示すように

$$E = \sum_i f_i \int \phi_i^*(1) h_1 \phi_i(1) dv_1 + \frac{1}{2} \iint \rho(1) \rho(2) \frac{1}{r_{12}} dv_1 dv_2$$

$$- \frac{9}{4} \alpha \left(\frac{3}{8\pi}\right)^{1/3} \int [\rho(1)]^{4/3} dv_1 \tag{4E-1}$$

と表すことができる。また，軌道 i の1電子エネルギーは（式 (4-44)）

$$\varepsilon_i = \int \phi_i^*(1) h_1 \phi_i(1) dv_1 + \int \phi_i^*(1) \int \frac{\rho(2)}{r_{12}} dv_2 \phi_i(1) dv_1$$

$$- 3\alpha \left(\frac{3}{8\pi}\right)^{1/3} \int \phi_i^*(1) [\rho(1)]^{1/3} \phi_i(1) dv_1 \tag{4E-2}$$

と表される。
　一方，全エネルギー E を軌道電子数 f_i について微分すると

$$\frac{\partial E}{\partial f_i} = \varepsilon_i \tag{4E-3}$$

である（式 (4-45)）。さらに E を f_i で2階微分すると

$$\frac{\partial^2 E}{\partial f_i^2} = \frac{\partial \varepsilon_i}{\partial f_i} = \int \phi_i^*(1) \int \frac{\phi_i^*(2) \phi_i(2) dv_2}{r_{12}} \phi_i(1) dv_1$$

$$- \alpha \left(\frac{3}{8\pi}\right)^{1/3} \int [\phi_i^*(1) \phi_i(1)]^2 [\rho(1)]^{-2/3} dv_1 \tag{4E-4}$$

となり，3階微分すると

$$\frac{\partial^3 E}{\partial f_i^3} = \frac{\partial^2 \varepsilon_i}{\partial f_i^2} = \frac{2}{3} \alpha \left(\frac{3}{8\pi}\right)^{1/3} \int [\phi_i^*(1) \phi_i(1)]^3 [\rho(1)]^{-5/3} dv_1 \tag{4E-5}$$

となる。

全エネルギーの軌道電子数による展開

電子遷移の過程において，電子状態，すなわち軌道電子数の変化が起こる．この変化に伴って，電子系の全エネルギーと軌道電子のエネルギーが変化する．このような過程における電子系のエネルギーを的確に表し，理解する方法が必要である．このため，全エネルギーを軌道電子数の関数として表示することを考える．

まず，1つの軌道だけが関与するような場合，全エネルギー E を軌道 i の電子占有数 f_i に関して f_{i0} の周りでテーラー展開すると

$$E = E_0 + (f_i - f_{i0}) \left.\frac{\partial E}{\partial f_i}\right|_0 + \frac{1}{2}(f_i - f_{i0})^2 \left.\frac{\partial^2 E}{\partial f_i^2}\right|_0 + \frac{1}{6}(f_i - f_{i0})^3 \left.\frac{\partial^3 E}{\partial f_i^3}\right|_0 + \cdots$$

$$= E_0 + \Delta f_i \langle D_i \rangle_0 + \frac{1}{2}\Delta f_i^2 \langle D_{ii} \rangle_0 + \frac{1}{6}\Delta f_i^3 \langle D_{iii} \rangle_0 + \cdots \tag{4E-6}$$

となる．ここで，f_{i0}, E_0 は標準状態（中性状態）における占有数，全エネルギーである．また $f_i - f_{i0} = \Delta f_{i0}$ と書き，全エネルギーの1階，2階，3階微分の導関数を，

$$\left.\frac{\partial E}{\partial f_i}\right|_0 \equiv \langle D_i \rangle_0, \qquad \left.\frac{\partial^2 E}{\partial f_i^2}\right|_0 \equiv \langle D_{ii} \rangle_0, \qquad \left.\frac{\partial^3 E}{\partial f_i^3}\right|_0 \equiv \langle D_{iii} \rangle_0,$$

と書いた．ここで $|_0$ は標準状態での E の導関数を意味する．

Xα 法では，全エネルギー E を f_i で微分すると軌道エネルギー ε_i に等しい．すなわち

$$\varepsilon_i = \frac{\partial E}{\partial f_i} = \langle D_i \rangle_0 + \Delta f_i \langle D_{ii} \rangle_0 + \frac{1}{2}\Delta f_i^2 \langle D_{iii} \rangle_0 + \cdots \tag{4E-7}$$

である．

次に，電子が2つの軌道間を遷移するような場合について考えてみよう．今，占有軌道 i から電子が非占有軌道 j に遷移するような場合を考える．全エネルギー E を，2つの軌道の占有数 f_i と f_j で展開すると

$$E = E_0 + \Delta f_i \langle D_i \rangle_0 + \Delta f_j \langle D_j \rangle_0 + \frac{1}{2}[\Delta f_i^2 \langle D_{ii} \rangle_0 + 2\Delta f_i \Delta f_j \langle D_{ij} \rangle_0 + \Delta f_j^2 \langle D_{jj} \rangle_0]$$

$$+ \frac{1}{6}[\Delta f_i^3 \langle D_{iii} \rangle_0 + 3\Delta f_i^2 \Delta f_j \langle D_{iij} \rangle_0 + 3\Delta f_i \Delta f_j^2 \langle D_{ijj} \rangle + \Delta f_j^3 \langle D_{jjj} \rangle_0] + \cdots \tag{4E-8}$$

となる．この式から占有数 f_i と f_j とが変化した場合に対応してエネルギーの計算ができる．全エネルギーを f_i および f_j で微分すると軌道エネルギーが得られ

$$\varepsilon_i = \frac{\partial E}{\partial f_i} = \langle D_i \rangle_0 + [\Delta f_i \langle D_{ii} \rangle_0 + \Delta f_j \langle D_{ij} \rangle_0]$$

$$+ \frac{1}{2}[\Delta f_i^2 \langle D_{iii} \rangle_0 + 2\Delta f_i \Delta f_j \langle D_{iij} \rangle_0 + \Delta f_j^2 \langle D_{ijj} \rangle_0] + \cdots \tag{4E-9}$$

$$\varepsilon_j = \frac{\partial E}{\partial f_j} = \langle D_j \rangle_0 + [\Delta f_i \langle D_{ij} \rangle_0 + \Delta f_j \langle D_{jj} \rangle_0]$$

$$+ \frac{1}{2}[\Delta f_j^2 \langle D_{jjj}\rangle_0 + 2\Delta f_i \Delta f_j \langle D_{ijj}\rangle_0 + \Delta f_i^2 \langle D_{iij}\rangle_0] + \cdots \tag{4E-10}$$

となる。

さらに3つの軌道が関与するより複雑な現象も起こる。例えば，オージェ(Auger)電子の放出や光電効果に伴うシェーク・アップの場合は3つの軌道が関与する。この場合，3つの軌道 i, j, k の電子数を含むように式 (4E-8) を拡張して

$$\begin{aligned}E = E_0 &+ [\Delta f_i \langle D_i\rangle_0 + \Delta f_j \langle D_j\rangle_0 + \Delta f_k \langle D_k\rangle_0] + \frac{1}{2}[\Delta f_i^2 \langle D_{ii}\rangle_0 + \Delta f_j^2 \langle D_{jj}\rangle_0 + \Delta f_k^2 \langle D_{kk}\rangle_0 \\ &+ 2\Delta f_i \Delta f_j \langle D_{ij}\rangle_0 + 2\Delta f_j \Delta f_k \langle D_{jk}\rangle_0 + 2\Delta f_i \Delta f_k \langle D_{ik}\rangle_0] \\ &+ \frac{1}{6}[\Delta f_i^3 \langle D_{iii}\rangle_0 + \Delta f_j^3 \langle D_{jjj}\rangle_0 + \Delta f_k^3 \langle D_{kkk}\rangle_0 + 3\Delta f_i^2 \Delta f_j \langle D_{iij}\rangle_0 + 3\Delta f_i \Delta f_j^2 \langle D_{ijj}\rangle_0 \\ &+ 3\Delta f_i^2 \Delta f_k \langle D_{iik}\rangle_0 + 3\Delta f_i \Delta f_k^2 \langle D_{ikk}\rangle_0 + 3\Delta f_j^2 \Delta f_k \langle D_{jjk}\rangle_0 + 3\Delta f_j \Delta f_k^2 \langle D_{jkk}\rangle_0 \\ &+ 6\Delta f_i \Delta f_j \Delta f_k \langle D_{ijk}\rangle_0] + \cdots \end{aligned} \tag{4E-11}$$

が得られる。

軌道 i, j, k のエネルギー固有値は，E を f_i, f_j, f_k で偏微分して

$$\begin{aligned}\varepsilon_i = \frac{\partial E}{\partial f_i} &= \langle D_i\rangle_0 + [\Delta f_i \langle D_{ii}\rangle_0 + \Delta f_j \langle D_{ij}\rangle_0 + \Delta f_k \langle D_{ik}\rangle_0] \\ &+ \frac{1}{2}[\Delta f_i^2 \langle D_{iii}\rangle_0 + \Delta f_j^2 \langle D_{ijj}\rangle_0 + \Delta f_k^2 \langle D_{ikk}\rangle_0 \\ &+ 2\Delta f_i \Delta f_j \langle D_{iij}\rangle_0 + 2\Delta f_i \Delta f_k \langle D_{iik}\rangle_0 + 2\Delta f_j \Delta f_k \langle D_{ijk}\rangle_0] + \cdots \end{aligned} \tag{4E-12}$$

$$\begin{aligned}\varepsilon_j = \frac{\partial E}{\partial f_j} &= \langle D_j\rangle_0 + [\Delta f_i \langle D_{ij}\rangle_0 + \Delta f_j \langle D_{jj}\rangle_0 + \Delta f_k \langle D_{jk}\rangle_0] \\ &+ \frac{1}{2}[\Delta f_i^2 \langle D_{iij}\rangle_0 + \Delta f_j^2 \langle D_{jjj}\rangle_0 + \Delta f_k^2 \langle D_{jkk}\rangle_0 \\ &+ 2\Delta f_i \Delta f_j \langle D_{ijj}\rangle_0 + 2\Delta f_i \Delta f_k \langle D_{ijk}\rangle_0 + 2\Delta f_j \Delta f_k \langle D_{jjk}\rangle_0] + \cdots \end{aligned} \tag{4E-13}$$

$$\begin{aligned}\varepsilon_k = \frac{\partial E}{\partial f_k} &= \langle D_k\rangle_0 + [\Delta f_i \langle D_{ik}\rangle_0 + \Delta f_j \langle D_{jk}\rangle_0 + \Delta f_k \langle D_{kk}\rangle_0] \\ &+ \frac{1}{2}[\Delta f_i^2 \langle D_{iik}\rangle_0 + \Delta f_j^2 \langle D_{jjk}\rangle_0 + \Delta f_k^2 \langle D_{kkk}\rangle_0 \\ &+ 2\Delta f_i \Delta f_j \langle D_{ijk}\rangle_0 + 2\Delta f_i \Delta f_k \langle D_{ikk}\rangle_0 + 2\Delta f_j \Delta f_k \langle D_{jkk}\rangle_0] + \cdots \end{aligned} \tag{4E-14}$$

となる。

電子スペクトルとスレーターの遷移状態

物質の電子状態が変化すると，電子系エネルギーが変化するので，系の外部とエネルギーのやり取りが起こる。この現象は種々の電子スペクトルとして観測される。図 4E-1 は種々の電子遷移を模式的に示している。これらはそれぞれ光電子スペクトル (A)，光 (X 線) の吸収 (B)

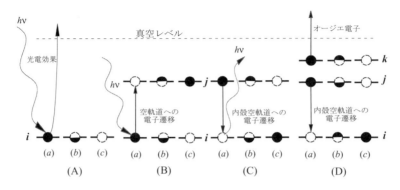

図 4E-1　種々の電子遷移過程における (a) 初期状態，(b) 遷移状態，(c) 終状態

あるいは放出（蛍光，蛍光 X 線）スペクトル (C)，オージェ電子スペクトル (D) として観測される。物質中の軌道電子が電磁波のエネルギーを吸収して，光電効果が起こる場合は，真空に飛び出した光電子のスペクトルが観測できる。この場合は，軌道電子の結合エネルギー（イオン化エネルギー）が測定される。また，エネルギーを吸収して，空軌道に励起される場合は，電磁波の吸収スペクトルが観測される。光電子スペクトルの場合でも，光電子が飛び出す際に，別のもう 1 つの軌道電子が真空に飛び出すシェーク・オフと呼ばれる現象が起こる場合がある。これらの電子遷移では，元の電子軌道と励起軌道の 2 つの軌道が関係する。さらに，光電効果などにより内殻軌道に電子空孔ができた後，エネルギーの高い軌道電子がこの空孔に遷移するとき，エネルギーが放出される場合は蛍光スペクトルとして観測される。このエネルギーを別の電子が吸収して真空に飛び出すのがオージェ電子である。また，光電子スペクトルにおいて，別の軌道電子を励起軌道に上げるシェーク・アップと呼ばれる現象がある。これらの場合は 3 つの軌道が関与することになる。これらの現象と観測スペクトルを理解し正しく解析するには，物質の電子状態とその変化をよく理解することが必要である。

光学スペクトルを正しく理解するにはそれに伴う電子状態の変化を理解する必要があるが，スレーターの遷移状態（Transition state）の方法を用いると，光学スペクトルを解析するのに便利である。図 4E-1 には種々の電子遷移過程における電子状態も示している。(a), (b), (c) はそれぞれの遷移過程における初期状態，中間状態，終状態である。中間状態をスレーターの遷移状態と呼ぶ。この状態では電子が半分遷移すると仮定する。$X\alpha$ 法では，このようなスレーターの遷移状態の計算が大変有効になる。図 4E-1 の (A) では 1 つの軌道 i，(B), (C) では 2 つの軌道 i と j，(D) では 3 つの軌道 i, j, k の電子が関与し，遷移の過程で電子数が変化する。このため，電子数の変化に対応した正確な電子状態計算が必要になる。

遷移エネルギーとスレーターの遷移状態法による評価

電子遷移の過程において，1 つの軌道のみが関与する場合，例えば光電効果における遷移のエネルギーは，イオン化エネルギーに対応し，遷移の終状態の全エネルギー E_1 と初期状態（標準状態）の全エネルギー E_0 との差になる。この場合の全エネルギーは式 (4E-6) で表され，終

状態では $f_i = f_{i0} - 1$ なので，これを代入すると

$$-I_i = E_0 - E_I = \langle D_i \rangle_0 - \frac{1}{2} \langle D_{ii} \rangle_0 + \frac{1}{6} \langle D_{iii} \rangle_0 - \cdots \cdots \quad (4\text{E-}15)$$

となる。

また，スレーターの遷移状態法を用いると，一電子エネルギー ε_i は，式 (4E-7) で表され，遷移状態 (T) での $f_i = f_{i0} - 1/2$ を代入すると，

$$\varepsilon^{(\text{T})} = \left.\frac{\partial E}{\partial f_i}\right|_{\text{T}} = \langle D_i \rangle_0 - \frac{1}{2} \langle D_{ii} \rangle_0 + \frac{1}{8} \langle D_{iii} \rangle_0 - \cdots \quad (4\text{E-}16)$$

となる。式 (4E-23) と比較して，$(1/24) \times \langle D_{iii} \rangle_0$ の小さい誤差でイオン化エネルギーが求まることが分かる。例えば付録 4D で述べた O 原子 2p 軌道電子の場合，3 次の導関数は -0.01865 a.u. で，誤差は 0.00078 a.u. (0.0211eV) である（実際の ATOMXA 計算では，$E_I - E_0 = -74.16623 - (-74.76919) = 0.60296$ a.u.，$\varepsilon_{2p}^{(\text{T})} = -0.59735$ a.u. で，誤差は 0.00561 a.u. である）。O 原子 1s, 2s 軌道を含めて表 4E-1 に結果をまとめる。表には実験結果も比較した。この表で軌道 1s の E_I の値は $f_{1s} = 1.0, f_{2s} = 2.0, f_{2p} = 4.0$ での値，2s は $f_{1s} = 2.0, f_{2s} = 1.0, f_{2p} = 4.0$ での値，2p は $f_{1s} = 2.0, f_{2s} = 2.0, f_{2p} = 3.0$ での値を示す。また，軌道 1s の $-\varepsilon_i^{(\text{T})}$ の値は $f_{1s} = 1.5, f_{2s} = 2.0, f_{2p} = 4.0$ での値，2s は $f_{1s} = 2.0, f_{2s} = 1.5, f_{2p} = 4.0$ での値，2p は $f_{1s} = 2.0, f_{2s} = 2.0, f_{2p} = 3.5$ での値を示す。

表 4E-1　O 原子の電子系エネルギーとイオン化エネルギーの評価（原子単位）

軌道	E_I	E_0	I_i	$-\varepsilon_i^{(\text{T})}$	$I(\text{exp.})$	$I_i - (-\varepsilon_i^{(\text{T})})$	$-D_{iii}^{(0)} \times (1/24)$
1s	-54.4072	-74.7692	20.3620	20.3551	19.70	0.0069	0.0060
2s	-73.6193	-74.7692	1.1499	1.1459	1.108	0.0040	0.0002
2p	-74.1662	-74.7692	0.6030	0.5974	0.582	0.0056	0.0002

次に，2 つの軌道が関与する電磁波の吸収あるいは放出を伴う軌道間遷移について考えてみる。この場合の全エネルギーは式 (4E-8) で表されている。初期状態として内殻軌道 i に空孔ができていて，軌道 j から電子が遷移し電磁波が放出されることを考える。このとき，終状態では $f_i - f_{i0} = 1$，$f_j - f_{j0} = -1$ である。これらを式 (4E-8) に代入すると

$$E = E_0 + [\langle D_i \rangle_0 - \langle D_j \rangle_0] + \frac{1}{2} [\langle D_{ii} \rangle_0 - 2\langle D_{ii} \rangle j_0 + \langle D_{jj} \rangle_0]$$

$$+ \frac{1}{6} [\langle D_{iii} \rangle_0 - \langle D_{jjj} \rangle_0 - 3\langle D_{iij} \rangle_0 + 3\langle D_{ijj} \rangle_0] + \cdots \cdots \quad (4\text{E-}17)$$

である。

これに対して，遷移状態では $f_i - f_{i0} = 1/2$，$f_j - f_{j0} = -1/2$ である。軌道エネルギー ε_i および ε_j は，式 (4E-9) と (4E-10) で与えられているので，これらの値を代入すると

$$\varepsilon_i^{(\text{T})} = \langle D_i \rangle_0 + \frac{1}{2} [\langle D_{ii} \rangle_0 - \langle D_{ij} \rangle_0] + \frac{1}{8} [\langle D_{iii} \rangle_0 - 2\langle D_{iij} \rangle_0 + \langle D_{ijj} \rangle_0] + \cdots$$

$$\varepsilon_j^{(T)} = \langle D_j \rangle_0 + \frac{1}{2}[\langle D_{ij} \rangle_0 - \langle D_{jj} \rangle_0] + \frac{1}{8}[\langle D_{jjj} \rangle_0 - 2\langle D_{ijj} \rangle_0 + \langle D_{iij} \rangle_0] + \cdots$$

となるので，その差をとると

$$\varepsilon_i^{(T)} - \varepsilon_j^{(T)} = \langle D_i \rangle_0 - \langle D_j \rangle_0 + \frac{1}{2}[\langle D_{ii} \rangle_0 - 2\langle D_{ij} \rangle_0 + \langle D_{jj} \rangle_0]$$

$$+ \frac{1}{8}[\langle D_{iii} \rangle_0 - 3\langle D_{iij} \rangle_0 + 3\langle D_{ijj} \rangle_0 - \langle D_{jjj} \rangle_0] + \cdots \tag{4E-18}$$

が得られる．これと式 (4E-17) とを比較すると，

$$[E - E_0] - [\varepsilon_i^{(T)} - \varepsilon_j^{(T)}] = +\frac{1}{24}[\langle D_{iii} \rangle_0 - 3\langle D_{iij} \rangle_0 + 3\langle D_{ijj} \rangle_0 - \langle D_{jjj} \rangle_0] + \cdots \tag{4E-19}$$

となるので，小さい誤差で一致することがわかる．すなわち，軌道間遷移エネルギーは，スレーターの遷移状態における一電子軌道エネルギーの差を計算すれば求められる．この場合，このエネルギーは電磁波として放出される（蛍光スペクトルあるいは蛍光 X 線スペクトルとして観測される）．この逆の遷移でも，全く同様の結果が得られる（この場合は電磁波の吸収スペクトルが観測される）．

例として O 原子の 1s−2p 軌道間遷移を ATOMXA で計算してみる．全エネルギーの差は $E - E_0 = -54.40721 - (-74.16623) = 19.75902$ a.u. (=537.7eV) である．また，遷移状態での軌道間エネルギー差は，$\varepsilon_{2s}^{(T)} - \varepsilon_{1s}^{(T)} = -0.98401 - (-20.75101) = 19.76700$ a.u. であり，誤差は 0.00798a.u. (0.217eV) になる．この遷移エネルギーは，O 原子の Kα 特性 X 線として観測され，実験測定値は 19.290a.u. (=524.9eV) である．

最後に，3 つの軌道が関与する場合，すなわち Auger 電子放出や光電効果のシェーク・アップの過程が起こる場合を考えてみる．例えば，2p(k) 電子が 1s(i) の内殻空軌道に落ち 2s(j) 電子が Auger 電子として放出される場合を考えると，初期状態（標準状態）では $f_{i0} = 1, f_{j0} = 2, f_{k0} = 4$ で，終状態では $f_i - f_{i0} = 1, f_j - f_{j0} = -1, f_k - f_{k0} = -1$ となる．式 (4E-11) から

$$E = E_0 + [\langle D_i \rangle_0 - \langle D_j \rangle_0 - \langle D_k \rangle_0]$$

$$+ \frac{1}{2}[\langle D_{ii} \rangle_0 + \langle D_{jj} \rangle_0 + \langle D_{kk} \rangle_0 - 2\langle D_{ij} \rangle_0 + 2\langle D_{jk} \rangle_0 - 2\langle D_{ik} \rangle_0]$$

$$+ \frac{1}{6}[\langle D_{iii} \rangle_0 - \langle D_{jjj} \rangle_0 - \langle D_{kkk} \rangle_0 - 3\langle D_{iij} \rangle_0 + 3\langle D_{ijj} \rangle_0 - 3\langle D_{iik} \rangle_0 + 3\langle D_{ikk} \rangle_0$$

$$- 3\langle D_{ijk} \rangle_0 - 3\langle D_{jkk} \rangle_0 + 6\langle D_{ijk} \rangle_0] + \cdots \tag{4E-20}$$

が得られる．

遷移状態では，$f_i - f_{i0} = 1/2, f_j - f_{j0} = -1/2, f_k - f_{k0} = -1/2$ となり，このとき軌道 i, j, k のエネルギー固有値 $\varepsilon_i^{(T)}, \varepsilon_j^{(T)}, \varepsilon_k^{(T)}$ は式 (4E-12)，(4E-13)，(4E-14) から

$$\varepsilon_i^{(T)} = \langle D_i \rangle_0 + \frac{1}{2}[\langle D_{ii} \rangle_0 - \langle D_{ij} \rangle_0 - \langle D_{ik} \rangle_0] + \frac{1}{8}[\langle D_{iii} \rangle_0 + \langle D_{ijj} \rangle_0 + \langle D_{ikk} \rangle_0$$

$$- 2\langle D_{iij} \rangle_0 - 2\langle D_{iik} \rangle_0 + 2\langle D_{ijk} \rangle_0] + \cdots$$

$$\varepsilon_j^{(T)} = \langle D_j \rangle_0 + \frac{1}{2}[\langle D_{ij}\rangle_0 - \langle D_{jj}\rangle_0 - \langle D_{jk}\rangle_0] + \frac{1}{8}[\langle D_{jjj}\rangle_0 + \langle D_{iij}\rangle_0 + \langle D_{jkk}\rangle_0$$
$$- 2\langle D_{ijj}\rangle_0 - 2\langle D_{ijk}\rangle_0 + 2\langle D_{jjk}\rangle_0] + \cdots\cdots$$

$$\varepsilon_k^{(T)} = \langle D_k \rangle_0 + \frac{1}{2}[\langle D_{ik}\rangle_0 - \langle D_{jk}\rangle_0 - \langle D_{kk}\rangle_0] + \frac{1}{8}[\langle D_{kkk}\rangle_0 + \langle D_{iik}\rangle_0 + \langle D_{jjk}\rangle_0$$
$$- 2\langle D_{ikk}\rangle_0 - 2\langle D_{ijk}\rangle_0 + 2\langle D_{ikk}\rangle_0] + \cdots\cdots$$

となるので，$\varepsilon_i^{(T)} - \varepsilon_j^{(T)} - \varepsilon_k^{(T)}$ の値は

$$\varepsilon_i^{(T)} - \varepsilon_j^{(T)} - \varepsilon_k^{(T)} = [\langle D_i\rangle_0 - \langle D_j\rangle_0 - \langle D_k\rangle_0] + \frac{1}{2}[\langle D_{ii}\rangle_0 + \langle D_{jj}\rangle_0 + \langle D_{kk}\rangle_0$$
$$- 2\langle D_{ij}\rangle_0 + 2\langle D_{jk}\rangle_0 - 2\langle D_{ik}\rangle_0] + \frac{1}{8}[\langle D_{iii}\rangle_0 - \langle D_{jjj}\rangle_0 - \langle D_{kkk}\rangle_0 - 3\langle D_{iij}\rangle_0 + 3\langle D_{ijj}\rangle_0$$
$$- 3\langle D_{iik}\rangle_0 + 3\langle D_{ikk}\rangle_0 - 3\langle D_{jjk}\rangle_0 - 3\langle D_{jkk}\rangle_0 + 6\langle D_{ijk}\rangle_0] + \cdots \tag{4E-21}$$

である。したがって，$E - E_0$ と $\varepsilon_i^{(T)} - \varepsilon_j^{(T)} - \varepsilon_k^{(T)}$ との差は

$$\frac{1}{24}[\langle D_{iii}\rangle_0 - \langle D_{jjj}\rangle_0 - \langle D_{kkk}\rangle_0 - 3\langle D_{iij}\rangle_0 + 3\langle D_{ijj}\rangle_0$$
$$- 3\langle D_{iik}\rangle_0 + 3\langle D_{ikk}\rangle_0 - 3\langle D_{jjk}\rangle_0 - 3\langle D_{jkk}\rangle_0 + 6\langle D_{ijk}\rangle_0] + \cdots$$

の程度の小さい値になる。したがって，遷移状態での軌道エネルギーの計算で遷移エネルギーが求められることになる。ATOMXAで計算すると，$E - E_0 = -54.40721 - (-72.38668) = 17.97947$ a.u. $(= 489.25\text{eV})$ であり，$\varepsilon_{2p}^{(T)} - \varepsilon_{2s}^{(T)} - \varepsilon_{1s}^{(T)} = -21.17538 - (-1.86522) - (-1.21831) = -17.98185$ a.u. $(= 489.31\text{eV})$ となる。この場合の遷移エネルギーは，Auger電子の運動エネルギーに対応する。

スピン分極による遷移エネルギーの評価

元来，Xα法はスピン分極を取り扱う形で定式化されていて，全エネルギー E は，式 (4E-1) の代わりに

$$E = \sum_i f_i \int \phi_i^*(1) f_1 \phi_i(1) dv_1 + \frac{1}{2} \iint \rho(1)\rho(2) \frac{1}{r_{12}} dv_1 dv_2$$
$$- \frac{9}{4}\alpha \left(\frac{3}{4\pi}\right)^{1/3} \int \{[\rho_\uparrow(1)]^{4/3} + [\rho_\downarrow(1)]^{4/3}\} dv_1 \tag{4E-22}$$

と書かれる。ここで全電子密度 ρ は上向きと下向きスピン密度との和で

$$\rho(1) = \rho_\uparrow(1) + \rho_\downarrow(1) = \sum_{i\uparrow} f_{i\uparrow}\phi_i^*(1)\phi_i(1) + \sum_{i\downarrow} f_{i\downarrow}\phi_i^*(1)\phi_i(1) \tag{4E-23}$$

である。また，$f_{i\uparrow}, f_{i\downarrow}$ は上向き，下向きスピン軌道 $\phi_{i\uparrow}, \phi_{i\downarrow}$ の占有数である。

上向きスピン軌道 $\phi_{i\uparrow}$ のエネルギー固有値は

$$\varepsilon_{i\uparrow} = \frac{\partial E}{\partial f_{i\uparrow}} = \int \phi_i^*(1) h_1 \phi_i(1) dv_1 + \int \phi_i^*(1) \int \frac{\rho(2)}{r_{12}} dv_2 \phi_i(1) dv_1$$

$$-3\alpha\left(\frac{3}{4\pi}\right)^{1/3}\int\phi_i^*(1)\,[\rho_\uparrow(1)]^{1/3}\,\phi_i(1)\,dv_1 \tag{4E-24}$$

となる。

したがって，正確には全エネルギーのテーラー展開もスピンが顕わな形で表さなければならない。そこで

$$f_i = f_{i\uparrow} + f_{i\downarrow}, \quad \mu_i = f_{i\uparrow} - f_{i\downarrow} \tag{4E-25}$$

$$\Delta f_i = f_i - f_{i0}, \quad \Delta\mu_i = \mu_i - \mu_{i0} \tag{4E-26}$$

と置き，E の f_i および μ_i による偏微分導関数を

$$\left.\frac{\partial E}{\partial f_i}\right|_0 = \langle D_i \rangle_0, \quad \left.\frac{\partial E}{\partial \mu_i}\right|_0 = \langle G_i \rangle_0, \quad \left.\frac{\partial^2 E}{\partial f_i^2}\right|_0 = \langle D_{ii} \rangle_0,$$

$$\left.\frac{\partial^2 E}{\partial \mu_i^2}\right|_0 = \langle G_{ii} \rangle_0, \quad \left.\frac{\partial^2 E}{\partial f_i \partial \mu_j}\right|_0 = \langle D_i G_i \rangle_0, \cdots \tag{4E-27}$$

のように書くことにする。E を f_{i0} と μ_{i0} のまわりでテーラー展開すると

$$\begin{aligned} E &= E_0 + \Big[\sum_l (f_l - f_{l0})\frac{\partial}{\partial f_l} + \sum_l (\mu_l - \mu_{l0})\frac{\partial}{\partial \mu_l}\Big]E_0 \\ &\quad + \frac{1}{2}\Big[\sum_l (f_l - f_{l0})\frac{\partial}{\partial f_l} + \sum_l (\mu_l - \mu_{l0})\frac{\partial}{\partial \mu_l}\Big]^2 E_0 \\ &\quad + \frac{1}{6}\Big[\sum_l (f_l - f_{l0})\frac{\partial}{\partial f_l} + \sum_l (\mu_l - \mu_{l0})\frac{\partial}{\partial \mu_l}\Big]^3 E_0 + \cdots \\ &= E_0 + \sum_l \Delta f_l \langle D_l \rangle_0 + \sum_l \Delta\mu_l \langle G_l \rangle_0 \\ &\quad + \frac{1}{2}\sum_{l,m}\{\Delta f_l \Delta f_m \langle D_{lm}\rangle_0 + \Delta\mu_l \Delta\mu_m \langle G_{lm}\rangle_0 + 2\Delta f_l \Delta\mu_m \langle D_l G_m\rangle_0|\} \\ &\quad + \frac{1}{6}\sum_{l,m,n}\big[\Delta f_l \Delta f_m \Delta f_n \langle D_{lmn}\rangle_0 + 3\Delta f_l \Delta f_m \Delta\mu_n \langle D_{lm}G_n\rangle_0 \\ &\quad + 3\Delta f_l \Delta\mu_m \Delta\mu_n \langle D_l G_{mn}\rangle_0 + \Delta\mu_l \Delta\mu_m \Delta\mu_n \langle G_{lmn}\rangle_0\big] + \cdots \end{aligned} \tag{4E-28}$$

と書くことができる。

次に，E の f_i による微分は

$$\begin{aligned} \varepsilon_i = \frac{\partial E}{\partial f_i} &= \langle D_i \rangle_0 + \sum_l \Delta f_l \langle D_{il}\rangle_0 + \sum_l \Delta\mu_l \langle D_i G_l\rangle_0 \\ &\quad + \frac{1}{2}\sum_{l,m}\big[\Delta f_l \Delta f_m \langle D_{ilm}\rangle_0 + 2\Delta f_l \Delta\mu_m \langle D_{il}G_m\rangle_0 \\ &\quad + \Delta\mu_l \Delta\mu_m \langle D_i G_{lm}\rangle_0\big] + \cdots \end{aligned} \tag{4E-29}$$

と表される。また，E の μ_i による微分を g_i と書くと

$$g_i = \frac{\partial E}{\partial \mu_i} = \langle G_i \rangle_0 + \sum_l \Delta\mu_l \langle G_{il}\rangle_0 + \sum_l \Delta f_l \langle D_i G_i\rangle_0$$

$$+ \frac{1}{2} \sum_{l,m} \left[\Delta\mu_l \Delta\mu_m \langle G_{ilm} \rangle_0 + 2\Delta f_l \Delta\mu_m \langle D_l G_{im} \rangle_0 \right.$$
$$\left. + \Delta f_l \Delta f_m \langle D_l G_{im} \rangle_0 \right] + \cdots \tag{4E-30}$$

となり，スピン軌道 $i\uparrow$, $i\downarrow$ のエネルギー固有値は

$$\varepsilon_{i\uparrow} = \frac{\partial E}{\partial f_{i\uparrow}} = \frac{\partial E}{\partial f_i} \frac{\partial f_i}{\partial f_{i\uparrow}} + \frac{\partial E}{\partial \mu_i} \frac{\partial \mu_i}{\partial f_{i\uparrow}}$$
$$= \frac{\partial E}{\partial f_i} + \frac{\partial E}{\partial \mu_i} = \varepsilon_i + g_i \tag{4E-31}$$

$$\varepsilon_{i\downarrow} = \frac{\partial E}{\partial f_{i\downarrow}} = \frac{\partial E}{\partial f_i} - \frac{\partial E}{\partial \mu_i} = \varepsilon_i - g_i \tag{4E-32}$$

となる。

したがって，前節までの非スピン分極の式にスピン分極の項が加わるので，非スピン分極近似のための誤差が現れることがわかる。特に，電子遷移のほとんどの過程は，初期状態がスピン分極していなくても，遷移した後はスピン分極することに注目しなければならない。

このことを簡単な例を挙げ，Xα 法のエネルギー表示を用いて，調べてみよう。軌道 i に電子が 2 個占有していて，その 1 つが真空レベルに飛び上がりイオン化すると考える。まず，非スピン分極モデルでは，初期状態（標準状態）では $f_{i0} = 2$，終状態（イオン状態）では $f_i^{(I)} = 1$，遷移状態では $f_i^{(T)} = 3/2$ である。これに対してスピン分極モデルでは，軌道 i の 2 つの電子のうち上向きスピンの電子が飛び上がるすると，$f_{i0\uparrow} = 1$, $f_{i\uparrow}^{(I)} = 1$, $f_{i\uparrow}^{(T)} = 1/2$ である（図 4E-2 を参照）。

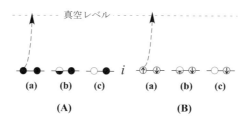

図 4E-2　非スピン分極（A）およびスピン分極モデル（B）におけるイオン化過程の初期 (a)，遷移 (b)，終状態 (c) における電子占有状態

非スピン分極モデルでは，軌道 i のエネルギーは式 (4E-2) で示されている。今，軌道 i のみが占有されているとすると，電子密度は

$$\rho(1) = f_i |\phi_i(1)|^2$$

である。したがって，遷移状態での ε_i は

$$\varepsilon_i^{(T)} = \int \phi_i^*(1) h_1 \phi_i(1) dv_1 + \int \phi_i^*(1) \int \frac{\rho(2)}{r_{12}} dv_2 \phi_i(1) dv_1$$
$$- 3\alpha \left(\frac{3}{8\pi} \right)^{1/3} \int \phi_i^*(1) \left[\frac{3}{2} |\phi_i(1)|^2 \right]^{1/3} \phi_i(1) dv_1 \tag{4E-33}$$

一方スピン分極モデルでは，式 (4E-24) から

$$\varepsilon_i^{(\mathrm{T})} = \int \phi_i^*(1) h_1 \phi_i(1) dv_1 + \int \phi_i^*(1) \int \frac{\rho(2)}{r_{12}} dv_2 \phi_i(1) dv_1$$

$$- 3\alpha \left(\frac{3}{4\pi}\right)^{1/3} \int \phi_i^*(1) \left[\frac{1}{2} |\phi_i(1)|^2\right]^{1/3} \phi_i(1) dv_1 \tag{4E-34}$$

となる。式 (4E-33) と (4E-34) との比較から，交換ポテンシャルでスピン分極の影響が現れ，非スピン分極モデルではスピン密度が 1.5 倍過大評価されていることがわかる。このことを ATOMXA 計算で確かめてみる。上で取り上げた O 原子についてスピン分極の計算を行い，軌道 i のイオン化エネルギー I_i を初期状態とイオン状態との全エネルギーの差や遷移状態での軌道エネルギー ε_i の計算を行って，表 4E-1 の値とも比較しながら表 4E-2 および図 4E-3 に示した。

表 4E-2　O 原子のイオン化エネルギーにおけるスピン分極の効果（原子単位）

軌道	非スピン分極		スピン分極		相対論			スピン分極効果	相対論効果
	I_i	$-\varepsilon_i^{(\mathrm{T})}$	I_i	$-\varepsilon_i^{(\mathrm{T})}$	I_i	$-\varepsilon_i^{(\mathrm{T})}$	I(exp.)		
1s	20.362	20.355	19.963	20.0305	20.3783	20.3915	19.70	−0.3990	0.0163
2s	1.1499	1.1459	1.1245	1.1247	1.1515	1.1476	1.1077	−0.0254	0.0016
2p	0.6030	0.5944	0.5797	0.5752	0.6019	0.5963	0.5820	−0.0233	−0.0011

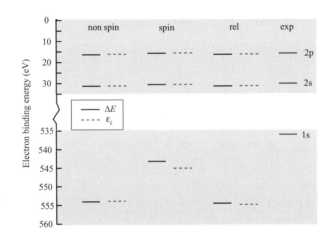

図 4E-3　O 原子の電子結合エネルギーの種々の理論値の実験値との比較

この表および図には相対論計算（rel，スピン分極は考慮しない）の結果も比較して，相対論の効果を示した。図の ΔE は全エネルギーの差から求めたイオン化エネルギー（I_i）の値である。この表からわかるように，非スピン分極モデルではイオン化エネルギーが過大評価されていることがわかる。また非相対論による誤差はわずかではあるが，逆の方向である。特に内殻軌道では，スピン分極の効果が大きいことがわかる。

4F 相対論による原子の波動方程式

相対論による波動力学

古典力学における相対論的なエネルギーは場のないとき

$$W = c(m^2c^2 + p^2)^{1/2} \tag{4F-1}$$

によって与えられる（c は光速）。m は粒子の静止質量，p は運動量である。ここで $p^2 = p_1^2 + p_2^2 + p_3^2$ であり，p_1, p_2, p_3 が小さいとき

$$W = mc^2 + \frac{1}{2m}p^2 - \frac{1}{8m^3c^2}p^4 + \cdots$$

と展開できる。mc^2 を静止エネルギーと考え，これを差し引くと

$$E = W - mc^2 = \frac{1}{2m}p^2 - \frac{1}{8m^3c^2}p^4 + \cdots \tag{4F-2}$$

と表される。右辺の第2項目以下を無視すると

$$E = \frac{1}{2m}p^2 \tag{4F-3}$$

となり，非相対論のハミルトニアンに一致する。

相対論の波動力学では，波動関数を Ψ，座標を x_1, x_2, x_3 と $x_0 = ct$ で表わし，運動量成分を p_1, p_2, p_3，エネルギー W を c で割ったものを p_0 とすると

$$p_r\Psi\rangle = -i\hbar\frac{\partial\Psi}{\partial x_r} \text{ (r=1, 2, 3)}, \qquad p_0\Psi\rangle = -i\hbar\frac{\partial\Psi}{\partial x_0} \tag{4F-4}$$

と表される。波動方程式は式 (4F-1) から

$$\{p_0 - (m^2c^2 + p_1^2 + p_2^2 + p_3^2)^{1/2}\}|\Psi\rangle = 0 \tag{4F-5}$$

で表されるが，これに $\{p_0 + (m^2c^2 + p_1^2 + p_2^2 + p_3^2)^{1/2}\}$ の演算子をかけると

$$\{p_0^2 - m^2c^2 - p_1^2 - p_2^2 - p_3^2\}|\Psi\rangle = 0 \tag{4F-6}$$

が得られる。これは相対論的に不変な形をしている基礎的な波動方程式であるが，p_0 について2次であり

$$H\Psi\rangle = i\hbar\frac{\partial\Psi}{\partial t}$$

のような量子論で都合の良い時間について一階の微分方程式の形をしていない。

そこでパウリのスピン行列 $\sigma = \mathbf{i}\sigma_1 + \mathbf{j}\sigma_2 + \mathbf{k}\sigma_3$

$$\sigma_1 = \begin{pmatrix} 0 & 1 \\ 1 & 0 \end{pmatrix}, \quad \sigma_2 = \begin{pmatrix} 0 & -i \\ i & 0 \end{pmatrix}, \quad \sigma_3 = \begin{pmatrix} 1 & 0 \\ 0 & -1 \end{pmatrix} \tag{4F-7}$$

およびこれに関連した行列 $\boldsymbol{\alpha} = \mathbf{i}\alpha_1 + \mathbf{j}\alpha_2 + \mathbf{k}\alpha_3$,

$$\alpha_1 = \begin{pmatrix} 0 & \sigma_1 \\ \sigma_1 & 0 \end{pmatrix}, \quad \alpha_2 = \begin{pmatrix} 0 & \sigma_2 \\ \sigma_2 & 0 \end{pmatrix}, \quad \alpha_3 = \begin{pmatrix} 0 & \sigma_3 \\ \sigma_3 & 0 \end{pmatrix} \tag{4F-8}$$

と
$$\beta = \begin{pmatrix} 1 & 0 \\ 0 & -1 \end{pmatrix}, \quad \mathbf{1} = \begin{pmatrix} 1 & 0 \\ 0 & 1 \end{pmatrix} \tag{4F-9}$$

を導入する（スピン角運動量を $\mathbf{s}$ と書くと $\mathbf{s} \equiv (1/2)\boldsymbol{\sigma}$ である）。この行列 $\boldsymbol{\sigma}$ と $\boldsymbol{\alpha}$ は互いに反可換である。

このように与えられる行列 $\boldsymbol{\alpha}$ と $\boldsymbol{\beta}$ とを用いて

$$\{p_0 - (\alpha_1 p_1 + \alpha_2 p_2 + \alpha_3 p_3 + \beta mc)\}|\Psi\rangle$$

のような 1 次形を仮定してみる。これに左から演算子 $\{p_0 + \alpha_1 p_1 + \alpha_2 p_2 + \alpha_3 p_3 + \beta\}$ をかけると

$$[p_0{}^2 - \{\alpha_1^2 p_1^2 + \alpha_2^2 p_2^2 + \alpha_3^2 p_3^2 + (\alpha_1\alpha_2 + \alpha_2\alpha_1)p_1p_2$$
$$+ (\alpha_1\alpha_3 + \alpha_3\alpha_1)p_1p_3 + (\alpha_2\alpha_3 + \alpha_3\alpha_2)p_2p_3 + mc(\alpha_1\beta + \beta\alpha_1)p_1$$
$$+ mc(\alpha_2\beta + \beta\alpha_2)p_2 + mc(\alpha_3\beta + \beta\alpha_3)p_3 + \beta^2 m^2 c^2\}\Psi\rangle$$
$$= \{p_0{}^2 - m^2 c^2 - p_1{}^2 - p_2{}^2 - p_3{}^2\}|\Psi\rangle = 0$$

が得られ，式 (4F-6) と一致する。この式は式 (4F-6) と同じように p_0 の正の値の他に負の値も取り得るが，電子の運動を表す場合は正のエネルギーの解だけについて考えれば

$$\{p_0 - (\alpha_1 p_1 + \alpha_2 p_2 + \alpha_3 p_3 + \beta mc)\}|\Psi\rangle$$
$$= \{p_0 - (\boldsymbol{\alpha}\cdot\mathbf{p} + \beta mc)\}|\Psi\rangle = 0 \tag{4F-10}$$

となり，式 (4F-10) は電子の運動を表す正しい相対論的な方程式と考えられる。

極座標における相対論波動方程式

原子中電子の問題では，原子核が無限に重いという仮定で原子核の運動を無視して $\mathbf{r}$ を電子の位置ベクトルとし，極座標で波動方程式を表す。ポテンシャルが $V(r)$ で表される中心力場における定常状態でのエネルギー W を考え，$\boldsymbol{\alpha}\cdot\mathbf{p}$ を極座標に変換する。原子の問題に対するハミルトニアンは式 (4F-10) から相対論単位系 ($m = e = \hbar = c = 1$) で書けば

$$H = \boldsymbol{\alpha}\cdot\mathbf{p} + \beta + V \tag{4F-11}$$

となる。ベクトル解析の関係式から

$$\nabla = \frac{\mathbf{r}}{r}\frac{\partial}{\partial r} - \frac{\mathbf{r}}{r}\times\left(\frac{\mathbf{r}}{r}\times\nabla\right) = \frac{\mathbf{r}}{r}\frac{\partial}{\partial r} - i\frac{\mathbf{r}}{r^2}\times\boldsymbol{l} \tag{4F-12}$$

が成り立つ。ここで $\boldsymbol{l} = -i\mathbf{r}\times\nabla$ は軌道角運動量である。したがって

$$\boldsymbol{\alpha}\cdot\mathbf{p} = -i\alpha_r\frac{\partial}{\partial r} - \frac{1}{r^2}\boldsymbol{\alpha}\cdot(\mathbf{r}\times\boldsymbol{l}) \tag{4F-13}$$

また $\mathbf{A}, \mathbf{B}$ が σ_i と可換なベクトルと考えると

$$(\boldsymbol{\alpha}\cdot\mathbf{A})(\boldsymbol{\alpha}\cdot\mathbf{B}) = (\mathbf{A}\cdot\mathbf{B}) + i\sigma'(\mathbf{A}\times\mathbf{B}) \tag{4F-14}$$

の関係が成り立つ。ここで

$$\sigma' = \begin{pmatrix} \boldsymbol{\sigma} & 0 \\ 0 & \boldsymbol{\sigma} \end{pmatrix}$$

である（スピン $\mathbf{s}$ は $\mathbf{s} \equiv (1/2)\sigma'$）。式 (4F-14) で $\mathbf{A} = \mathbf{r}/r, \mathbf{B} = \mathbf{p}$ とすると

$$i\frac{1}{r}\boldsymbol{\sigma}'(\mathbf{r}\times\mathbf{p})=\left(\boldsymbol{\alpha}\cdot\frac{\mathbf{r}}{r}\right)(\boldsymbol{\alpha}\cdot\mathbf{p})-\left(\frac{\mathbf{r}}{r}\cdot\mathbf{p}\right)=\alpha_r(\boldsymbol{\alpha}\cdot\mathbf{p})-\frac{1}{r}\mathbf{r}\cdot\mathbf{p} \tag{4F-15}$$

となる。式 (4F-15) の両辺の左から α_r をかけると，$\alpha_r^2 = 1$ なので

$$i\frac{1}{r}\alpha_r\boldsymbol{\sigma}'\cdot(\mathbf{r}\times\mathbf{p})=\boldsymbol{\alpha}\cdot\mathbf{p}-\frac{1}{r}\alpha_r\mathbf{r}\cdot\mathbf{p}$$

となり，式 (4F-13) は

$$\boldsymbol{\alpha}\cdot\mathbf{p}=\alpha_r\frac{\mathbf{r}}{r}\cdot\mathbf{p}+i\frac{1}{r}\alpha_r\boldsymbol{\sigma}'\cdot\boldsymbol{l}=-i\alpha_r\frac{\partial}{\partial r}+i\frac{1}{r}\alpha_r(\boldsymbol{\sigma}'\cdot\boldsymbol{l}) \tag{4F-16}$$

となる。ここで右辺第 2 項はスピン-軌道相互作用に関係する項である。これに関連して演算子 K

$$\mathrm{K}=\beta(\boldsymbol{\sigma}'\cdot\boldsymbol{l}+1) \tag{4F-17}$$

を導入する。この両辺に $i\beta$ をかけると $\beta^2 = 1$ なので

$$i(\beta\mathrm{K}-1)=i\boldsymbol{\sigma}'\cdot\boldsymbol{l}$$

となる。これを式 (4F-16) に代入すると

$$\boldsymbol{\alpha}\cdot\mathbf{p}=-i\alpha_r\frac{\partial}{\partial r}+i\frac{1}{r}\alpha_r(\beta\mathrm{K}-1)=-i\alpha_r\left(\frac{\partial}{\partial r}-\frac{\beta}{r}\mathrm{K}+\frac{1}{r}\right)$$

となり，式 (4F-11) のハミルトニアンは

$$H=-i\alpha_r\left(\frac{\partial}{\partial r}-\frac{\beta}{r}\mathrm{K}+\frac{1}{r}\right)+\beta+V \tag{4F-18}$$

と表される。また式 (4F-17) の K は全角運動量と次のような関係になる。すなわち

$$\mathbf{j}=\boldsymbol{l}+\frac{1}{2}\boldsymbol{\sigma}' \tag{4F-19}$$

なので

$$\mathbf{j}^2=\left(\boldsymbol{l}+\frac{1}{2}\boldsymbol{\sigma}'\right)^2=\boldsymbol{l}^2+\boldsymbol{\sigma}'\cdot\boldsymbol{l}+\frac{3}{4} \tag{4F-20}$$

が得られる。また式 (4F-17) の K の 2 乗は式 (4F-14) の関係を用いると

$$\mathrm{K}^2=\boldsymbol{l}^2+\boldsymbol{\sigma}'\cdot\boldsymbol{l}+1 \tag{4F-21}$$

となる。式 (4F-20) と (4F-21) とから

$$\mathrm{K}^2=\mathbf{j}^2+\frac{1}{4}=j(j+1)+\frac{1}{4}=\left(j+\frac{1}{2}\right)^2=\kappa^2, \qquad \kappa=\pm\left(j+\frac{1}{2}\right) \tag{4F-22}$$

であることがわかる。ここで K^2 の固有値を κ^2 とした。したがって $j = |\kappa| - 1/2$ である。また κ は 0 以外の整数の値を取り，l と次の関係がある。すなわち

$$\kappa = \left.\begin{cases} l & \text{for } j = l-\frac{1}{2} \\ -l-1 & \text{for } j = l+\frac{1}{2} \end{cases}\right\} \tag{4F-23}$$

であり，

$$
l = \begin{cases} \kappa & \text{for } j = l - \frac{1}{2} \\ -\kappa - 1 & \text{for } j = l + \frac{1}{2} \end{cases} \tag{4F-23'}
$$

である。またこれと関連して量子数 $\bar{l}$ を

$$
\bar{l} = \begin{cases} \kappa - 1 & \text{for } j = l - \frac{1}{2} \\ -\kappa & \text{for } j = l + \frac{1}{2} \end{cases} \tag{4F-23''}
$$

のように定義しておく。式 (4F-23 の κ は (l,j) で規定される原子軌道とは表 4F-1 の関係があり，l と j の 2 つの量子数を 1 つに節約できることになる。

表 4F-1　相対論における原子軌道関数の量子数

軌道	$s_{1/2}$	$p_{1/2}$	$p_{3/2}$	$d_{3/2}$	$d_{5/2}$	$f_{5/2}$	$f_{7/2}$	……
l	0	1	1	2	2	3	3	……
j	1/2	1/2	3/2	3/2	5/2	5/2	7/2	……
κ	-1	1	-2	2	-3	3	-4	……

相対論原子軌道関数

非相対論では原子軌道関数は動径関数 $R_{nl}(r)$ と角関数 $Y_{lm}(\hat{\mathbf{r}})$ との積で表され

$$\psi_{nlm} = R_{nl}(r) Y_{lm}(\hat{\mathbf{r}}) \tag{4F-24}$$

と書かれる。この関数は非相対論のハミルトニアン H_0 の固有関数である。また同時に $Y_{lm}(\hat{\mathbf{r}})$ は球面調和関数で，軌道角運動量 l の 2 乗 l^2 および l の z 方向成分 l_z の固有関数でもある。非相対論の場合，l^2 および l_z は運動の恒量であり，H_0 と可換である。

相対論のハミルトニアン H は式 (4F-18) で表されるので，波動関数も 4 成分の関数で表されることになる。ここでは l^2 および l_z は H と可換ではなく運動の恒量にならない。軌道角運動量 l とスピン $\mathbf{s}$ との結合で全角運動量は $\mathbf{j} = \mathbf{l} + \mathbf{s}$ で表され，$\mathbf{j}^2$ および $\mathbf{j}$ の z 方向成分 j_z が運動の恒量になり，H と可換になる。$\mathbf{j}^2$ および j_z の固有値は $j(j+1)$ および μ である。原子軌道関数は動径関数とスピン・角関数 χ_κ^μ との積

$$\psi_\kappa^\mu = \begin{pmatrix} \psi^u \\ \psi^l \end{pmatrix} = \begin{pmatrix} f(r)\chi_\kappa^\mu \\ ig(r)\chi_{-\kappa}^\mu \end{pmatrix} \tag{4F-25}$$

で表される。ここで

$$\chi_\kappa^\mu = \sum_{m_s} C(l\tfrac{1}{2}j;\mu-m_s, m_s) Y_{lm_l}(\hat{\mathbf{r}}) \chi^{m_s} \tag{4F-26}$$

$$\chi_{-\kappa}^\mu = \sum_{m_s} C(\bar{l}\tfrac{1}{2}j;\mu-m_s, m_s) Y_{\bar{l}m_l}(\hat{\mathbf{r}}) \chi^{m_s} \tag{4F-26'}$$

である。スピン関数 χ^m は

$$\chi^{1/2} = \begin{pmatrix} 1 \\ 0 \end{pmatrix}, \quad \chi^{-1/2} = \begin{pmatrix} 0 \\ 1 \end{pmatrix} \tag{4F-27}$$

と表される。また $j = l+s$, $\mu = m_l + m_s$ であり，$C(l½j; \mu-m_s, m_s)$ はクレブシュ・ゴルダン係数である。スピン・角関数 χ_κ^μ は，式 (4F-17) の演算子 $(\boldsymbol{\sigma}\cdot\boldsymbol{l} + 1)$ の固有関数になっていて

$$(\boldsymbol{\sigma}\cdot\boldsymbol{l} + 1)\chi_\kappa^\mu = -\kappa\chi_\kappa^\mu, \quad (\boldsymbol{\sigma}\cdot\boldsymbol{l} + 1)\chi_{-\kappa}^\mu = \kappa\chi_{-\kappa}^\mu \tag{4F-28}$$

の関係がある。クレブシュ・ゴルダン係数 $C(l½j; \mu-m_s, m_s)$ は軌道とスピンの角運動量を結合させる係数で表 4F-2 の値をとる。

表 4F-2 軌道－スピン結合のクレブシュ・ゴルダン係数

	$m_s = ½$	$m_s = -½$
$j = l + ½$	$\sqrt{\dfrac{l+m+½}{2l+1}}$	$\sqrt{\dfrac{l-m+½}{2l+1}}$
$j = l - ½$	$-\sqrt{\dfrac{l-m+½}{2l+1}}$	$\sqrt{\dfrac{l+m+½}{2l+1}}$

上でも述べたが，式 (4F-25) の ψ_κ^μ と (4F-26) の χ_κ^μ は $\mathbf{j}^2$, j_z および K の固有関数であり，固有値はそれぞれ $j(j+1)$, μ および $-\kappa$ である。式 (4F-25) の $f(r)$ と $g(r)$ は動径関数であり，それぞれ大きい成分，小さい成分と呼ばれる。

式 (4F-25) を (4F-18) に作用させ $H\psi_\kappa^\mu = W\psi_\kappa^\mu$ とおくと

$$\left.\begin{array}{l} (W-V-1)f\chi_\kappa^\mu = \left\{-\left(\dfrac{dg}{dr} + \dfrac{g}{r}\right) + \dfrac{\kappa g}{r}\right\}\chi_\kappa^\mu \\[1em] (W-V+1)g\chi_{-\kappa}^\mu = \left(\dfrac{df}{dr} + \dfrac{f}{r} + \dfrac{\kappa f}{r}\right)\chi_{-\kappa}^\mu \end{array}\right\}$$

が得られる。ここで $\sigma_r\chi_\kappa^\mu = -\chi_{-\kappa}^\mu$ の関係を用いた。
上の両辺を χ_κ^μ および $\chi_{-\kappa}^\mu$ で割ると最終的に動径方程式

$$\left.\begin{array}{l} \dfrac{dg}{dr} = \dfrac{\kappa-1}{r}g - (W-V-1)f \\[1em] \dfrac{df}{dr} = (W-V+1)g - \dfrac{\kappa+1}{r}f \end{array}\right\} \tag{4F-29}$$

が得られる。また $P(r) = r \cdot f(r)$, $Q(r) = r \cdot g(r)$ と書くと

$$\frac{d}{dr}\begin{pmatrix} P \\ Q \end{pmatrix} = \begin{pmatrix} -\kappa/r & W-V+1 \\ -(W-V-1) & \kappa/r \end{pmatrix}\begin{pmatrix} P \\ Q \end{pmatrix} \tag{4F-30}$$

のように書くことができる。

実際の数値計算を行う場合，原子単位系 ($m = e = \hbar = 1, c = 137.036$) で表すのが便利な場合があり，式 (4F-30) は

$$\frac{\mathrm{d}}{\mathrm{d}r}\begin{pmatrix}P\\Q\end{pmatrix}=\begin{pmatrix}-\kappa/r & 2c+(E-V)/c\\-(E-V)/c & \kappa/r\end{pmatrix}\begin{pmatrix}P\\Q\end{pmatrix} \tag{4F-30'}$$

と表され,動径関数が得られる。ここでエネルギー W は式 (4F-2) で示すように静止エネルギーを含んでいるので,これを差し引いて,

$$E = W - mc^2 = W - (137.036)^2$$

として原子のエネルギーを計算すればよい。

ポテンシャル V は $X\alpha$ ポテンシャルを使うと

$$V_\uparrow(r_1) = -\frac{Z}{r^1} + \int \frac{\rho(r_2)}{r^{12}} dr_2 - 3\alpha \left\{\frac{3}{4\pi} \rho_\uparrow(r_1)\right\}^{1/3} \tag{4F-31}$$

表 4F-3　スピン・角関数 χ_κ^μ

κ	μ	χ_κ^μ
−1	1/2	$Y_{00}\alpha$
	−1/2	$Y_{00}\beta$
1	1/2	$-\sqrt{1/3}Y_{10}\alpha + \sqrt{2/3}Y_{11}\beta$
	−1/2	$-\sqrt{2/3}Y_{1-1}\alpha + \sqrt{1/3}Y_{10}\beta$
−2	3/2	$Y_{11}\alpha$
	1/2	$\sqrt{2/3}Y_{10}\alpha + \sqrt{1/3}Y_{11}\beta$
	−1/2	$\sqrt{1/3}Y_{1-1}\alpha + \sqrt{2/3}Y_{10}\beta$
	−3/2	$Y_{1-1}\beta$
2	3/2	$-\sqrt{1/5}Y_{21}\alpha + \sqrt{4/5}Y_{22}\beta$
	1/2	$-\sqrt{2/5}Y_{20}\alpha + \sqrt{3/5}Y_{21}\beta$
	−1/2	$-\sqrt{3/5}Y_{2-1}\alpha + \sqrt{2/5}Y_{20}\beta$
	−3/2	$-\sqrt{4/5}Y_{2-2}\alpha + \sqrt{1/5}Y_{2-1}\beta$
−3	5/2	$Y_{22}\alpha$
	3/2	$\sqrt{4/5}Y_{21}\alpha + \sqrt{1/5}Y_{22}\beta$
	1/2	$\sqrt{3/5}Y_{20}\alpha + \sqrt{2/5}Y_{21}\beta$
	−1/2	$\sqrt{2/5}Y_{2-1}\alpha + \sqrt{3/5}Y_{20}\beta$
	−3/2	$\sqrt{1/5}Y_{2-2}\alpha + \sqrt{4/5}Y_{2-1}\beta$
	−5/2	$Y_{2-2}\beta$
3	5/2	$-\sqrt{1/7}Y_{32}\alpha + \sqrt{6/7}Y_{33}\beta$
	3/2	$-\sqrt{2/7}Y_{31}\alpha + \sqrt{5/7}Y_{32}\beta$
	1/2	$-\sqrt{3/7}Y_{30}\alpha + \sqrt{4/7}Y_{31}\beta$
	−1/2	$-\sqrt{4/7}Y_{3-1}\alpha + \sqrt{3/7}Y_{30}\beta$
	−3/2	$-\sqrt{5/7}Y_{3-2}\alpha + \sqrt{2/7}Y_{3-1}\beta$
	−5/2	$-\sqrt{6/7}Y_{3-3}\alpha + \sqrt{1/7}Y_{3-2}\beta$
−4	7/2	$Y_{33}\alpha$
	5/2	$\sqrt{6/7}Y_{32}\alpha + \sqrt{1/7}Y_{33}\beta$
	3/2	$\sqrt{5/7}Y_{31}\alpha + \sqrt{2/7}Y_{32}\beta$
	1/2	$\sqrt{4/7}Y_3^0\alpha + \sqrt{3/7}Y_3^1\beta$
	−1/2	$\sqrt{3/7}Y_{3-1}\alpha + \sqrt{4/7}Y_{30}\beta$
	−3/2	$\sqrt{2/7}Y_{3-2}\alpha + \sqrt{5/7}Y_{3-1}\beta$
	−5/2	$\sqrt{1/7}Y_{3-3}\alpha + \sqrt{6/7}Y_{3-2}\beta$
	−7/2	$Y_{3-3}\beta$

で与えられる．このポテンシャルを用いて，式 (4F-30′) の連立微分方程式の数値計算を行うと動径関数が得られ，スピン・角関数 χ_κ^μ をかけると式 (4F-25) の 4 成分の原子軌道を求めることができる．具体的なスピン・角関数 χ_κ^μ は表 4F-3 のようになる．この表で α, β はスピン関数で $\alpha = \chi^{1/2}, \beta = \chi^{-1/2}$ である．

軌道関数は規格化されているので

$$\int |\psi|^2 d\mathbf{r} = \int_0^\infty r^2 (f^2 + g^2) dr = 1 \tag{4F-32}$$

である．

相対論による水素様波動関数

ポテンシャルが $V = -e^2 Z/r$ の水素様原子の場合，式 (4F-30) の波動方程式は

$$\frac{d}{dr}\begin{pmatrix} P \\ Q \end{pmatrix} = \begin{pmatrix} -\kappa/r & W+\frac{\zeta}{r}+1 \\ -(W+\frac{\zeta}{r}-1) & \kappa/r \end{pmatrix} \begin{pmatrix} P \\ Q \end{pmatrix} \tag{4F-33}$$

となり，非相対論の場合と同様に解析的に解くことができる．ここで $\zeta = e^2 Z = \alpha Z$ (α は微細構造定数で $\alpha = 1/137.035999$) である．まずエネルギー W は主量子数 n と κ とで規定でき

$$W_{n\kappa} = \left[1 + \left(\frac{\zeta}{n-|\kappa|+\gamma}\right)^2\right]^{-1/2} \tag{4F-34}$$

で与えられる．ここで $\gamma = \sqrt{\kappa^2 - \zeta^2}$ である．これを ζ の冪で展開すると

$$W_{n\kappa} = 1 - \frac{1}{2}\frac{\zeta^2}{n^2} + \left(\frac{3}{8n^4} - \frac{1}{2|\kappa|n^3}\right)\zeta^4 + O(\zeta^6) \tag{4F-35}$$

となり，$E_{n\kappa} = W_{n\kappa} - 1$ で原子軌道のエネルギーが得られる．これを原子単位系で表し

$$E_{n\kappa} = -\frac{1}{2}\frac{Z^2}{n^2} + \left(\frac{3}{8n^4} - \frac{1}{2|\kappa|n^3}\right)\frac{Z^4}{c^2} \tag{4F-36}$$

として計算できる．

動径波動関数の大きい成分と小さい成分，$f(r)$ と $g(r)$ は

$$f_{n\kappa} = \frac{\sqrt{2}\lambda^{5/2}}{\Gamma(2\gamma+1)}\left\{\frac{\Gamma(2\gamma+n-|\kappa|+1)(1+W_{n\kappa})}{(n-|\kappa|)!\zeta(\zeta-\lambda\kappa)}\right\}^{1/2}(2\lambda r)^{\gamma-1}e^{-\lambda r}$$
$$\times \left\{-(n-|\kappa|)F(-n+|\kappa|+1, 2\gamma+1, 2\lambda r) - \left(\kappa-\frac{\zeta}{\lambda}\right)F(-n+|\kappa|, 2\gamma+1, 2\lambda r)\right\} \tag{4F-37}$$

$$g_{n\kappa} = \frac{\sqrt{2}\lambda^{5/2}}{\Gamma(2\gamma+1)}\left\{\frac{\Gamma(2\gamma+n-|\kappa|+1)(1-W_{n\kappa})}{(n-|\kappa|)!\zeta(\zeta-\lambda\kappa)}\right\}^{1/2}(2\lambda r)^{\gamma-1}e^{-\lambda r}$$
$$\times \left\{(n-|\kappa|)F(-n+|\kappa|+1, 2\gamma+1, 2\lambda r) - \left(\kappa-\frac{\zeta}{\lambda}\right)F(-n+|\kappa|, 2\gamma+1, 2\lambda r)\right\} \tag{4F-38}$$

で与えられる．ここで $\lambda = (1-W^2)^{1/2}$ である．また F は合流超幾何関数，

$$F(a,c,x) = \sum_m \frac{(a)_m}{(c)_m}\frac{x^m}{m!} = 1 + \frac{a}{c}x + \frac{a(a+1)}{c(c+1)}\frac{x^2}{2!} + \frac{a(a+1)(a+2)}{c(c+1)(c+2)}\frac{x^3}{3!} + \cdots,$$

$$(a)_m = \frac{(a+m-1)!}{(a-1)!} = \frac{\Gamma(a+m)}{\Gamma(a)} \tag{4F-39}$$

である。

　動径関数は一般にいくつかの節を持つ。非相対論の場合，節は運動エネルギーが 0 より大きい領域，$E-V>0$ で現れる。相対論では式 (4F-30) の $W-1+V$ がこれに対応するので $W-1+V>0$ の領域で現れることになる。動径軌道関数の節の数は合流超幾何関数 $F(a,c,x)$ の形で決まる。非相対論では動径軌道関数の節の数は $F(a,c,x)$ で表される Laguerre 陪多項式（付録 3E を参照）の形で決まり，$n-l-1$ で与えられる。相対論の場合もよく似た性質を持つが，1 つの軌道に対して 2 つの動径関数 f と g があるので複雑になり，2 つの動径関数の節は式 (4F-37)，(4F-38) に示されるように $F(a,c,x)$ の形で決まる。相対論の場合

$$A_{n\kappa} = \{-(n-|\kappa|)F(-n+|\kappa|+1,2\gamma+1,2\lambda r) - \left(\kappa - \frac{\zeta}{\lambda}\right)F(-n+|\kappa|,2\gamma+1,2\lambda r)\}$$

$$C_{n\kappa} = \{(n-|\kappa|)F(-n+|\kappa|+1,2\gamma+1,2\lambda r) - \left(\kappa - \frac{\zeta}{\lambda}\right)F(-n+|\kappa|,2\gamma+1,2\lambda r)\}$$

とおいて，いくつかの軌道について $A_{n\kappa}, C_{n\kappa}$ を表 4F-4 に示した。

表 4F-4　A_{nk} および C_{nk} の値

軌道	A_{nk}	C_{nk}
$1s_{1/2}$	2	2
$2s_{1/2}$	$2W_{nk} - \dfrac{2W_{nk}+1}{2\gamma+1}\dfrac{\zeta}{W_{nk}}r$	$2(W_{nk}+1) - \dfrac{2W_{nk}+1}{2\gamma+1}\dfrac{\zeta}{W_{nk}}r$
$2p_{1/2}$	$2(W_{nk}-1) - \dfrac{2W_{nk}+1}{2\gamma+1}\dfrac{\zeta}{W_{nk}}r$	$2W_{nk} - \dfrac{2W_{nk}+1}{2\gamma+1}\dfrac{\zeta}{W_{nk}}r$
$2p_{3/2}$	4	4
$3s_{1/2}$	$[(5+4\gamma)^{1/2}-1] - \dfrac{4\zeta}{2\gamma+1}r + \dfrac{4\zeta^2[(5+4\gamma)^{1/2}+1]}{(2\gamma+1)(2\gamma+2)(5+4\gamma)}r^2$	$[(5+4\gamma)^{1/2}+3] - \dfrac{4\zeta[(5+4\gamma)^{1/2}+2]}{(2\gamma+1)(5+4\gamma)^{1/2}}r + \dfrac{4\zeta^2[(5+4\gamma)^{1/2}+1]}{(2\gamma+1)(2\gamma+2)(5+4\gamma)}r^2$
$3p_{1/2}$	$[(5+4\gamma)^{1/2}-3] - \dfrac{4\zeta\left[(5+4\gamma)^{\frac{1}{2}}-2\right]}{(2\gamma+1)(5+4\gamma)^{\frac{1}{2}}}r + \dfrac{4\zeta^2[(5+4\gamma)^{1/2}-1]}{(2\gamma+1)(2\gamma+2)(5+4\gamma)}r^2$	$[(5+4\gamma)^{1/2}+1] - \dfrac{4\zeta}{2\gamma+1}r + \dfrac{4\zeta^2[(5+4\gamma)^{1/2}-1]}{(2\gamma+1)(2\gamma+2)(5+4\gamma)}r^2$
$3p_{3/2}$	$[(5+2\gamma)^{1/2}+1] - \dfrac{2\zeta\left[(5+2\gamma)^{\frac{1}{2}}+2\right]}{(2\gamma+1)(5+2\gamma)^{\frac{1}{2}}}r$	$[(5+2\gamma)^{1/2}+3] - \dfrac{4\zeta}{2\gamma+1}r$
$3d_{3/2}$	$[(5+2\gamma)^{1/2}-3] - \dfrac{2\zeta\left[(5+2\gamma)^{\frac{1}{2}}-2\right]}{(2\gamma+1)(5+2\gamma)^{\frac{1}{2}}}r$	$[(5+2\gamma)^{1/2}-1] - \dfrac{2\zeta\left[(5+2\gamma)^{\frac{1}{2}}-2\right]}{(2\gamma+1)(5+2\gamma)^{\frac{1}{2}}}r$
$3d_{5/2}$	6	6

非相対論の極限では $\xi^2 \ll 1$ であり，$\gamma = |\kappa|, W = 1, \lambda = \xi/n$ と近似できるので，小さい成分 g は消滅し，f は非相対論の Laguerre 陪関数（3 章　表 3-4）に一致するようになる（表 3-4 と比較するには，相対論単位系での動径 r に α（微細構造定数）をかけると原子単位系の動径に等しくなるので，$\rho = \alpha Zr/n$ と変換する）。

結局，相対論では大きい成分 f の節の数は非相対論の軌道関数の節の数に等しく，小さい成分 g の節の数は $\kappa > 0$ の場合は f の数より 1 つ大きく，$\kappa < 0$ では f と g の節の数は等しくなる。

$Z = 1$ の水素原子では，相対論効果が小さいが原子番号の大きい原子では相対論効果が大きくなる。図 4F-1 と 4F-2 に $Z = 1$ と $Z = 79$ (Au) について式 (4F-38)，(4F-39) に示す関数 $\times r$，$r \cdot f$ および $r \cdot g$ をプロットした。$Z = 1$ では g 関数の値は非常に小さく，また f 関数は非相対論の軌道関数とほとんど一致することがわかる。一方 $Z = 79$ では，g 関数の値が大きくなり，非相対論の軌道関数との違いが大きいことがわかる。また f および g 関数の節の数は，上で説明したようになっていることが確かめられる。相対論による水素様原子の波動関数は計算実習 IIIB で行うことができる。

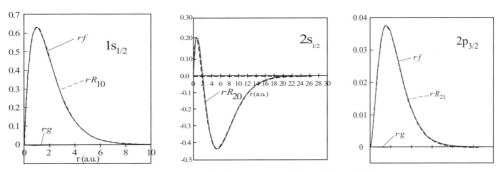

図 4F-1　$Z=1$ の相対論および非相対論の動径軌道関数

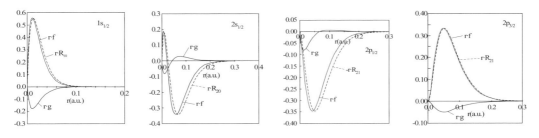

図 4F-2　$Z=79$ の相対論および非相対論の動径軌道関数

非相対論における相対論補正

非相対論の極限では，ディラック方程式は

$$\left[\frac{p^2}{2m} - \frac{p^4}{8m^3c^2} + V + \frac{\hbar^2}{4m^2c^2}\frac{dV}{dr}\frac{\partial}{\partial r} + \frac{1}{2m^2c^2}\frac{1}{r}\frac{dV}{dr}(\mathbf{s}\cdot\mathbf{l})\right]\psi = E\psi \tag{4F-40}$$

で近似できる。第 1 項と第 3 項で非相対論のハミルトニアンを作る。第 2 項は式 (4F-2) に現

れている相対論による質量補正項で，最後の項はスピンと軌道角運動量の結合によるエネルギーである。第4項はポテンシャルエネルギーに対する相対論補正項（ダーウィン項）であるが古典論では現れない。これらの相対論補正項は非相対論の計算を行った後，補正することによって相対論効果を取り入れることができるが，原子番号が大きくなり相対論による効果が大きくなると，あまり良い近似にならない。式 (4F-40) のハミルトニアンを

$$H = H_0 + H_m + H_d + H_{so} \tag{4F-41}$$

と書き，H_0 を非相対論ハミルトニアン，H_m を質量項，H_d をダーウィン項，H_{so} をスピン-軌道結合項とすると

$$\left.\begin{array}{l} H_m = -\left(\dfrac{\alpha^2}{4}\right)[E_0 - V(r)] \\[6pt] H_d = -\left(\dfrac{\alpha^2}{4}\right)\dfrac{dV}{dr}\dfrac{d}{dr} \\[6pt] H_d = -\left(\dfrac{\alpha^2}{4}\right)\begin{pmatrix} -l \\ l+1 \end{pmatrix}\dfrac{1}{r}\dfrac{dV}{dr} \end{array}\right\} \tag{4F-42}$$

として，計算できる。

$X\alpha$ ポテンシャルを用いて非相対論および相対論による原子の波動方程式を計算するプログラム（ATOMXA）が計算実習で取り上げられている。このプログラムでは周期表のすべての原子に対して，上に述べた相対論波動方程式を数値計算し，エネルギーレベルや波動関数を求めることができる。また非相対論計算を行い，式 (4F-42) の相対論効果を摂動で計算できるので，その効果を正確な相対論の結果と比較して有効性を調べることができる。

ポテンシャルが原子核のクーロン場のみで表される水素様原子に対しては，非相対論，相対論共に解析的に求めることができ，これも別に計算実習 IIIB で取り上げているので計算実習によって図 4F-1 や図 4F-2 の結果を確かめることができる。

相対論による電子論の全般については M.E.Rose, "Relativistic Electron Theory", J.Wiley & Sons Inc., 1961 に詳しく論じられている。

5 分子軌道論

　前章では原子の電子状態について記述した。この章からは分子についての議論に移りたいと思う。原子の量子論では，1s, 2s, 2p, 3s, 3p,・・・といった原子軌道があり，電子が 1s 軌道からエネルギーの低い順にパウリの原理に従って占有していく。そして原子構造は He では $1s^2$，Li では $(1s)^2 2s$，Be では $(1s)^2 2s^2$ といった電子配置で表すことができる。原子が複数個集まって分子を作るとき，その分子の状態はどのように表すことができるのであろうか。まず，各原子がどのような位置に配置しているかということで分子構造が決まる。また有限温度では原子位置は時間的に変化するので，分子中原子の振動状態や分子全体の回転状態も知る必要がある。さらに分子中電子の運動状態，すなわち電子状態と原子間の化学結合状態とを明らかにしなければならない。この電子状態と化学結合を明らかにすることによって分子構造や振動状態，さらに分子の物理的・化学的性質を予測することも可能である。

　分子中の電子状態と化学結合を論ずる方法は大きく分け 2 つある。1 つは原子価結合法 (Valence Bond Theory) で，もう 1 つは分子軌道法 (Molecular Orbital Theory) である。原子価結合法では，原子価軌道に電子が 1 つずつ入った原子が近づいてルイス構造的に原子間の結合を作ると考える方法で，シュレディンガーが波動方程式を発表した翌年の 1927 年にハイトラーとロンドンがシュレディンガー方程式を H_2 分子に適用したのが始まりである。一方分子軌道法は，その直後フントやマリケンなどが発展させた方法で，分子全体に広がった分子軌道を考え，電子はその分子軌道に入っていくと考える方法である。この方法は種々の計算手法の開発や最近のコンピューター技術の発展で多種多様な分子やクラスターに応用できるようになっている。

　本書では分子軌道法を応用していろいろな物質の電子状態と化学結合を議論していくが，この章ではまず分子軌道法の基本的な理論について述べることから始める。そして最も簡単な H_2 分子を例にとり，具体的に分子軌道（結合軌道および反結合軌道）が理論的にどのように構築されるかについて説明する。さらに他の簡単な 2 原子分子の場合に，σ 型や π 型分子軌道が形成される様子について述べる。また分子軌道計算の結果を解析し，イオン性や共有結合性を議論するための，マリケン電子密度解析法についても言及する。要するにこの章では，以後の章で種々の物質の電子状態と化学結合を議論するために必要な基本的概念について記述しておく。

5-1 分子のポテンシャルと LCAO 法

上に述べたように，分子軌道法では，分子全体に亘る分子軌道の計算を行うのであるが，それでは具体的にどのような手続きで計算を進めるのか述べてみたい。原理的には分子のシュレディンガー方程式

$$H\psi = E\psi \tag{5-1}$$

を解けばよい。しかし波動関数は一般に多電子系でしかも複数の中心をもつ関数なのでシュレディンガー方程式は容易には解くことができない。そこで原子の場合よりさらに厳しい仮定の下で理論計算を行う必要に迫られる。分子のポテンシャルは模式的に図 5-1 に示すように原子のポテンシャルを重ね合わせたようなものになる。

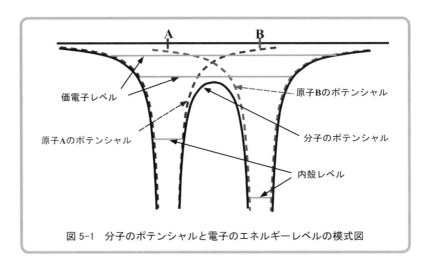

図 5-1 分子のポテンシャルと電子のエネルギーレベルの模式図

すなわち原子 A のポテンシャルと原子 B のポテンシャルが重なり合って，原子 A と B との中間ではポテンシャルの壁が低くなっている。そのためそれぞれの原子の外殻電子の軌道は隣の原子まで広がることができるのである。実際の分子のポテンシャルは原子の場合の SCF ポテンシャルを拡張して

$$V(\mathbf{r}_1) = -\sum_\nu \frac{Z_\nu}{r_{1\nu}} + \int \frac{\rho(\mathbf{r}_2)}{r_{12}} d\mathbf{r}_2 + V_{Xk}(\mathbf{r}_1) \tag{5-2}$$

のように書くことができる。ここで V_{Xk} は交換ポテンシャルである。形式的には原子核からの引力ポテンシャルが複数の原子核からの和になることだけが原子の場合と異なっている。

分子の電子状態を計算するのに最もよく使われている方法が分子軌道法であり，分子の電子状態計算からその構造，物性の説明によく使われている。分子軌道論では一電子近似の下で分子全体に広がった軌道を仮定する。分子軌道関数は分子中の原子核で散乱される波動を表すが，分子軌道法で最もよく用いられているのは原子軌道の線形結合（LCAO: linear combination of atomic orbitals）法である。すなわちこの方法では図 5-2 に模式的に示すように原子核近くでは原子軌道に従って運動するが，原子間では原子軌道関数を重ね合わせてできる波動関数で表されるような，そして分子全体に亘る軌道関数が出来上がる。したがって分子軌道関数 ϕ は

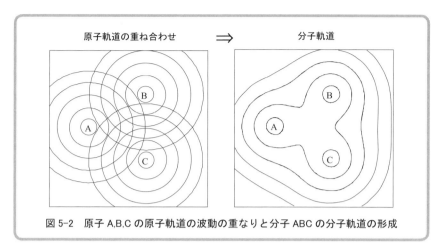

図 5-2　原子 A,B,C の原子軌道の波動の重なりと分子 ABC の分子軌道の形成

$$\phi(\mathbf{r}) = \sum_i C_i \chi_i(\mathbf{r}) \tag{5-3}$$

と表すことができる。ここで χ_i は i 番目の原子軌道，C_i はその係数である。χ_i は既知の関数であり，C_i がわかれば分子軌道 ϕ が求まることになる。

分子軌道論では，分子の電子状態は分子中の電子がパウリの原理に従って分子軌道 ϕ を占有することで表される。

5-2　分子軌道法

それでは分子軌道 ϕ はどのようにして計算できるのであろうか。式 (5-1) の分子のシュレディンガー方程式は偏微分方程式であるが，これを直接解くことは困難である。そこで変分原理に基づいて永年方程式と呼ばれる連立方程式を作りそれを解くという方法をとる。

変分原理とは「積分型汎関数の極値問題の形で表される基礎法則で，自然界においてある量を極大・極小にするような状態が実現する」という物理学の最高原理である。量子力学においては，$\delta \int \psi^* \psi d\tau = 0$ の条件の下で $\delta \int \psi^* H \psi d\tau = 0$ によって状態が決まると表現することができる。すなわち波動関数 ψ が規格化されている ($\delta \int \psi^* \psi d\tau = 0$) という条件のもとで，エネルギー ($E = \int \psi^* H \psi d\tau$) 極小の状態 ($\delta E = 0$) が実現しているということである。

分子軌道法は変分原理に基づくレイリー・リッツの変分法で構築される。この方法では正確な軌道関数 ϕ を有限個の基底関数 χ_i の線型結合

$$\phi' = \sum_i C_i \chi_i \tag{5-4}$$

で近似する。そして C_i を変化させ ϕ' の汎関数であるエネルギー $E'(\phi')$ の変分が 0 となる ($\delta E' = 0$) ところを求める（図 5-3 参照）。すなわち $\partial E'/\partial C_i = 0$ とすることによって永年方程式 $\det|\int \phi'^* H \phi' d\tau - \varepsilon' \int \phi'^* \phi' d\tau| = 0$ が得られ，その解として固有値 ε' を求める方法である。近似波動関数 ϕ' が正確な波動関数に近ければ近いほど E' は低下し極小値である真のエネルギー E に近づく。

それでは具体的に理解するため簡単な水素分子 H_2 を例に取り上げ，レイリー・リッツの変分法を適用してみよう。まず水素原子 A と B とが接近して分子を作るとする。一電子シュレディ

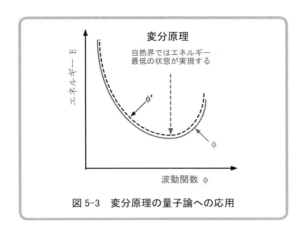

図 5-3　変分原理の量子論への応用

ンガー方程式は

$$h\phi = \varepsilon\phi, \quad h = -\frac{1}{2}\nabla_2 + V \tag{5-5}$$

と書かれる。また分子軌道は原子 A の原子軌道（1s 軌道）χ_A と B の原子軌道 χ_B との線型結合

$$\phi = C_A\chi_A + C_B\chi_B \tag{5-6}$$

で表すことができる。

次に未定乗数 ε を導入して（ラグランジュの未定乗数法）汎関数

$$\begin{aligned}F &= \int\phi^*h\phi\mathrm{d}\tau - \varepsilon\int\phi^*\phi\mathrm{d}\tau \\ &= \int(C_A\chi_A + C_B\chi_B)h(C_A\chi_A + C_B\chi_B)\mathrm{d}\tau - \varepsilon\int(C_A\chi_A + C_B\chi_B)^2\mathrm{d}\tau \\ &= C_A^2H_{AA} + 2C_AC_BH_{AB} + C_B^2H_{BB} - \varepsilon(C_A^2 + 2C_AC_BS_{AB} + C_B^2)\end{aligned} \tag{5-7}$$

を定義する。ここで

$$\left.\begin{aligned}H_{AA} &= \int\chi_Ah\chi_A\mathrm{d}\tau = \int\chi_Bh\chi_B\mathrm{d}\tau = H_{BB} \\ H_{AB} &= \int\chi_Ah\chi_B\mathrm{d}\tau, \quad S_{AB} = \int\chi_A\chi_B\mathrm{d}\tau\end{aligned}\right\} \tag{5-8}$$

とした。式 (5-8) の積分値 S_{AB} は χ_A と χ_B との重なりの大きさを表していて重なり積分と呼ばれる。また H_{AB} は共鳴積分と呼ばれる。

つぎに汎関数 F の変分を 0 にする。具体的には F の C_A と C_B とについての偏微分をとり

$$\frac{\partial F}{\partial C_A} = 0, \quad \frac{\partial F}{\partial C_B} = 0$$

とする。実際に C_A で偏微分すると

$$\frac{\partial F}{\partial C_A} = 2[C_A(H_{AA} - \varepsilon) + C_B(H_{AB} - \varepsilon S_{AB})] = 0$$

また C_B で偏微分したものを加えて結局

$$\left.\begin{aligned}(H_{AA} - \varepsilon)C_A + (H_{AB} - \varepsilon S_{AB})C_B &= 0 \\ (H_{AB} - \varepsilon S_{AB})C_A + (H_{BB} - \varepsilon)C_B &= 0\end{aligned}\right\} \tag{5-9}$$

の連立方程式が得られる。ここで原子軌道 χ_A, χ_B が規格化されているので

$$S_{AA} = \int \chi_A^2 d\tau = S_{BB} = 1$$

である。式 (5-9) はまた行列の形の方程式

$$\begin{pmatrix} H_{AA} & H_{AB} \\ H_{AB} & H_{BB} \end{pmatrix} \begin{pmatrix} C_A \\ C_B \end{pmatrix} - \varepsilon \begin{pmatrix} 1 & S_{AB} \\ S_{AB} & 1 \end{pmatrix} \begin{pmatrix} C_A \\ C_B \end{pmatrix} = 0 \tag{5-10}$$

として表すことができる。式 (5-9) の 2 元の連立方程式中で $H_{AA}, H_{BB}, H_{AB}, S_{AB}$ の積分は式 (5-8) で与えられるが，これらは計算可能であり，未知の変数が ε および C_A, C_B の 3 つになる。したがってこれらを求めるにはもう 1 つの方程式が必要になるが，これは波動関数の規格化条件

$$\int \phi^2 d\tau = C_A^2 + 2C_A C_B S_{AB} + C_B^2 + 1 \tag{5-11}$$

を用いればよい。

式 (5-9) あるいは (5-10) から

$$\varepsilon_{\pm} = \frac{\varepsilon_0 \pm H_{AB}}{1 \pm S_{AB}} \quad \text{(複合同順)} \tag{5-12}$$

が得られる。ここで A と B とが同じ水素原子なので $\varepsilon_0 = H_{AA} = H_{BB}$ と置いた。ここで得られた ε は水素分子の軌道エネルギーであるが，ε_+ と ε_- の 2 つのエネルギー状態があることがわかる。これらの $\varepsilon_{\pm}$ を式 (5-9) に代入し式 (5-11) を用いると，$\varepsilon = \varepsilon_+$ のときは

$$C_A = C_B = \pm \sqrt{\frac{1}{2(1+S_{AB})}} \tag{5-13}$$

また $\varepsilon = \varepsilon_-$ のときは

$$C_A = -C_B = \pm \sqrt{\frac{1}{2(1-S_{AB})}} \tag{5-14}$$

となり，それぞれのエネルギー状態での波動関数，すなわち式 (5-6) の係数が求まる。ここで複合の $\pm$ は $+$ あるいは $-$ のどちらの符号でもよい。したがって波動関数は

$$\phi_+ = \pm \sqrt{\frac{1}{2(1+S_{AB})}} (\chi_A + \chi_B) \qquad \phi_- = \pm \sqrt{\frac{1}{2(1-S_{AB})}} (\chi_A + \chi_B) \tag{5-15}$$

となる。具体的に軌道エネルギー $\varepsilon_{\pm}$ の値や分子軌道 $\phi_{\pm}$ を求めるためには ε_0, H_{AB}, S_{AB} の積分値を知る必要がある。H_2 分子について原子間距離 R を変化させ，実際にこれらの値を DV-Xα 法[*1]で計算してみると，図 5-4 の結果が得られる。この図からわかるように，重なり積分 S_{AB} は $R = \infty$ では 0 となり，R が小さくなると軌道の重なりが大きくなる。また $R = 0$ では同じ軌道が重なることになるので原子軌道が規格化されていることから値は 1 になる。また ε_0 および H_{AB} は負の値を示す。ε_0 は $R = \infty$ では水素原子のエネルギーに等しくなる。原子どうしが近づき R が小さくなると，その原子核の引力をうけエネルギーが低下していく。H_{AB} は式 (5-8) の積分から ε_0 と S_{AB} との積のような値をとることが予想できる。これらの値を用いると軌道エネルギー $\varepsilon_{\pm}$ の値が計算できる。図には ε_+ の値をプロットして示した。

[*1] 付録 6D 参照。

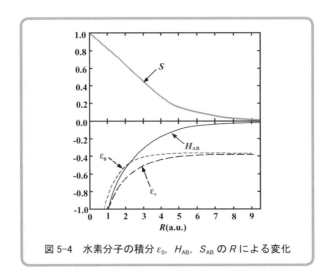

図 5-4　水素分子の積分 ε_0, H_{AB}, S_{AB} の R による変化

実際の水素分子の平衡核間距離は 1.4 a.u.(= 0.74 Å) である。これらのことを考慮して水素原子のエネルギー図を模式的に描いてみると図 5-5 が得られる。

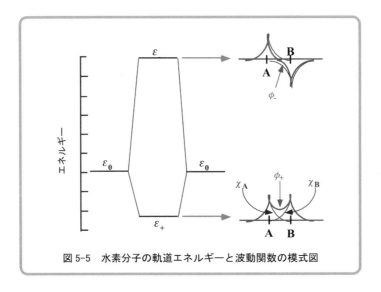

図 5-5　水素分子の軌道エネルギーと波動関数の模式図

このように水素分子の計算から軌道エネルギーが式 (5-12) に示すように $\varepsilon_\pm$ で表され波動関数が式 (5-15) で示される $\phi_\pm$ の 2 つの状態が存在することがわかる。これらの電子状態を表示するのに，波動関数や電子密度の等高線プロットを用いることができる。図 5-6 は分子軌道関数 ϕ，電子密度 ρ そして分子の電子密度から原子の電子密度の和を差し引いた差電子密度 $\Delta\rho$ の等高線を示す。図 5-5 の波動関数のプロットからわかるように，原子間では ϕ_+ は原子軌道が重なり合い，ϕ_- は逆に打ち消しあって波動の節ができる。電子密度を見ると ϕ_+ に 2 個の電子が占有する場合原子間で電子密度のつながりが見られ，ϕ_- では電子密度が切断していることがわかる。この様子を差電子密度を見るとよくわかる。ϕ_+ の場合は原子間で電子密度が増大している。これに対して ϕ_- の場合は原子間で減少し原子間の外側で増大している。このこ

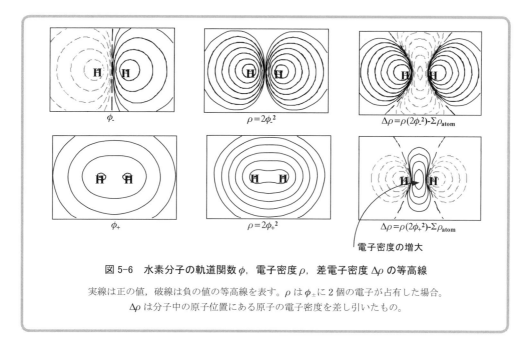

図 5-6 水素分子の軌道関数 ϕ，電子密度 ρ，差電子密度 $\Delta\rho$ の等高線

実線は正の値，破線は負の値の等高線を表す。ρ は ϕ_+ に 2 個の電子が占有した場合。$\Delta\rho$ は分子中の原子位置にある原子の電子密度を差し引いたもの。

とは ϕ_+ を電子が占有すると原子間で増大した電子電荷が両側の原子核を静電的に引き付け 2 つの原子を結合させる力が働くということを示している。そのためこの ϕ_+ を結合軌道と呼ぶ。またこの電子は両原子に共有されていると考えられるので，このような結合が共有結合の本質であるといえる。逆に ϕ_- の場合は原子の外側で増大した電荷が原子核を外側に引き付け，原子を引き離す力が働くので反結合軌道と呼ぶ。さらに図 5-5 からわかるように結合軌道は原子の場合よりエネルギーが低下し安定な状態であり，反結合軌道はエネルギーが上昇し不安定な状態である。

上述の水素分子の場合は，基底関数が 2 つなので 2 元連立方程式，あるいは 2×2 次の行列方程式になる。基底関数の数が n 個の場合は n 元の連立方程式

$$\sum_{j=1}^{n}(H_{ij} - \varepsilon S_{ij})C_j = 0 \quad (i = 1, 2, 3, \cdots, n) \tag{5-16}$$

あるいは $n \times n$ 次の行列方程式

$$\tilde{\mathbf{H}}\,\tilde{\mathbf{C}} = \varepsilon\tilde{\mathbf{S}}\,\tilde{\mathbf{C}} = 0 \tag{5-17}$$

が得られる。ここで $\tilde{\mathbf{H}}, \tilde{\mathbf{S}}, \tilde{\mathbf{C}}$ は行列を表す。行列 $\tilde{\mathbf{H}}, \tilde{\mathbf{S}}$ は

$$\tilde{\mathbf{H}} = \begin{bmatrix} H_{11} & H_{12} & \cdots H_{1n} \\ H_{21} & H_{22} & \cdots H_{2n} \\ \cdots\cdots\cdots\cdots \\ \cdots\cdots\cdots\cdots \\ H_{n1} & H_{n2} & \cdots H_{nn} \end{bmatrix}, \quad \tilde{\mathbf{S}} = \begin{bmatrix} 1 & S_{12} & \cdots S_{1n} \\ S_{21} & 1 & \cdots S_{2n} \\ \cdots\cdots\cdots\cdots \\ \cdots\cdots\cdots\cdots \\ S_{n1} & S_{n2} & \cdots 1 \end{bmatrix} \tag{5-18}$$

であり，行列要素 H_{ij}, S_{ij} は前述のように共鳴積分および重なり積分と呼ばれる。これらは式 (5-8) と同様

$$H_{ij} = \int \chi_i^* h \chi_j \, d\tau, \qquad S_{ij} = \int \chi_i^* \chi_j \, d\tau \tag{5-19}$$

の積分である。式 (5-16) あるいは (5-17) は永年方程式とよばれている。ここで行列 $\tilde{\mathbf{H}}$ と $\tilde{\mathbf{S}}$ は計算で求めることができるので，結局行列の固有値問題を解くということになる。これを解くことによって固有値 ε，固有ベクトル $\tilde{\mathbf{C}}$

$$\tilde{\mathbf{C}} = \begin{bmatrix} C_1 \\ C_2 \\ \cdots \\ \cdots \\ C_n \end{bmatrix} \tag{5-20}$$

が得られる。分子軌道法ではこのようにして分子軌道計算，すなわち分子軌道とそのエネルギーの計算を行うことできる。

5-3 等核 2 原子分子の分子軌道

　水素分子では LCAO 分子軌道の基底関数は水素原子の 1s 軌道だけを考えればよい。この場合，2 つの原子の 1s 軌道の組み合わせで結合軌道，反結合軌道が形成されることがわかった。それでは s 電子以外に p 電子や d 電子を含む原子が分子を作る場合はどのような分子軌道ができるのであろうか。簡単のため周期表の第 2 周期元素でできる等核 2 原子分子について考えてみよう。実際に気体で安定に存在するのは B_2, C_2, N_2, O_2, F_2 である。これらの分子では 2s 軌道と 2p 軌道が分子軌道を作る。1s 軌道は内殻軌道になる。2s および 2p 軌道でできる分子軌道は模式的に図 5-7 に示すようになる。原子では 2s 軌道レベルのすぐ上に 2p 軌道レベルがある。これらがそれぞれ結合・反結合分子軌道を形成する。この図では s 軌道同士で作る結合軌道を (ssσ)，反結合軌道を (ssσ)* と記した。また p 原子軌道は p_x, p_y, p_z の 3 つの軌道があり，それぞれが相手の原子軌道との間で結合・反結合軌道を作る。これらの結合軌道には (ppσ)，(ppπ)，反結合軌道は (ppσ)*，(ppπ)* と記した。分子軌道は分子に対称性がある場合は対称性で分類

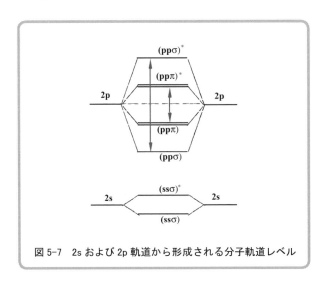

図 5-7　2s および 2p 軌道から形成される分子軌道レベル

することができる。対称性は数学的には群論で取り扱うことができるが，ここではもう少し簡単に直感的に説明する[*1]。等核2原子分子の対称性は$D_{\infty h}$群で表すことができる。2つの原子を通る軸，分子軸をz軸にとることにする。この場合，分子軌道はz軸周りの回転（回転角ϕ）に対する対称性で$\sigma, \pi, \delta, \phi, \cdots$などに分類される。$\sigma$型軌道は回転角$\phi$の変化に対して軌道関数が変化しない軌道で原子軌道ではs軌道やp_z軌道などが対応する。π型軌道は$\sin\phi$あるいは$\cos\phi$（あるいは$e^{\pm i\phi}$），δ型軌道は$\sin 2\phi$，$\cos 2\phi$などの2次の関数である[*2]。図5-7の(ssσ)はs軌道間の相互作用で形成されるσ型分子軌道，(ppπ)はp軌道間のπ型分子軌道を意味している。p軌道間の相互作用ではp_z軌道間でできるσ型とp_x軌道間あるいはp_y軌道間でできるπ型の2種類の分子軌道がある。π軌道は分子軸と垂直方向を向いたp_x軌道あるいはp_y軌道からできるが，これらの軌道はz軸を90°回転すると重なるのでエネルギー的に同一であり，π軌道は二重に縮退していることになる。一般にσ型相互作用は軌道がもう1つの原子の方向を向いているので，横向きのπ型より相互作用が強いと考えられる。結合軌道と反結合軌道との分裂の大きさは重なり積分の大きさ，すなわち相互作用の強さに依存するので，図5-7ではσ型の方がπ型より分裂が大きく描いてある。しかし後で示すように，実際の等核2原子分子ではそうでない場合もある。

2sおよび2p原子軌道から形成される分子軌道の波動関数は図5-8に示す。分子軌道は形式的には水素分子の場合と同様に

$$\phi = C_A \chi_A + C_B \chi_B \tag{5-21}$$

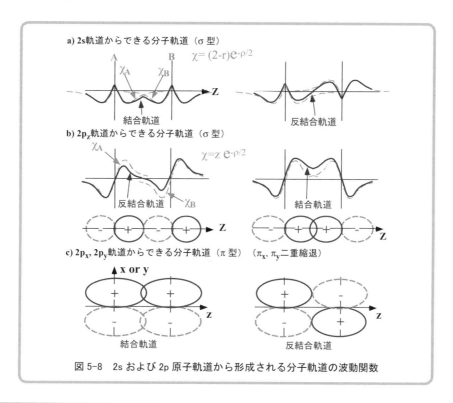

図5-8 2sおよび2p原子軌道から形成される分子軌道の波動関数

[*1] 分子の対称性については付録5Aを参照。

[*2] 詳しくは付録5Aを参照。

と書くことができる。s 軌道からできる分子軌道（ssσ）の場合，結合軌道では LCAO の係数が $C_A = C_B$，反結合軌道では $C_A = -C_B$ であった。p 軌道からできる分子軌道の場合，p_x あるいは p_y 軌道からできる分子軌道（ppπ）では同様に結合軌道は $C_A = C_B$ である。しかし p_z 軌道からできる（ppσ）は奇関数であるため，逆に結合軌道が $C_A = -C_B$ であり，$C_A = C_B$ では原子間に波動の節ができ反結合軌道になることがわかる。

上に述べたように 2 原子分子では，対称性で分子軌道が σ あるいは π 軌道といった分類ができる。このように分類するメリットとしては，まず分子軌道の形が定性的にわかることがあげられる。このためその軌道の性質についての予測ができることである。次に図 5-9 に示すように永年方程式の行列が小さい行列に簡約され，実際の計算の規模が縮小できることである。永年方程式中の $\tilde{H}$ や $\tilde{S}$ の行列要素は式 (5-9) に示すように LCAO 分子軌道の基底間の積分

$$H_{ij} = \int \chi_i^* h \chi_j d\tau, \qquad S_{ij} = \int \chi_i^* \chi_j d\tau \tag{5-22}$$

であるが，基底関数として原子軌道 χ_i そのままでなく χ_i の線型結合である対称軌道 ψ_k

$$\psi_k = \sum_i W_i^k \chi_i \tag{5-23}$$

をとると，$\tilde{H}$ や $\tilde{S}$ の行列要素の多くが 0 となり，図 5-9 に示すように行列が簡約され，行列計算が小さくなる。W_i^k は対称化係数で群論から決めることができる。例えば第 2 周期の等核 2 原子分子の場合，結合型の σ_g 型軌道では

$$\psi_1^{\sigma_g} = \chi_{2s}^A + \chi_{2s}^B, \qquad \psi_2^{\sigma_g} = \chi_{2p_z}^A - \chi_{2p_z}^B \tag{5-24}$$

で分子軌道は

$$\psi^{\sigma_g} = C_1 \psi_1^{\sigma_g} + C_2 \psi_2^{\sigma_g} \tag{5-25}$$

となる。ここで χ_{2s}^A は原子 A の 2s 軌道である。同様に反結合 σ_u 型や π_g 型（反結合），π_u 型（結合）はそれぞれ

$$\psi_1^{\sigma_u} = \chi_{2s}^A - \chi_{2s}^B, \qquad \psi_2^{\sigma_u} = \chi_{2p_z}^A + \chi_{2p_z}^B \tag{5-26}$$

$$\psi^{\pi_g(x)} = \chi_{2p_x}^A - \chi_{2p_x}^B, \qquad \psi^{\pi_g(y)} = \chi_{2p_y}^A - \chi_{2p_y}^B \tag{5-27}$$

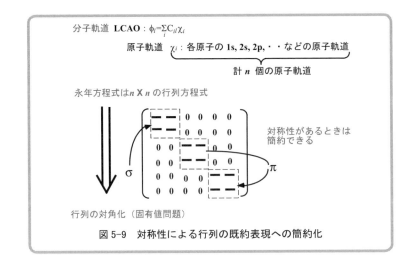

図 5-9　対称性による行列の既約表現への簡約化

$$\psi^{\pi_u(x)} = \chi^A_{2p_x} + \chi^B_{2p_x}, \qquad \psi^{\pi_u(y)} = \chi^A_{2p_y} + \chi^B_{2p_y} \tag{5-28}$$

である。π_g や π_u 型の場合は1つの対称軌道しかなく，これらがそのまま固有分子軌道関数となる。σ 型の場合は結合軌道が σ_g 型であるが，π 型では π_g が反結合，π_u が結合軌道となる。対称軌道は群論を用いて作ることができる[*1]。

5-4　マリケンの電子密度解析 (Mulliken population analysis)

分子軌道計算の結果，分子軌道とそのエネルギーが得られる。分子の電子密度分布は基底状態ではエネルギーの最も低い軌道から全電子をパウリの原理に従って詰めて行くことによって得られる。マリケンの電子密度解析を用いると，このような電子状態計算から分子のイオン性や共有結合性の評価を行うことができる。図 5-10 は模式的にマリケンの電子密度解析について示したものである。

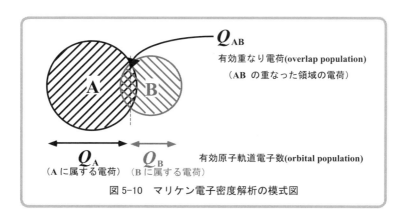

図 5-10　マリケン電子密度解析の模式図

分子中の全電子数を n とすると

$$n = \sum_l f_l \int \phi_l^*(\mathbf{r}) \phi_l(\mathbf{r}) d\mathbf{r}$$

$$= \sum_l f_l \sum_i \sum_j C_{il} C_{jl} \int \chi_i^*(\mathbf{r}) \chi_j(\mathbf{r}) d\mathbf{r} = \sum_l f_l \sum_{i,j} q_{ij}^l \tag{5-29}$$

と書ける。ここで ϕ_l は l 番目の分子軌道

$$\phi_l = \sum C_{jl} \chi_i \tag{5-30}$$

であり，f_l は分子軌道 l の占有数である。また q_{ij}^l は重なり積分 S_{ij} に分子軌道 l の LCAO 係数 $C_{il} \times C_{jl}$ をかけたもので

$$q_{ij}^l = C_{il} C_{jl} \int \chi_i^*(\mathbf{r}) \chi_j(\mathbf{r}) d\mathbf{r} = C_{il} C_{jl} S_{il} \tag{5-31}$$

で与えられる。マリケンの解析では，分子中の有効原子軌道電子数 (orbital population) Q_i と有効共有結合電荷 (overlap population) Q_{ij} が与えられる。これらは

[*1]　『量子材料科学入門 -DV-Xα 法からのアプローチ-』，足立裕彦著，三共出版(1991). の付録 F (分子の対称性と対称軌道) に述べられている。

$$Q_i = \sum_l f_l \sum_j q_{ij}^l \tag{5-32}$$

$$Q_{ij} = \sum_l f_l q_{ij}^l \tag{5-33}$$

と定義される。Q_i は原子軌道 i を占有する電子数，また Q_{ij} は原子軌道 i と j との間の相互作用の大きさを表し，共有結合に関与する電荷と考えることができる。

分子中の原子のイオン性は各原子の有効原子軌道電子数を足し合わせることによって評価できる。すなわち原子 A に属する全軌道についての和

$$Q_A = \sum_{i \in A} Q_i \tag{5-34}$$

を原子 A の有効電荷（effective charge）と呼ぶことにする。原子番号 Z からこの値を差し引いた N_A が正味の電荷（net charge）であり，原子 A のイオン性を表すと考えることができる。すなわち

$$N_A = Z_A - Q_A \tag{5-35}$$

である。また原子 A と B との共有結合は原子間共有結合電荷（bond overlap population）

$$Q_{AB} = \sum_{i \in A} \sum_{j \in B} Q_{ij} \tag{5-36}$$

によって評価することができる。

Q_i や Q_{ij} を簡単に理解するために，水素分子のように分子軌道が 2 つの原子軌道で形成される場合を考えてみる。分子軌道

$$\phi = C_A \chi_A + C_B \chi_B$$

が 2 個の電子で占有されるとき，式 (5-29) は

$$2 = 2(q_{AA} + 2q_{AB} + q_{BB}), \quad q_{AA} = C_A^2, \quad q_{BB} = C_B^2, \quad q_{AB} = C_A C_B S_{AB}$$

であり，有効原子軌道電子数は

$$Q_A = 2(q_{AA} + q_{AB}), \quad Q_B = 2(q_{BB} + q_{AB})$$

となる。また有効共有結合電荷は

$$Q_{AB} = 2 \times 2q_{AB}$$

となる。ここで $Q_A + Q_B$ が全電子数 2 になる。そして Q_A と Q_B のそれぞれに Q_{AB} の半分が含まれていることがわかる。

5-5 異核 2 原子分子の電子状態

分子軌道計算の結果から化学結合に関する多くの本質的な議論ができる。等核 2 原子分子の分子軌道の説明において，原子軌道間の相互作用により共有結合の原因となる結合軌道そして反結合軌道が形成されることを述べた。また分子軌道計算からマリケンの電子密度解析を用いてイオン性や共有結合性が評価できることを述べた。

次に 2 原子分子でも元素が異なる場合，すなわち異核 2 原子分子の場合について考えてみよ

う。議論を簡単にするため水素分子のように各原子には原子軌道が1つだけあると仮定する。この場合永年方程式は水素分子の場合と同じように

$$C_A(\varepsilon_A - \varepsilon) + C_B(H_{AB} - \varepsilon S_{AB}) = 0 \\ C_A(H_{AB} - \varepsilon S_{AB}) + C_B(\varepsilon_B - \varepsilon) = 0 \Big\} \quad (5\text{-}37)$$

と書かれる。ここで $\varepsilon_A = H_{AA}$, $\varepsilon_B = H_{BB}$ と書いた。また一般には $\varepsilon_A \neq \varepsilon_B$ である。式 (5-37) から軌道エネルギー ε として

$$\varepsilon_\pm = \frac{(\varepsilon_A + \varepsilon_B - 2H_{AB}S_{AB}) \pm \sqrt{(\varepsilon_A + \varepsilon_B - 2H_{AB}S_{AB})^2 - 4(1 - S_{AB}^2)(\varepsilon_A\varepsilon_B - H_{AB}^2)}}{2(1 - S_{AB}^2)} \quad (5\text{-}38)$$

が得られる。この場合軌道エネルギー ε を計算するには ε_A, ε_B, H_{AB}, S_{AB} の4つのパラメータが必要になる。軌道エネルギーの変化の様子を詳細に調べるには，それぞれの値の組み合わせが無限にあるので困難である。そこで ε_B, H_{AB}, S_{AB} の3つのパラメータの値を固定して，ε_A のみを変化させて調べてみることにする。例えば $\varepsilon_B = -0.5$, $H_{AB} = -0.5$, $S_{AB} = 0.3$ と固定すると

$$\varepsilon_\pm = \frac{(\varepsilon_A - 0.2) \pm \sqrt{\varepsilon_A^2 + 1.42\varepsilon_A + 0.95}}{1.82}$$

となる。まず $\varepsilon_A = 0.0$ として計算してみると

$$\varepsilon = -0.6454 \quad \text{or} \quad \varepsilon = 0.4256$$

が得られ，それぞれ結合軌道，反結合軌道のエネルギーとなる。次に永年方程式 (5-37) と分子軌道の規格化条件

$$C_A^2 + C_B^2 + 0.6C_AC_B = 1$$

から $\varepsilon = -0.6454$（結合軌道）のとき

$$C_A = 0.3863, \quad C_B = 0.8138$$

また $\varepsilon = 0.4256$（反結合軌道）のときは

$$C_A = 0.9748, \quad C_B = -0.6602$$

が得られる。これらの結果から結合軌道に2個の電子が占有するとき

$$Q_A = 2(C_A^2 + 0.3C_AC_B) = 0.4865, \quad Q_B = 1.5137$$
$$Q_{AB} = 2(0.6C_AC_B) = 0.377$$

となることがわかる。この場合は両原子軌道レベルに差がある。そのため分子軌道は片方の原子，この場合は軌道レベルが低いBに偏る。したがって最初両原子A，Bが1個ずつの電子を有していたとすると，分子ABを生成することによって0.5137個に相当する電子電荷がAからBへ移行し，Bは -0.5137 の部分的なイオンになることを意味している。逆に原子Aは $+0.5137$ のイオン性をもつ。またこのとき共有結合電荷は0.377である。

同様に $\varepsilon_A = -0.5$, -1.0, -1.5 と変化させて計算を行ってみる。結合軌道，反結合軌道およびそれらの軌道エネルギー，またマリケンの電子密度解析を行った結果を図示すると図5-11のようになる。$\varepsilon = -0.5$ のときは $\varepsilon_A = \varepsilon_B$ であり，等核2原子分子に相当するので電荷の移行は起こらない。また Q_{AB} は0.461で最大になり共有結合が最も強くなる。$\varepsilon = -1.0$ のときは ε_A

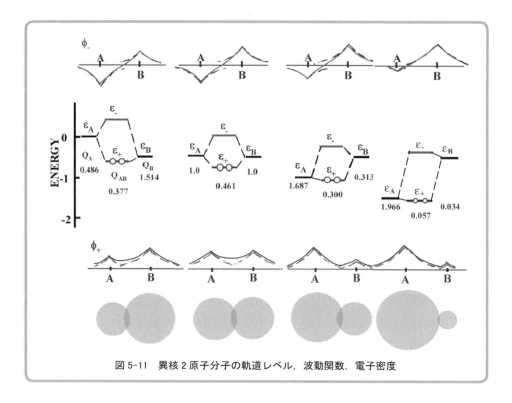

図 5-11 異核 2 原子分子の軌道レベル，波動関数，電子密度

= 0.0 のときとは逆で，原子 B から A 電荷移行が起こることがわかる。すなわち原子軌道レベルが高い原子から低い原子に電荷移行が起こり，エネルギーの低い原子は負のイオン性を，高い原子は正のイオン性をもつようになる。両原子の軌道レベルが大きく違う場合，大量の電荷移行が起るようになる。$\varepsilon_A = -1.5$ の場合は 0.966 と 1 個に近い電荷の移行が B から A へ起こり，A は +1 価，B は -1 価に近いイオンになることがわかる。またこのときの Q_{AB} は極めて小さく共有結合性はほとんど見られない。

以上述べてきたように，マリケンの電荷密度解析を行うことにより異核 2 原子分子の場合は分子軌道に偏りができ，電荷移行が起こり，その結果イオン性が生じることがわかる。またその際，共有結合性は小さくなることが定量的に評価できることがわかる[*1]。

演習問題

水素分子など 2 原子軌道系分子軌道の永年方程式は LCAO 分子軌道を

$$\phi = C_A \chi_A + C_B \chi_B$$

と表すと

$$(\varepsilon_A - \varepsilon)C_A + (H_{AB} - \varepsilon S_{AB})C_B = 0$$
$$(H_{AB} - \varepsilon S_{AB})C_A + (\varepsilon_B - \varepsilon)C_B = 0$$

[*1] 計算実習 VA では，式 (5-37) を計算するプログラムが用意されているので，実際に ε_A, ε_B, H_{AB}, S_{AB} の数値を与えて計算でき，固有値と固有ベクトルが求められる。

(a) 分子を作る原子 A, B の原子間距離 R が変化すると重なり積分 S_{AB}, クーロン積分 $\varepsilon_A = \varepsilon_B$, 共鳴積分 H_{AB} が変化する。距離が $R = 5, 3, 2, 1$ (a.u.) と変化したとき $S_{AB} = 0.16, 0.40, 0.60, 0.80$, $\varepsilon_A = -0.38, -0.40, -0.50, -0.85$, $H_{AB} = -0.10, -0.30, -0.50, -1.00$ と変化した。結合, 反結合軌道のエネルギーを計算し, 図にプロットしその変化について述べよ。

(b) 異核 2 原子分子の場合は, $\varepsilon_A \neq \varepsilon_B$ なので分子軌道に偏りが生じ, 電荷移行が起こるのでイオン性が生じる。$\varepsilon_B = -0.5$, $S_{AB} = 0.3$, $H_{AB} = -0.5$ と固定し, ε_A だけが $0, -0.5, -1.0, -1.5$ と変化したとき結合軌道, 反結合軌道のエネルギーおよび分子軌道を計算せよ。

(c) マリケンの電子密度解析によると, 原子 A, B の軌道の有効原子軌道電子数 (orbital population) Q_A, Q_B と共有結合電荷 (overlap population) Q_{AB} は

$$Q_A = f(C_A^2 + C_A C_B S_{AB})$$
$$Q_B = f(C_B^2 + C_A C_B S_{AB})$$
$$Q_{AB} = 2f C_A C_B S_{AB}$$

と計算される。ここで f は占有数である。結合軌道に 2 個の電子が占有するとき Q_A, Q_B および Q_{AB} を計算し, イオン性がどのように変化するかを述べよ。

付　録

5A　分子の対称性

分子の対称性と点群

　分子に対称操作を行い得る線，面，点が少なくとも1つ存在する場合対称性をもつという。ここで対称操作とはある図形に操作を行ったとき元の図形に完全に重なる操作のことである。分子の対称性は点群で表される。点群とは図形の1点を固定し，行う対称操作の集合のことである。ただし直線分子の場合は無限の回転群になる。

　対称操作の種類は次の4つがある。

1) 回転：ある軸の周りに $2\pi/n$ の回転を行うと元と全く重なる場合，この軸を n 回回転軸といい，回転操作を C_n と表し，n 個の回転操作がある。
2) 反像：ある点を中心に座標 (x, y, z) を $(-x, -y, -z)$ にすると元と全く重なる場合，この点を反像点といい，操作 i で表す。
3) 鏡映：ある面の鏡像が元と全く重なる場合，この面を鏡映面といい，σ で表す。
4) 回転反像：ある n 回回転に続いて反像操作を行うと元と全く重なる場合，回転反像があるという。

次に点群の種類として

1) C_n：対称操作として C_n だけがある点群
2) C_{nv}：C_n に加えて回転軸を含む n 個の鏡映面がある点群
3) C_{nh}：C_n に加えてその軸に垂直な鏡映面がある
4) D_n：C_n に加えてその軸に直交する n 個の2回回転軸がある
5) D_{nh}：D_n に加えて2回回転軸を含む鏡映面がある
6) D_{nd}：D_n に加えて隣り合った2回回転軸を二等分し C_n を含む n 個の鏡映面がある
7) S_n：n 回回転反像がある
8) T：正四面体に対応する点群で立方体の x, y, z 軸が C_2 となり，立方体の対角線を通る4本の3回回転軸がある
9) T_d：T に加えて x, y, z 軸が4回回転反像になり，さらに6個の鏡映面がある
10) O：立方体や正八面体に対応する点群で，T に加えて x, y, z 軸が4回回転反像になり，さらに6個の2回回転軸がある
11) Oh：O に加えてそれらすべてに反像操作を加える対称操作を含み，立方体や正八面体のすべての対称操作を含む

の11点群がある。図5A-1にいくつかの分子の形と点群を示した。

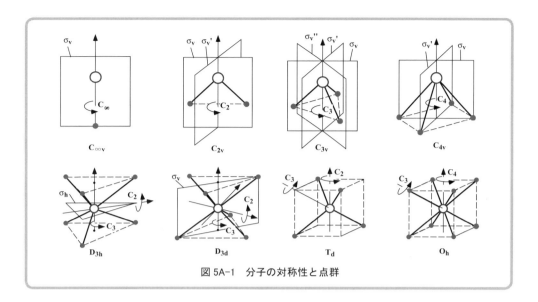

図 5A-1　分子の対称性と点群

ただし直線分子の場合は無限の回転群で $n = \infty$ なので $C_{\infty v}$ あるいは $D_{\infty h}$ になる。

分子の軌道関数の対称性は群論で用いる既約表現で以下のように分類され，記号で表される。

1) 縮退のないものはAまたはB，二重縮退のものはE，三重縮退のものはTで表す。
2) A, Bのうちで主回転軸 C_n（n が最大のもの）の周りの回転に対して対称なものをA，反対称なものをBとする。
3) A, Bに関して主回転軸 C_n に垂直な C_2 があるとき，それに対して対称なものに1，反対称なものに2，C_2 がないとき C_n 軸を含む σ_v に対して対称なものに1，反対称なものに2の下付き添字をつける。E, Tの添字は点群によって異なる。
4) σ_h がある場合，対称なものにプライム（′），反対称なものに二重プライム（″）をつける。
5) 反像点がある場合反像に対して対称なものに g，反対称なものに u の添字をつける。

下で少し詳しく述べるが，分子軌道の名称は小文字のアルファベットを用いて a, b, e, t と表す。直線分子では a, b, e, t …ではなく $C_{\infty v}$ の場合は $\sigma, \pi, \delta, \phi$ …，反像点のある $D_{\infty h}$ の場合は $\sigma_g, \sigma_u, \pi_g, \pi_u, \delta_g, \delta_u, \ldots$ と表す。

分子の対称性と重なり積分

まず最も簡単な2原子分子について考えてみよう。この分子は分子軸（2つの原子を通る軸）のまわりに無限回回転の対称性がある。この場合，分子軌道は $\sigma, \pi, \delta, \phi$ …の対称性で分類できる。同じ対称性をもつ軌道同士は，相互作用して分子軌道を形成することができる。すなわち軌道間の重なり積分が0にならないということになる。今2つの原子A，Bが z 軸上に並んでいるとする（図 5A-2 参照）。原子Aの原子軌道 χ_i と原子Bの χ_j との重なり積分を調べてみよう。

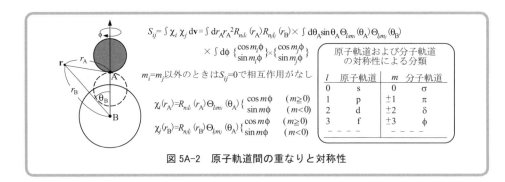

図 5A-2　原子軌道間の重なりと対称性

原子軌道関数は

$$\chi_i(\mathbf{r}_A) = R_{n_i l_i}(r_A) y_{l_i m_i}(\theta_A, \phi_A) \tag{5A-1}$$

と書くことができる。したがって重なり積分は

$$\begin{aligned}S_{ij} &= \int \chi_i \chi_j d\mathbf{v} \\ &= \int_0^\infty dr_A r_A^2 R_{n_i l_i}(r_A) R_{n_j l_j}(r_B) \\ &\quad \times \int_0^\pi \sin\theta\, d\theta_A \int_0^{2\pi} d\phi_A y_{l_i m_i}(\theta_A, \phi_A) y_{l_j m_j}(\theta_B, \phi_B)\end{aligned} \tag{5A-2}$$

である。ここで r_A, θ_A を原子 A から r_B, θ_B を原子 B からみた位置 $\mathbf{r}$ の座標とする。球面調和関数 y_{lm} の部分をさらに分類することができ，

$$y_{lm}(\theta, \phi) = \Theta_{lm}(\theta) \begin{cases} \cos m\phi & (m \geq 0) \\ \sin m\phi & (m < 0) \end{cases} \tag{5A-3}$$

$$\Theta_{lm}(\theta) = (-1)^m \sqrt{\frac{(2l+1)(l-|m|)!}{2\pi(l+|m|)!}} P_l^{|m|}(\cos\theta) \tag{5A-4}$$

と書けるので，結局

$$\begin{aligned}S_{ij} &= \int_0^\infty dr_A r_A^2 R_{n_i l_i}(r_A) R_{n_j l_j}(r_B) \int_0^\pi d\theta_A \sin\theta_A\, \Theta_{l_i m_i}(\theta_A) \Theta_{l_j m_j}(\theta_B) \\ &\quad \times \int_0^{2\pi} d\phi \begin{Bmatrix} \cos m_i \phi \\ \sin m_i \phi \end{Bmatrix} \times \begin{Bmatrix} \cos m_j \phi \\ \sin m_j \phi \end{Bmatrix}\end{aligned} \tag{5A-5}$$

となる。S_{ij} の積分の中で r と θ とに関する積分値は原子 A と B との距離によって変化する。ところが座標 ϕ は原子 A，B で共通で，A，B を結ぶ分子軸まわりの回転角である。したがって $d\phi$ に関する積分は A-B の距離に関係なく決まり，これらの積分は $m_i = m_j = 0$ のときは 2π，$m_i = m_j \neq 0$ のとき π となり，それ以外のときは 0 であることがわかる。このように 2 原子分子の場合，分子軌道は分子軸周りの回転の対称性で分類できることになる。

　原子軌道の場合，方位量子数 l によって分類され，$l = 0$ は s，$l = 1, 2$ は p, d 軌道というように呼んでいる。2 原子分子の場合は l の z 方向成分である m で分類できることになる。原子軌道の名称はローマ字で s, p, d, f, … としたが，分子軌道の場合はこれに対応するギリシャ文字 $\sigma, \pi, \delta, \phi, \cdots$ で表す。したがって $m = 0$ は σ，$m = 1, 2, 3$ は π, δ, ϕ になり，σ 型分子軌道は s，p_z, $d_{3d^2-r^2}$ などの $m = 0$ の軌道の組み合わせでできあがることになる。同様にして π 型分子軌道は $p_x(p_y)$，$d_{zx}(d_{yz})$ などで構成される。また対称性の異なる，すなわち m の異なる s と p_x などの間には重なり積分が 0，すなわち相互作用がないことがわかる。この分子軸に関する対称性

は，もう少しわかりやすくいえば次のようになる。2 原子分子を分子軸の方向から見ると，σ, π, δ, ϕ 軌道はそれぞれ s, p, d, f 軌道のように見えることになるのである。

次に一般の多原子分子について考えてみよう。多くの分子は，何らかの対称性を持っている。対称性があるというのは上にも述べたように対称操作（回転，反像，鏡映，回転反映）を行える形を持っているということである。分子が対称性をもっていると，分子軌道を対称性で分類することができ，あらかじめこの分子の分子軌道としてどのような形のものができるかを知ることができる。

対称性をもつ多原子分子の分子軌道は上にも示したが点群の規約表現に基づいて表 5A-1 のように名称をつける。また通常分子全体の電子状態は大文字で記すが，分子軌道の記号は小文字で表す。実際の分子軌道では a, b, e, t に 1, 2, g, u, ', " の添字がついている。a, b についた添え字 1, 2 は主回転軸に垂直な 2 回回転軸あるいは対称面に関して対称か反対称かを区別する。また反像に対して対称なものは g，反対称なものは u とし主回転軸に垂直な鏡映面に対して対称なものに ' ，反対称なものに " をつける。

表 5A-1　点群の既約表現による分子軌道の分類

名称	性　質
a	主回転操作に対して対称
b	主回転操作に対して反対称
e	二重縮退の軌道
t	三重縮退の軌道

実際の分子の対称性を調べてみると，2 原子分子や CO_2, CS_2, HCN, HgCl などの分子は直線構造を持ち $\sigma, \pi, \delta, \phi$ や $\sigma_g, \sigma_u, \pi_g, \pi_u, \delta_g, \delta_u, \phi_g, \phi_u$ などの分子軌道ができる。また H_2O, H_2S, SO_2, NO_2, O_3 などは C_{2v} の対称性を持ち，a_1, a_2, b_1, b_2 などの分子軌道ができる。平面三角形の構造を持つ BH_3, BF_3, SO_3, NO_{3-}, CO_3^{2-}, BO_3^{3-} や C_2H_6 などの分子やイオンは D_{3h}，NH_3, PH_3, AsH_3 などは C_{3v} 対称，CH_4, SO_4^{2-}, PO_4^{3-}, SiO_4^{4-} などは T_d の対称性を持つ。または配位子場理論で取り扱われる八面体錯体などは O_h の対称性を持つ。またそれぞれの点群（分子の対称性）に現れる規約表現（分子軌道の記号）を表 5A-2 に示す。

表 5A-2　種々の点群に現れる既約表現（分子軌道名）

点　群	分子軌道の記号
C_{2v}	a_1, a_2, b_1, b_2
C_{3v}	a_1, a_2, e
C_{4v}	a_1, a_2, b_1, b_2, e
D_{3h}	$a_1', a_2', e', a_1'', a_2'', e''$
D_{4h}	$a_{1g}, a_{2g}, b_{1g}, b_{2g}, e_g, a_{1u}, a_{2u}, b_{1u}, b_{2u}, e_u$
D_{5h}	$a_1', a_2', e_1', e_2', a_1'', a_2'', e_1'', e_2''$
D_{6h}	$a_{1g}, a_{2g}, b_{1g}, b_{2g}, e_{1g}, e_{2g}, a_{1u}, a_{2u}, b_{1u}, b_{2u}, e_{1u}, e_{2u}$
T_d	a_1, a_2, e, t_1, t_2
O_h	$a_{1g}, a_{2g}, e_g, t_{1g}, t_{2g}, a_{1u}, a_{2u}, e_u, t_{1u}, t_{2u}$
$C_{\infty v}$	$\sigma, \pi, \delta, \phi, \ldots\ldots$
$D_{\infty h}$	$\sigma_g, \sigma_u, \pi_g, \pi_u, \delta_g, \delta_u, \phi_g, \phi_u, \ldots\ldots$

6 簡単な分子の分子軌道

　前章では最も簡単な2原子分子を取り上げ，その分子軌道，すなわち結合軌道や反結合軌道，また σ 型軌道や π 型軌道について述べた。この章では次に簡単ではあるが，馴染みのある分子で，第二周期元素（C, N, O）に H 原子が結合した H_2O, NH_3, CH_4 分子の分子軌道について考えることにする。これらの分子軌道を独立に考えるのではなく，ここでは前章までに得られた知識を利用して，分子軌道を作り上げていく方法をとることにする。すなわち小さい分子に原子が加わって大きくなっていくと，小さい分子の分子軌道に新しく加わった原子の原子軌道が組み合わさって，大きい分子の分子軌道ができ上がっていくと考える。この考えを拡張していくと，違った分子の間の関連性を理解したり，大きな分子中のあるブロックの役割を推測することに役立つことも多い。分子軌道レベルの計算結果は，光電子スペクトルなどの実験と比較し検討でき，この章で扱った簡単な分子について実験結果との対応について記述する。またこの章では二重や三重の多重結合が形成される仕組みについても説明する。

6-1　H_2O 分子の分子軌道

　まず水素原子2個が酸素原子に結合した水分子の分子軌道を考えることにする。水分子の構造は図6-1に示すように O-H 距離が 0.957Å，結合角 HOH が 104.5° である。分子の座標として図のように2つの H 原子が x 軸上にあり，その中点が原点で O 原子が z 軸上にあるとする。それぞれの原子の座標は $H_1(0.75669, 0, 0)$, $H_2(-0.75669, 0, 0)$, $O(0, 0, 0.58589)$ である（Å単位）。2原子分子の場合は2つの原子の原子軌道間の相互作用で結合・反結合軌道が形成された。H_2O のような3原子の場合はどのように考えればよいであろうか。この分子中には H_2 が含まれており，H_2 分子の軌道はすでにわかっている。したがって H_2O 分子の場合は，O の原子軌道と H_2 分子軌道との相互作用で分子軌道が形成されると考えればよい。すなわち

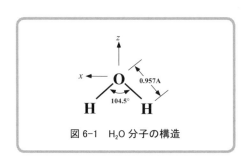

図 6-1　H_2O 分子の構造

$$\phi = C_1\chi_O + C_2\phi_{H_2MO} \tag{6-1}$$

と書ける。ここで χ_O は O 原子軌道，ϕ_{H_2MO} は H_2 分子の分子軌道である。また 2 つの軌道の対称性が同じときのみ相互作用が生じる。H_2O 分子の対称性は C_{2v} である[*1]。O 原子軌道と H_2 分子軌道との相互作用は次に述べるように C_{2v} の対称性で分類することができる。これらを対称軌道と呼ぶことにする。対称軌道の名称は群論の既約表現の名称を用いて表されるが，ここでは簡単に述べる。まず主回転軸の回転に対して対称な軌道は a，反対称な軌道は b，2 重縮退している軌道は e，3 重縮退している軌道は t と名付ける。ただし分子軌道の場合は小文字のアルファベットを用いるのが慣例である。点群 C_{2v} の場合 a および b の対称ブロック（既約表現に対応）があり，O 原子軌道と H_2 分子軌道とはそれぞれ下に示す対称ブロックに属することになる。

O 2s, $2p_z$	$\Leftrightarrow$	ϕ_+	(a_1)
O $2p_x$	$\Leftrightarrow$	ϕ_-	(b_1)
O $2p_y$	相手なし		(b_2)

すなわち O 2s および $2p_z$ 軌道は H_2 結合軌道 ϕ_+ と，O $2p_x$ 軌道は H_2 反結合軌道 ϕ_- と相互作用する。残りの O $2p_y$ 軌道は相互作用する H_2 分子軌道はなく，単独で 1 つの分子軌道を作る。既約表現に対応する対称ブロックはそれぞれ a_1, b_1, b_2 である。まず a_1 ブロックでは O 2s, $2p_z$, ϕ_+ の 3 つの軌道の組み合わせで 3 つの分子軌道ができることになるが，簡単のため最初 O $2p_z$ と ϕ_+ との相互作用のみを考えてみる。O 2s 軌道はエネルギーが少し低いところにあり，後で考慮することにする。結合・反結合軌道は前章での議論から

$$\phi^{a_1} = C_1\chi_{O2p_z} + C_2\phi_+ \tag{6-2}$$

と書くことができる。また b_1 ブロックでは O $2p_x$ と ϕ_- との相互作用で

$$\phi^{b_1} = C_1\chi_{O2p_x} + C_2\phi_- \tag{6-3}$$

と書ける。それでは次にこれらの a_1 および b_1 での相互作用は O 2p と H 1s 軌道間の相互作用であるが，どちらの相互作用が強く，また分子軌道レベルの順序はどのようになるかを考えてみよう。それを調べるため図 6-2 に示すようにそれぞれの重なり積分を計算してみる。原子軌道間の重なり積分の解析的な取り扱いは厳密に行うことができる。ここでは直感的に理解しやすいベクトルを使った方法で説明する[*2]。

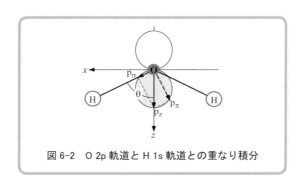

図 6-2　O 2p 軌道と H 1s 軌道との重なり積分

[*1] 付録 5A 参照。
[*2] 解析的で厳密な議論は付録 A6 で詳細に述べられているので参照されたい。

今 O-H 軸と z 軸との角度 θ は結合角 $104.5°$ の半分の $52.25°$ で $45°$ より開いている。p_z 軌道をベクトルと考え，これを OH 方向の p_σ 成分とそれに垂直な p_π 成分に分解すると

$$p_\sigma = p_z \cos\theta, \quad p_\pi = p_z \sin\theta \tag{6-4}$$

である。そして p 軌道が H 原子の方向を向いていたとしたときの重なり積分の値を $S(\mathrm{ps}\sigma)$ とすると p_z 軌道と H 1s 軌道との重なり積分は

$$S(\mathrm{p}_z, 1s) = S(\mathrm{ps}\sigma)\cos\theta \tag{6-5}$$

である。また p_x 軌道と H 1s 軌道との重なり積分は

$$S(\mathrm{p}_x, 1s) = S(\mathrm{ps}\sigma)\sin\theta \tag{6-6}$$

である。そして $\theta = 52.25°$ なので

$$S(\mathrm{p}_z, 1s) = 0.612 \times S(\mathrm{ps}\sigma), \quad S(\mathrm{p}_x, 1s) = 0.791 \times S(\mathrm{ps}\sigma) \tag{6-7}$$

となる。このように重なり積分の大きさを計算することにより，b_1 ブロックでの p_x と H 1s との相互作用の方が a_1 ブロックでの p_z と H 1s との相互作用より強いことがわかる。したがって結合 - 反結合のレベル分裂は b_1 レベルの方が大きくなる。O 2p と H_2MO との相互作用でできる分子軌道レベルの様子は図 6-3 に示すようになる。ここで H_2 分子軌道と相互作用しない O $2p_y$ レベルは b_2 レベルとなる。このような分子軌道は非結合軌道と呼ばれる。次にここまで考慮しなかった O 2s 軌道を含めた分子軌道を考えてみる。O 2s 軌道は a_1 ブロックに属するので O $2p_z$ と ϕ_+ からできた 2 つの a_1 レベルと相互作用する。図 6-4 には O 2s 軌道と 2 つの a_1 軌道との相互作用も含めた分子軌道レベルを示す。この図で a_1^b は結合性，a_1^a は反結合性，a_1^n は

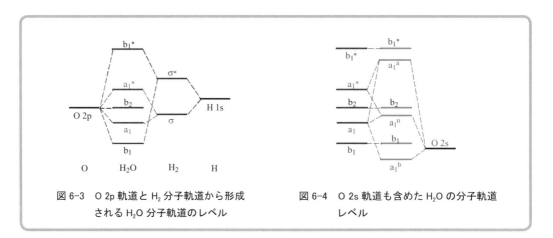

図 6-3　O 2p 軌道と H_2 分子軌道から形成される H_2O 分子軌道のレベル

図 6-4　O 2s 軌道も含めた H_2O の分子軌道レベル

結合性と反結合性の両方を含む軌道である。

以上のようなプロセスで分子軌道が形成されることが理解できる。実際の分子軌道計算のため種々のプログラムが開発され，いろいろな分子の計算に用いられているが，ここでは Discrete Variational Xα (DV-Xα) 法[*1] を用いて計算することにする。

それでは実際に H_2O の分子軌道を DV-Xα 法で計算して見るとどうなるであろうか。図 6-5 は計算の結果得られた分子軌道レベルである。図 6-4 で示した模式的なレベル構造と一致して

[*1] 詳細は付録 6D 参照。

いることがわかる。この図で実線は占有軌道，破線は非占有軌道（空軌道）を示す。

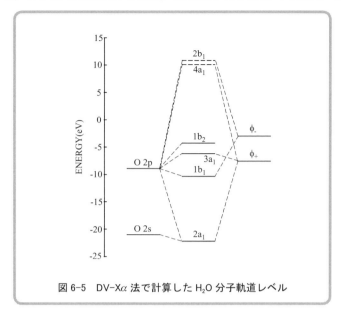

図 6-5　DV-Xα 法で計算した H_2O 分子軌道レベル

　今までの議論では実験から知られている H_2O 分子の構造を用いている。単純にルイス構造からの考察によると結合角が 90° になると考えられる。すなわち O 原子の $2s^2 2p^4$ 配置は例えば $2p_x^2 2p_y^1 2p_z^1$ とし，2 つの H 1s が半分空いている $2p_y$ および $2p_z$ と相互作用して共有結合を作るとすると，結合角は 90° になる。しかし実際の結合角は 104.5° と開いている。その原因の 1 つとして s 軌道と p 軌道の混成があげられる[*1]。今の場合 s 軌道と p 軌道との混成によって波動関数の偏りができ電気的には分極が起こる。図 6-6 は占有軌道の $2a_1, 3a_1, 1b_1, 1b_2$ 軌道の波動関数の等高線プロットを示す。$2a_1$ は主に O 2s と $H_2 \phi_+$ との結合軌道で少量の O $2p_z$ 成分が混入している。$3a_1$ は O $2p_z$ と $H_2 \phi_+$ との結合軌道であるが，O 2s 成分が混入している。そのため

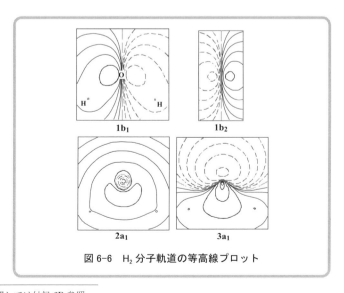

図 6-6　H_2 分子軌道の等高線プロット

---

*1　軌道の混成に関しては付録 6B 参照。

波動関数が O $2p_z$ 軌道より H_2 方向ではやせ細り，その反対側に張り出していることがわかる。そのためこの分子軌道では (O $2p_z$-O 2s) 混成軌道と H 1s 軌道との重なりが O $2p_x$ と H 1s との重なりに比べ減少することになる。$1b_1$ 軌道は O $2p_x$ と $H_2\phi_-$ との結合軌道である。また $1b_2$ は O $2p_y$ 単独の非結合軌道である。図は O 原子と H_2 を含んだ zx 面上での波動関数のプロットであるが，$1b_2$ 軌道はそれに垂直で H_2 を含まない yz 面上のプロットを示した。このように $3a_1$ 軌道では，O $2sp_z$ 混成軌道と H 1s 軌道との重なりが，$1b_1$ 軌道での O $2p_x$ と H 1s との重なりに比べ減少する。仮に結合角が 90°であったとしても $3a_1$ での重なりが $1b_1$ での重なりより小さくなる。その結果結合・反結合軌道の分裂は a_1 ブロックより b_1 ブロックの方が大きくなる。また b_1 ブロックの方が a_1 ブロックより結合が強いので H 原子は x 軸方向に引き付けられ結合角が 90°より大きくなると考えられる。図 6-7 は H_2O 分子の電子密度および差電子密度をプロットしたものである。上の議論からわかるように軌道の混成のため電子密度は H 原子とは逆方向に張り出していることがわかる。このような電子電荷は孤立電子対と考えられているもので，水素結合の要因となる。また H-O 原子間の電子密度の増加は共有結合が形成されていることを示している。

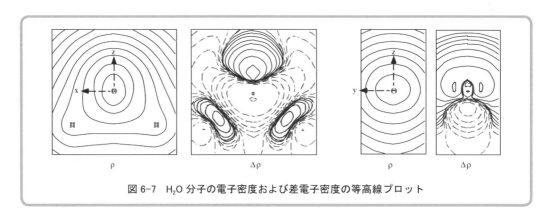

図 6-7　H_2O 分子の電子密度および差電子密度の等高線プロット

表 6-1 はマリケン電子密度解析の結果である。このように O 原子は負のイオン性を H 原子は正のイオン性を示す。H 原子が正のイオン性をもつので 2 つの H 原子は電気的に反発する。これが結合角を広げるもう 1 つの要因になる。また O-H 間の共有結合電荷 Q_{OH} を示したが，上に述べた理由で b_1 ブロックの値の方が a_1 ブロックより大きく共有結合への寄与が大きいことがわかる。

表 6-1　H_2O 分子のマリケン電子密度解析

	O	H
1s	2.000	0.648
2s	1.822	
2p	4.882	
Q_A	8.704	0.648
net	−0.704	+0.352
$Q_{OH}(a_1)$	0.546	
$Q_{OH}(b_1)$	0.697	

6-2 NH₃ と CH₄ 分子の分子軌道

次に H 原子 3 個が N 原子に結合したアンモニア分子 NH₃ の分子軌道について考えてみる。図 6-8 は NH₃ 分子の構造を示す。図のように C_{3v} の対称性をもち正三角形を作る H₃ の真上に

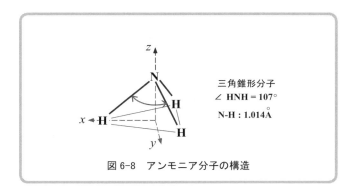

図 6-8 アンモニア分子の構造

N 原子が位置する。この分子の分子軌道は今までの議論と同様に N 原子軌道 χ_N と H₃ 対称軌道 H₃MO との相互作用を考えればよい。すなわち

$$\phi = C_1 \chi_N + C_2 \phi_{H_3MO} \tag{6-8}$$

となる。そのためには仮想的な H₃ 分子を考え 3 つの H 1s 軌道からできる 3 つの対称軌道を作る必要がある。H₃ 対称軌道は次のようにして作ることができる。H₂O 分子軌道を考えたのと同じように H₂ 対称軌道と H 1s 原子軌道との相互作用を考える(図 6-9 参照)。まず 3 つの H 原子が等価であることと H₂ 分子の結合軌道 ϕ_+ との相互作用を考慮すると,最初の対称軌道として

$$\phi_1 = \chi_{H_1} + \phi_+ \longrightarrow \phi_1 = \sqrt{\frac{1}{3}}(\chi_{H_1} + \chi_{H_2} + \chi_{H_3}) \tag{6-9}$$

が得られる。ここで係数 $\sqrt{1/3}$ は H 原子軌道間の重なり積分を 0 と仮定したときの規格化因子である。重なり積分 ($S_{12} = S_{23} = S_{31}$) を考慮すると $\sqrt{1/3(1+2S_{12})}$ である。次に対称軌道 ϕ_2 を

$$\phi_2 = C_1 \chi_{H_1} + C_2 \phi_+$$

と仮定して ϕ_1 と直交するよう C_1, C_2 を決める。すなわち

$$\int \phi_1 \phi_2 d\nu = \int (\chi_{H_1} + \chi_{H_2} + \chi_{H_3})(C_1 \chi_{H_1} + C_2 \chi_{H_2} + C_2 \chi_{H_3}) d\nu$$
$$= (1 + 2S_{12})(C_1 + 2C_2) = 0$$

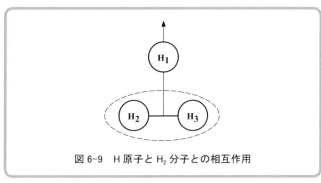

図 6-9 H 原子と H₂ 分子との相互作用

となる。ここで $1+2S_{12} \neq 0$ であるので $C_1+2C_2 = 0$ あるいは $C_1 = -2C_2$ となる。したがって2番目の対称軌道として

$$\phi_2 = \sqrt{\frac{2}{3}}\left(\chi_{H_1} - \frac{1}{2}\chi_{H_2} - \frac{1}{2}\chi_{H_3}\right) \tag{6-10}$$

が得られる。さらに H_2 反結合軌道 ϕ_- との相互作用を考え

$$\phi_3 = C_1\chi_{H_1} + C_2\phi_-$$

とする。これが ϕ_1 と直交することから

$$\int \phi_1\phi_3 d\nu = \int (\chi_{H_1} + \chi_{H_2} + \chi_{H_3})(C_1\chi_{H_1} + C_2\chi_{H_2} - C_2\chi_{H_3}) d\nu$$
$$= C_1(1 + 2S_{12}) = 0$$

である。$1+2S_{12} \neq 0$ なので，$C_1 = 0$ であることがわかる。これから3番目の対称軌道として

$$\phi_3 = \sqrt{\frac{1}{2}}(\chi_{H_2} - \chi_{H_3}) \tag{6-11}$$

が得られる。この軌道 ϕ_3 は H_2 反結合軌道 ϕ_- そのものであり，ϕ_2 とも直交していることがわかる。

これら3つの H_3 MO は同じ対称性の N 原子軌道と相互作用する。それぞれの対称ブロックで

N 2s, 2p$_z$ ⇔ ϕ_1 (a$_1$)

N 2p$_x$ ⇔ ϕ_2 (e$_x$)

N 2p$_y$ ⇔ ϕ_3 (e$_y$)

のように相互作用する。ここで対称ブロック e$_x$ と e$_y$ は後でわかるように縮退しているが，便宜的に添え字 x, y で区別しておく。

NH_3 分子軌道は式 (6-8) のように書けるが，H_2O のところで議論したようにまず N 2p と H_3 対称軌道との相互作用を考えることにする。これらの相互作用でできる分子軌道レベルは図 6-10 に示すようになると考えられる。この図では二重縮退した e ブロックがあり，a$_1$ ブロックの相互作用が e ブロックでの相互作用より小さいことになっている。そのことを理解するためそれぞれのブロックでの重なり積分の大きさを調べてみよう（図 6-11 参照）。まず p 軌道が H 原子の方向を向いていたと仮定し，その重なり積分の大きさを $S(ps\sigma)$ と書くとする（図 (a) 参照）。つぎに z 軸と N-H$_1$ 軸との角度を θ とすると，p$_z$ 軌道と H 1s 軌道との重なり積分は

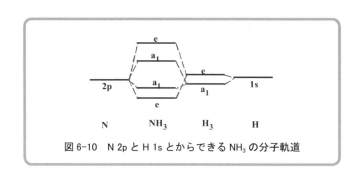

図 6-10 N 2p と H 1s とからできる NH_3 の分子軌道

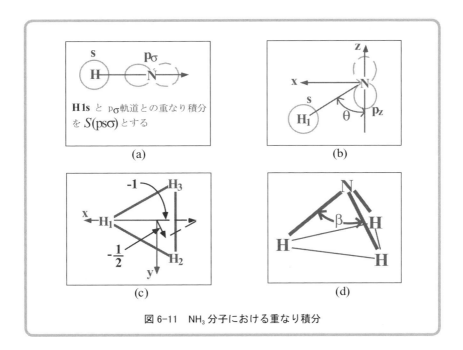

図 6-11 NH$_3$ 分子における重なり積分

$$S_{p_z,H_1} = \int \chi_{p_z} \chi_{H_1} d\nu = S(ps\sigma) \cos \theta \tag{6-12}$$

となる(図(b)参照)。そして3つのH原子はN原子から見て等価な位置にあるので,a_1ブロックでの重なり積分は

$$S_{a_1} = \int \chi_{p_z} \cdot \frac{1}{\sqrt{3}} (\chi_{H_1} + \chi_{H_2} + \chi_{H_3}) d\nu$$

$$= \sqrt{3} S(ps\sigma) \cos \theta \tag{6-13}$$

である。

次に e_x ブロックについて考えてみる。まず p_x 軌道と H 1s との重なり積分は

$$S_{p_x,H_1} = \int \chi_{p_x} \chi_{H_1} d\nu = S(ps\sigma) \sin \theta \tag{6-14}$$

である(図(b)参照)。また p_x 軌道の H$_2$ および H$_3$ 原子方向の成分は $(-1/2)\sin\theta$ なので

$$S_{e_x} = \int \chi_{p_x} \cdot \sqrt{\frac{2}{3}} \left(\chi_{H_1} - \frac{1}{2}\chi_{H_2} - \frac{1}{2}\chi_{H_3} \right) d\nu$$

$$= \sqrt{\frac{2}{3}} \left(1 + \frac{1}{4} + \frac{1}{4} \right) S(ps\sigma) \sin \theta$$

$$= \sqrt{\frac{3}{2}} S(ps\sigma) \sin \theta \tag{6-15}$$

となる(図(c)参照)。同様にして e_y ブロックでの重なり積分は

$$S_{e_y} = \int \chi_{p_y} \cdot \sqrt{\frac{1}{2}} (\chi_{H_2} - \chi_{H_3}) d\nu$$

$$= \sqrt{\frac{3}{2}} S(ps\sigma) \sin \theta \tag{6-16}$$

となる。式 (6-15) と (6-16) とを比較してわかるように e_x ブロックと e_y ブロックでの相互作用は等価である。これらのブロックでの相互作用が等しいことからレベルが縮退することがわかる。

a_1 ブロックと e ブロックでの相互作用は角 θ に依存する。図 6-11(d) に示す結合角 β は上に述べたように 107° である。しかしルイス構造的に N 原子の 3 つの 2p 電子が p_x, p_y, p_z 軌道に入り，それらに H 原子が 1 つずつ結合電子を供給すると仮定すると結合角は 90° になるので，3 つのブロックでの相互作用は等価になる。結合角が 90° の場合，θ は 60° になるので $\sin\theta = (2/3)^{1/2}$, $\cos\theta = (1/3)^{1/2}$ である。したがって式 (6-14), (6-15), (6-16) から a_1 と b_1 での相互作用が等しくなることを確かめることができる。この場合，軌道レベルは三重に縮退することになる。実際の結合角は 107° である。この場合，$\sin\theta = 0.928214$, $\cos\theta = 0.372046$ なので

$$S_{a_1} = 0.644 S(\text{ps}\sigma)$$
$$S_e = 1.137 S(\text{ps}\sigma)$$
(6-17)

である。これから e ブロックでの相互作用が大きくなることがわかる。このようにして図 6-10 に示すレベル構造を確かめることができる。

次に N 2s 軌道も考慮した分子軌道を考える。N 2s 軌道は a_1 ブロックに入るので図 6-12(a) に示すレベル図が得られる。実際に DV-Xα 法で計算した結果を図 (b) に示す。また分子軌道の等高線プロットを図 6-13 に示した。NH_3 分子の場合も $3a_1$ 軌道は $2p_z$ 軌道に 2s 軌道が混成した軌道で形成されている。この混成軌道と H 原子軌道との相互作用は $2p_x$ 軌道と H 原子軌道との相互作用（e ブロック）より弱くなっている。また図には示していないが NH_3 分子の電子密度は N 原子の z 軸上方に広がっている。これが H^+ と結合して NH_4^+ イオンを形成したり，水素結合を形成する要因と考えられる。

次に 4 つの H 原子が配位したメタン分子 CH_4 の分子軌道について考えてみよう。この分子は図 6-14 に示すように 4 つの H 原子が立方体の 1 つおきの角に配位し，C 原子がその中心に位置した正四面体構造をもつ。対称性は点群 T_d で表される。CH_4 の分子軌道は今までのやり方と同様 C 原子軌道と H_4 対称軌道との相互作用でできると考える。すなわち

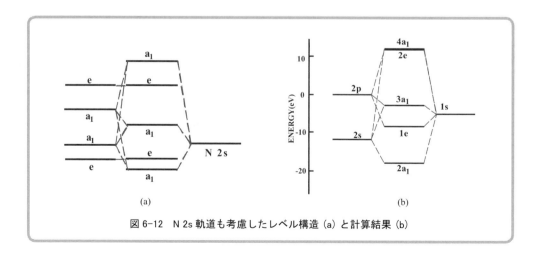

図 6-12　N 2s 軌道も考慮したレベル構造 (a) と計算結果 (b)

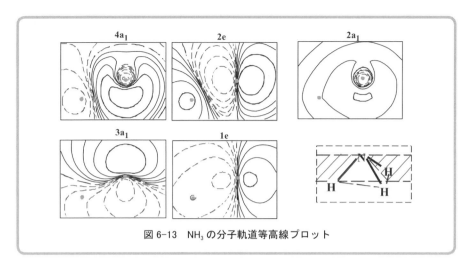

図 6-13　NH$_3$ の分子軌道等高線プロット

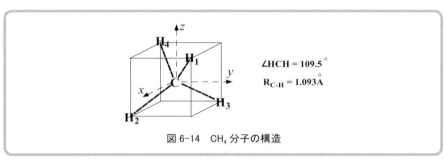

図 6-14　CH$_4$ 分子の構造

$$\phi = C_1\chi_C + C_2\phi_{H_4MO} \tag{6-18}$$

と書ける。そこでまず仮想的な H$_4$ 対称軌道をつくる必要がある。それには上で議論した正三角形 H$_3$ 分子にもう 1 つの H 原子が近づいて正四面体を作ると考える。まず H$_3$ 対称軌道の 1 つの $\phi = \chi_{H_1} + \chi_{H_2} + \chi_{H_3}$ と χ_{H_4} との相互作用で

$$\phi_1 = \frac{1}{2}(\chi_{H_1} + \chi_{H_2} + \chi_{H_3} + \chi_{H_4}) \tag{6-19}$$

が形成される。この軌道は a$_1$ 対称ブロックに属する。次に他の軌道を

$$\phi_i = C_1\chi_{H^1} + C_2\chi_{H^2} + C_3\chi_{H^3} + C_4\chi_{H^4} \tag{6-20}$$

と仮定して ϕ_1 と直交する軌道を作ってみる。

$$\begin{aligned}\int\phi_1\phi_i dv &= \int(\chi_{H_1} + \chi_{H_2} + \chi_{H_3} + \chi_{H_4})(C_1\chi_{H_1} + C_2\chi_{H_2} + C_3\chi_{H_3} + C_4\chi_{H_4})dv \\ &= C_1 + C_2 + C_3 + C_4 + 3S(C_1 + C_2 + C_3 + C_4) \\ &= (1 + 3S)(C_1 + C_2 + C_3 + C_4)\end{aligned}$$

なので $C_1+C_2+C_3+C_4 = 0$ でなければならない。ここで S は隣接原子軌道間の重なり積分である。そこで ϕ_2 として $C_1 = C_2 = -C_3 = -C_4$ とすると

$$\phi_2 = \frac{1}{2}(\chi_{H_1} + \chi_{H_2} - \chi_{H_3} - \chi_{H_4}) \tag{6-21}$$

が得られる。つぎに ϕ_1, ϕ_2 と直交する軌道として

$$\phi_3 = \frac{1}{2}(\chi_{H_1} - \chi_{H_2} + \chi_{H_3} - \chi_{H_4})$$

$$\phi_4 = \frac{1}{2}(\chi_{H_1} - \chi_{H_2} - \chi_{H_3} + \chi_{H_4})$$

(6-22)

が得られる。これらの $\phi_1, \phi_2, \phi_3, \phi_4$ 軌道はすべて互いに直交していることがわかる。また x 軸を y 軸へ $90°$ 回転することで ϕ_2 は ϕ_3 になり，また z 軸へ回転することで ϕ_4 になる。したがってこれらは三重に縮退していることがわかる。そしてこれらは t_2 対称ブロックに属することになる。これらの対称軌道と C 原子軌道とは

C 2s	⇔	ϕ_1	(a_1)
C $2p_x$	⇔	ϕ_2	(t_{2x})
C $2p_y$	⇔	ϕ_3	(t_{2y})
C $2p_z$	⇔	ϕ_4	(t_{2y})

のように相互作用する。この分子のレベル構造は簡単で a_1 ブロックと t_2 ブロックでそれぞれ結合・反結合軌道が形成されることを考えればよい。DV-Xα 法で計算すると，図 6-15 のレベル図が得られる。すなわち a_1 ブロックでは C 2s 軌道と H 1s 軌道との相互作用による分子軌道が形成され，t_2 ブロックでは C 2p と H 1s との相互作用でできる分子軌道が形成される。

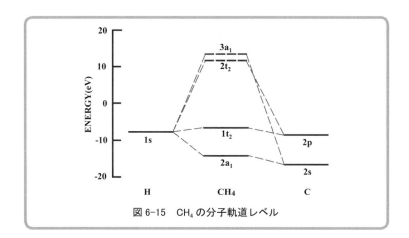

図 6-15 CH$_4$ の分子軌道レベル

また表 6-2 にはマリケンの電子密度解析による CH$_4$ の有効原子軌道占有数（orbital population）と共有結合電荷（overlap population）を示した。

表 6-2 CH$_4$ 分子のマリケン解析結果

	C	H
1s	1.999	0.923
2s	1.178	
2p	3.130	
Q_A	6.308	0.923
net	-0.308	$+0.077$
$Q_{CH}(a_1)$	0.847	
$Q_{CH}(t_2)$	0.758×3	

この分子はC原子を中心にした正四面体構造をもつ。通常C原子の3つのp軌道による結合では説明できないのでsp^3混成軌道でよく説明される。しかし上に述べた分子軌道においては4つのH原子は等価であるが，分子軌道論による説明でよく理解できる。また共有結合電荷の解析から4つの共有結合（a_1ブロックの1つとt_2ブロックの3つの計4）ができることになり，これらが4つのC-H結合に分配されると考えればよい。また図6-15のレベル図からは，sp^3混成軌道から予想される4つの等価なレベルは存在せず，a_1と三重縮退のt_2に分離していると説明される。

ところで物質の軌道レベルは光電子分光などを用いて実験的に調べることができる[*1]。図6-16に実験で得られたH_2O, NH_3, CH_4分子の価電子領域のX線光電子スペクトル（XPS）を示す。この図からCH_4分子ではa_1とt_2レベルに対応した2本のピークが見られ，分子軌道計算

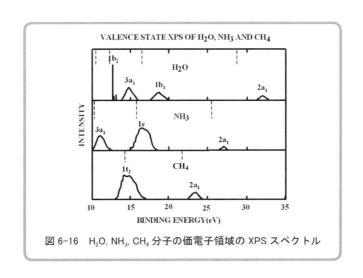

図6-16 H_2O, NH_3, CH_4分子の価電子領域のXPSスペクトル

の結果とよく一致していることがわかる。この分子は対称性の高いT_d群の構造を持っていて，分子軌道レベルは三重縮退したt_2レベルができる。NH_3分子はC_{3v}対称で対称性がすこし低くなるので，CH_4で三重縮退していたt_2軌道がe軌道とa_1軌道に分裂する。さらにH_2O分子ではC_{2v}対称と対称性がさらに低くなり，二重縮退のe軌道がb_1軌道とb_2軌道の2つに分裂していることがわかる。図中の枠の上部に示した点線はDV-Xα法で計算した各分子レベルの結合エネルギーの計算結果である。XPSのピーク位置に比べ，やや高エネルギー側にずれるが，全体的によく一致し，実験結果をよく説明できる。

分子軌道計算の結果は表6-3にもう一度まとめて示した。分子軌道レベルを見ると，これらの変化がよくわかる。表にはXPSには現れない励起レベルのエネルギーも示されている。

[*1] 付録6Cでは種々の電子分光について述べられているので参考にされたい。

表 6-3 H$_2$O, NH$_3$, CH$_4$ 分子の電子密度と軌道レベル

		H$_2$O	NH$_3$	CH$_4$
X	1s	2.000	1.999	1.999
	2s	1.822	1.568	1.178
	2p	4.882	4.142	3.130
H	1s	0.648	0.764	0.923
	Q$_X$	8.704	7.709	6.308
	N$_X$	−0.704	−0.709	−0.308
	N$_H$	+0.352	+0.236	+0.077
	Q$_{XH}$(a$_1$)	0.546	0.693	0.847
	Q$_{XH}$(b$_1$)	0.697		
	Q$_{XH}$(e)		0.714X2	
	Q$_{XH}$(t$_2$)			0.758X3
MO level(eV)		−22.27(2a$_1$)	−17.92(2a$_1$)	−14.21(2a$_1$)
		−10.32(1b$_1$)	−8.31(1e)	
		−6.20(3a$_1$)	−2.77(3a$_1$)	−6.63(1t$_2$)
		−4.25(1b$_2$)		
		10.11(4a$_1$)	11.74(2e)	11.65(2t$_2$)
		10.87(2b$_1$)	11.94(4a$_1$)	13.46(3a$_1$)

6-3 等核2原子分子の化学結合と多重結合

等核2原子分子の分子軌道の概略に関しては5章で述べた。分子軌道レベルは基本的に図5-7に示すようになるが、2s軌道と2p軌道との混成が生じるので(ssσ)や(ppπ)などといった表示は厳密には正しくない。等核2原子分子では反像点があるのでσ_g, σ_u, π_g, π_uのように表される。したがって大雑把には(ssσ)は$2\sigma_g$, (ssσ)*は$2\sigma_u$, (ppσ)は$3\sigma_g$, (ppσ)*は$3\sigma_u$, (ppπ)は$1\pi_u$, (ppπ)*は$1\pi_g$に対応すると考えてよい。図6-17にDV-Xα法で計算したLi$_2$, Be$_2$, B$_2$, C$_2$, N$_2$, O$_2$, F$_2$分子の軌道レベルを示した。この図中には占有軌道に入る電子も丸で示してある。この図から、B$_2$からN$_2$までの分子では$3\sigma_g$と$1\pi_u$とのレベルの逆転が起きていることがわかる。

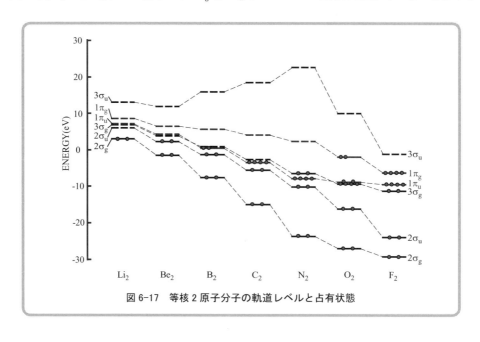

図6-17 等核2原子分子の軌道レベルと占有状態

これは 2s 軌道と 2p 軌道との混成によるものと考えられる。すなわち 2s と 2p との強い混成によって $2\sigma_g$ が下に押し下げられ、$3\sigma_g$ が上に押し上げられた結果である。原子番号が大きくなって 2s と 2p とのレベル間隔が大きくなると混成は小さくなる[*1]。

単純な結合・反結合相互作用の考察から $2\sigma_g, 3\sigma_g, 1\pi_u$ は結合軌道，$2\sigma_u, 3\sigma_u, 1\pi_g$ は反結合軌道と考えられる。結合数（あるいは結合次数）p を結合軌道に入る電子数 n_+ と反結合軌道に入る電子数 n_- との差の 1/2，すなわち $p = (1/2)(n_+ - n_-)$ と定義すると，$Li_2, Be_2, B_2, C_2, N_2, O_2, F_2$ はそれぞれ $p = 1, 0, 1, 2, 3, 2, 1$ となる。すなわち Li_2, B_2, F_2 は単結合，C_2，O_2 は二重結合，N_2 は三重結合となる。また $p = 0$ の Be_2 は安定に存在しない分子である。これらの分子の結合数は当然結合エネルギーと関連する。結合エネルギーの実験値（この場合は解離エネルギーに等しい）と比較すると図 6-18 に示すようによい相関関係が見られる。

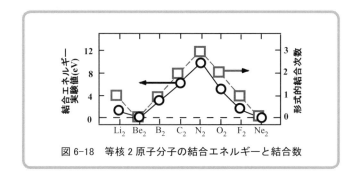

図 6-18 等核 2 原子分子の結合エネルギーと結合数

これらの分子の多重結合に関係する軌道は図 6-19 に示した $3\sigma_g, 1\pi_u, 1\pi_g, 3\sigma_u$ である。そして原子間の結合数の変化は，これらの結合・反結合軌道に電子が占有していく過程で起きるのである。2 原子間，特に C-C 間の結合数の変化はエタン C_2H_6，エチレン C_2H_4，アセチレン C_2H_2 でも起こることがよく知られている。このような変化も等核 2 原子分子における結合数変化と

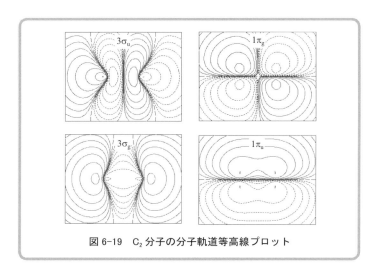

図 6-19 C_2 分子の分子軌道等高線プロット

[*1] 付録 6B を参照。

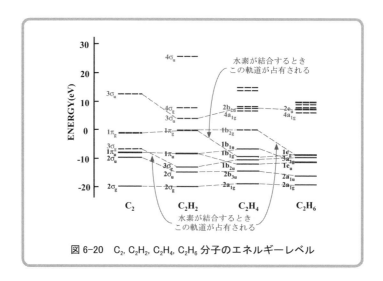

図 6-20　C_2, C_2H_2, C_2H_4, C_2H_6 分子のエネルギーレベル

同様にして説明できる。図 6-20 は C_2 および C_2 に H 原子が添加されてできる C_2H_2, C_2H_4, C_2H_6 の分子軌道レベルとレベルの占有状態を示している。この図から二重結合の C_2 分子に H 原子が添加され C_2H_2 になると H 原子の電子が $3\sigma_g$ 結合軌道に供給され，N_2 分子と同様の三重結合ができることがわかる。さらに H 原子が添加され C_2H_4 になると，今度は反結合軌道 $1\pi_g(1b_{1g})$ が 2 つの電子で占有されることになり，結合数が 1 つ減少するので O_2 分子と同様二重結合になる。さらに C_2H_6 になると $1\pi_g(1e)$ にもう 2 つの電子が占有し，F_2 分子と同様単結合になる。図 6-18 と比較しながら見るとこの変化がよく理解できる。

付　録

6A　原子軌道間の重なり積分の評価

座標変換と変換係数

　原子軌道間の重なり積分を計算するのに対称性を考慮して整理してみよう。原子 A と B があり，A は原点 $(0, 0, 0)$，B は (l, m, n) の方向にあるとする。ここで (l, m, n) は方向余弦とする。原子 A-B を結ぶ分子軸に関する対称性で分類するため図 6A-1 に示すように座標 (X, Y, Z) を (X'', Y'', Z'') に変換する (Euler angle)。

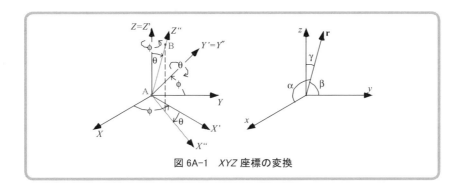

図 6A-1　XYZ 座標の変換

まず z 軸周りに ϕ 回転すると (X, Y, Z) は (X', Y', Z') に次のように変換される。

$$\begin{pmatrix} X' \\ Y' \\ Z' \end{pmatrix} = \begin{pmatrix} \cos\phi & \sin\phi & 0 \\ -\sin\phi & \cos\phi & 0 \\ 0 & 0 & 1 \end{pmatrix} \begin{pmatrix} X \\ Y \\ Z \end{pmatrix} \tag{6A-1}$$

さらに Y' 軸周りに θ 回転すると (X', Y', Z') は (X'', Y'', Z'') に次のように変換される。

$$\begin{pmatrix} X'' \\ Y'' \\ Z'' \end{pmatrix} = \begin{pmatrix} \cos\theta & 0 & -\sin\theta \\ 0 & 1 & 0 \\ \sin\theta & 0 & \cos\theta \end{pmatrix} \begin{pmatrix} X' \\ Y' \\ Z' \end{pmatrix} \tag{6A-2}$$

結局，(X, Y, Z) は (X'', Y'', Z'') に次のように変換される。

$$\begin{pmatrix} X'' \\ Y'' \\ Z'' \end{pmatrix} = \begin{pmatrix} \cos\theta & 0 & -\sin\theta \\ 0 & 1 & 0 \\ \sin\theta & 0 & \cos\theta \end{pmatrix} \begin{pmatrix} \cos\phi & \sin\phi & 0 \\ -\sin\phi & \cos\phi & 0 \\ 0 & 0 & 1 \end{pmatrix} \begin{pmatrix} X \\ Y \\ Z \end{pmatrix}$$

$$= \begin{pmatrix} \cos\phi\,\cos\theta & \sin\phi\,\cos\theta & -\sin\theta \\ -\sin\phi & \cos\phi & 0 \\ \cos\phi\,\sin\theta & \sin\phi\,\sin\theta & \cos\theta \end{pmatrix} \begin{pmatrix} X \\ Y \\ Z \end{pmatrix} \tag{6A-3}$$

ベクトル $\overrightarrow{AB} = \mathbf{r}$ の方向余弦 (l, m, n) は，$\mathbf{r}$ と X, Y, Z 軸との角度をそれぞれ α, β, γ とすると

$$
\left.\begin{array}{l}
l = \sin\theta\cos\phi = \cos\alpha \\
m = \sin\theta\sin\phi = \cos\beta \\
n = \cos\theta = \cos\gamma
\end{array}\right\} \tag{6A-4}
$$

と書け，これ用いると (X, Y, Z) から (X'', Y'', Z'') への変換は

$$
\begin{pmatrix} X'' \\ Y'' \\ Z'' \end{pmatrix} = \begin{pmatrix} \dfrac{ln}{\sqrt{1-n^2}} & \dfrac{mn}{\sqrt{1-n^2}} & -\sqrt{1-n^2} \\ -\dfrac{m}{\sqrt{1-n^2}} & \dfrac{l}{\sqrt{1-n^2}} & 0 \\ l & m & n \end{pmatrix} \begin{pmatrix} X \\ Y \\ Z \end{pmatrix} \tag{6A-5}
$$

のようにも書くことができる。ただし $\cos\theta = \pm 1$ の場合は分母が $1-n^2 = 0$ となるので，この場合は

$$
\begin{pmatrix} X'' \\ Y'' \\ Z'' \end{pmatrix} = \begin{pmatrix} \pm\cos\phi & \pm\sin\phi & 0 \\ -\sin\phi & \cos\phi & 0 \\ 0 & 0 & \pm 1 \end{pmatrix} \begin{pmatrix} X \\ Y \\ Z \end{pmatrix}
$$

であるが（ここで $\pm$ は $\cos\theta = 1$ のときは $+$，$\cos\theta = -1$ のときは $-$ をとる），$\phi = 0$ とおいて

$$
\begin{pmatrix} X'' \\ Y'' \\ Z'' \end{pmatrix} = \begin{pmatrix} n & 0 & 0 \\ 0 & 1 & 0 \\ 0 & 0 & n \end{pmatrix} \begin{pmatrix} X \\ Y \\ Z \end{pmatrix} \tag{6A-7}
$$

とすればよい。

2 次関数の変換は式 (6A-5) を用いると

$$
\begin{pmatrix} X''^2 \\ Y''^2 \\ Z''^2 \\ X''Y'' \\ Y''Z'' \\ Z''X'' \end{pmatrix} = \begin{pmatrix} \dfrac{l^2 n^2}{1-n^2} & \dfrac{m^2 n^2}{(1-n^2)} & 1-n^2 & \dfrac{2lmn^2}{(1-n^2)} & -2mn & -2ln \\ \dfrac{m^2}{(1-n^2)} & \dfrac{l^2}{(1-n^2)} & 0 & -\dfrac{2lm}{1-n^2} & 0 & 0 \\ l^2 & m^2 & n^2 & 2lm & 2mn & 2ln \\ -\dfrac{lmn}{1-n^2} & \dfrac{lmn}{1-n^2} & 0 & \dfrac{n(l^2-m^2)}{1-n^2} & -l & m \\ -\dfrac{lm}{\sqrt{1-n^2}} & \dfrac{lm}{\sqrt{1-n^2}} & 0 & \dfrac{l^2-m^2}{\sqrt{1-n^2}} & \dfrac{ln}{\sqrt{1-n^2}} & -\dfrac{mn}{\sqrt{1-n^2}} \\ \dfrac{l^2 n}{\sqrt{1-n^2}} & \dfrac{m^2 n}{\sqrt{1-n^2}} & n\sqrt{1-n^2} & \dfrac{2lmn}{\sqrt{1-n^2}} & \dfrac{m(2n^2-1)}{\sqrt{1-n^2}} & \dfrac{l(2n^2-1)}{\sqrt{1-n^2}} \end{pmatrix} \begin{pmatrix} X^2 \\ Y^2 \\ Z^2 \\ XY \\ YZ \\ ZX \end{pmatrix}
$$

となるが，これから

$$
\begin{pmatrix} X''^2 - Y''^2 \\ 3Z''^2 - r^2 \\ X''Y'' \\ Y''Z'' \\ Z''X'' \end{pmatrix} = \begin{pmatrix} \dfrac{1}{2}\dfrac{(l^2-m^2)(1+n^2)}{1-n^2} & \dfrac{1}{2}(1-n^2) & \dfrac{2lm(1+n^2)}{1-n^2} & -2mn & 2ln \\ \dfrac{3}{2}(l^2-m^2) & \dfrac{3n^2-1}{2} & 6lm & 6mn & 6ln \\ -\dfrac{lmn}{1-n^2} & 0 & \dfrac{n(l^2-m^2)}{1-n^2} & -l & m \\ -\dfrac{lm}{\sqrt{1-n^2}} & 0 & \dfrac{l^2-m^2}{\sqrt{1-n^2}} & \dfrac{ln}{\sqrt{1-n^2}} & -\dfrac{mn}{\sqrt{1-n^2}} \\ \dfrac{1}{2}\dfrac{n(l^2-m^2)}{\sqrt{1-n^2}} & \dfrac{1}{2}n\sqrt{1-n^2} & \dfrac{2lmn}{\sqrt{1-n^2}} & \dfrac{m(2n^2-1)}{\sqrt{1-n^2}} & \dfrac{l(2n^2-1)}{\sqrt{1-n^2}} \end{pmatrix} \begin{pmatrix} X^2 - Y^2 \\ 3Z^2 - r^2 \\ XY \\ YZ \\ ZX \end{pmatrix}
$$

が得られる。

原子軌道の角度成分は実数型の球面調和関数で表すことができるが，これらを表 6A-1 に示

表 6A-1　実数型球面調和関数

$y_{00} = \sqrt{\frac{1}{4\pi}}$	$y_{22} = \sqrt{\frac{15}{16\pi}}\frac{x^2-y^2}{r^2}$	$y_{33} = -\sqrt{\frac{35}{32\pi}}\frac{x(x^2-3y^2)}{r^3}$
	$y_{21} = -\sqrt{\frac{15}{4\pi}}\frac{xz}{r^2}$	$y_{32} = \sqrt{\frac{105}{16\pi}}\frac{z(x^2-y^2)}{r^3}$
$y_{11} = -\sqrt{\frac{3}{4\pi}}\frac{x}{r}$	$y_{20} = \sqrt{\frac{5}{16\pi}}\frac{3z^2-r^2}{r^2}$	$y_{31} = -\sqrt{\frac{21}{32\pi}}\frac{x(5z^2-r^2)}{r^3}$
$y_{10} = \sqrt{\frac{3}{4\pi}}\frac{z}{r}$	$y_{2-1} = -\sqrt{\frac{15}{4\pi}}\frac{yz}{r^2}$	$y_{30} = \sqrt{\frac{7}{16\pi}}\frac{z(5z^2-3r^2)}{r^3}$
$y_{1-1} = -\sqrt{\frac{3}{4\pi}}\frac{y}{r}$	$y_{2-2} = \sqrt{\frac{15}{4\pi}}\frac{xy}{r^2}$	$y_{3 1} = -\sqrt{\frac{21}{32\pi}}\frac{y(5z^2-r^2)}{r^3}$
		$y_{3-2} = \sqrt{\frac{105}{4\pi}}\frac{xyz}{r^3}$
		$y_{3-3} = -\sqrt{\frac{35}{32\pi}}\frac{y(3x^2-y^2)}{r^3}$

- -

す. (X, Y, Z) を (X'', Y'', Z'') に変換するとこれらの球面調和関数は

$$y_{LM}(X, Y, Z) = \sum_{M'} D_{LM'}^{M}(l, m, n) y_{LM'}(X'', Y'', Z'') \tag{6A-8}$$

のように変換される. ここで $M' = 0$ は σ 軌道 $= \pm 1$ は π 軌道などとなり, 対称性による分類ができる. また変換係数 $D_{lm'}^{m}$ は表 6A-2 で与えられる.

表 6A-2　変換係数 $D_{LM'}^{M}(l,m,n)$

L=0

M\M'	0
0	1

L=1

M\M'	1	0	-1
1	$\frac{ln}{\sqrt{1-n^2}}$	$-l$	$\frac{-m}{\sqrt{1-n^2}}$
0	$\sqrt{1-n^2}$	n	0
-1	$\frac{mn}{\sqrt{1-n^2}}$	$-m$	$\frac{l}{\sqrt{1-n^2}}$

L=2

M\M'	2	1	0	-1	-2
2	$\frac{(l^2-m^2)(1+n^2)}{2(1-n^2)}$	$\frac{-n(l^2-m^2)}{\sqrt{1-n^2}}$	$\frac{\sqrt{3}(l^2-m^2)}{2}$	$\frac{2lm}{\sqrt{1-n^2}}$	$\frac{-2lmn}{(1-n^2)}$
1	ln	$\frac{l(2n^2-1)}{\sqrt{1-n^2}}$	$-\sqrt{3}ln$	$\frac{-mn}{\sqrt{1-n^2}}$	$-m$
0	$\frac{\sqrt{3}(1-n^2)}{2}$	$\sqrt{3}n\sqrt{1-n^2}$	$\frac{(3n^2-1)}{2}$	0	0
-1	mn	$\frac{m(2n^2-1)}{\sqrt{1-n^2}}$	$-\sqrt{3}mn$	$\frac{ln}{\sqrt{1-n^2}}$	l
-2	$\frac{lm(1+n^2)}{(1-n^2)}$	$\frac{-2lmn}{\sqrt{1-n^2}}$	$\sqrt{3}lm$	$\frac{-(l^2-m^2)}{\sqrt{1-n^2}}$	$\frac{n(l^2-m^2)}{(1-n^2)}$

L=3

M\M'	3	2	1	0	-1	-2	-3
3	$\frac{ln(l^2-3m^2)(3+n^2)}{4(1-n^2)\sqrt{1-n^2}}$	$-\sqrt{\frac{3}{8}}\frac{l(l^2-3m^2)(1+n^2)}{\sqrt{1-n^2}}$	$\frac{\sqrt{15}\,ln(l^2-3m^2)}{4\sqrt{1-n^2}}$	$-\sqrt{\frac{5}{8}}l(l^2-3m^2)$	$\frac{-\sqrt{15}\,m(3l^2-m^2)}{4}$	$-\sqrt{\frac{3}{2}}\frac{mn(3l^2-m^2)}{\sqrt{1-n^2}}$	$\frac{-m(3l^2-m^2)(1+3n^2)}{4(1-n^2)\sqrt{1-n^2}}$
2	$\frac{\sqrt{6}(l^2-m^2)(1+n^2)}{4\sqrt{1-n^2}}$	$\frac{-n(l^2-m^2)(1-3n^2)}{2(1-n^2)}$	$\frac{\sqrt{10}(l^2-m^2)(1-3n^2)}{4\sqrt{1-n^2}}$	$\frac{\sqrt{15}\,n(l^2-m^2)}{2}$	$\frac{\sqrt{10}\,lmn}{\sqrt{1-n^2}}$	$\frac{2lm(1-2n^2)}{(1-n^2)}$	$-\frac{\sqrt{6}\,lmn}{\sqrt{1-n^2}}$
1	$\frac{\sqrt{15}\,ln\sqrt{1-n^2}}{4}$	$-\sqrt{\frac{5}{8}}l(1-3n^2)$	$\frac{-ln(11-15n^2)}{4\sqrt{1-n^2}}$	$\sqrt{\frac{3}{8}}l(1-5n^2)$	$\frac{m(1-5n^2)}{4\sqrt{1-n^2}}$	$-\sqrt{\frac{5}{2}}mn$	$-\frac{\sqrt{15}\,m\sqrt{1-n^2}}{4}$
0	$\sqrt{\frac{5}{8}}(1-n^2)\sqrt{1-n^2}$	$\frac{\sqrt{15}\,n(1-n^2)}{2}$	$-\sqrt{\frac{3}{8}}(1-5n^2)\sqrt{1-n^2}$	$\frac{-n(3-5n^2)}{2}$	0	0	0
-1	$\frac{\sqrt{15}\,mn\sqrt{1-n^2}}{4}$	$-\sqrt{\frac{5}{8}}m(1-3n^2)$	$\frac{-mn(11-15n^2)}{4\sqrt{1-n^2}}$	$\sqrt{\frac{3}{8}}m(1-5n^2)$	$\frac{-l(1-5n^2)}{4\sqrt{1-n^2}}$	$\sqrt{\frac{5}{2}}ln$	$\frac{\sqrt{15}\,l\sqrt{1-n^2}}{4}$
-2	$\sqrt{\frac{3}{2}}\frac{lm(1+n^2)}{\sqrt{1-n^2}}$	$\frac{-lmn(1-3n^2)}{(1-n^2)}$	$\sqrt{\frac{5}{2}}\frac{lm(1-3n^2)}{\sqrt{1-n^2}}$	$\sqrt{15}\,lmn$	$-\sqrt{\frac{5}{2}}\frac{n(l^2-m^2)}{\sqrt{1-n^2}}$	$\frac{-(l^2-m^2)(1-2n^2)}{(1-n^2)}$	$\sqrt{\frac{3}{2}}\frac{n(l^2-m^2)}{\sqrt{1-n^2}}$
-3	$\frac{mn(3l^2-m^2)(3+n^2)}{4(1+n^2)\sqrt{1-n^2}}$	$-\sqrt{\frac{3}{8}}\frac{m(3l^2-m^2)(1+n^2)}{(1-n^2)}$	$\frac{\sqrt{15}\,mn(3l^2-m^2)}{4\sqrt{1-n^2}}$	$-\sqrt{\frac{5}{8}}m(3l^2-m^2)$	$\frac{\sqrt{15}\,l(l^2-3m^2)}{4\sqrt{1-n^2}}$	$-\sqrt{\frac{3}{2}}\frac{ln(l^2-3m^2)}{(1-n^2)}$	$\frac{l(l^2-3m^2)(1+3n^2)}{4(1+n^2)\sqrt{1-n^2}}$

つぎに原子 A および B の原子軌道を χ_A, χ_B とすると重なり積分は

$$S_{AB} = \int \chi_A \chi_B \, dv \tag{6A-9}$$

である. ここで原子軌道 χ_A は

$$\chi_A(r_A, \theta_A, \phi_A) = R_{n_A l_A}(r_A) y_{l_A m_A}(\theta_A, \phi_A)$$
$$= R_{n_A l_A}(r_A) \Theta_{l_A m_A}(\theta_A) \Phi_{m_A}(\phi_A) \tag{6A-10}$$

と書ける。

また (X, Y, Z) を (X'', Y'', Z'') に変換すると重なり積分 S_{AB} は

$$S_{AB} = D_{l_A 0}^{m_A} D_{l_B 0}^{m_B} S(n_A l_A, n_B l_B; \sigma)$$
$$+ (D_{l_A 1}^{m_A} D_{l_B 1}^{m_B} + D_{l_A -1}^{m_A} D_{l_B -1}^{m_B}) S(n_A l_A, n_B l_B; \pi)$$
$$+ (D_{l_A 2}^{m_A} D_{l_B 2}^{m_B} + D_{l_A -2}^{m_A} D_{l_B -2}^{m_B}) S(n_A l_A, n_B l_B; \delta)$$
$$+ \cdots\cdots \tag{6A-11}$$

と書ける。ここで $S(n_A l_A, n_B l_B; \sigma), S(n_A l_A, n_B l_B; \pi)$ は σ 型，π 型軌道間の重なり積分で

$$S_{AB}(n_A l_A, n_A l_A; \sigma) = 2\pi \int_0^\infty R_{n_A l_A}(r_A) R_{n_B l_B}(r_B) r_A^2 dr_A$$
$$\times \int_0^\pi \Theta_{l_A 0}(\theta_A'') \Theta_{l_B 0}(\theta_B'') \sin \theta_A'' d\theta_A'' \tag{6A-12}$$

$$S_{AB}(n_A l_A, n_A l_A; \pi) = \pi \int_0^\infty R_{n_A l_A}(r_A) R_{n_B l_B}(r_B) r_A^2 dr_A$$
$$\times \int_0^\pi \Theta_{l_A 1}(\theta_A'') \Theta_{l_B 1}(\theta_B'') \sin \theta_A'' d\theta_A'' \tag{6A-13}$$

である。

実際の分子軌道計算では，対称軌道（付録 5A を参照）を用いることが多い。対称軌道を

$$\varphi_L = \sum_i W_i^L \chi_i$$

とすると，対称軌道間の重なり積分は

$$S_{LM} = \int \varphi_L \varphi_M \, dv = \int \sum_i W_i^L \chi_i \sum_j W_j^M \chi_j \, dv$$
$$= \sum_i \sum_j W_i^L W_j^M \int \chi_i \chi_j \, dv = \sum_i \sum_j W_i^L W_j^M S_{ij}$$

と表される。S_{LM} を計算するプログラム"OIA (overlap integral analysis)" が計算実習 VIA に用意されている。このプログラムを用いて対称軌道間の重なり積分を実際に計算して解析することができる。

H$_2$O および NH$_3$ 分子の重なり積分

図 6A-2 のように H$_2$O 分子の座標は O$(0, 0, 0)$，H$_1(l, 0, n)$，H$_2(-l, 0, n)$ とする。H 原子は 1s 軌道のみを考慮すればよいので，式 (6A-11) の重なり積分は

$$S_{AB} = D_{l_A 0}^{m_A} D_{00}^0 S(n_A l_A, 1s; \sigma) \tag{6A-14}$$

と簡単になる。相互作用は O2s, 2p$_z$ と $\phi_+ = \sqrt{1/2}\,(\chi_{H_1} + \chi_{H_2})$，O 2p$_x$ と $\phi_- = \sqrt{1/2}\,(\chi_{H_1} - \chi_{H_2})$ である。

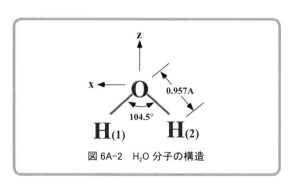

図 6A-2　H$_2$O 分子の構造

まず O 2s と ϕ_+ では，$l_A = 0, m_A = 0$ なので

$$S_{O2s\phi_+} = \sqrt{2}\, S(s, s; \sigma) \tag{6A-15}$$

となる。O 2p_z と ϕ_+ との相互作用は $l_A = 1, m_A = 0$ であり，(l, m, n) は H_1 では $(a, 0, c)$，H_2 では $(-a, 0, c)$ である。ここで $a = \sin\theta$, $c = \cos\theta$, $\theta = 104.5°/2$ である。重なり積分は

$$S_{O2p_z\phi_+} = \frac{1}{\sqrt{2}}(c + c)S(p, s; \sigma) = \sqrt{2}\, S(p, s; \sigma)\cos\theta \tag{6A-16}$$

である。また O 2p_x と ϕ_- との相互作用は $l_A = 1, m_A = 1$ であり，重なり積分は

$$S_{O2p_x\phi_-} = \frac{1}{\sqrt{2}}\{-a-(+a)\}S(p, s; \sigma) = -\sqrt{2}\,S(p, s; \sigma)\sin\theta \tag{6A-17}$$

となる。

　H_2O 分子では，結合角が 90° と仮定すると $\sin\theta = \cos\theta$ となり，O 2p_z と ϕ_+ との重なり積分が O 2p_x と ϕ_- との重なり積分と大きさが等しくなる。また結合角が 104.5° とすると $\sin\theta = 0.79069$, $\cos\theta = 0.61222$ となり O 2p_x と ϕ_- との相互作用が O 2p_z と ϕ_+ との相互作用より強くなることがわかる。6章ではベクトルを用いた説明で，同様の結果が得られている。

　つぎに NH_3 分子を取り上げる。構造を図 6A-3 に示すが，原子の座標は N 原子が $(0, 0, 0)$，$H_1(a, 0, c)$，$H_2(-a/2, b, c)$，$H_3(-a/2, -b, c)$ とする。ここで $b = \sqrt{3}\,a/2$ である。相互作用は N 2s, 2p_z と $\phi_1 = \sqrt{1/3}\,(\chi_{H_1}+\chi_{H_2}+\chi_{H_3})$，N 2$p_x$ と $\phi_2 = \sqrt{2/3}\,\{\chi_{H_1}-(1/2)\chi_{H_2}-(1/2)\chi_{H_3}\}$，N 2$p_y$ と $\phi_3 = \sqrt{1/2}\,(\chi_{H_2}-\chi_{H_3})$ である。まず N 2s と ϕ_1 では，$l_A = 0, m_A = 0$ なので

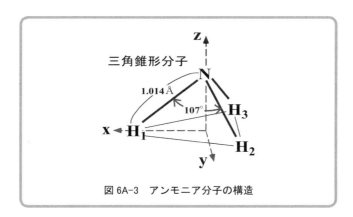

図 6A-3　アンモニア分子の構造

$$S_{N2s\phi_1} = \sqrt{3}\,S(s, s; \sigma) \tag{6A-18}$$

となる。N 2p_z と ϕ_1 との相互作用は $l_A = 1, m_A = 0$ であり，(l, m, n) は H_1 では $(a, 0, c)$，H_2 では $(-a/2, b, c)$，H_3 では $(-a/2, -b, c)$ である。ここで $a = \{2/\sqrt{3}\}\sin(\alpha/2)$, $b = \sin(\alpha/2)$, $c = \sqrt{(1-a^2)}$，また α は ∠NHN 結合角の 107° である。重なり積分は

$$S_{N2p_xH_1} = D_{10}^1 D_{00}^0\, S(p, s; \sigma) = -lS(p, s; \sigma) \tag{6A-19}$$

$$S_{N2p_zH_1} = D_{10}^0 D_{00}^0\, S(p, s; \sigma) = nS(p, s; \sigma) \tag{6A-20}$$

$$S_{N2p_yH_1} = D_{10}^{-1} D_{00}^0\, S(p, s; \sigma) = -mS(p, s; \sigma) \tag{6A-21}$$

なので

$$S_{N2p_x\phi_2} = \sqrt{\frac{2}{3}}\left\{(-a) - \frac{1}{2}\left(\frac{a}{2}\right) - \frac{1}{2}\left(\frac{a}{2}\right)\right\} S(p,s;\sigma) = -\sqrt{\frac{3}{2}} a S(p,s;\sigma) \tag{6A-22}$$

$$S_{N2p_x\phi_1} = \frac{1}{\sqrt{3}}(c + c + c)\ S(p,s;\sigma) = \sqrt{3}\,c\,S(p,s;\sigma) \tag{6A-23}$$

$$S_{N2p_y\phi_3} = \frac{1}{\sqrt{2}}\{-b-(b)\} S(p,s;\sigma) = -\sqrt{\frac{3}{2}} a S(p,s;\sigma) \tag{6A-24}$$

である。したがって $S_{N2p_x\phi_2} = S_{N2p_y\phi_3}$ からこれらが縮退した分子軌道を作ることがわかる。

もし結合角 α が 90° と仮定すると,$a = \sqrt{2/3}$ であり,$c = \sqrt{1/3}$ なので上の 3 つの重なり積分がすべて等しくなる。また実際には $\alpha = 107°$ なので,$S_{N2p_x\phi_2} = S_{N2p_y\phi_3} = -1.1368\,S(ps\sigma)$,$S_{N2p_x\phi_1} = 0.6444\,S(ps\sigma)$ となる。6 章,式 (6-17) と同じ結果が得られる。

正四面体型遷移金属錯体での重なり積分

正四面体場における遷移金属イオンの d 軌道と配位子の s,p 軌道との相互作用を調べてみよう。4 つの配位子の座標の方向余弦は $L^{(1)}(u,u,u)$, $L^{(2)}(u,-u,-u)$, $L^{(3)}(-u,u,-u)$, $L^{(4)}(-u,-u,u)$ とする。ここで $u = \sqrt{1/3}$ である。配位子 L が s および p 軌道電子をもつ C,N,O などの原子と考える。遷移金属イオン M の 5 つの d 軌道と相互作用する L_4 対称軌道を次の表 6A-3 に示す(8 章の表 8-1 参照)。

表 6A-3 M d 軌道と相互作用する配位子 L_4 対称軌道

対称ブロック	Md軌道	L_4 対称軌道
e(1)	$d_{x^2-y^2}$	$(1/2\sqrt{2})\{(-\chi_{p_x} + \chi_{p_y})^{(1)} + (-\chi_{p_x} - \chi_{p_y})^{(2)} + (\chi_{p_x} + \chi_{p_y})^{(3)} + (\chi_{p_x} - \chi_{p_y})^{(4)}\}$
e(2)	$d_{3z^2-r^2}$	$(1/2\sqrt{6})\{(\chi_{p_x} + \chi_{p_y} + 2\chi_{p_z})^{(1)} + (\chi_{p_x} - \chi_{p_y} - 2\chi_{p_z})^{(2)} + (-\chi_{p_x} + \chi_{p_y} - 2\chi_{p_z})^{(3)} + (-\chi_{p_x} - \chi_{p_y} + 2\chi_{p_z})^{(4)}\}$
$t_2(x)$	d_{yz}	$(1/2)\{\chi_s^{(1)} + \chi_s^{(2)} - \chi_s^{(3)} - \chi_s^{(4)}\}$ $(1/2)\{\chi_{p_x}^{(1)} + \chi_{p_x}^{(2)} + \chi_{p_x}^{(3)} + \chi_{p_x}^{(4)}\}$ $(1/2\sqrt{2})\{(\chi_{p_y} - \chi_{p_z})^{(1)} + (-\chi_{p_y} + \chi_{p_z})^{(2)} + (-\chi_{p_y} - \chi_{p_z})^{(3)} + (\chi_{p_y} + \chi_{p_z})^{(4)}\}$
$t_2(y)$	d_{zx}	$(1/2)\{\chi_s^{(1)} - \chi_s^{(2)} + \chi_s^{(3)} - \chi_s^{(4)}\}$ $(1/2)\{\chi_{p_y}^{(1)} + \chi_{p_y}^{(2)} + \chi_y^{(3)} + \chi_{p_y}^{(4)}\}$ $(1/2\sqrt{2})\{(\chi_{p_x} - \chi_{p_z})^{(1)} + (-\chi_{p_x} - \chi_{p_z})^{(2)} + (-\chi_{p_x} + \chi_{p_z})^{(3)} + (\chi_{p_x} + \chi_{p_z})^{(4)}\}$
$t_2(z)$	$-d_{xy}$	$(1/2)\{\chi_s^{(1)} - \chi_s^{(2)} - \chi_s^{(3)} + \chi_s^{(4)}\}$ $(1/2)\{-\chi_{p_z}^{(1)} - \chi_{p_z}^{(2)} - \chi_{p_z}^{(3)} - \chi_{p_z}^{(4)}\}$ $(1/2\sqrt{2})\{(\chi_{p_x} + \chi_{p_y})^{(1)} + (-\chi_{p_x} + \chi_{p_y})^{(2)} + (\chi_{p_x} - \chi_{p_y})^{(3)} + (-\chi_{p_x} - \chi_{p_y})^{(4)}\}$

この表から M d 軌道と相互作用する s 軌道からなる L_4 対称軌道は e ブロックにはなく t_2 ブロックの

$$d_{yz} \Leftrightarrow (1/2)\{\chi_s^{(1)} + \chi_s^{(2)} - \chi_s^{(3)} - \chi_s^{(4)}\}$$

$$d_{zx} \Leftrightarrow (1/2)\{\chi_s^{(1)} - \chi_s^{(2)} + \chi_s^{(3)} - \chi_s^{(4)}\}$$

$$d_{xy} \Leftrightarrow (1/2)\{\chi_s^{(1)} - \chi_s^{(2)} - \chi_s^{(3)} + \chi_s^{(4)}\}$$

であることがわかる。また各原子の s 軌道と M d 軌道との重なり積分は式 (6A-11) から

$$y_{22}: S_{AB} = D_{20}^2 D_{00}^0 \, S(d, s; \sigma) = \frac{\sqrt{3}(l^2 - m^2)}{2} S(d, s; \sigma)$$

$$y_{21}: S_{AB} = D_{20}^1 D_{00}^0 \, S(d, s; \sigma) = -\sqrt{3}\, ln S(d, s; \sigma)$$

$$y_{20}: S_{AB} = D_{20}^0 D_{00}^0 \, S(d, s; \sigma) = \frac{3n^2 - 1}{2} S(d, s; \sigma)$$

$$y_{2-1}: S_{AB} = D_{20}^{-1} D_{00}^0 \, S(d, s; \sigma) = -\sqrt{3}\, mn S(d, s; \sigma)$$

$$y_{2-2}: S_{AB} = D_{20}^{-2} D_{00}^0 \, S(d, s; \sigma) = \sqrt{3}\, lm S(d, s; \sigma)$$

となる。配位子 L の方向余弦から y_{22} および y_{20} との重なり積分は 0 になることがわかる。その他の d 軌道との重なり積分は次の表 6A-4 のようになる。

表 6A-4　$D_{20}{}^M$ の値

$(l\ m\ n)$	$D_{20}^1 = -\sqrt{3}\,ln$	$D_{20}^{-1} = -\sqrt{3}\,mn$	$D_{20}^{-2} = \sqrt{3}\,ln$
L_1 $(\sqrt{3}\ \sqrt{3}\ \sqrt{3})$	$-\sqrt{3}$	$-\sqrt{3}$	$\sqrt{3}$
L_2 $(\sqrt{3}\ -\sqrt{3}\ -\sqrt{3})$	$\sqrt{3}$	$-\sqrt{3}$	$-\sqrt{3}$
L_3 $(-\sqrt{3}\ \sqrt{3}\ -\sqrt{3})$	$-\sqrt{3}$	$\sqrt{3}$	$-\sqrt{3}$
L_4 $(-\sqrt{3}\ -\sqrt{3}\ \sqrt{3})$	$\sqrt{3}$	$\sqrt{3}$	$\sqrt{3}$

また s 軌道からできる L_4 対称軌道を考えると重なり積分は

$$y_{21}: S_{AB} = \frac{1}{2}\left[\left(-\frac{1}{\sqrt{3}}\right) - \left(\frac{1}{\sqrt{3}}\right) + \left(-\frac{1}{\sqrt{3}}\right) - \left(\frac{1}{\sqrt{3}}\right)\right] S(d, s; \sigma) = -\frac{2}{\sqrt{3}} S(d, s; \sigma)$$

$$y_{2-1}: S_{AB} = \frac{1}{2}\left[\left(-\frac{1}{\sqrt{3}}\right) + \left(-\frac{1}{\sqrt{3}}\right) - \left(\frac{1}{\sqrt{3}}\right) - \left(\frac{1}{\sqrt{3}}\right)\right] S(d, s; \sigma) = -\frac{2}{\sqrt{3}} S(d, s; \sigma)$$

$$y_{2-2}: S_{AB} = -\frac{1}{2}\left[\left(\frac{1}{\sqrt{3}}\right) - \left(-\frac{1}{\sqrt{3}}\right) - \left(-\frac{1}{\sqrt{3}}\right) + \left(\frac{1}{\sqrt{3}}\right)\right] S(d, s; \sigma) = -\frac{2}{\sqrt{3}} S(d, s; \sigma)$$

となり，S_{AB} の大きさが等しくこれらが縮退していることが分かる。このことから配位子との相互作用は y_{21}, y_{2-1}, y_{2-2} の t_2 軌道のみが存在するので軌道レベルとしては e が下で t_2 が上に来ることがわかる。

次に配位子の p 軌道からできる L_4 対称軌道との重なり積分について調べてみる。表 6A-3 から

$$d_{x^2-y^2} \Leftrightarrow \frac{1}{2\sqrt{3}}\{(-\chi_{p_x} + \chi_{p_y})^{(1)} + (-\chi_{p_x} - \chi_{p_y})^{(2)} + (\chi_{p_x} + \chi_{p_y})^{(3)} + (\chi_{p_x} - \chi_{p_y})^{(4)}\}$$

$$d_{3x^2-r^2} \Leftrightarrow \frac{1}{2\sqrt{6}}\{(\chi_{p_x} + \chi_{p_y} + 2\chi_{p_z})^{(1)} + (\chi_{p_x} - \chi_{p_y} - 2\chi_{p_z})^{(2)}$$

$$+ \left(-\chi_{p_x} + \chi_{p_y} - 2\chi_{p_z}\right)^{(3)} + \left(-\chi_{p_x} - \chi_{p_y} + 2\chi_{p_z}\right)^{(4)}\}$$

$$d_{yz} \Leftrightarrow \frac{1}{2}\{\chi_{p_x}^{(1)} + \chi_{p_x}^{(2)} + \chi_{p_x}^{(3)} + \chi_{p_x}^{(4)}\}$$

$$\frac{1}{2\sqrt{2}}\{(\chi_{p_y} - \chi_{p_z})^{(1)} + (-\chi_{p_y} + \chi_{p_z})^{(2)} + (-\chi_{p_y} - \chi_{p_z})^{(3)} + (\chi_{p_y} + \chi_{p_z})^{(4)}\}$$

$$d_{zx} \Leftrightarrow \frac{1}{2}\{\chi_{p_y}^{(1)} + \chi_{p_y}^{(2)} + \chi_{p_y}^{(3)} + \chi_{p_y}^{(4)}\}$$

$$\frac{1}{2\sqrt{2}}\{(\chi_{p_x} - \chi_{p_z})^{(1)} + (-\chi_{p_x} - \chi_{p_z})^{(2)} + (-\chi_{p_x} + \chi_{p_z})^{(3)} + (\chi_{p_x} + \chi_{p_z})^{(4)}\}$$

$$-d_{xy} \Leftrightarrow \frac{1}{2}\{-\chi_{p_z}^{(1)} - \chi_{p_z}^{(2)} - \chi_{p_z}^{(3)} - \chi_{p_z}^{(4)}\}$$

$$\frac{1}{2\sqrt{2}}\{(\chi_{p_x} + \chi_{p_y})^{(1)} + (-\chi_{p_x} + \chi_{p_y})^{(2)} + (\chi_{p_x} - \chi_{p_y})^{(3)} + (-\chi_{p_x} - \chi_{p_y})^{(4)}\}$$

である。式 (6A-11) から重なり積分は $A = y_{22}$ のとき

$$B = y_{11}: S_{AB} = D_{20}^2 D_{10}^1 S(dp\sigma) + (D_{21}^2 D_{11}^1 + D_{2-1}^2 D_{1-1}^1) S(dp\pi)$$
$$B = y_{10}: S_{AB} = D_{20}^2 D_{10}^0 S(dp\sigma) + (D_{21}^2 D_{11}^0 + D_{2-1}^2 D_{1-1}^0) S(dp\pi)$$
$$B = y_{1-1}: S_{AB} = D_{20}^2 D_{10}^{-1} S(dp\sigma) + (D_{21}^2 D_{11}^{-1} + D_{2-1}^2 D_{1-1}^{-1}) S(dp\pi)$$

$A = y_{21}$ のときは

$$B = y_{11}: S_{AB} = D_{20}^1 D_{10}^1 S(dp\sigma) + (D_{21}^1 D_{11}^1 + D_{2-1}^1 D_{1-1}^1) S(dp\pi)$$
$$B = y_{10}: S_{AB} = D_{20}^1 D_{10}^0 S(dp\sigma) + (D_{21}^1 D_{11}^0 + D_{2-1}^1 D_{1-1}^0) S(dp\pi)$$
$$B = y_{1-1}: S_{AB} = D_{20}^1 D_{10}^{-1} S(dp\sigma) + (D_{21}^1 D_{11}^{-1} + D_{2-1}^1 D_{1-1}^{-1}) S(dp\pi)$$

$A = y_{20}$ のときは

$$B = y_{11}: S_{AB} = D_{20}^0 D_{10}^1 S(dp\sigma) + (D_{21}^0 D_{11}^1 + D_{2-1}^0 D_{1-1}^1) S(dp\pi)$$
$$B = y_{10}: S_{AB} = D_{20}^0 D_{10}^0 S(dp\sigma) + (D_{21}^0 D_{11}^0 + D_{2-1}^0 D_{1-1}^0) S(dp\pi)$$
$$B = y_{1-1}: S_{AB} = D_{20}^0 D_{10}^{-1} S(dp\sigma) + (D_{21}^0 D_{11}^{-1} + D_{2-1}^0 D_{1-1}^{-1}) S(dp\pi)$$

$A = y_{2-1}$ のときは

$$B = y_{11}: S_{AB} = D_{20}^{-1} D_{10}^1 S(dp\sigma) + (D_{21}^{-1} D_{11}^1 + D_{2-1}^{-1} D_{1-1}^1) S(dp\pi)$$
$$B = y_{10}: S_{AB} = D_{20}^{-1} D_{10}^0 S(dp\sigma) + (D_{21}^{-1} D_{11}^0 + D_{2-1}^{-1} D_{1-1}^0) S(dp\pi)$$
$$B = y_{1-1}: S_{AB} = D_{20}^{-1} D_{10}^{-1} S(dp\sigma) + (D_{21}^{-1} D_{11}^{-1} + D_{2-1}^{-1} D_{1-1}^{-1}) S(dp\pi)$$

$A = y_{2-2}$ のときは

$$B = y_{11}: S_{AB} = D_{20}^{-2} D_{10}^1 S(dp\sigma) + (D_{21}^{-2} D_{11}^1 + D_{2-1}^{-2} D_{1-1}^1) S(dp\pi)$$
$$B = y_{10}: S_{AB} = D_{20}^{-2} D_{10}^0 S(dp\sigma) + (D_{21}^{-2} D_{11}^0 + D_{2-1}^{-2} D_{1-1}^0) S(dp\pi)$$
$$B = y_{1-1}: S_{AB} = D_{20}^{-2} D_{10}^{-1} S(dp\sigma) + (D_{21}^{-2} D_{11}^{-1} + D_{2-1}^{-2} D_{1-1}^{-1}) S(dp\pi)$$

であるが，これを表にすると

表 6A-5　M d- 配位子 X p 対称軌道との重なり積分

A \ B	$y_{11}(p_x)$	$y_{10}(p_z)$	$y_{1-1}(p_y)$
y_{22}	$-lS(dp\pi)$	0	$mS(dp\pi)$
y_{21}	$(n/\sqrt{3})S(dp\sigma)+(n/3)S(dp\pi)$	$-(l/\sqrt{3})S(dp\sigma)-(l/3)S(dp\pi)$	$(1/3)S(dp\sigma)-(2/3\sqrt{3})S(dp\pi)$
y_{20}	$(l/\sqrt{3})S(dp\pi)$	$(2n/\sqrt{3})S(dp\pi)$	$(m/\sqrt{3})S(dp\pi)$
y_{2-1}	$(1/3)S(dp\sigma)-(2/3\sqrt{3})S(dp\pi)$	$-(m/\sqrt{3})S(dp\sigma)-(m/3)S(dp\pi)$	$(n/\sqrt{3})S(dp\sigma)+(n/3)S(dp\pi)$
y_{2-2}	$-(m/\sqrt{3})S(dp\sigma)-(m/3)S(dp\pi)$	$(1/3)S(dp\sigma)-(2/3\sqrt{3})S(dp\pi)$	$-(l/\sqrt{3})S(dp\sigma)-(l/3)S(dp\pi)$

となる．これから重なり積分を求めると，y_{22}, y_{20} 軌道と配位子対称軌道とでは

$$y_{22}: \frac{1}{2\sqrt{2}}[\{-(-u)-(-u)+(u)+(u)\}+\{(u)-(-u)+(u)-(-u)\}]S(d,s;\pi) = \frac{4}{\sqrt{6}}S(d,s;\pi)$$

$$y_{20}: \frac{1}{2\sqrt{6}}\left[\frac{1}{\sqrt{3}}\{(u)+(u)-(-u)-(-u)\}+\frac{1}{\sqrt{3}}\{(u)-(-u)+(u)-(-u)\}\right.$$
$$\left. +\frac{2}{\sqrt{3}}\{(2u)-(-2u)-(-2u)+(2u)\}\right]S(d,s;\pi) = \frac{4}{\sqrt{6}}S(d,s;\pi)$$

となり，π型の相互作用のみが存在し，重なり積分の値が一致するので縮退していることがわかる．また y_{21}, y_{2-1}, y_{2-2} 軌道の相互作用は L_4 対称軌道が 2 つずつあるが，同様にして計算するとそれぞれ重なり積分の大きさが

$$\frac{4}{3\sqrt{2}}S(d,s;\sigma)+\frac{4}{3\sqrt{6}}S(d,s;\pi)$$

および

$$\frac{2}{3}S(d,s;\sigma)-\frac{4}{3\sqrt{6}}S(d,s;\pi)$$

となり，この場合は両対称軌道とも σ および π 型の相互作用が混在する．したがって y_{22} と y_{20} 軌道による軌道は 2 重縮退して e 軌道となり，y_{21}, y_{2-1}, y_{2-2} 軌道による分子軌道は 3 重縮退の t_2 軌道となり，d–p 軌道相互作用の場合も t_2 軌道の方が e 軌道よりの相互作用が大きくなり，e レベルが下に t_2 レベルが上に来ることになる．

正八面体型遷移金属錯体での重なり積分

次に正八面体場における M d 軌道と配位子の s, p 軌道との相互作用を調べてみよう．6 つの配位子の座標の方向余弦は $L^{(1)}(1,0,0)$, $L^{(2)}(-1,0,0)$, $L^{(3)}(0,1,0)$, $L^{(4)}(0,-1,0)$, $L^{(5)}(0,0,1)$, $L^{(6)}(0,0,-1)$ とする．遷移金属イオン M の 5 つの d 軌道と相互作用する L_6 対称軌道を表 6A-6 に示す．

表 6A-6　M d 軌道と相互作用する配位子 L_6 対称軌道

対称ブロック	Md 軌道	L_6 対称軌道
$e_g(1)$	$d_{x^2-y^2}$	$(1/2)\{-\chi_s^{(1)}-\chi_s^{(2)}+\chi_s^{(3)}+\chi_s^{(4)}\}$
		$(1/2)\{-\chi_{p_x}^{(1)}+\chi_{p_x}^{(2)}+\chi_{p_y}^{(3)}-\chi_{p_y}^{(4)}\}$
$e_g(2)$	$d_{3z^2-r^2}$	$(1/2\sqrt{3})\{\chi_s^{(1)}+\chi_s^{(2)}+\chi_s^{(3)}+\chi_s^{(4)}-2\chi_s^{(5)}-2\chi_s^{(6)}\}$
		$(1/2\sqrt{3})\{\chi_{p_x}^{(1)}-\chi_{p_x}^{(2)}+\chi_{p_y}^{(3)}-\chi_{p_y}^{(4)}+2\chi_{p_z}^{(5)}-2\chi_{p_z}^{(6)}\}$
$t_{2g}(x)$	d_{yz}	$(1/2)\{\chi_{p_z}^{(3)}-\chi_{p_z}^{(4)}-\chi_{p_y}^{(5)}+\chi_{p_y}^{(6)}\}$
$t_{2g}(y)$	d_{zx}	$(1/2)\{\chi_{p_z}^{(1)}-\chi_{p_z}^{(2)}-\chi_{p_x}^{(5)}+\chi_{p_x}^{(6)}\}$
$t_{2g}(z)$	$-d_{xy}$	$(1/2)\{-\chi_{p_y}^{(1)}+\chi_{p_y}^{(2)}-\chi_{p_x}^{(3)}+\chi_{p_x}^{(4)}\}$

この表からＭｄ軌道と相互作用するｓ軌道からなる L_6 対称軌道は t_{2g} ブロックにはなく e_g ブロックの

$$d_{x^2-y^2} \Leftrightarrow \left(\frac{1}{2}\right)\{-\chi_s^{(1)}-\chi_s^{(2)}+\chi_s^{(3)}+\chi_s^{(4)}\}$$

$$d_{3z^2-r_2} \Leftrightarrow \left(\frac{1}{2\sqrt{2}}\right)\{\chi_s^{(1)}+\chi_s^{(2)}+\chi_s^{(3)}+\chi_s^{(4)}-2\chi_s^{(5)}-2\chi_s^{(6)}\}$$

であることがわかる。また各原子のｓ軌道とＭ ｄ軌道との重なり積分は式 (6A-11) から

$$y_{22}: S_{AB} = D_{20}^{2}D_{00}^{0}\ S(d,s;\sigma) = \frac{\sqrt{3}(l^2-m^2)}{2}S(d,s;\sigma)$$

$$y_{21}: S_{AB} = D_{20}^{1}D_{00}^{0}\ S(d,s;\sigma) = -\sqrt{3}\,lnS(d,s;\sigma)$$

$$y_{20}: S_{AB} = D_{20}^{0}D_{00}^{0}\ S(d,s;\sigma) = \frac{3n^2-1}{2}S(d,s;\sigma)$$

$$y_{2-1}: S_{AB} = D_{20}^{-1}D_{00}^{0}\ S(d,s;\sigma) = -\sqrt{3}\,mnS(d,s;\sigma)$$

$$y_{2-2}: S_{AB} = D_{20}^{-2}D_{00}^{0}\ S(d,s;\sigma) = \sqrt{3}\,lmS(d,s;\sigma)$$

となる。配位子 L の方向余弦から lm, mn, ln は必ず 0 になるので y_{21}, y_{2-1}, y_{2-2} との重なり積分は 0 になることがわかる。また y_{22}, y_{20} と配位子軌道との重なり積分は

$$y_{22}: \frac{1}{2}\left[\frac{\sqrt{3}}{2}\{-(1-0)-(1-0)+(0-1)+(0-1)+(0)+(0)\}\right]S(d,s;\sigma) = -\sqrt{3}\,S(d,s;\sigma)$$

$$y_{20}: \frac{1}{2\sqrt{3}}\left[\frac{1}{2}\{+(-1)+(-1)+(-1)+(-1)-2(2)-2(2)\}\right]S(d,s;\sigma) = -\sqrt{3}\,S(d,s;\sigma)$$

となり，重なり積分が等しく 2 重縮退であることがわかる。
配位子 p 軌道からなる対称軌道との重なり積分は表 6A-5 と表 6A-6 から

$$y_{22}: \frac{1}{2}\left[\frac{\sqrt{3}}{2}\{-(-1)+(1)+(1)-(-1)\}\right]S(d,p;\sigma) = \sqrt{3}\,S(d,p;\sigma)$$

$$y_{20}: \frac{1}{2\sqrt{3}}\left[\frac{1}{2}\{(1)-(-1)+(1)-(-1)+2(2)-2(-2)\}\right]S(d,p;\pi) = \sqrt{3}\,S(d,p;\sigma)$$

$$y_{2-1}: \frac{1}{2}\big[\{(0)-(0)-(0)+(0)\}S(d,p;\sigma)$$
$$+\{(-1)-(1)-(1)+(-1)\}S(d,p;\pi)\big] = -2S(d,p;\pi)$$

$$y_{21}: \frac{1}{2}\big[\{(0)-(0)-(0)+(0)\}S(d,p;\sigma)$$
$$+\{(-1)-(1)-(1)+(-1)\}S(d,p;\pi)\big] = -2S(d,p;\pi)$$

$$-y_{2-2}: \frac{1}{2}\big[\{-(0)+(0)-(0)+(0)\}S(d,p;\sigma)$$
$$+\{-(-1)+(1)-(-1)+(1)\}S(d,p;\pi)\big] = 2S(d,p;\pi)$$

以上のように y_{22}, y_{20} と配位子軌道との重なり積分の値は等しく，また y_{2-1}, y_{21}, y_{2-2} と配位子軌道との重なり積分の値が等しくなり，それぞれが二重 (e_g) および三重 (t_{2g}) に縮退していることが分かる．重なり積分の絶対値は実際の場合について定量的に計算をする必要があるが，定性的には e_g の方が t_{2g} より大きくなる．

例えば，M = Fe, L = O の場合，DV-Xα 法で重なり積分を計算してみると，

$$S(d,s;\sigma) = -0.5652, \quad S(d,p;\sigma) = -0.0806, \quad S(d,p;\pi) = 0.04483$$

となる．ただし Fe^{3+}, O^{2-} とし，Fe-O 距離を 2.97Å，サンプル点数を 10^6 として計算した．この結果を用いると，e_g および t_{2g} での重なり積分は

e_g: $\sqrt{3}\,S(d,p;\sigma) = -0.13960$

t_{2g}: $-2S(d,p;\pi) = -0.08966$

となり，e_g の重なり積分（絶対値）の方が大きくなることが確かめられる．

6B　軌道の混成

　分子軌道を作る際，s軌道とp軌道，あるいはd軌道とs軌道やp軌道との混成が起こる場合が多く見られる。混成軌道は元来メタン分子の4配位構造やエチレンの3配位構造などをs軌道とp軌道との組み合わせで説明するために生まれた概念である。しかし混成軌道というのは，隣接原子との相互作用で，原子のポテンシャルが球対称からずれ，そのため原子軌道がお互いに混合するようになることで形成されるより一般的な現象である。

　原子軌道は元々直交していて，球対称の場では混合することはない。しかし図6B-1に示すようにもう1つの原子が近づいてきたり，ある向きの電場がかかったりすると，ポテンシャル

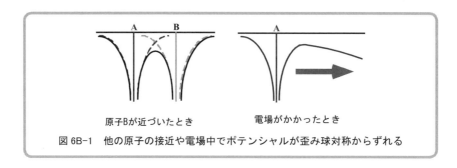

図 6B-1　他の原子の接近や電場中でポテンシャルが歪み球対称からずれる

の対称性が悪くなる。今原子軌道としてs軌道とp軌道のみを考えると，永年方程式は

$$\left.\begin{array}{l} C_1(\varepsilon_s-\varepsilon) + C_2 H_{sp} = 0 \\ C_1 H_{sp} + C_2(\varepsilon_p-\varepsilon) = 0 \end{array}\right\} \tag{6B-1}$$

と書かれる。ここでε_s, ε_pはsおよびp原子軌道のエネルギーである。またs軌道とp軌道とは直交しているので，重なり積分は0になる。これから

$$\varepsilon = \varepsilon_0 \pm \frac{1}{2}\sqrt{(\Delta\varepsilon)^2 + (2H_{sp})^2} \tag{6B-2}$$

が得られる。ここで

$$\varepsilon_0 = \frac{1}{2}(\varepsilon_s + \varepsilon_p), \quad \Delta\varepsilon = \varepsilon_s - \varepsilon_p \tag{6B-3}$$

とおいた。ポテンシャルが孤立原子の場合のように球対称のときは，H_{sp}は0になる。このとき原子軌道同士は独立していて，$\varepsilon = \varepsilon_s$ or ε_pとなる。しかし近くに他の原子が近づいてきたり，電場がかかったりしてポテンシャルの対称性が悪くなると，H_{sp}は0でなくなる。孤立原子の場合は軌道間のエネルギー差は$\Delta\varepsilon$であったが，図6B-2に示すように混成が起きると，式(6B-2)から求められるように$\Delta\varepsilon' = \sqrt{(\Delta\varepsilon)^2 + (2H_{sp})^2}$と大きくなる。したがって相互作用は$|H_{sp}|$が大きいほど大きくなる。これはs軌道にp軌道が，あるいはp軌道にs軌道が混入してくるため

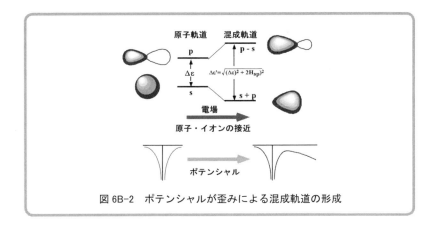

図 6B-2　ポテンシャルが歪みによる混成軌道の形成

である。したがって波動関数は，s および p 原子軌道を χ_s, χ_p とすると

$$\left.\begin{array}{l}\phi_1 = C_{11}\chi_s + C_{21}\chi_p \\ \phi_2 = C_{12}\chi_s + C_{22}\chi_p\end{array}\right\} \quad (6\text{B-4})$$

となり，これらの係数から混入する割合がわかる。$H_{sp} \ll \Delta\varepsilon$ のときは，混入の割合は $|H_{sp}/\Delta\varepsilon|$ の程度である。$|H_{sp}|$ は電場が大きくなると大きくなり，実際の計算をしてみると電場の大きさにほぼ比例することがわかる。

次に原子 B, C, N, O, F について s-p の混成がどの程度起きるのかを，原子の近くに点電荷をおいて調べて見よう。s 軌道と p 軌道とのレベルの差は原子番号とともに大きくなり，その結果図 6B-3 に示すように混成の割合が小さくなるとともに，混成によるレベル差の変化 $\Delta\varepsilon' - \Delta\varepsilon$ が小さくなっていくことがわかる。

他の原子が近づいてきたときも，その向きに電場がかかるので混成軌道が形成される。たとえば C 原子に H 原子が近づくことにより，C 原子に外部電場がかかることになる。そのため C 原子軌道間の s-p 混成が起こる。この sp 混成軌道と H 原子軌道との間に共有結合的な相互作用が生じ，結合が形成されることになり CH ラディカルができる。

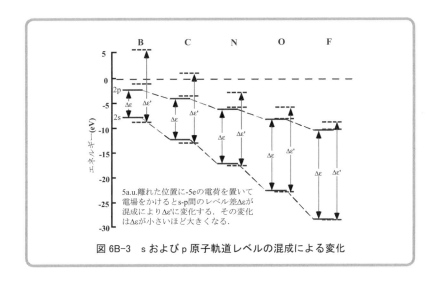

図 6B-3　s および p 原子軌道レベルの混成による変化

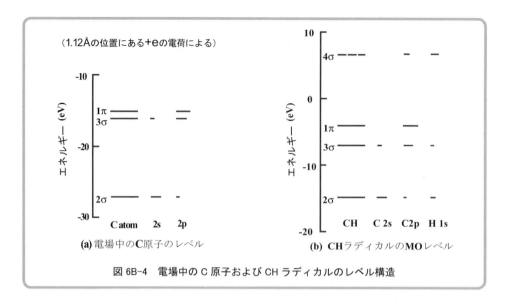

図 6B-4 電場中の C 原子および CH ラジカルのレベル構造

図 6B-4 は点電荷が置かれた C 原子 (a) および CH ラジカル (b) のレベル図である。図 (b) で CH ラジカルの分子軌道は 2σ と 3σ が H 原子との結合軌道で 4σ が反結合軌道である。電子は 2σ と 3σ 軌道に 2 個ずつと 1π 軌道に 1 個占有している。この軌道は C 2p に 2s が混成した軌道である。混成軌道は上に述べたように，電場中におかれた場合にもできる。図 (a) のように C 原子の近くに（C-H 原子間距離と同じ 1.12Å）に +e の電荷をおいた場合の原子軌道の様子を調べて見よう。C 原子と点電荷がともに z 軸上にあるとすると，2s 軌道に $2p_z$ 軌道が，また $2p_z$ 軌道に 2s 軌道が混成して，$p_z(3\sigma)$ 軌道レベルは p_x や $p_y(1\pi)$ 軌道レベルから分裂する。この原子の 3σ 軌道の波動関数を調べてみると図 6B-5 のようになる。この軌道は $2p_z$ 軌道に 2s 軌道が 20% 程度混成したものであり，CH ラジカルの 3σ 軌道に類似していることがわかる。CH の 3σ 軌道は s-p 混成軌道に H 1s 軌道が結合的に相互作用したものである。

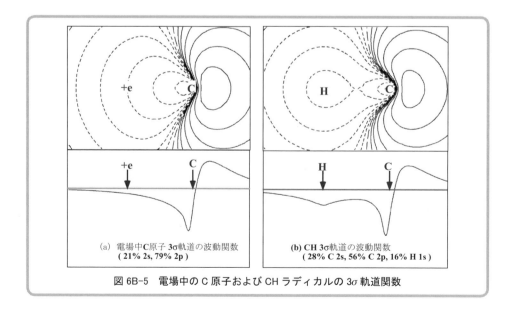

図 6B-5 電場中の C 原子および CH ラジカルの 3σ 軌道関数

上のような軌道の混成が起こると，波動関数が歪むのでそれに基因して電子密度のひずみが生じる。上の電場中の C 原子および CH ラディカルの 3σ 電子の電子密度（波動関数の 2 乗）をプロットすると図 6B-6 が得られる。電場中 C 原子の 3σ 軌道の電子密度 (a) の重心は C 原子から電荷 +e と逆方向に 0.4 Å ずれたところにある。

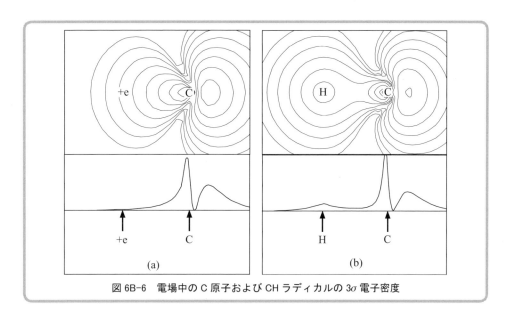

図 6B-6　電場中の C 原子および CH ラディカルの 3σ 電子密度

6C 電子分光

　ここで電子分光あるいは電子スペクトル（Electronic spectrum）とは，物質の電子状態間の遷移に伴う電磁波の放出あるいは吸収によるスペクトルを言う。また電子分光法（Electron spectroscopy）（あるいは光電子分光法）という言葉は，物質に電磁波を当てた際，光電効果により放出される光電子のエネルギー分析を行う方法のことを言う。この場合も電子状態変化に伴う現象を利用するものである。これらの方法は物質と光（電磁波）との相互作用に基づいており，物質をミクロに詳しく分析あるいはその物性を解析するために用いられている。いずれにしても物質の電子状態が直接関係しているので，電子分光を理解し利用するためには，電子状態を正確に知ることが最も重要である。

　種々の電子分光は，実験的には試料に電子線や可視・紫外光，X線等の電磁波を入射し，透過あるいは散乱される電子線や電磁波のエネルギー分析を行うことにより測定する（図 6C-1 参照）。

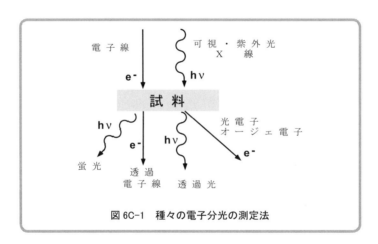

図 6C-1　種々の電子分光の測定法

　電子分光測定としては
1) 可視・紫外光吸収スペクトル（U/V absorption spectrum）
2) 蛍光スペクトル（Fluorescence spectrum）
3) X線吸収スペクトル（X-ray absorption spectrum）
4) 蛍光X線分光（X-ray fluorescence spectrum）
5) 光電子分光（Photoelectron spectrum）
6) 内部変換電子分光（Internal conversion electron spectrum）
7) 電子線エネルギー損失分光（Electron energy-loss spectrum）
8) オージェ電子分光（Auger electron spectrum）

9) イオン中和化分光 (Ion neutralization spectrum)
10) 粒子衝撃電子分光 (Particle impact electron spectrum)
11) ペニングイオン化電子分光 (Penning ionization spectrum)

などがある。

1) および 2) は可視・紫外光を入射して透過あるいは発光のスペクトルを測定する。3) および 4) は入射光として X 線を用いる。蛍光 X 線の場合は電子線を入射する方法もある。5) 以下の測定法の原理を図 6C-2 に示した。

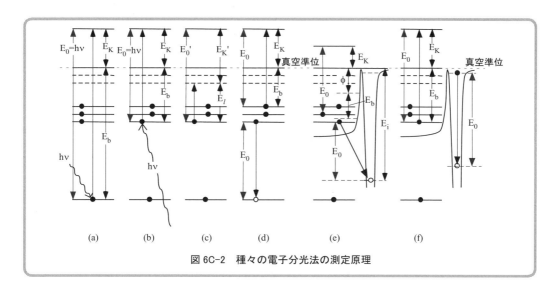

図 6C-2 種々の電子分光法の測定原理

5) は真空紫外光や X 線を入射して放出される光電子のエネルギー分析を行う（図 6C-2(a) 参照）。物質に電磁波を入射し電子を励起する。電磁波のエネルギーが電子を真空準位より上に励起するのに十分なエネルギーであれば電子は真空中に飛び出す（光電効果）。電磁波のエネルギーを $E_0 = h\nu$ とし，光電子の運動エネルギー E_K を測定する。電子の結合エネルギーを E_b とすると，$E_b = h\nu - E_K$ なので，E_b を求めることができる。

6) は原子核に核外電子が捕獲される際に，放出されるエネルギーを吸収し真空中に放出される電子のエネルギーを分光する（図 6C-2(b) 参照）。この方法は 5) の光電子スペクトルとよく似たスペクトルを与えるが，励起源が原子核からの光子なのでその原子に局在した情報が得られる。7) は電子線を入射して透過や反射する電子線のエネルギーを測定する（図 6C-2(c) 参照）。入射電子線は物質中の電子を励起することによってエネルギーの一部を失って出てくる。入射電子のエネルギーを E_0'，非弾性散乱され出てくる電子のエネルギーを E_K' とすると，励起エネルギーあるいは損失エネルギー E_l は，$E_K' = E_0' - E_l$ の関係から求められる。8) は X 線あるいは電子線を入射して放出する電子のエネルギー分析をするが，5) とは放出のプロセスが異なる電子である（図 6C-2(d) 参照）。

9) イオン中和化電子分光（図 6C-2(e) 参照），10) 粒子衝撃電子分光，11) ペニングイオン化電子分光（図 6C-2(f) 参照）はそれぞれイオン，高速粒子，励起粒子を入射して放出され

る電子を分光する方法である。

これらのいずれもが電子状態間の遷移を利用するものであるが，目的によって使い分けをする。このうち 5) 光電子分光，3), 4) の X 線吸収および発光スペクトル（蛍光 X 線スペクトル）および 7) 電子線エネルギー損失分光について少し詳しく説明する。

光電子スペクトルは，物質の状態分析に利用される。真空紫外光や X 線などの電磁波を物質に入射すると，光電効果により光電子が放出される。この光電子を，エネルギー分光器で分析すると，光電子スペクトルが得られる。K.Siegbahn[1] らは X 線を入射して得られる X 線光電子スペクトル (XPS, X-ray photoelectron spectroscopy) が，種々の物質の化学分析に役立つことを示し，この方法を ESCA (Electron spectroscopy for chemical analysis) と呼んだ。この方法では，物質にある特定のエネルギー $h\nu$ を持った光を当てる。図 6C-3 に示すように，このエネルギーが物質の電子の軌道 A の結合エネルギー BE_A ($BE_A = -\varepsilon_A$ で軌道エネルギー ε_A は負の値を持つ) より大きければ，電子は光電子として真空中に放出される。この光電子の運動エネルギー KE_A は $h\nu = KE_A + BE_A$ の関係がある。したがって KE_A を測定すると電子の軌道エネルギー ε_A が測定できたことになる。このように光電子分光法は電子状態を直接観測できる手段なのである。

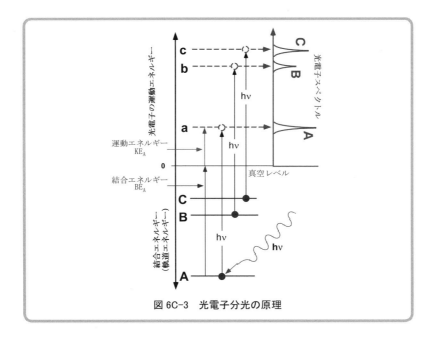

図 6C-3　光電子分光の原理

実際の光電子スペクトルの測定は，まず試料に電磁波を入射する。その電磁波の光源が X 線管球の場合を XPS，He ガスの放電管から出る真空紫外光の場合を UPS (Ultraviolet photoelectron spectroscopy) と呼ぶ。最近ではシンクロトロンを利用すれば，真空紫外光から X 線までの連続したエネルギーの光が得られ，一度分光器を通して単色光として取り出し用いることができる。シンクロトロン放射光は高輝度であるため，短時間でノイズの少ない良質のスペクトルが得られる。これらの電磁波が試料に当たると前述したように，光電子が飛び出す。

この光電子の運動エネルギーを電子エネルギー分光器で分光し，検出器でスペクトルとして測定する（図 6C-4 参照）。測定の結果はコンピューターを利用してデータ解析される。さらに分子軌道計算を併用して理論解析を行うことにより，電子状態の理解を深めることができる。

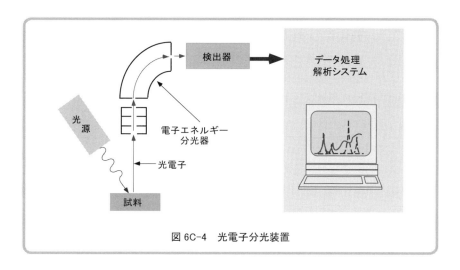

図 6C-4　光電子分光装置

実際に分子軌道計算を行って，この光電子スペクトルの実験結果が再現できるか調べてみよう。CO 分子の分子軌道計算を行って XPS の実験結果と比較し図 6C-5 に示した。計算で得られた分子軌道のエネルギーレベルを調べてみると，エネルギーの低い方から $1\sigma, 2\sigma$ の内殻軌道が存在することがわかる。これらの軌道の電子密度解析をしてみると，1σ は酸素の 1s 軌道，2σ は炭素の 1s 軌道であることがわかる。価電子帯には $3\sigma, 4\sigma, 1\pi, 5\sigma$ があり，電子は 5σ 軌道までつまっている。したがって，これらの軌道電子による光電子スペクトルのピークが観測されることになる。分子軌道としてはその上に，2π や 6σ があるが，これらは空軌道であるので光電子スペクトルには現れない。計算結果は，これらとよく一致する分子軌道スペクトルが得られることを示している。これらの分子軌道レベルのうちエネルギーの低い内殻軌道レベルは，

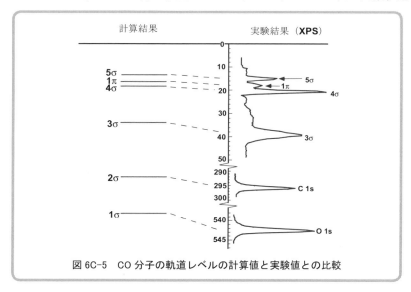

図 6C-5　CO 分子の軌道レベルの計算値と実験値との比較

原子軌道のレベルをほとんどそのまま反映しているのであるが，価電子の状態によって僅かにエネルギーが変化する．これは化学シフトと呼ばれる．例えばこの原子が陽イオンとしてのイオン性を持つ場合，電子間の反発のポテンシャルが小さくなることから，エネルギーレベルは低くなる．このため電子の結合エネルギーが大きくなる方へピークがシフトする．陰イオンの場合はその逆になる．またシフトの大きさはイオン性の大きさに大体比例する．また価電子帯のピークは，化学結合によってでき上がった分子軌道をそのまま反映しているので，電子状態の解析には極めて有効な研究方法なのである．

電子線やX線を用いて内殻軌道から電子を放出させ，内殻軌道に空孔を作っておくと，エネルギーの高い軌道からその内殻軌道に電子が遷移する．蛍光X線スペクトル（X-ray fluorescence spectrum）は，その際に放出されるX線スペクトルである．図6C-6にその原理を示した．内殻軌道からの遷移は，その元素特有のエネルギーをもっているので，元素分析に利用される．一方価電子帯からのスペクトルは価電子状態の情報を豊富に含んでおり，状態分析に利用することができる．特に光の放出に伴う遷移であるので，方位量子数が $\Delta l = \pm 1$ のみの遷移が許される．これをラポルテの選択則と呼ぶ．したがって1s軌道（K殻）への遷移すなわちK線の場合はp軌道電子，$L_{2,3}$線（2p軌道への遷移）の場合はsあるいはd軌道電子のスペクトルが現れることになる．

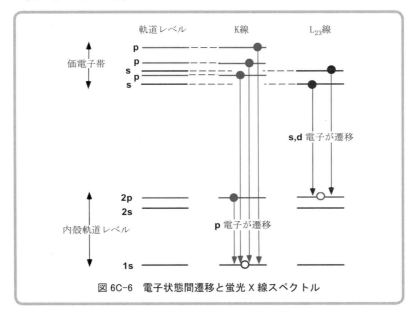

図6C-6 電子状態間遷移と蛍光X線スペクトル

価電子帯の電子状態は光電子スペクトルや蛍光X線スペクトルによって調べることができる．電子の占有していない励起軌道の場合は，エネルギーの吸収による遷移を利用したX線吸収スペクトルの吸収端近傍微細構造（X-ray absorption near edge structure, XANES）や電子線エネルギー損失スペクトルの励起端近傍微細構造（Electron energy loss near edge structure, ELNES）が有効になる．これらの方法は図6C-7に示すように，原理的に蛍光X線スペクトルの場合と逆で内殻軌道電子にエネルギーを与えて，励起軌道に遷移させる．その際のエネル

ギー吸収を測定するのである。最近では高分解能電子顕微鏡内に電子エネルギー損失分光装置（EELS, Electron energy loss spectrometer）を組み込むことにより，直径 1nm 以下まで収束させた電子線を用いて極微小領域の，原理的には 1 個の原子に対応する電子分光が可能になっている（図 6C-8 参照）。

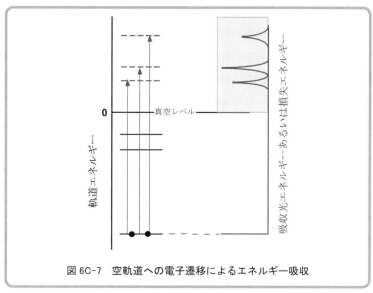

図 6C-7　空軌道への電子遷移によるエネルギー吸収

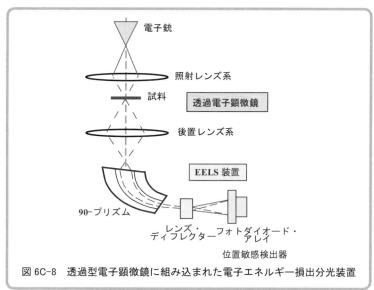

図 6C-8　透過型電子顕微鏡に組み込まれた電子エネルギー損出分光装置

これらの 2 つの方法は X 線を用いるか電子線を用いるかの違いはあるが，同様な物理現象を利用しているので，類似のスペクトルが得られる（図 6C-9 参照）。

また分子軌道論の立場で考えると，価電子帯は結合軌道からなり，電子のつまっていない伝導帯は反結合軌道からできているといえる。したがってこれらの吸収スペクトルは上で述べた蛍光 X 線スペクトルや光電子スペクトルと同様に化学結合状態に関する情報を豊富に含んで

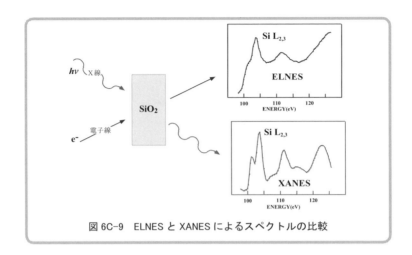

図 6C-9 ELNES と XANES によるスペクトルの比較

いるのである。

　特に XANES や ELNES は，局所的な原子配列の違いを顕著に反映したスペクトルを与える。したがって多形をもつ物質の同定や非晶質物質の局所構造の解析には大変有効である。例えば炭素はグラファイトやダイヤモンドなどの多形がある。窒化ホウ素は炭素の場合とよく似ており，結晶構造がダイヤモンド型の c-BN，グラファイト類似の h-BN またウルツ鉱型の w-BN の多形がある。これらの多形の ELNES のスペクトルは図 6C-10 に示すように，結晶構造の違いをよく反映している[2]。このうち c-BN と w-BN との結晶構造の違いは小さく，スペクトルも似ている。一方 h-BN は層状の構造を持っているのでそれらとは大きく異なり，これがスペクトルにもはっきりと現れている。h-BN はグラファイト型の層状構造の物質で ELNES の低エネルギーのピークが A と B とに分裂している。この原因はピークを与える励起軌道の波動関数を調べてみると明らかになる。例えば，図 6C-11 に示すように BN 層に垂直な面上において波動関数を見ると，ピーク A, B とも中心の B からみて第一近接の N とは反結合である。しかし，その N と第 2 近接の B とはピーク A は結合的であるが，ピーク B は反結合的であることがわかる。つまりスペクトルの構造が結合性によって左右されることがわかる。このよう

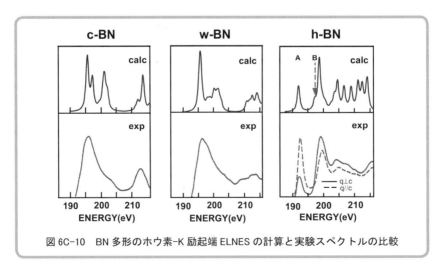

図 6C-10 BN 多形のホウ素-K 励起端 ELNES の計算と実験スペクトルの比較

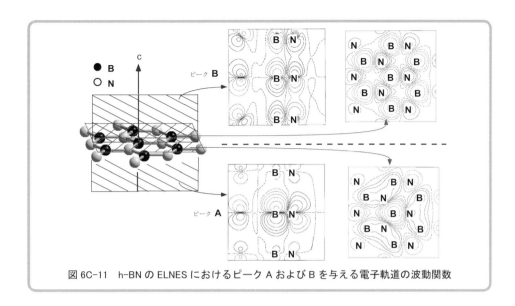

図 6C-11　h-BN の ELNES におけるピーク A および B を与える電子軌道の波動関数

な化学結合性は局所構造によって決まるものなので，結局構造の違いが同定できることになる。このようにスペクトルと分子軌道の理論計算とを併用すれば，未知の物質の局所的な構造を特定することも可能になる。

　可視・紫外光吸収スペクトルは，通常は波長 λ = 200 - 800 nm（エネルギー E = 6.2-1.6 eV）の光を試料に透過させ吸光度を測定する。光源にはキセノンランプやタングステンランプを使う（$\lambda \cdot E$ = 1240 nm・eV と憶えると便利である）。先に述べた X 線の吸収スペクトルの場合と同様に，可視・紫外吸収スペクトルも占有軌道から励起軌道への遷移に起因するものである。しかし X 線に比べ入射光のエネルギーが極めて低いので，一般に内殻軌道電子を励起することはできず，価電子帯から励起軌道への電子遷移を測定することになる。内殻軌道が他の軌道と相互作用せずにエネルギーが縮退しているのに対し，価電子帯は，広いエネルギー分布を持つため，可視・紫外光吸収スペクトルは一般に X 線吸収スペクトルに比べて解析が複雑になる。

　遷移金属化合物や希土類化合物の場合，d 軌道間の d-d 遷移や f 軌道間の f-f 遷移が可視・紫外光吸収スペクトルに現れる。これらの光の吸収は，d 軌道や f 軌道に入る複数の電子によって作られる多重項（Multiplet）状態間の遷移によるものである。多電子系の電子状態を，ここまでの議論では一電子近似（平均場近似）で取り扱ってきた。この方法によると，ある 1 つの電子を考えたときに，その電子と他の電子との間の相互作用は，他の電子の作る時間的に平均された場（セルフ・コンシステント・フィールド）での相互作用として近似を行った。いま，d 軌道に 2 つの電子が入った d^2 配置を考えると，図 6C-12 に示すように電子がどの d 軌道を占有するかでエネルギーが異なることになる。この 2 つの電子が占有する d 軌道の組み合わせはスピン分極を考慮すると $_{10}C_2$ = 45 とおりある。電子が占有する 2 つの d 軌道が同一の場合の方が，異なる場合よりも電子間反発が大きく，エネルギーが高くなる。平均場では，これを同一視しているのである。このような異なる電子間反発によって形成されるエネルギー準位を多重項と呼び，d-d 遷移，f-f 遷移などのスペクトルの詳細を議論するためには多重項の理解が

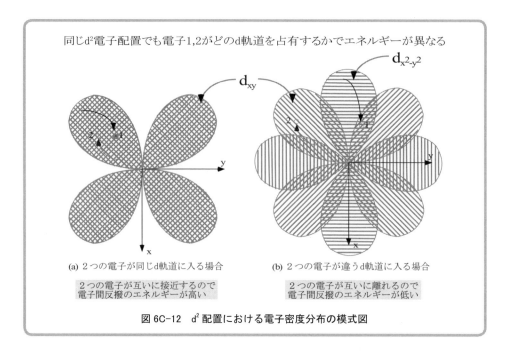

図 6C-12　d^2 配置における電子密度分布の模式図

本質的に重要となる[3]。しかし，多重項によるエネルギー順位の分裂を厳密に計算するためには膨大な計算が必要となる。金属錯体などの問題を扱う場合，分子軌道関数を用いて多電子状態を正確に取り扱うこの理論は配位子場理論と呼ばれているが，実験で求められた経験的なパラメータを基に，多重項分裂を見積もる田辺・菅野ダイヤグラムと呼ばれる線図がわが国で開発され，一般に広く利用されている。

参考文献

1) K. Siegbahn *et al.*, "*ESCA Atomic, Molecular and Solid State Structure Studied by Means of Electron Spctroscopy*", Nova Acta Regiae Soc, Sci., Upsaliensis, Ser. IV, **20**（1967）.
2) I. Tanaka, H. Araki, M. Yoshiya, T. Mizoguchi, K. Ogasawara and H. Adachi, *Phys. Rev.*, **B60**（1999）4944-4951.
3) H. Adachi and K. Ogasawara, Advances in Quantum Chemistry, Vol. **42**（2003）1-22.

6D 分子軌道計算の実際 －DV-Xα法－

5章では，最も簡単な例として水素分子を取り上げ，どのようにして分子軌道が計算され，どのような結果が得られるかを簡単に述べた。しかしそこでは計算方法の詳細には触れていない。分子軌道計算は式 (5-16) あるいは式 (5-17) のような永年方程式を解かなければいけない。しかし永年方程式を求めるまでの過程や，その後の処理のやり方にいろいろな方法があって，それぞれ何々法といった名前がつけられている。これらの分子軌道計算法を大雑把に分類すると，永年方程式の中の H_{ij} や S_{ij} の行列要素（式 (5-19)）を求めるのに，実験データや経験的な知識の助けをかりて計算を行う半経験的分子軌道法と，H_{ij} や S_{ij} の積分を実際に計算して求める非経験的分子軌道法と呼ばれている方法がある。近似の良さという意味では非経験的方法の方が優れているといえるが，この方法でも多くの経験的知識が必要になり，どこまで近似を高めるかで計算結果が違ってくる。半経験的方法でも行列要素の意味をどこまで考え，どこからどのような近似で行うかでいろいろな方法が提案され用いられている。一般的には近似が良いほど，計算精度と信頼性が高いが，計算時間と労力が多くかかり，大きな系の計算が難しくなるといえるが，必ずしもそうでない場合もある。

本書では，discrete variational (DV) Xα 法[1] と呼ばれている方法で計算した結果を用いて，分子軌道とその応用について述べている。この方法は非経験的方法に分類できるが，4-4 節で述べた Xα ポテンシャルを用いるため，計算時間が大幅に短縮され，大きな系の計算にも適用できる。ここでは，実際に分子軌道計算を DV-Xα 法でどのように実行していくかを述べてみよう。実際の分子軌道計算は膨大な計算が必要になるので，コンピューターによる数値計算を行う[2]。

まず永年方程式に現れる，行列要素 H_{ij} や S_{ij} を求めなければならない。DV-Xα 法は，この計算を数値積分で行う。それでは 5 章で述べられていることを参考にして，順を追って分子軌道計算を実行してみよう。その順序というのは

1. 分子のシュレディンガー方程式

$$h\phi_l = \varepsilon \phi_l \tag{6D-1}$$

を計算するのに際して，分子軌道 ϕ_l を原子軌道 χ_i を用いて LCAO で

$$\phi_l = \sum_i C_{il} \chi_i \tag{6D-2}$$

と表す。

2. ハミルトニアン h は

$$h = -\frac{1}{2}\nabla^2 + V \tag{6D-3}$$

である。ポテンシャル V は原子核からの引力と電子雲による斥力の項の和で表す。

3. 行列で表される永年方程式

$$(\mathbf{H} - \varepsilon \mathbf{S})\mathbf{C} = 0 \tag{6D-4}$$

をつくるため，行列 $\mathbf{H}$ および $\mathbf{S}$ の要素

$$\left. \begin{array}{l} H_{ij} = \int \chi_i h \chi_j dv \\ S_{ij} = \int \chi_i \chi_j dv \end{array} \right\} \tag{6D-5}$$

を計算する。

4. 永年方程式 (6D-4) の対角化を行って，未知変数であるエネルギー固有値 ε（分子軌道エネルギー）と固有ベクトル $\mathbf{C}$（LCAO の係数）を求める。

5. これから先は原子の電子状態のところで述べたような SCF の繰り返し計算を行う。

という順序になる。

さてそれでは，実際に分子軌道計算を実行してみよう。具体的な分子として CO 分子を取り上げることにする。まず 1. **原子のシュレディンガー方程式**を C および O 原子について計算する。それは LCAO の基底 χ_i を求めることと分子中ポテンシャルを計算する際に必要となる原子 ν の電荷密度 ρ_ν を求めるためである。それには原子のシュレディンガー方程式

$$\left\{ -\frac{1}{2}\nabla_1^2 - \frac{Z_\nu}{r_1} + \int \frac{\rho_\nu(\mathbf{r}_2)}{r_{12}} d\mathbf{r}_2 - 3\alpha \left[\frac{3}{8\pi} \rho_\nu(\mathbf{r}_1) \right]^{1/3} - \varepsilon_i \right\} \chi_i(\mathbf{r}_1) = 0 \tag{6D-6}$$

の微分方程式を数値計算で解く。この際，原子の計算なので，次の動径方程式のみを計算すればよい。

$$\left\{ -\frac{1}{2}\frac{d^2}{dr_1^2} - \frac{1}{r_1}\frac{d}{dr_1} - \frac{Z}{r_1} + \int \frac{\rho(\mathbf{r}_2)}{r_{12}} d\mathbf{r}_2 + \frac{l(l+1)}{2r_1^2} \right.$$
$$\left. - 3\alpha \left[\frac{3}{8\pi} \rho(\mathbf{r}_1) \right]^{1/3} - \varepsilon \right\} R_{nl}(r_1) = 0 \tag{6D-7}$$

原子軌道 χ_i としては，通常の場合は C,O 原子とも 1s, 2s, 2p について計算すればよい。数値計算では既に知られているプログラムを使用する。計算の結果，エネルギー固有値 ε の値およびある間隔で与えられた r における動径関数 $R_{nl}(r)$ の値が得られる。これをプロットすると波動関数の変化の様子が良くわかる。動径関数のプロットは R_{nl} そのものより $r \times R_{nl}$ をプロットする方がわかりやすい。

C および O 原子の動径関数をプロットしてみると，図 6D-1 に示すようにそれぞれの原子軌

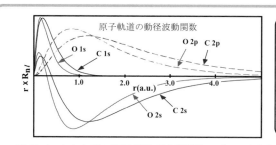

図 6D-1　C および O 原子軌道の動径関数のプロットと各原子軌道のエネルギー固有値および軌道半径

道の広がりがわかる。C 1s, O 1s 軌道は 1a.u.(0.529 Å) 以内の空間に分布して内殻を形成していることがわかる。前にも述べた動径 r の平均値，すなわち軌道半径 $<r>$ を調べてみると軌道の広がりの程度が定量的にわかる。また原子番号が大きくなると，核電荷が大きくなるので，軌道が収縮していくことがわかる。軌道半径は原子の有効電荷，すなわちイオン性でも変化する。外殻電子の軌道半径は原子やイオンの大きさを決める重要なパラメータになるのである。

次に 2. **永年方程式の行列要素 H_{ij} と S_{ij} とを DV 数値積分で計算する。**このため図 6D-2 に示すような方法で乱数を発生させ，それを使って各原子のまわりにランダムに分布するサンプル点を作る。サンプル点の数を N とする。このサンプル点はランダムであるが，N が無限大になると点の密度がフェルミ分布に従うように分布させる。このようにすると総計 N のサンプル点は各原子核の近辺では密に，原子核から離れた位置では疎に分布する。各サンプル点はその極近傍の空間を代表する点と考えられ，その点での波動関数やポテンシャルの値が被積分関数の値としてとられる。DV-Xα 法においては積分を数値積分で

$$\int d\mathbf{r} g(\mathbf{r}) \to \sum_{k=1}^{N} \omega(\mathbf{r}_k) g(\mathbf{r}_k) \tag{6D-8}$$

と置き換えて計算する。ここで，$\mathbf{r}_k$ は k 番目のサンプル点で $\omega(\mathbf{r}_k)$ は点 $\mathbf{r}_k$ の重みでサンプル点の密度の逆数になり，$d\mathbf{r}$ すなわち素体積に相当するものである。関数 $g(\mathbf{r}_k)$ は共鳴積分 H_{ij} では $\chi_i h \chi_j$ であり，重なり積分 S_{ij} では $\chi_i \chi_j$ となる。χ_i や χ_j は原子のシュレディンガー方程式の計算で求まっている。

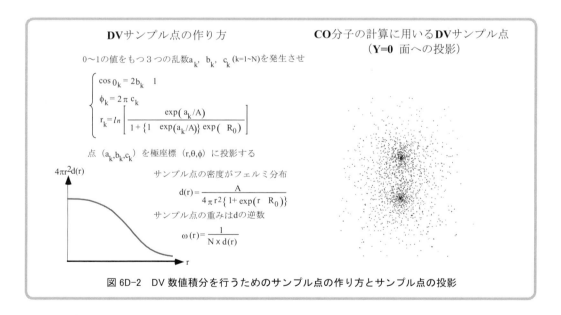

図 6D-2　DV 数値積分を行うためのサンプル点の作り方とサンプル点の投影

いま 1 つのサンプル点 $\mathbf{r}$ を考える。図 6D-3 に示すように原子軌道 i は C の原子軌道，j は O の原子軌道とおいてみよう。また C または O 原子から見た $\mathbf{r}$ の座標を $\mathbf{r}_C$ または $\mathbf{r}_O$ とすると $g(\mathbf{r})$ は

$$\chi_i(\mathbf{r}_C) h \chi_j(\mathbf{r}_O)$$

あるいは

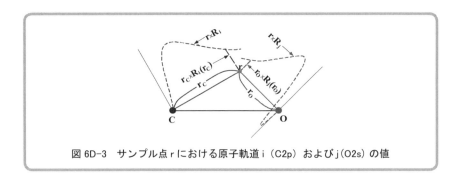

図 6D-3　サンプル点 r における原子軌道 i（C2p）および j（O2s）の値

$$\chi_i(\mathbf{r}_C)\chi_j(\mathbf{r}_O)$$

である．ハミルトニアン h は式 (6D-3) で与えられるが，分子のポテンシャル $V(\mathbf{r})$ は C および O 原子のポテンシャルの重ね合わせで求まる．原子のポテンシャルは原子の計算ですでに求まっていて，V_C, V_O をそれぞれの原子のポテンシャルとすると

$$V(\mathbf{r}) = V_C(\mathbf{r}_C) + V_O(\mathbf{r}_O) \tag{6D-9}$$

のようにして求められる．実際の計算では静電ポテンシャルと交換ポテンシャルとに分けて計算される．また O 原子の計算から

$$\left(-\frac{1}{2}\nabla^2 + V_O\right)\chi_i = \varepsilon_j \chi_j \tag{6D-10}$$

の関係が成り立っているので（軌道 j は O 原子の軌道としている）

$$-\frac{1}{2}\nabla^2 \chi_i(\mathbf{r}) = [\varepsilon_j - V_O(\mathbf{r})]\chi_j(\mathbf{r}) \tag{6D-11}$$

である．従って共鳴積分 H_{ij} の被積分関数は

$$g(\mathbf{r}) = \chi_i(\mathbf{r}_C)[\varepsilon_j - V_O(\mathbf{r}_O) + V(\mathbf{r})]\chi_j(\mathbf{r}_O) \tag{6D-12}$$

として数値的に計算できる．

　実際に計算するときは，原子の座標を設定しておかなければならない．C と O の原子位置は，z 軸上に原子を置いて C(0,0,1.066)，O(0,0,-1.066) としておく．原子軌道は分子の対称性（$C_{\infty v}$）を考慮して，C 1s, C 2s, C 2p$_z$, O 1s, O 2s, O 2p$_z$ の各原子軌道は σ 型，C 2p$_x$, O 2p$_x$ は $\pi(x)$ 型，C 2p$_y$, O 2p$_y$ は $\pi(y)$ 型に分類できるので，永年方程式の行列を σ および 2 つの π 型に分解して求めることができる．原子軌道 i, j の順番は σ 軌道は 1: C 1s, 2: C2s, 3: O 1s:, 4: O 2s, 5: C2p$_z$, 6: O2p$_z$, π 軌道は 1: C 2p$_{x,y}$, 2: O2p$_{x,y}$ と決めることにしよう．このようにして行列要素の値を計算すると，永年方程式が求まる．図 6D-4 に計算された行列要素の値を示した．行列 **H** と **S** はともに対称行列（$H_{ij}=H_{ji}, S_{ij}=S_{ji}$）（波動関数が複素型で表されるとエルミット行列）なので半分の三角行列で示すことができる．

　つぎに 3. このようにして得られた行列の永年方程式を対角化する．式 (6D-4) の永年方程式を対角化すると，図 6D-5 に示すように固有値 ε と固有ベクトル **C** が得られる．行列の対角化のいろいろな数値計算法が開発されているので，ハウスホルダー法などの適当な方法を選べばよい．σ ブロックの対角化の結果，エネルギーレベル ε として $-37.653, -19.835, -2.1345,$

DV法で計算されたCO分子のS_{ij}, H_{ij}（Ry単位）の値

σブロック

S_{ij}
```
 1.00016
-0.00005    0.99967
 0.00022   -0.05085    1.00012
-0.05401    0.42127   -0.00002    1.00023
-0.00007    0.00041   -0.08670    0.50213    0.99939
 0.10308   -0.38563    0.00008    0.00042   -0.20027    0.99939
```

H_{ij}
```
-19.83899
  0.00143   -1.26099
 -0.00893    1.91764  -37.65975
  1.08135   -1.06365    0.00058   -1.98974
  0.03342   -0.57624    3.26831   -1.22583   -1.12996
 -2.05859    0.78831   -0.03032    0.43399    0.60269   -1.25745
```

πブロック

S_{ij}
```
0.99994
0.32113    1.00035
```

H_{ij}
```
-0.38853
-0.48053   -0.76016
```

図 6D-4　DV 数値計算法で求められた H_{ij} および S_{ij} の値

行列の対角化によって得られる結果　（軌道エネルギーεはRy単位）

σブロック

	ϕ_1	ϕ_2	ϕ_3	ϕ_4	ϕ_5	ϕ_6
C_1	-0.0001	0.9999	-0.06713	0.0435	-0.0429	-0.1481
C_2	0.0004	0.0000	-0.19755	0.3571	0.8208	1.0037
C_3	0.9999	-0.0004	-0.02654	0.0269	-0.0083	0.1529
C_4	-0.0003	0.0003	-0.73893	-0.5867	-0.0035	-1.1100
C_5	0.0002	-0.0017	-0.18747	0.0941	-0.5742	1.1803
C_6	0.0010	0.0004	-0.25477	-0.7256	0.4024	0.8626
ε	-37.653	-19.835	-2.1345	-1.0321	-0.6013	1.0606

πブロック

	ϕ_1	ϕ_2
C_1	0.3661	-0.9905
C_2	0.8203	0.6645
ε	-0.8521	-0.0843

図 6D-5　行列の対角化して得られた固有値 ε_l および固有ベクトル C_{il} の値

$-1.0321, -0.6013, +1.0606$（単位は Ry，1 Ry = 2a.u.）が得られ，それぞれ $1\sigma, 2\sigma, 3\sigma, 4\sigma, 5\sigma, 6\sigma$ とエネルギーの低い方から記号を付けることにする。それぞれのレベルの分子軌道が固有ベクトル **C** から決まる。例えば 5σ の分子軌道は

$$\phi_{5\sigma} = C_{15}\chi_{C1s} + C_{25}\chi_{C2s} + C_{35}\chi_{O1s} + C_{45}\chi_{O2s} + C_{55}\chi_{C2p_z} + C_{65}\chi_{C2p_z}$$

と書ける。係数 C_{il} は行列 **C** から $C_{i5} = -0.0429, 0.8208, -0.0083, -0.0035, -0.5742, 0.4024$（$i = 1$–$6$）であることがわかり，この分子軌道は主として C 2s, C $2p_z$, O $2p_z$ の線型結合で組み立てられていることがわかる。この分子軌道のエネルギーレベルは -0.6013 Ry である。πブロックは 2 つあるが，固有値，固有ベクトルとも同じである。すなわちこれらは 2 重縮退していることになる。エネルギーレベルは低い方から $1\pi, 2\pi$ と記号を付けることにするが，1π は -0.8521，分子軌道は $\phi_{1\pi} = 0.3661\chi_{2p_{x,y}} + 0.8203\chi_{O2p_{x,y}}$ である。この軌道は 2 重縮退しているので，4 個の電子を収容できる。

行列の計算は対称ブロック毎に行ったが，次に **4. 分子軌道をエネルギーの低い順に並べて電子をつめる**。分子軌道はエネルギーを図 6D-6 にプロットした。エネルギーレベルの低い順から並べると $1\sigma, 2\sigma, 3\sigma, 4\sigma, 1\pi, 5\sigma, 2\pi, 6\sigma$ の順になり CO 分子の 14 個の電子をエネルギーの低い順からつめていくと，5σ まで占有され $2\pi, 6\sigma$ が空軌道になる。

エネルギーの一番高い占有軌道を HOMO（highest occupied molecular orbital），エネルギーの

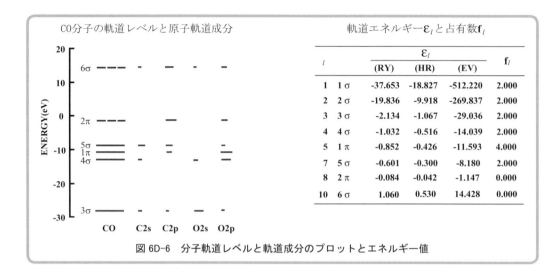

図 6D-6　分子軌道レベルと軌道成分のプロットとエネルギー値

一番低い空軌道を LUMO (lowest unoccupied molecular orbital) と呼ぶことがあるが，この場合は 5σ が HOMO，2π が LUMO ということになる．得られた分子軌道のうち 1σ と 2σ はエネルギーから見ても，それぞれ O1s, C1s の原子軌道と同じで，隣の原子からほとんど影響を受けていない内殻軌道であることがわかる．その他の分子軌道は外殻原子軌道 C 2s, 2p, O 2s, 2p のいろいろな組み合わせでできていて，その詳細は固有ベクトル C を見ればわかるのであるが，波動関数をプロットすれば一目で分子軌道の形を理解することができる．例えば先に述べた HOMO の 5σ の波動関数はだいたい

$$\phi_{5\sigma} = 0.82\chi_{C2s} - 0.57\chi_{C2p_z} + 0.40\chi_{O2p_z}$$

と書けるので，C 2s, 2p, O 2p 軌道の組み合わせでできている．この波動関数のプロットや等高線プロットを図 6D-7 に示すが，原子軌道の重なり具合や分子軌道の広がり方が良くわかる．

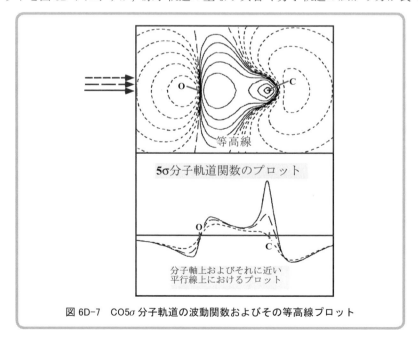

図 6D-7　CO5σ 分子軌道の波動関数およびその等高線プロット

他の分子軌道についても等高線のプロットを図 6D-8 に示す。3σ は O 2s と C 2s, 2p が混入したもの，4σ は C 2s と O2s, 2p でできた結合軌道であることが良くわかる。また結合性の 1π は O 原子に偏り，反結合性の 2π は C 原子に偏った軌道であることがわかる。占有軌道に電子を詰めていくと，分子全体の電子密度が得られる。この等高線も図 6D-8 にプロットしたが，分子の電子雲の形をみることができる。このようなグラフから分子軌道や電子密度分布そのものは良くわかる。しかしこのような図からだけでは定量的な議論はできない。

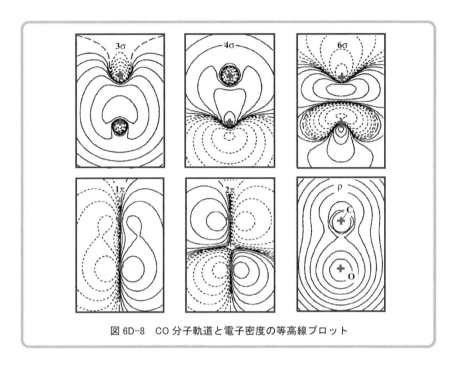

図 6D-8　CO 分子軌道と電子密度の等高線プロット

そこでつぎに 5. **マリケンの電子密度解析**の方法で軌道電子を分子軌道を作っている原子軌道成分に分配し，それを各原子について積算する。このようにすると各原子軌道の占有数と原子の有効電荷が数値的に得られる。マリケンの電子密度解析については 5-4 節で述べた。計算は最初 C，O 原子が中性原子であると仮定して，原子のシュレディンガー方程式を解くことから始めた。したがって分子のポテンシャルも中性原子のポテンシャルの重ね合わせで作られた。

しかし分子中ではポテンシャルの低いところへ電荷移行が起こり，中性原子とは違った電子密度分布になる。分子軌道計算ではこのことを再現することができるので，分子の電荷密度を解析することにより定量的に理解できるのである。その結果を表 6D-1 に示した。有効軌道

表6D-1　CO分子のマリケン電子密度解析

原子軌道	初期値	終値
C 1s	2.00000	2.00021
C 2s	2.00000	1.60679
C 2p	2.00000	1.89079
O 1s	2.00000	2.00013
O 2s	2.00000	1.80829
O 2p	4.00000	4.69379

電子数（orbital population, オービタルポピュレーション）$Q_{C2s} = 1.61$, $Q_{C2p} = 1.88$, $Q_{O2s} = 1.81$, $Q_{O2p} = 4.70$ となり，各原子で合計すると $Q_C = 5.49$, $Q_O = 8.51$ という有効電荷が得られる。したがって，電子約0.5個分の電荷密度がCからOへ移行したと考えることができ，$C^{+0.5}O^{-0.5}$のように部分的にイオン性が生じたということになる。

さてCO分子の計算でマリケンの電子密度解析を行ってオービタルポピュレーションを求めてみると，最初仮定した中性原子の値からは，かなり変化していることがわかった。すなわちセルフ・コンシステントになっていない。そこで解析して得られた原子の電子密度を用いて，もう一度原子のシュレディンガー方程式を解くことから始め分子軌道の計算を繰り返してみる。すなわち **6. セルフ・コンシステント・フィールドが得られるまで繰り返し計算を行う**。計算で得られた結果を最初に戻して計算を繰り返すということである。実際には新しく得られた原子の電子密度の何割かを最初に用いたものに混ぜ，原子の電子密度を作り直して計算を始めるという方法をとる。すなわち

$$\rho_{next} = (1-x)\rho_{old} + x\rho_{new}$$

として得られた電子密度を使う。この方法はセルフ・コンシステント・チャージ（self-consistent-charge）法と呼ばれ，簡便なSCFの近似法である。x に通常 0.2−0.3 の値を用いると効率よくSCFの結果が得られる。CO分子の場合 $x = 0.3$ として繰り返し計算を行っていくと，30回程度の繰り返しでオービタルポピュレーションの値が 0.00001 以下の精度で収束し，SCFの結果が得られる。オービタルポピュレーション Q_i の初期値は，イオン性があまり大きくないと考えられるものや化学的性質が未知なものは，中性原子の電子配置から決め計算をスタートすればよい。またイオン的なものは最初からイオンの形式電荷に相当する Q_i の値を仮定して計算すればSCFへの収束が速い。以上述べたSCC近似によるDV-Xα計算の順序をまとめたものを図6D-9に示す。

DV-Xα法によるSCF計算

分子軌道 LCAO　　$\phi_l = \Sigma C_{il} \chi_i$

1. 原子のシュレディンガー方程式を計算
   原子軌道（基底関数）、ポテンシャルを作る
   $(\frac{1}{2}\nabla^2 + V_{atom})\chi_i = \varepsilon_i \chi_i$

2. 永年方程式の行列要素 H_{ij}, S_{ij} を数値積分
   $H_{ij} = \sum_{k=1}^{N} \omega(\mathbf{r}_k)\chi_i(\mathbf{r}_k) h \chi_j(\mathbf{r}_k)$
   $S_{ij} = \sum_{k=1}^{N} \omega(\mathbf{r}_k)\chi_i(\mathbf{r}_k) \chi_j(\mathbf{r}_k)$

3. 永年方程式
   $(\tilde{H} - \varepsilon\tilde{S})\tilde{C} = 0$
   の対角化
   ⇓
   軌道エネルギー ε, 分子軌道の係数 C を求める
   （エネルギーレベル図，波動関数図）

4. 分子軌道に電子をつめる
   分子の電子密度を得る

5. 電子密度解析
   分子軌道（密度）を原子軌道（密度）に分析
   原子軌道（基底関数）の作り直し

6. SCFの繰り返し計算
   電荷移行，共有結合電荷などSCFの結果を得る

図6D-9　SCC-DV-Xα計算の流れ図

SCF計算の結果，最終的な軌道エネルギーや電荷密度の情報が出力される。またこれらをグラフィックのソフトで視覚化してみることができる。分子軌道レベルのプロットは図6D-6に示したように，同時に原子軌道成分の大きさをその長さでプロットしておくと，分子軌道の中身が直ぐに理解できる。SCF計算の結果を見ると，分子軌道エネルギーの値はSCFの繰り返しによって変化するが，レベルの順序は変わらない。表6D-2に解析結果を示したが，オービタルポピュレーションの値は第1回目の値と大分違っている。また電荷移行の量もかなり小さく，イオン性は$C^{+0.1}O^{-0.1}$程度になる。また表6D-3は各分子軌道のマリケンの電子密度解析の結果を示すが，5σはC2s;44%, O2s;39%, O2p;16%の成分ででき上がっていることなどがわかる。原子軌道の成分は大雑把にはレベル図のプロットからもわかる。

表6D-2 SCF計算によるCO分子のorbital population

	C	O
1s	2.000	2.000
2s	1.604	1.794
2p	2.294	4.307
Q_A	5.899	8.101
net charge	+0.101	-0.101

表6D-3 SCF計算によるCO分子の軌道エネルギーと成分

	ε_l (eV)	f_l	C 2s	C 2p	O 2s	O 2p
1σ	-509.54	2.00				
2σ	-270.97	2.00				
3σ	-28.19	2.00	0.142	0.122	0.637	0.100
4σ	-12.98	2.00	0.224	-0.002	0.249	0.530
1π	-10.85	4.00		0.317		0.683
5σ	-8.73	2.00	0.436	0.394	0.012	0.158
2π	-1.23	0.00		0.683		0.317
6σ	+14.59	0.00	0.198	0.487	0.103	0.213

参考文献

1) DV-Xα法の計算手引書として，『はじめての電子状態計算－DV-Xα分子軌道計算への入門－』，小和田，田中，中松，水野 著，三共出版 (1998) が出版されていて，計算の詳細な説明がなされている。また前書の改訂版が出版予定である。

2) 計算プログラムはフォートラン言語で書かれており，その詳細な説明は『DV-Xα法による電子状態計算－そのプログラムと解説－』，岩沢，足立 著，三共出版 (1996) でなされている。

7 オキソアニオンの分子軌道

この章では，前章の簡単な分子よりやや複雑になるが，多くの物質の基本単位となる，単量体のオキソアニオン (oxoanion) の分子軌道について考えてみる。オキソアニオン（単量体）とは，ある元素 X が酸素と結合した $XO_n^{(2n-p)-}$ で表される陰イオンのことで，多くの塩や錯体および鉱物を作る，物質の最も基本的な構成単位であるが，ここで取り扱う炭酸イオン，硝酸イオン，硫酸イオンなどは我々の日常生活でもなじみの深いイオンである。一般に酸と塩基が混合すると，中和反応が起こり塩を生成する。酸・塩基反応の機構や塩の安定性については，酸・塩基の強さや硬さといった概念で議論されることが多い。こういった性質は，それらの電子状態や化学結合が大きく関係すると考えられる。オキソアニオンは水溶液中では，OH^- 基をもつオキソ酸 (H_mXO_n or $XO_{n-m}(OH)_m$) として存在する。X の電気陰性度が大きくなり，酸素の電子を強く引き付けるようになると O-H 基の結合が弱められ，その結果 H^+ が放出されオキソアニオンとなる。オキソ酸の酸としての強さは $n-m$ の大きさで決まるといわれている。それはオキソ酸中の負の電荷が多くの酸素に分散され，そのため各酸素の H^+ を引き付ける力が弱まるので，酸の強さが増加すると考えられるからである。ここでは簡単で基本的なオキソアニオンの分子軌道を作り，電子状態と化学結合について検討してみたい。

7-1 オキソアニオンの構造

オキソアニオンの典型的なものとしては，X が第2周期元素の場合の酸素が3配位した XO_3^{n-} や，X が第3周期元素の場合の4配位した XO_4^{n-} がある。図7-1に示すように XO_3^{n-} にはホウ酸イオン (BO_3^{3-})，炭酸イオン (CO_3^{2-})，硝酸イオン (NO_3^-) などがあり，平面正三角

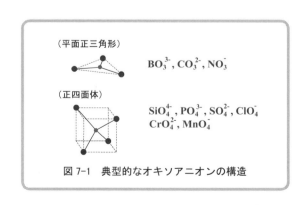

図 7-1 典型的なオキソアニオンの構造

形の構造をとる。また XO_4^{n-} にはケイ酸イオン（SiO_4^{4-}），リン酸イオン（PO_4^{3-}），硫酸イオン（SO_4^{2-}），過塩素酸イオン（ClO_4^-）などがあり，正四面体構造をとるものが多い。X が遷移金属のクロム酸イオン（CrO_4^{2-}）や過マンガン酸イオン（MnO_4^-）などもあり同じ構造をとる。

　陽イオンの周りに陰イオンが配位する場合，単純に幾何学的な考察をすると陽イオンが大きいほど配位数は大きくなると考えられる。今，酸化物イオンが最密充填構造に配列し，その四面体隙間に陽イオンが入り込んだ場合，図 7-2 に示すように陰イオンの配位数は 4 で正四面体構造 XO_4^{n-} をとる。この場合，立方体の 1 辺を a とすると 2 つの陰イオンが接する辺は $\sqrt{2}\,a$ でこれは $2r_-$ に等しい。また立方体の対角線は $\sqrt{3}\,a$ でこれは $2(r_+ + r_-)$ に等しい。ここで r_- は陰イオン半径，r_+ は陽イオン半径とする。これから $r_+/r_- = (\sqrt{3} - \sqrt{2})/\sqrt{2} = 0.2247$ の関係が得られる。この構造では陰イオン同士が接しているので，その静電反発のためこれ以上陽イオンの半径が小さくなることはできない。むしろ陽イオンが大きくなり，陰イオン同士が少し離れる方が安定になると考えられる。陽イオンの半径が大きくなり，隙間が大きくなっていくと配位数が増加することになる。つぎに配位数が増加した正八面体 6 配位の場合を考える。陽イオンを中心に 4 つの陰イオンを含む面で切って見ると，陰イオン間の距離 $2 \times r_-$ は中心から陰イオンまでの距離 $r_+ + r_-$ の $\sqrt{2}$ 倍に等しいことがわかる。したがって $r_+/r_- = (\sqrt{2} - 1) = 0.4142$ となる。これからイオン半径比が 0.22～0.41 では四面体 4 配位構造をとるのが安定であるが，0.41 以上になると正八面体 6 配位が安定になると予想できる。同様に種々の配位数に対する幾何学構造を仮定してイオン半径比 r_+/r_- を計算することができる。このような考察から表 7-1 に示されるようなイオン半径比と配位構造との関係が得られる。これをポーリングのイオン半径比則と呼ぶ。

　それでは，この半径比則をオキソアニオンの場合に適用してみよう。イオンは実際には，電子雲の衣を纏っているので，厳密にはイオンの半径を決めることはできない。しかし，以前から多くの研究者がいろいろな物質の原子間距離の測定値から，仮想的なイオン半径を算出し表

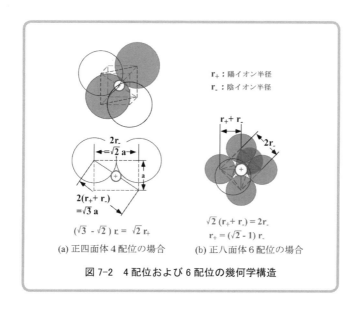

図 7-2　4 配位および 6 配位の幾何学構造

表 7-1 イオン半径比と配位数との関係

配位数	形状	半径比 $\left(\frac{r_+}{r_-}\right)$	$r_-=1.40\text{Å}$のときの半径 $r_+(\text{Å})$
2	直線	<0.15	<0.21
3	正三角形	0.15~0.22	0.21~0.31
4	正四面体	0.22~0.41	0.31~0.57
6	正八面体	0.41~0.73	0.57~1.02
8	立方体	>0.73	>1.02

表7-2　Crystal Radii and Univalent Radii of Ions

From Pauling "The Nature of the Chemical Bond"

						H^- 2.08 (2.08)	He (0.93)	Li^+ 0.60 (0.60)	Be^{++} 0.31 (0.44)	B^{3+} 0.20 (0.35)	C^{4+} 0.15 (0.29)	N^{5+} 0.11 (0.25)	O^{6+} 0.09 (0.22)	F^{7+} 0.07 (0.19)
C^{4-} 2.60 (4.14)	N^{3-} 1.71 (2.47)	O^{2-} 1.40 (1.76)	F^- 1.36 (1.36)	Ne (1.12)				Na^+ 0.95 (0.95)	Mg^{2+} 0.65 (0.82)	Al^{3+} 0.50 (0.72)	Si^{4+} 0.41 (0.65)	P^{5+} 0.34 (0.59)	S^{6+} 0.29 (0.53)	Cl^{7+} 0.26 (0.49)
Si^{4-} 2.71 (3.84)	P^{3-} 2.12 (2.79)	S^{2-} 1.84 (2.19)	Cl^- 1.81 (1.81)	Ar (1.54)				K^+ 1.33 (1.33)	Ca^{2+} 0.99 (1.18)	Sc^{3+} 0.81 (1.06)	Ti^{4+} 0.68 (0.96)	V^{5+} 0.59 (0.88)	Cr^{6+} 0.52 (0.81)	Mn^{7+} 0.46 (0.75)
								Cu^+ 0.96 (0.96)	Zn^{2+} 0.74 (0.88)	Ga^{3+} 0.62 (0.81)	Ge^{4+} 0.53 (0.76)	As^{5+} 0.47 (0.71)	Se^{6+} 0.42 (0.66)	Br^{7+} 0.30 (0.62)
Ge^{4-} 2.72 (3.71)	As^{3-} 2.22 (2.85)	Se^{2-} 1.98 (2.32)	Br^- 1.95 (1.95)	Kr (1.69)				Rb^+ 1.48 (1.48)	Sr^{2+} 1.13 (1.32)	Y^{3+} 0.93 (1.20)	Zr^{4+} 0.80 (1.09)	Nb^{5+} 0.70 (1.00)	Mo^{6+} 0.62 (0.93)	
								Ag^+ 1.26 (1.26)	Cd^{2+} 0.97 (1.14)	In^{3+} 0.81 (1.04)	Sn^{4+} 0.71 (0.96)	Sb^{5+} 0.62 (0.89)	Te^{6+} 0.56 (0.82)	I^{7+} 0.50 (0.77)
Sn^{4-} 2.94 (3.70)	Sb^{3-} 2.45 (2.95)	Te^{2-} 2.21 (2.50)	I^- 2.16 (2.16)	Xe (1.90)				Cs^+ 1.69 (1.69)	Ba^{2+} 1.35 (1.53)	La^{3+} 1.15 (1.39)	Ce^{4+} 1.01 (1.27)			
								Au^+ 1.37 (1.37)	Hg^{2+} 1.10 (1.25)	Tl^{3+} 0.95 (1.15)	Pb^{4+} 0.84 (1.06)	Bi^{5+} 0.74 (0.98)		

として与えている．よく知られているものに，表7-2に示すポーリングのイオン半径がある．これ以外にはShanonn & Prewitt[*1]が，新しい原子間距離の実験値から，詳細なイオン半径の表を与えている．この表の値は実験値に則して，種々の配位数や酸化数に対して決められている．したがって，実際の物質を考えるときはより正確なイオン半径を与えると考えてよい．これに対して，ポーリングの値はいろいろな仮定を取り入れた理論的な値と考えてよく，仮想的なイオンを考えるときは便利である．ポーリングの半径を用いると，O^{2-}イオンの半径は1.40Åである．また，各元素の陽イオン半径が与えられているので，これを元素の原子番号に対してプロットすると図7-3のようになる．この図では，酸化数+1および最高酸化数の陽イオンに

---

*1　R.D.Shannon, *Acta Crystallogr.*, **A32**,751(1976).

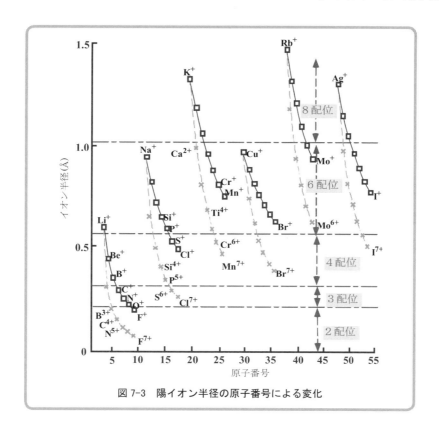

図 7-3　陽イオン半径の原子番号による変化

ついての値をプロットしてある。また，配位数の境界の陽イオン半径から，各配位数の境界線が示してある。この図から，第 2 周期のオキソアニオンは 2 配位，第 3 周期では S や Cl は 3 配位ということになるので，現実の配位数はこの規則に従わない。この理由の 1 つとして，これらのオキソアニオンでは X-O の共有結合が強く，単純なイオンモデルでは説明できないことが考えられる。しかしながら一般的には，このイオン半径則は，陽イオン周りの陰イオンの配位数を予想するのに便利であり，よく用いられている。

7-2　BF_3 の分子軌道

それでは，平面正三角形 3 配位のオキソアニオン，BO_3^{3-}, CO_3^{2-}, NO_3^- の分子軌道を考えてみよう。そもそもオキソアニオンは負の電荷を持っているので，孤立イオンそれ自身としては不安定で，周りに正のカウンターイオンが存在してはじめて安定になる。これらと同じ構造を持つものとして，BF_3 などいくつかの分子が存在することが知られている。XO_3^{m-} オキソアニオンの分子軌道は BF_3 のものと同様である。この分子の構造は，図 7-1 にも示した平面正三角形で，もう一度図 7-4 に示す。BF_3 分子の分子軌道は，B 原子軌道と F_3 対称軌道との相互作用で形成される。F_3 対称軌道は価電子領域では F 2s, 2p 軌道でできる。2s からできる対称軌道は NH_3 分子で考えた H_3 対称軌道と同じである。すなわち

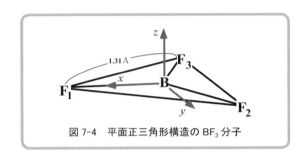

図 7-4　平面正三角形構造の BF₃ 分子

$$\left.\begin{array}{ll}\phi_1 = \chi_{2s}^{(1)} + \chi_{2s}^{(2)} + \chi_{2s}^{(3)} & (a_1') \\ \phi_2 = \chi_{2s}^{(1)} - \dfrac{1}{2}\chi_{2s}^{(2)} - \dfrac{1}{2}\chi_{2s}^{(3)} & (e_1') \\ \phi_3 = \chi_{2s}^{(2)} - \chi_{2s}^{(3)} & (e_2')\end{array}\right\} \qquad (7\text{-}1)$$

であり，対称性は点群 D_{3h} で表される．原子軌道 $\chi_i^{(n)}$ の右肩の（ ）内の数字 n は原子の番号を表す．この場合全原子が含まれる平面が鏡映面 σ_h になり，これらの対称軌道は a_1' および e' (e' は二重縮退) グループに入る．F 2p 軌道からできる対称軌道にはこれらと同じ対称性を持つものがあり，それらは

$$\left.\begin{array}{ll}\phi_4 = \chi_{2p_x}^{(1)} - \dfrac{1}{2}\chi_{2p_x}^{(2)} + \dfrac{\sqrt{3}}{2}\chi_{2p_y}^{(2)} - \dfrac{1}{2}\chi_{2p_x}^{(3)} + \dfrac{\sqrt{3}}{2}\chi_{2p_y}^{(3)} & (a_1') \\ \phi_5 = \chi_{2p_x}^{(1)} + \dfrac{1}{4}\chi_{2p_x}^{(2)} - \dfrac{\sqrt{3}}{4}\chi_{2p_y}^{(2)} + \dfrac{1}{4}\chi_{2p_x}^{(3)} + \dfrac{\sqrt{3}}{4}\chi_{2p_y}^{(3)} & (e_1') \\ \phi_6 = \chi_{2p_y}^{(2)} - \sqrt{3}\chi_{2p_x}^{(2)} - \chi_{2p_y}^{(3)} + \sqrt{3}\chi_{2p_x}^{(3)} & (e_1') \\ \phi_7 = -\chi_{2p_x}^{(2)} + \sqrt{3}\chi_{2p_y}^{(2)} + \chi_{2p_x}^{(3)} + \sqrt{3}\chi_{2p_y}^{(3)} & (e_2') \\ \phi_8 = \chi_{2p_y}^{(1)} + \dfrac{1}{4}\chi_{2p_y}^{(2)} + \dfrac{\sqrt{3}}{4}\chi_{2p_x}^{(2)} + \dfrac{1}{4}\chi_{2p_y}^{(3)} - \dfrac{\sqrt{3}}{4}\chi_{2p_x}^{(3)} & (e_2')\end{array}\right\} \quad (7\text{-}2)$$

である．また式 (7-1) の対称軌道は σ_h に対して対称な軌道であるが，F $2p_z$ 軌道からできる反対称な対称軌道があり，それらは

$$\left.\begin{array}{ll}\phi_9 = \chi_{2p_z}^{(1)} + \chi_{2p_z}^{(2)} + \chi_{2p_z}^{(3)} & (a_2'') \\ \phi_{10} = \chi_{2p_z}^{(1)} - \dfrac{1}{2}\chi_{2p_z}^{(2)} - \dfrac{1}{2}\chi_{2p_z}^{(3)} & (e_1'') \\ \phi_{11} = \chi_{2p_z}^{(2)} - \chi_{2p_z}^{(3)} & (e_2'')\end{array}\right\} \qquad (7\text{-}3)$$

である．F 2p 軌道からできる対称軌道は全部で $3 \times 3 = 9$ なので式 (7-2), (7-3) の対称軌道以外にもう 1 つあり，それは

$$\phi_{12} = \chi_{2p_y}^{(1)} - \dfrac{1}{2}\chi_{2p_y}^{(2)} - \dfrac{\sqrt{3}}{2}\chi_{2p_x}^{(2)} - \dfrac{1}{2}\chi_{2p_y}^{(3)} + \dfrac{\sqrt{3}}{2}\chi_{2p_x}^{(3)} \qquad (a_2') \qquad (7\text{-}4)$$

である．これらの対称軌道が B 2s, 2p 軌道と相互作用して BF_3 の分子軌道が形成される．これらは対称性から B 原子軌道は

$$\left.\begin{array}{ll} \text{B 2s} & \Rightarrow a_1' \\ \text{B 2}p_z & \Rightarrow a_2'' \\ \text{B 2}p_x & \Rightarrow e_1' \\ \text{B 2}p_y & \Rightarrow e_2' \end{array}\right\} \tag{7-5}$$

のように相互作用する。また a_2' と e'' ブロックの対称軌道はB原子軌道とは相互作用しない。これら F 2p 軌道からできる対称軌道を模式図で表すと図 7-5 に示すようになる。

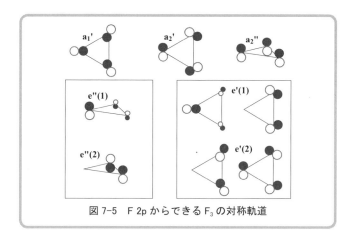

図 7-5　F 2p からできる F_3 の対称軌道

B 2s, 2p 軌道と F_3 対称軌道から BF_3 の分子軌道が形成される。BF_3 分子軌道のレベル構造を模式的に描くと図 7-6 に示すようになる。

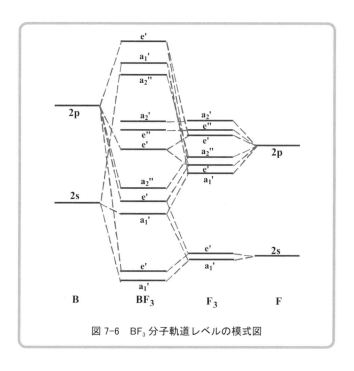

図 7-6　BF_3 分子軌道レベルの模式図

BF$_3$ と同じ構造を持つ BO$_3^{3-}$, CO$_3^{2-}$, NO$_3^-$ などのオキソアニオンの電子構造も BF$_3$ と同様で，図 7-6 のようなレベル構造になる。

7-3　BO$_3^{3-}$, CO$_3^{2-}$, NO$_3^-$ の電子状態と結合性

平面三角形型オキソアニオンの分子軌道計算を DV-Xα 法で行ってみる。分子軌道計算では原子の座標を入力する必要がある。多くの物質中の原子座標が X 線解析などの実験で得られている[*1]。

図 7-7 は計算で得られた BO$_3^{3-}$, CO$_3^{2-}$, NO$_3^-$ のレベル構造を示す。これら 3 つのアニオンのレベル構造は，非常に接近したレベルの順序が多少入れ替わっている以外ほぼ同じで，図 7-6 に一致している。占有軌道では，3a$_1$', 2e' は O 2s が主成分で X 2s との相互作用によるもの，4a$_1$', 1a$_2$'', 3e' は O 2s, 2p の混成軌道と X 2p との相互作用による軌道，4e', 1e'', 1a$_2$' はほとんど純粋な O 2p 軌道で形成された軌道である。また，非占有軌道 5a$_1$', 5e' はそれぞれ X 2s および 2p と O 2p との反結合軌道である。これらの分子軌道レベルの絶対値を見ると，いずれもエネルギー 0 の真空準位より高い軌道まで占有されており，エネルギー的には大変不安定である。また，これらアニオンの電荷が大きいものほど，その程度が大きいことがわかる。これらのアニ

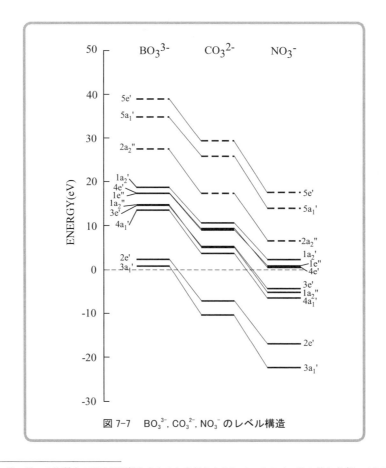

図 7-7　BO$_3^{3-}$, CO$_3^{2-}$, NO$_3^-$ のレベル構造

---

*1　付録 7A には，種々の物質中の原子間距離をまとめた表が与えられているので，その値を参考にできる。

オンは，実際には周りにカチオンを配位して酸や塩あるいは錯体の形で，水溶液中や化合物として存在する。このような化学環境の下では，その静電場の影響で，分子軌道レベルが低下し，エネルギー的に安定になる。しかし，光電子分光や X 線分光のデータをみると，これらのレベル構造は定性的にはほとんど変化せず，軌道レベルの間隔はそのまま保たれて平行に低下することが予想される。

表 7-3 にこれらのアニオンのマリケン電子密度解析の結果を示す。

表 7-3　BO_3^{3-}, CO_3^{2-}, NO_3^- のマリケン電子密度解析

		BO_3^{3-}	CO_3^{2-}	NO_3^-
Q_i	X 2s	0.387	0.733	1.125
	2p	1.414	2.144	2.932
	O 2s	1.898	1.866	1.862
	2p	5.502	5.175	4.786
net charge	X	1.199	1.123	0.943
	O	-1.400	-1.041	-0.648
Q_{X-O}		0.680	0.814	0.753

7-4　SiO_4^{4-}, PO_4^{3-}, SO_4^{2-}, ClO_4^- の電子状態と結合性

次に，正四面体 4 配位のオキソアニオン SiO_4^{4-}, PO_4^{3-}, SO_4^{2-}, ClO_4^- の分子軌道を調べてみる。まず，仮想的な O_4 分子を考え，O 2p 軌道からできる対称軌道を作ってみよう。これらのアニオンの構造は図 7-1 に示したが，もう一度図 7-8 に示す。対称性は点群 T_d で表される。O_4 対

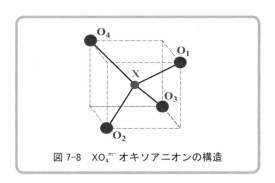

図 7-8　XO_4^{m-} オキソアニオンの構造

称軌道は O 2s からできるものは，前に述べた CH_4 の場合の H_4 対称軌道と同様であるが，O 2p からできるものと合わせて表 7-4 に示す。また O 2p からできる対称軌道を模式的に示すと，図 7-9 のようになる。

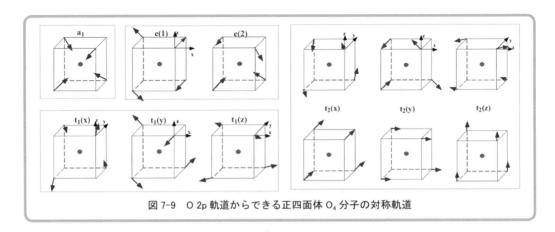

図 7-9 O 2p 軌道からできる正四面体 O₄ 分子の対称軌道

表 7-4 Td 対称正四面体 XO_4^{m-} の対称軌道

対称ブロック	X原子軌道	O_4対称軌道
a_1	X s	$\chi_{2s}^{(1)} + \chi_{2s}^{(2)} + \chi_{2s}^{(3)} + \chi_{2s}^{(4)}$
		$(\chi_{2p_x}+\chi_{2p_z}-\chi_{2p_y})^{(1)}+(\chi_{2p_x}-\chi_{2p_z}+\chi_{2p_y})^{(2)}+(-\chi_{2p_x}+\chi_{2p_z}+\chi_{2p_y})^{(3)}+(-\chi_{2p_x}-\chi_{2p_z}-\chi_{2p_y})^{(4)}$
$e_{(1)}$	X $d_{x^2-y^2}$	$(-\chi_{2p_x}+\chi_{2p_z})^{(1)}+(-\chi_{2p_x}-\chi_{2p_z})^{(2)}+(\chi_{2p_x}+\chi_{2p_z})^{(3)}+(\chi_{2p_x}-\chi_{2p_z})^{(4)}$
$e_{(2)}$	X $d_{3z^2-r^2}$	$(\chi_{2p_x}+\chi_{2p_z}+2\chi_{2p_y})^{(1)}+(\chi_{2p_x}-\chi_{2p_z}-2\chi_{2p_y})^{(2)}+(-\chi_{2p_x}+\chi_{2p_z}-2\chi_{2p_y})^{(3)}+(-\chi_{2p_x}-\chi_{2p_z}+2\chi_{2p_y})^{(4)}$
$t_{2(x)}$	X p_x	$\chi_{2s}^{(1)} + \chi_{2s}^{(2)} - \chi_{2s}^{(3)} - \chi_{2s}^{(4)}$
	X d_{yz}	$(-\chi_{2p_z}+\chi_{2p_y})^{(1)}+(\chi_{2p_z}-\chi_{2p_y})^{(2)}+(-\chi_{2p_z}-\chi_{2p_y})^{(3)}+(\chi_{2p_z}+\chi_{2p_y})^{(4)}$
		$\chi_{2p_x}^{(1)}+\chi_{2p_x}^{(2)}+\chi_{2p_x}^{(3)}+\chi_{2p_x}^{(4)}$
$t_{2(y)}$	X p_y	$\chi_{2s}^{(1)} - \chi_{2s}^{(2)} + \chi_{2s}^{(3)} - \chi_{2s}^{(4)}$
	X d_{zx}	$(\chi_{2p_x}-\chi_{2p_z})^{(1)}+(-\chi_{2p_x}-\chi_{2p_z})^{(2)}+(-\chi_{2p_x}+\chi_{2p_z})^{(3)}+(\chi_{2p_x}+\chi_{2p_z})^{(4)}$
		$\chi_{2p_y}^{(1)}+\chi_{2p_y}^{(2)}+\chi_{2p_y}^{(3)}+\chi_{2p_y}^{(4)}$
$t_{2(z)}$	X p_z	$\chi_{2s}^{(1)} - \chi_{2s}^{(2)} - \chi_{2s}^{(3)} + \chi_{2s}^{(4)}$
	X d_{xy}	$(\chi_{2p_x}+\chi_{2p_y})^{(1)}+(-\chi_{2p_x}+\chi_{2p_y})^{(2)}+(\chi_{2p_x}-\chi_{2p_y})^{(3)}+(-\chi_{2p_x}-\chi_{2p_y})^{(4)}$
		$-\chi_{2p_z}^{(1)}-\chi_{2p_z}^{(2)}-\chi_{2p_z}^{(3)}-\chi_{2p_z}^{(4)}$
$t_{1(x)}$		$(-\chi_{2p_z}-\chi_{2p_y})^{(1)}+(\chi_{2p_z}+\chi_{2p_y})^{(2)}+(-\chi_{2p_z}+\chi_{2p_y})^{(3)}+(\chi_{2p_z}-\chi_{2p_y})^{(4)}$
$t_{1(y)}$		$(\chi_{2p_x}+\chi_{2p_z})^{(1)}+(-\chi_{2p_x}+\chi_{2p_z})^{(2)}+(-\chi_{2p_x}+\chi_{2p_z})^{(3)}+(\chi_{2p_x}-\chi_{2p_z})^{(4)}$
$t_{1(z)}$		$(-\chi_{2p_x}+\chi_{2p_y})^{(1)}+(\chi_{2p_x}+\chi_{2p_y})^{(2)}+(-\chi_{2p_x}-\chi_{2p_y})^{(3)}+(\chi_{2p_x}-\chi_{2p_y})^{(4)}$

DV-Xα 計算で得られた XO_4^{n-} のレベル構造を図 7-10 に示した。この場合も最高被占有軌道のレベルエネルギーの絶対値は真空レベルより上がっている。したがって孤立イオンとして存在するのはエネルギー的に不安定であることがわかる。また表 7-5 にはこれらの電子密度解析の結果を示す。

表 7-5 XO_4^{m-} アニオンの電子密度解析

		SiO_4^{4-}	PO_4^{3-}	SO_4^{2-}	ClO_4^{-}
	X 3s	0.506	0.756	1.107	1.467
	3p	0.958	1.491	2.158	2.959
Q_i	3d	0.652	0.939	1.134	1.209
	O 2s	1.917	1.890	1.888	1.909
	2p	5.553	5.313	5.012	4.682
net charge	X	1.881	1.818	1.600	1.364
	O	-1.470	-1.203	-0.900	-0.591
Q_{X-O}		0.694	0.905	0.968	0.869

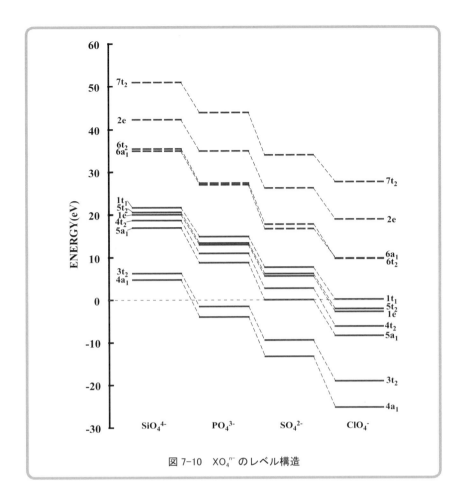

図 7-10　XO_4^{n-} のレベル構造

　第3周期元素の Si, P, S, Cl では最外殻軌道が 3p である。原子の場合は 3d 軌道は非占有の励起軌道であるが，分子軌道計算では 3d 軌道も含めた計算を行っている。そのような計算をすると，これらのオキソアニオンでは表 7-5 に示されるようにかなりの量の 3d 成分が含まれるようになることがわかる。これらの 3d 成分は，例えば価電子帯の蛍光 X 線スペクトルなどに現れることが実験でも確かめられている。

　これらのオキソアニオンが酸として存在するときの酸の強さは，極めて弱い酸：$B(OH)_3$,ケイ酸：$Si(OH)_4$ ＜ 弱い酸：炭酸 $CO(OH)_2$, リン酸：$PO(OH)_3$ ＜ 強い酸：$SO_2(OH)_2$, $NO_2(OH)$ ＜ 最も強い酸：$ClO_3(OH)$ の順になる。理論計算の結果，オキソアニオン中の酸化物イオンのイオン性（net charge）が表 7-3 と表 7-5 に示されている。上に述べたようにオキソ酸の酸としての強さは，酸素のイオン性によると考えられている。計算で得られた酸素のイオン性はそれらオキソ酸の経験的な酸の強さに対応していることがわかる。

7-5　CrO_4^{2-}, MnO_4^- の電子状態と結合性

　正四面体構造をもつ遷移金属のオキソアニオンとしては CrO_4^{2-} や MnO_4^- がある。これらのオキソアニオンは強い酸化剤として知られている。遷移金属イオンは最高酸化数をとり，形式

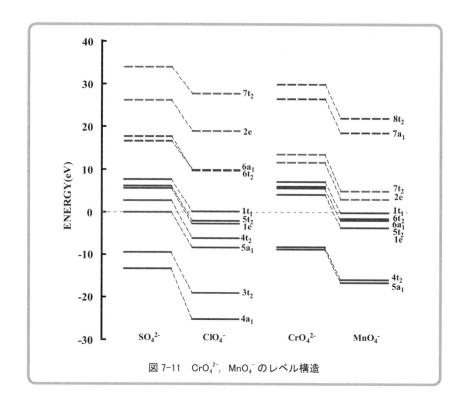

図 7-11　CrO_4^{2-}, MnO_4^- のレベル構造

電荷は Cr^{6+}, Mn^{7+} で d^0 配置である。しかし一般的に高原子価の遷移金属イオンの特徴として d 電子が結合に強く関与し，まわりの酸素との強い共有結合が形成されることが予想される。図 7-11 には CrO_4^{2-} および MnO_4^- の軌道レベルを，図 7-10 に示した SO_4^{2-}, ClO_4^- と比較した。この図でレベル 2e と $7t_2$ は 3d が主成分の軌道レベルである。SO_4^{2-}, ClO_4^- では 3d レベルは高いエネルギーにあるが，CrO_4^{2-} と MnO_4^- では価電子レベルの直ぐ上まで低下していることがわかる。

表 7-6 には CrO_4^{2-} と MnO_4^- の電子密度解析の結果を示す。この表からもわかるように，これら金属イオンは形式的には d^0 配置であるにもかかわらず 3d 軌道のポピュレーションが非常に大きい。このことは d 軌道が価電子状態に強く関与していることを示している。遷移金属の d 軌道と配位子との相互作用は後の章で詳しく議論することにする。

表 7-6　CrO_4^{2-} と MnO_4^- の電子密度解析

		CrO_4^{2-}	MnO_4^-
Q_i	M 3d	3.449	4.494
	4s	0.068	0.139
	4p	0.303	0.442
	O 2s	1.963	1.962
	2p	5.082	4.771
net charge	M	2.183	1.930
	O	-1.046	-0.733
Q_{M-O}		0.253	0.400

付　録

7A　物質中の原子間距離

Table of Interatomic Distances

　この表（p.190〜202）は，J.C.Slater 著 "Quantum Theory of Molecules and Solids" Vol.2, Appendix1. Interatomic Distances and Crystal Structures にまとめられた分子や結晶などの物質中における原子間距離を簡略して編集し直したものである。Slater の表は R.W.G. Wyckoff 著 "Crystal Structures" のデータを収録したものである。

　この表では，物質中の結合原子（結合），物質名（物質），結晶構造の簡略名あるいは分子，結晶の対称性（構造），原子間距離（距離）を軽元素側の原子番号順に示してある。最後によく現れよく知られている結晶構造の，この表で用いた簡略名と対称性（シェーンフリース記号とヘルマン-モーガン記号による空間群の対称操作）を表 7A-2 にまとめてある。それ以外の結晶構造を持つものは，構造の欄に対称性をシェーンフリース（Schönflies）記号で示した。またこれらの空間群のシェーンフリース記号とヘルマン-モーガン（Hermann-Mauguin）記号も表 7A-3 にまとめてある。さらに分子は構造の欄にその点群（O_h, T_d, $D_{\infty h}$, D_{5h}, D_{2h}, D_{2d}, $C_{\infty v}$, C_{3v}, C_{2v}, C_3, C_s, S_4）で示してある。

表 7A-1 Table of Interatomic Distances

結合	物質	構造	距離
H–H	H_2	($D_{\infty h}$)	0.74
H–Li	LiH	($C_{\infty v}$)	1.60
	LiH	(NaCl)	2.04
H–Be	BeH	($C_{\infty v}$)	1.34
	BeB_2H_3	(D_{2d})	1.28, 1.63
H–B	BH	($C_{\infty v}$)	1.23
	$(BH_4)^-$, in $NaBH_4$		1.25
H–C	CH	($C_{\infty v}$)	1.12
	$CHBr_3$	(C_{3v})	1.09
	CH_4	(T_d)	1.09
H–N	NH	($C_{\infty v}$)	1.04
	NH_3	(C_{3v})	1.01
	$(NH_4)^+$, in NH_4Cl		1.03
H–O	OH	($C_{\infty v}$)	0.97
	H_2O	(C_{2v})	0.96
H–F	HF	($C_{\infty v}$)	0.92
H–Na	NaH	($C_{\infty v}$)	1.89
H–Mg	MgH	($C_{\infty v}$)	1.73
H–Al	AlH	($C_{\infty v}$)	1.65
H–Si	SiH	($C_{\infty v}$)	1.52
	SiH_4	(T_d)	1.48
H–P	PH	($C_{\infty v}$)	1.43
	PH_3	(C_{3v})	1.42
H–S	SH	($C_{\infty v}$)	1.35
	H_2S	(C_{2v})	1.33
H–Cl	HCl	($C_{\infty v}$)	1.27
H–K	KH	($C_{\infty v}$)	2.24
H–Ca	CaH	($C_{\infty v}$)	2.00
H–Mn	MnH	($C_{\infty v}$)	1.73
H–Co	CoH	($C_{\infty v}$)	1.54
H–Ni	NiH	($C_{\infty v}$)	1.47
H–Cu	CuH	($C_{\infty v}$)	1.46
H–Zn	ZnH	($C_{\infty v}$)	1.59
H–Ge	GeH	($C_{\infty v}$)	1.59
	GeH_4	(T_d)	1.53
H–As	AsH_3	(C_{3v})	1.52
H–Se	SeH_2	(C_{2v})	1.47
H–Br	HBr	($C_{\infty v}$)	1.41
H–Rb	RbH	($C_{\infty v}$)	2.37
H–Sr	SrH	($C_{\infty v}$)	2.15
H–Ag	AgH	($C_{\infty v}$)	1.62
H–Cd	CdH	($C_{\infty v}$)	1.76
H–In	InH	($C_{\infty v}$)	1.84
H–Sn	SnH	($C_{\infty v}$)	1.79
H–Sb	SbH_3	(C_{3v})	1.71
H–I	HI	($C_{\infty v}$)	1.60
H–Cs	CsH	($C_{\infty v}$)	2.49
H–Ba	BaH	($C_{\infty v}$)	2.23
H–Au	AuH	($C_{\infty v}$)	1.52
H–Hg	HgH	($C_{\infty v}$)	1.74
H–Tl	TlH	($C_{\infty v}$)	1.87
H–Pb	PbH	($C_{\infty v}$)	1.84
H–Bi	BiH	($C_{\infty v}$)	1.81
Li–Li	Li_2	($D_{\infty h}$)	2.67
	metal	(bcc)	3.04
	metal	(fcc)	3.11
	metal	(hex)	3.11
Li–O	Li_2O	(fl)	2.00
	$LiNO_3$	(cal)	2.19
	$LiFePO_4$	(D_{2h}^{16})	2.10-2.26
Li–F	LiF	($C_{\infty v}$)	1.51
	LiF	(NaCl)	2.01
	$BaLiF_3$	(per)	2.00
Li–P	Li_3P	(Na_3As)	2.46-2.50
Li–S	Li_2S	(fl)	2.48
Li–Cl	LiCl	(NaCl)	2.57
Li–As	Li_3As	(Na_3As)	2.54-2.59
Li–Se	Li_2Se	(fl)	2.60
Li–Br	LiBr	(NaCl)	2.75
Li–Ag	LiAg	(CsCl)	2.75
Li–Sb	Li_3Sb	(Na_3As)	2.72-2.78
Li–Te	Li_2Te	(fl)	2.82
Li–I	LiI	($C_{\infty v}$)	2.39
	LiI	(NaCl)	3.00
Li–Hg	LiHg	(CsCl)	2.85
Li–Tl	LiTl	(CsCl)	2.97
Be–Be	metal	(hex)	2.23-2.29
Be–C	Be_2C	(fl)	1.88
Be–N	Be_3N_2	(Tl_2O_3)	1.71
Be–O	BeO	($C_{\infty v}$)	1.33
	BeO	(wu)	1.64
Be–F	BeF	($C_{\infty v}$)	1.36
	$(NH_4)_2BeF_4$	(D_{2h}^{16})	1.61
Be–P	Be_3P_2	(Tl_2O_3)	2.16
Be–S	BeS	(znb)	2.10
Be–Co	BeCo	(CsCl)	2.26
Be–Cu	BeCu	(CsCl)	2.33
Be–Se	BeSe	(znb)	2.20
Be–Pb	BePb	(CsCl)	2.44
Be–Te	BeTe	(znb)	2.41

7 オキソアニオンの分子軌道　191

結合	物質	構造	距離
B－B	B_2	$(D_{\infty h})$	1.59
	metal	(D_{2v}^8)	1.75-1.80
	B_4H_{10}	(C_{2h}^5)	1.75-1.85
	B_5H_{12}	(C_{2h}^5)	1.72-1.86
	B_4C	(C_{3d}^5)	1.74-1.80
	AlB_2	(AlB_2)	1.73
	ZrB_2	(AlB_2)	1.82
	CaB_6	(O_h^1)	1.72
	ThB_4	(D_{4h}^5)	1.74-1.80
B－C	B_4C	(D_{3d}^5)	1.64
B－N	BN	$(C_{\infty v})$	1.28
	BN	(D_{6h}^4)	1.45
B－O	BO	$(C_{\infty v})$	1.20
	BPO_4	(S_4^2)	1.44
	$BAsO_4$	(S_4^2)	1.44
	H_3BO_3	(C_i^1)	1.36
	$Co_3(BO_3)_2$	(D_{2h}^{12})	1.34-1.42
	YBO_3	(cal)	1.27
	$Ag_3(BO_3)_2$	(D_{2h}^{12})	1.34-1.42
	$InBO_3$	(cal)	1.19
B－F	BF	$(C_{\infty v})$	1.26
	BF_3	(D_{3h})	1.31
B－Cl	BCl	$(C_{\infty v})$	1.72
	BCl_3	(D_{3h})	1.73
B－Br	BBr	$(C_{\infty v})$	1.88
	BBr_3	(D_{3h})	1.87
B－Th	ThB_4	(D_{4h}^5)	2.78-3.10
C－C	C_2	$(D_{\infty h})$	1.31
	diamond	(di)	1.54
	graphite	(gr)	1.42
	C_2H_6		1.54
	C_2H_4		1.34
	C_2H_2		1.20
	B_4C	(D_{3d}^5)	1.39
C－N	CN	$(C_{\infty v})$	1.17
	CN_4O_8	(S_4 or D_{2h})	1.47
	NH_4SCN	(C_{2h}^5)	1.25
	NaOCN	(D_{3d}^5)	1.13
	$CaCN_2$	(D_{3d}^5)	1.16
C－O	CO	$(C_{\infty v})$	1.13
	CH_3OH		1.43
	NaOCN	(D_{3d}^5)	1.21
	$CaCO_3$	(ar)	1.30-1.33
	$CaCO_3$	(cal)	1.25
	Other carbonates		1.15-1.23
	$Ni(CO)_4$	(T_h^5)	1.15
C－F	CF	$(C_{\infty v})$	1.27
	CF_4	(T_d)	1.32
C－Cl	CCl_4	(T_d)	1.77

結合	物質	構造	距離
C－Br	CBr_4	(T_d)	1.94
C－I	CI_4	(T_d)	2.15
N－N	N_2	$(D_{\infty h})$	1.10
	$N_2H_6SO_4$	(D_2^4)	1.40
	$Sr(N_3)_2$	(D_{2h}^{24})	1.12
N－O	NO	$(C_{\infty v})$	1.15
	N_2O_5	(mol)	1.18
	N_2O_6	(D_{6h}^4)	1.15-1.24
	$LiNO_3$	(cal)	1.17
	NH_4NO_3	(D_{2h}^{16})	1.24-1.26
	$NH_4NO_3 2HNO_3$	(D_2^3)	1.20-1.33
	$NaNO_3$	(cal)	1.27
	KNO_3	(ar)	1.20-1.22
N－F	NF_3	(C_{3v})	1.37
N－Cl	NClO	(C_3)	1.95
	$NClO_2$	(C_{2v})	1.79
N－Br	NBrO	(C_3)	2.14
O－O	O_2	$(D_{\infty h})$	1.21
O－F	F_2O	(C_{2v})	1.42
F－F	F_2	$(D_{\infty h})$	1.42
Na－O	Na_2O	(fl)	2.41
	$NaNO_3$	(cal)	2.37
	Na_2SO_3	(D_{3i}^1)	2.45
	$NaClO_3$	(T^4)	2.38-2.48
	$NaBrO_3$	(T^4)	2.38-2.48
	$NaNiO_2$	(C_{2h}^3)	2.29-2.34
	$NaNbO_3$	(per)	2.75
	$NaTaO_3$	(per)	2.74
	$NaWO_3$	(per)	2.73
	$NaH(PO_3NH_2)$	$(C_6^6$ or $C_6^3)$	2.39-2.43
	$NaAlFAsO_4$	(C_{2h}^6)	2.40-2.47
	$Na_2Ca_2(CO_3)_3$	(C_{2v}^{14})	2.34
Na－F	NaF	(NaCl)	2.31
	$NaHF_2$	(D_{3d}^5)	2.30
Na－Na	Na_2	$(D_{\infty h})$	3.08
	metal	(bcc)	3.72
Na－P	Na_3P	(Na_3S)	2.87-2.93
Na－S	Na_2S	(fl)	2.82
Na－Cl	NaCl	(NaCl)	2.82
Na－As	Na_3As	(Na_3As)	2.94-2.99
Na－Se	Na_2Se	(fl)	2.95
Na－Br	NaBr	(NaCl)	2.98
Na－Nb	$NaNbO_3$	(per)	3.37
Na－Sb	Na_3Sb	(Na_3As)	3.10-3.16
Na－Te	Na_2Te	(fl)	3.17
Na－I	NaI	(NaCl)	3.24

結合	物質	構造	距離	結合	物質	構造	距離
Na－Ta	$NaTaO_3$	(per)	3.36		$Al(PO_3)_3$	(T_d^6)	1.80-1.83
Na－W	$NaWO_3$	(per)	3.34		Al_2MgO_4	(sp)	1.93
Na－Bi	Na_2Bi	(Na_2As)	3.16-3.22		Al_2MnO_4	(sp)	1.95
					Al_2FeO_4	(sp)	1.95
Mg－N	Mg_3N_2	(Tl_2O_3)	2.12		Al_2CoO_4	(sp)	1.91
Mg－O	MgO	(NaCl)	2.10		Al_2NiO_4	(sp)	1.90
	$MgCO_3$	(cal)	2.15		Al_2ZnO_4	(sp)	1.91
	$MgTiO_3$	(il)	1.98-2.17		$NaAlFAsO_4$	(C_{2h}^6)	1.80-1.86
	Mg_2TiO_4	(sp)	2.00		$KAlO_4$	(O_h^7)	1.66
	Mg_2SnO_4	(sp)	2.15		$Ca_2Al_2(SiO_4)_3$(ga)		1.93
	$Mg(UO_2)O_2$	(D_{2h}^{28})	1.98-2.19		$YAlO_3$	(per)	1.84
	$Mg_3(BO_3)_2$	(D_{2h}^{12})	2.15		$Y_2Al_2(AlO_4)_3$(ga)		1.80-1.87
	Al_2MgO_4	(sp)	1.91		$LaAlO_3$	(per)	1.89
	Cr_2MgO_4	(sp)	1.93	Al－F	AlF_3	(D_3^7)	1.70-1.89
	Fe_2MgO_4	(sp)	2.02		$TlAlF_4$	(D_{4h}^1)	~1.8
	Ga_2MgO_4	(sp)	2.03	Al－Al	metal	(fcc)	2.86
	In_2MgO_4	(sp)	1.86	Al－P	AlP	(znb)	2.35
Mg－F	MgF_2	(ru)	1.98-2.05	Al－Cl	$NaAlCl_4$	(D_2^4)	2.11-2.16
	$KMgF_3$	(per)	1.99	Al－Ni	AlNi	(CsCl)	2.44
Mg－Mg	metal	(hex)	3.20-3.21	Al－As	AsAl	(znb)	2.43
Mg－Si	Mg_2Si	(fl)	2.76	Al－Br	$AlBr_3$	(C_{2h}^5)	2.23-2.42
Mg－P	Mg_3P_2	(Tl_2O_3)	2.55	Al－Sb	AlSb	(znb)	2.66
Mg－S	MgS	(NaCl)	2.60	Al－Nb	AlNd	(CsCl)	3.23
	In_2MgS_4	(sp)	2.48				
Mg－Cl	$MgCl_2$	$(CdCl_2)$	2.54	Si－C	SiC	(znb)	1.89
Mg－Ge	Mg_2Ge	(fl)	2.76	Si－O	SiO_2 (severalstructure)		1.52-1.69
Mg－As	Mg_3As_2	(Tl_2O_3)	2.62		$Ca_3Al_2(SiO_4)_3$(ga)		1.70
Mg－Se	MgSe	(NaCl)	2.73	Si－F	SiF	$(C_{\infty v})$	1.60
Mg－Br	$MgBr_2$	(CdI_2)	2.70		SiF_4	(T_d)	1.55
Mg－Sr	MgSr	(CsCl)	3.38		SiF_4	(T_d^3)	1.56
Mg－Ag	MgAg	(CsCl)	2.85		$(SiF_6)^{--}$	(O_h)	1.71
Mg－Sn	Mg_2Sn	(fl)	2.93	Si－Si	Si_2	$(D_{\infty h})$	2.25
Mg－Sb	Mg_3Sb_2	(La_2O_3)	2.82-3.12		element	(di)	2.35
Mg－Ta	MgTe	(wu)	2.75		Si_2H_6	(D_{3d})	2.32
Mg－I	MgI_2	(CdI_2)	2.94		Si_2Cl_6	(D_{3d})	2.32
Mg－La	MgLa	(CsCl)	3.43	Si－Cl	$SiCl_4$	(T_d)	2.01
Mg－Ce	MgCe	(CsCl)	3.38	Si－Br	$SiBr_4$	(T_d)	2.15
Mg－Pr	MgPr	(CsCl)	3.36	Si－I	SiI_4	(T_d)	2.43
Mg－Au	MgAu	(CsCl)	2.83	P－N	$P_3Cl_6N_3$	(D_{3h})	1.65
Mg－Hg	MgHg	(CsCl)	2.98	P－O	P_2O_5	(C_{2v}^{19})	1.40-1.65
Mg－Tl	MgTl	(CsCl)	3.14		$(PO_4)^{-3}$	phosphates	1.54-1.56
Mg－Pb	Mg_2Pb	(fl)	2.96		$Al(PO_3)_3$	(T_d^6)	1.39-1.60
Mg－Bi	Mg_3Bi_2	(La_2O_3)	2.88-3.18	P－F	PF_5	$(D_{\infty h})$	1.57
Al－B	AlB_2	(AlB_2)	2.37	P－P	P_2	$(D_{\infty h})$	1.89
Al－C	Al_4C_3	(D_{3d}^5)	1.90-2.82		element, black(I)		2.17-2.20
Al－N	AlN	(wu)	1.86	P－S	P_4S_3	(C_{3v})	2.25
Al－O	AlO	$(C_{\infty v})$	1.62		P_4S_3	(C_{3v})	2.10
	Al_2O_3	(cor)	1.84-1.98	P－Cl	$P_3Cl_6N_3$	(D_{3h})	1.97
	$AlPO_4$	$(D_3^4$ or $D_3^6)$	1.70		PCl_5	(C_{4h}^3)	1.97-2.08

7 オキソアニオンの分子軌道

結合	物質	構造	距離	結合	物質	構造	距離
S−C	NH_4SCN	(C_{2h}^5)	1.59	K−K	K_2	$(D_{\infty h})$	3.92
	CS_2	$(D_{\infty h})$	1.56		metal	(bcc)	4.51
S−N	$H_2N \cdot SO_3H$	(mol)	1.76	K−Ni	$KNiF_3$	(per)	3.48
S−O	SO	$(C_{\infty v})$	1.49	K−Zn	$KZnF_3$	(per)	3.52
	$CaSO_4$	(C_{2h}^{17})	1.65	K−As	K_3As	(Na_3As)	3.34-3.40
	Na_2SO_3	(C_{3i}^1)	1.39	K−Se	K_2Se	(fl)	3.33
	SO_3	$(D3_h)$	1.43	K−Br	KBr	(NaCl)	3.30
	SO_2	(C_{2v}^{17})	1.43	K−Nb	$KNbO_3$	(per)	3.48
S−F	SF_6	(O_h)	1.56	K−Cd	$KCdF_3$	(per)	3.71
S−S	S_2	$(D_{\infty h})$	1.92	K−Sb	K_3Sb	(Na_3As)	3.48-3.55
	element	(D_{2h}^{24})	2.10	K−Te	K_2Te	(fl)	3.54
	CH_3S-SCH_3	(mol)	2.04	K−I	KI	(NaCl)	3.53
	FeS_2	(py)	2.13	K−Ta	$KTaO_3$	(per)	3.45
	RuS_2	(py)	2.13	K−Bi	K_3Bi	(Na_3As)	3.56-3.62
S−Cl	SCl_2	(C_{2v})	2.00	Ca−B	CaB_6	(O_h^1)	~3.0
	SCl_2O	(C_s)	2.07	Ca−C	CaC_2	(D_{4h}^{17})	2.48-2.83
S−Br	SBr_2O	(C_s)	2.27	Ca−N	Ca_3N_2	(Tl_2O_3)	~2.2
Cl−O	Cl_2O	(C_{2v})	1.49		$CaCN_2$	(D_{3d}^5)	2.49
	$NaClO_4$	(C_{2h}^{17})	1.56	Ca−O	CaO	(NaCl)	2.40
Cl−F	ClF	$(C_{\infty v})$	1.63		$CaCO_3$	(cal)	2.38
	ClF_3	(C_{2v})	1.60-1.70		$CaCO_3$	(ar)	2.32-2.69
Cl−Cl	Cl_2	$(D_{\infty h})$	2.00		$Ca_3Al_2(SiO_4)_3$	(ga)	2.34-2.60
	crystal	(I)	2.02		$CaTiO_3$	(per)	2.72
Cl−I	$CsCl_2I$	(D_{3d}^5)	2.25		$CaMnO_3$	(per)	2.65
	NH_4IBrCl	(C_{2h}^{16})	2.38		$CaZrO_3$	(per)	2.81
K−O	K_2O	(fl)	2.79		$CaSnO_3$	(per)	2.77
	KH_2PO_4	(D_{2d}^{12})	2.82		$CaCeO_3$	(per)	2.72
	KNO_2	(C_s^3)	2.75-3.01		$CaUO_4$	(D_{3d}^5)	2.44
	KNO_3	(ar)	2.82-2.92		$Na_2Ca_2(CO_3)$	(C_{2v}^{14})	2.32
	$KClO_3$	(D_{2h}^2)	2.94	Ca−F	CaF_2	(fl)	2.36
	$KBrO_3$	(C_{3v}^5)	2.94		$RbCaF_3$	(per)	2.23
	$KNbO_3$	(per)	2.83		$CsCaF_3$	(per)	2.26
	KIO_3	(per)	3.16	Ca−S	CaS	(NaCl)	2.84
	$KTaO_3$	(per)	2.82	Ca−Cl	$CaCl_2$	(D_{2h}^{12})	2.70-2.76
	$KAgCO_3$	(D_{2h}^{27})	2.65-3.00	Ca−Ca	metal	(fcc)	3.92
	KIO_2F_2	(C_{3v}^5)	~2.6	Ca−Ti	$CaTiO_3$	(per)	3.34
	$KAlF_3(OH)_6(SO_4)_2$	(C_{3v}^5)	2.80	Ca−Mn	$CaMnO_3$	(per)	3.24
K−F	KF	(NaCl)	2.67	Ca−Ga	$CaGa_2$	(AlB_2)	3.30
	$KMgF_3$	(per)	2.81	Ca−Se	CaSe	(NaCl)	2.96
	$KNiF_3$	(per)	2.83	Ca−Zr	$CaZrO_3$	(per)	3.46
	$KZnF_3$	(per)	2.86	Ca−Sn	$CaSnO_3$	(per)	3.40
	$KCdF_3$	(per)	3.03	Ca−Te	CaTe	(NaCl)	3.17
	KIO_2F_2	(C_{2v}^5)	2.63	Ca−I	CaI_2	(CaI_2)	3.04
K−Mg	$KMgF_3$	(per)	3.44	Ca−Ce	$CaCeO_3$	(per)	3.35
K−S	K_2S	(fl)	3.20	Ca−Tl	CaTl	(CsCl)	3.34
	KCu_4S_3	(D_{4h}^1)	3.34	Sc−N	ScN	(NaCl)	2.22
K−Cl	KCl	(NaCl)	3.15	Sc−O	Sc_2O_3	(Tl_2O_3)	~2.1
	K_2PtCl_4	(D_{4h}^1)	3.28		$ScBO_3$	(cal)	2.22
	$KCrO_3Cl$	(C_{2h}^5)	3.29				

結合	物質	構造	距離	結合	物質	構造	距離
Sc—F	ScF_3	(D_{3h}^7)	2.36	Cr—N	CrN	(NaCl)	2.07
Sc—Sc	metal	(fcc)	3.20	Cr—O	CrO	$(C_{\infty v})$	1.63
	metal	(hex)	3.26		CrO_2	(ru)	1.86-1.94
					Cr_2O_3	(cor)	1.93-2.08
Ti—C	TiC	(NaCl)	2.16		CrO_3	(C_{2v}^{16})	1.79-1.81
Ti—N	TiN	(NaCl)	2.11		Cr_2MgO_4	(sp)	2.00
Ti—O	TiO	(NaCl)	2.12		Cr_2NiO_4	(sp)	2.00
	TiO_2	(ru)	1.89-1.97		Cr_2ZnO_4	(sp)	2.08
	TiO_2	(D_{4h}^{19})	1.91-1.95		Cr_2CdO_4	(sp)	2.05
	TiO_2	(D_{2h}^{15})	1.92-1.98		$VCrO_4$	(D_{2h}^{17})	1.95-2.03
	Ti_2O_3	(cor)	1.93-2.08		$LaCrO_3$	(per)	1.95
	$MgTiO_3$	(il)	1.97-2.16		$CeCrO_3$	(per)	1.95
	Mg_2TiO_4	(sp)	2.05		$PrCrO_3$	(per)	1.95
	$CaTiO_3$	(per)	1.92		$NdCrO_3$	(per)	1.95
	$MnTiO_3$	(il)	1.99-2.19		$SmCrO_3$	(per)	1.93
	$FeTiO_3$	(il)	1.95-2.15	Cr—S	CrS	(NiAs)	2.44
	Fe_2TiO_4	(sp)	2.06		Cr_2CdS_4	(sp)	2.55
	$CoTiO_3$	(il)	1.94-2.13		Cr_2HgO_4	(sp)	2.40
	$NiTiO_3$	(il)	1.93-2.12	Cr—Cl	$CrCl_3$	(D_3^7)	~2.5
	Zn_2TiO_4	(sp)	1.91		$KCrO_3Cl$	(D_{2h}^5)	2.16
	$SrTiO_3$	(per)	1.95	Cr—Cr	metal	(bcc)	2.50
	$BaTiO_3$	(per)	1.98		metal	(hex)	2.71-2.72
	$BaTiO_3$	(D_{6h}^4)	1.96		CrS	(NiAs)	2.88
	$PbTiO_3$	(per)	1.95		CrSe	(NiAs)	3.00
Ti—S	TiS_2	(CdI_2)	2.42		CrSb	(NiAs)	2.72
Ti—Ti	metal	(hex)	2.90-2.95		CrTe	(NiAs)	3.10
	metal	(bcc)	2.86	Cr—Se	CrSe	(NiAs)	2.54
Ti—Se	$TiSe_2$	(CdI_2)	2.52		Cr_2ZnSe_4	(sp)	2.60
Ti—Te	$TiTe_2$	(CdI_2)	2.72		Cr_2CdSe_4	(sp)	2.60
Ti—I	TiI_2	(CdI_2)	2.92	Cr—Br	$CrBr_3$	(D_3^7)	2.58
				Cr—Sb	CrSb	(NiAs)	2.79
V—C	VC	(NaCl)	2.07	Cr—Te	CrTe	(NiAs)	2.77
V—N	VN	(NaCl)	2.06				
V—O	VO	(NaCl)	2.04	Mn—O	MnO	(NaCl)	2.22
	V_2O_3	(cor)	1.95-2.11		MnO_2	(ru)	1.88-1.95
	VO_2	(ru)	1.89-1.99		Mn_2O_3	(Tl_2O_3)	2.01
	V_2O_5	(D_{2h}^3)	1.54-2.92		$MnCO_3$	(cal)	2.22
	$LaVO_3$	(per)	1.96		$MnTiO_3$	(il)	~2.0-2.1
	$CeVO_3$	(per)	1.95		$CaMnO_3$	(per)	1.87
	$NdVO_3$	(per)	1.95		$LaMnO_3$	(per)	1.94
	$PrVO_3$	(per)	1.95		$CdMnO_3$	(per)	1.91
	$SmVO_3$	(per)	1.95		$AgMnO_3$	(C_{2h}^6)	1.48-1.86
	$BiVO_4$	(D_{2h}^{14})	1.76-1.95		Al_2MnO_4	(sp)	2.00
V—S	VS	(NiAs)	2.42	Mn—F	MnF_2	(ru)	2.10-2.13
	Cu_3VS_4	(T_d^1)	2.19	Mn—S	MnS	(NaCl)	2.61
V—Cl	$VClO_3$	(C_{3v})	2.12		MnS	(znb)	2.43
V—V	metal	(bcc)	2.63		MnS	(wu)	2.41
V—Se	VSe	(NiAs)	2.55		MnS_2	(py)	2.54
V—Br	VBr_2	(CdI_2)	2.67	Mn—Cl	$MnCl_2$	$(CdCl_2)$	2.58
V—I	VI_2	(CdI_2)	2.85	Mn—Mn	metal(α)	(T_d^3)	2.24-3.00

結合	物質	構造	距離	結合	物質	構造	距離
Mn－Mn	metal(β)	(O^6)	2.36-2.67	Fe－Te	FeTe	(NiAs)	2.61
	metal(γ)	(fcc)	2.67	Fe－I	FeI_2	(CdI_2)	2.88
	MnAs	(NiAs)	2.84	Co－O	CoO	(NaCl)	2.13
	MnSb	(NiAs)	2.88		$CoCO_3$	(cal)	2.46
	MnTe	(NiAs)	3.34		$CoTiO_3$	(il)	~1.9-2.0
	MnBi	(NiAs)	3.06		Co_2SnO_4	(sp)	2.15
Mn－As	MnAs	(NiAs)	2.58		Al_2CoO_4	(sp)	1.96
Mn－Se	MnSe	(NaCl)	2.72		$LaCoO_3$	(per)	1.91
	MnSe	(znb)	2.52		$PrCoO_3$	(per)	1.88
	MnSe	(wu)	2.52		$NdCoO_3$	(per)	1.89
Mn－Br	$MnBr_2$	(CdI_2)	2.70		$SmCoO_3$	(per)	1.88
Mn－Sb	MnSb	(NiAs)	2.78	Co－F	CoF_2	(ru)	2.04-2.06
Mn－Te	MnTe	(NiAs)	2.91		CoF_3	(D_3^7)	~2.1
	$MnTe_2$	(py)	2.89	Co－Si	$CoSi_2$	(fl)	2.32
Mn－I	MnI_2	(CdI_2)	2.96	Co－S	CoS	(NiAs)	2.33
Mn－Bi	MnBi	(NiAs)	2.92		CoS_2	(py)	2.31
Fe－O	FeO	(NaCl)	2.16		Co_9S_8	(O_h^5)	2.14-2.48
	Fe_2O_3	(cor)	1.95-2.10		In_2CoS_4	(sp)	2.46
	Fe_3O_4	(sp)	1.98	Co－Cl	$CoCl_2$	($CdCl_2$)	2.52
	$FeCO_3$	(cal)	2.18	Co－Co	metal	(fcc)	2.51
	$FeTiO_3$	(il)	1.97-2.16		metal	(hex)	2.49-2.50
	Fe_2MgO_4	(sp)	1.97		CoS	(NiAs)	2.60
	Fe_2TiO_4	(sp)	2.00		CoSe	(NiAs)	2.64
	Fe_2CuO_4	(sp)	2.07		CoSb	(NiAs)	2.58
	Fe_2ZnO_4	(sp)	1.99		CoTe	(NiAs)	2.68
	$LiFePO_4$	(D_{2h}^{16})	2.08-2.28	Co－As	$CoAs_2$	(T_h^5)	2.35
	Al_2FeO_4	(sp)	1.97	Co－Se	CoSe	(NiAs)	2.46
	$KFeO_2$	(O_h^7)	1.73		$CoSe_2$	(py)	2.44
	$Y_3Fe_2(FeO_4)_3$	(ga)	1.88-2.00	Co－Br	$CoBr_2$	(CdI_2)	2.62
	$LaFeO_3$	(per)	1.95	Co－Sb	CoSb	(NiAs)	2.58
Fe－F	FeF_2	(ru)	2.05-2.08	Co－Te	CoTe	(NiAs)	2.62
	FeF_3	(D_3^7)	~2.15		$CoTe_2$	(CdI_2)	2.75
Fe－S	FeS	(NiAs)	2.45	Co－I	CoI_2	(CdI_2)	2.82
	FeS_2	(py)	2.26	Ni－C	$Ni(CO)_4$	(T_h^6)	1.84
	$KFeS_2$	(C_{2h}^6)	2.20-2.28	Ni－O	NiO	(NaCl)	2.09
	$CuFeS_2$	(D_{2d}^{12})	2.20		NiO.BaO	(D_{2d}^{17})	2.01
	Cu_2FeSnS_4	(D_{2d}^{11})	2.36		NiO.3BaO	(D_{3d}^6)	1.96
	In_2FeS_4	(sp)	2.47		$NiTiO_3$	(il)	~1.9-2.0
Fe－Cl	$FeCl_3$	(D_3^7)	2.45		$NaNiO_2$	(C_{2h}^3)	1.95-2.17
	$FeCl_2$	($CdCl_2$)	2.54		Al_2NiO_4	(sp)	1.95
Fe－Fe	metal	(bcc)	2.48		Cr_2NiO_4	(sp)	1.93
	metal	(fcc)	2.54	Ni－F	NiF_2	(ru)	2.02-2.07
	FeS	(NiAs)	2.84		$KNiF_3$	(per)	2.01
	FeSe	(NiAs)	2.92	Ni－S	NiS	(NiAs)	2.38
	FeSb	(NiAs)	2.56		NiS_2	(py)	2.39
	FeTe	(NiAs)	2.82		Ni_3S_2	(D_3^7)	2.28
Fe－Se	FeSe	(NiAs)	2.55		In_2NiS_4	(sp)	2.44
Fe－Br	$FeBr_2$	(CdI_2)	2.64	Ni－Cl	$NiCl_2$	($CdCl_2$)	2.51
Fe－Sb	FeSb	(NiAs)	2.67				

結合	物質	構造	距離
Ni－Ni	metal	(fcc)	2.49
	metal	(hex)	2.65
	NiS	(NiAs)	2.66
	NiAs	(NiAs)	2.50
	NiSe	(NiAs)	2.66
	NiSn	(NiAs)	2.58
	NiSb	(NiAs)	2.56
	NiTe	(NiAs)	2.66
	NiO.BaO	(D_{2h}^{17})	2.36
Ni－As	NiAs	(NiAs)	2.43
Ni－Se	NiSe	(NiAs)	2.50
	NiSe$_2$	(py)	2.48
Ni－Br	NiBr$_2$	(CdCl$_2$)	2.64
Ni－Sb	NiSb	(NiAs)	2.60
Ni－Te	NiTe	(NiAs)	2.64
	NiTe$_2$	(CdI$_2$)	2.60
Ni－I	NiI$_2$	(CdCl$_2$)	2.78
Cu－N	Cu$_3$N	(O_h^1)	1.95
Cu－O	CuO	(C_{2h}^6)	1.95
	Cu$_2$O	(O_h^4)	1.84
	Cu$_2$(OH)PO$_4$	(D_{2h}^{12})	1.84-2.34
	Cu$_2$(OH)AsO$_4$	(D_{2h}^{12})	1.84-2.34
	Fe$_2$CuO$_2$	(sp)	1.90
Cu－F	CuF	(znb)	1.85
	CuF$_2$	(fl)	2.34
Cu－S	Cu$_3$VS$_4$	(T_d^1)	2.19
	CuFeS$_2$	(D_{2d}^{12})	2.32
	Cu$_2$FeSnS$_4$	(D_{2d}^{11})	2.31
	Cu$_3$AsS$_4$	(C_{2v}^7)	2.31
	CuSbS$_2$	(D_{2h}^{16})	2.25-2.33
	KCu$_4$S$_3$	(D_{4h}^1)	2.34-2.45
	RbCu$_4$S$_3$	(D_{4h}^1)	2.34-2.45
Cu－Cl	CuCl	(znb)	2.35
	Cs$_2$CuCl$_4$	(D_{2h}^{16})	2.21
	(NH$_4$)$_2$CuCl$_3$	(D_{2h}^{19})	2.34-2.40
Cu－Cu	metal	(fcc)	2.54
	Cu$_3$N	(O_h^1)	2.71
	CuSn	(NiAs)	2.54
Cu－Zn	CuZn	(CsCl)	2.55
Cu－Br	CuBr	(znb)	2.46
Cu－Pd	CuPd	(CsCl)	2.59
Cu－Sn	CuSn	(NiAs)	2.73
Cu－Sb	Cu$_2$Sb	(D_{4h}^7)	~2.5-2.7
Cu－I	CuI	(znb)	2.62
Zn－N	Zn$_3$N$_2$	(Tl$_2$O$_3$)	~2.1
Zn－O	ZnO	(wu)	1.95
	ZnCO$_3$	(cal)	2.16
	Zn$_2$TiO$_4$	(sp)	2.08

結合	物質	構造	距離
Zn－O	Zn$_2$SnO$_4$	(sp)	2.03
	Al$_2$ZnO$_4$	(sp)	1.96
	Cr$_2$ZnO$_4$	(sp)	1.93
	Fe$_2$ZnO$_4$	(sp)	2.04
	Pb(Zn,Cu)(OH)VO$_4$	(D_{2h}^{16})	1.88-1.96
Zn－F	ZnF$_2$	(ru)	2.02-2.07
	KZnF$_3$	(per)	2.03
	AgZnF$_3$	(per)	1.99
Zn－P	Zn$_3$P$_2$	(D_{4h}^{15})	2.35
Zn－S	ZnS	(znb)	2.36
	ZnS	(wu)	2.33
Zn－Cl	ZnCl$_2$	(CdCl$_2$)	2.64
Zn－Zn	metal	(hex)	2.66-2.91
	ZnSb	(D_{2h}^{15})	2.66-2.74
Zn－As	Zn$_3$As$_2$	(D_{4h}^{15})	2.43
Zn－Se	ZnSe	(znb)	2.45
	Cr$_2$ZnSe$_4$	(sp)	2.32
Zn－Ag	ZnAg	(CsCl)	2.73
Zn－Sb	ZnSb	(D_{2h}^{15})	2.66-2.74
Zn－Te	ZnTe	(znb)	2.63
Zn－I	ZnI$_2$	(CdI$_2$)	2.95
Zn－La	ZnLa	(CsCl)	3.25
Zn－Ce	ZnCe	(CsCl)	3.21
Zn－Pr	ZnPr	(CsCl)	3.18
Zn－Au	ZnAu	(CsCl)	2.77
Ga－N	GaN	(wu)	1.94
Ga－O	Ga$_2$O$_3$	(cor)	1.89-2.05
	Ga$_2$MgO$_4$	(sp)	1.94
	LaGaO$_3$	(per)	1.95
Ga－P	GaP	(znb)	2.36
Ga－Ga	metal	(I)	2.44-2.76
	CaGa$_2$	(AlB$_2$)	2.50
	LaGa$_2$	(AlB$_2$)	2.51
	GeGa$_2$	(AlB$_2$)	2.49
Ga－As	CaAs	(znb)	2.43
Ga－Sb	CaSb	(znb)	2.65
Ge－O	GeO$_2$	(ru)	1.85-1.93
Ge－S	GeS	(D_{2h}^{16})	2.47-3.00
	GeS$_2$	(C_{2v}^{19})	2.07-2.26
Ge－Ge	element	(di)	2.45
	H$_3$Ge-GeH$_2$-GeH$_3$	(mol)	2.41
Ge－I	GeI$_2$	(CdI$_2$)	2.92
	GeI$_4$	(T_h^6)	2.54
As－O	As$_2$O$_3$	(O_h^7)	2.01
	As$_2$O$_3$	(C_{2h}^5)	1.74-1.82
	BAsO$_4$	(S_4^2)	1.66
	NaAlFAsO$_4$	(C_{2h}^5)	1.68
	AlAsO$_4$	(D_3^4 or D_3^6)	1.62

結合	物質	構造	距離
As—O	R-H$_2$AsO$_4$	(D_{3d}^{12})	1.75
	Cu$_2$(OH)AsO$_4$	(D_{2h}^{12})	1.49-1.81
	BiAsO$_4$	(C_{4h}^6)	1.63
As—S	As$_2$S$_3$	(C_{2h}^5)	2.15-2.34
	Cu$_3$AsS$_4$	(C_{2v}^7)	2.21-2.24
	Ag$_3$AsS$_3$	(C_{3v}^6)	2.25
As—As	metal	(As)	2.50
	PtAs$_2$	(py)	2.26
As—I	AsI$_3$	(D_3^7)	2.96
Se—O	SeO$_2$	(D_{4h}^{13})	1.75-1.79
	H$_2$SeO$_3$	(D_2^4)	1.72-1.76
	H$_2$SeO$_4$	(D_2^3)	1.57-1.66
Se—F	SeF$_6$	(O_h)	1.70
Se—Cl	Cs$_2$SeCl$_6$	(O_h^5)	2.41
Se—Se	element	(Se)	2.32
	CoSe$_2$	(py)	2.49
Br—O	NaBrO$_3$	(T^4)	1.78
Br—F	BrF	($C_{\infty v}$)	1.76
Br—Cl	BrCl	($C_{\infty v}$)	2.14
Br—Br	Br$_2$	($D_{\infty h}$)	2.29
	crystal	(I)	2.42
Rb—O	Rb$_2$O	(fl)	2.92
	RbIO$_3$	(per)	3.20
Rb—F	RbF	(NaCl)	2.82
	RbCaF$_3$	(per)	3.14
Rb—S	Rb$_2$S	(fl)	3.32
	RbCu$_4$S$_3$	(D_{4h}^1)	3.39
Rb—Cl	RbCl	(NaCl)	3.29
	RbCl	(CsCl)	3.23
Rb—Ca	RbCaF$_3$	(per)	3.86
Rb—Br	RbBr	(NaCl)	3.43
Rb—Rb	metal	(bcc)	4.88
Rb—I	RbI	(NaCl)	3.66
	RbIO$_3$	(per)	3.92
Sr—O	SrO	(NaCl)	2.57
	SrTiO$_3$	(per)	2.76
	SrZrO$_3$	(per)	2.87
	SrSnO$_3$	(per)	2.85
	SrCeO$_3$	(per)	3.02
	SrHfO$_3$	(per)	2.88
Sr—F	SrF$_2$	(fl)	2.51
Sr—S	SrS	(NaCl)	2.94
Sr—Cl	SrCl$_2$	(fl)	3.02
Sr—Ti	SrTiO$_3$	(per)	3.38
Sr—Se	SrSe	(NaCl)	3.12
Sr—Br	SrBr$_2$	(D_{2h}^{16})	3.16-3.44
Sr—Sr	metal	(fcc)	4.30
	metal	(hex)	4.32
	metal	(bcc)	4.20
Sr—Zr	SrZrO$_3$	(per)	3.54
Sr—Sn	SrSnO$_3$	(per)	3.48
Sr—Te	SrTe	(NaCl)	3.24
Sr—Ce	SrCeO$_3$	(per)	3.70
Sr—Hf	SrHfO$_3$	(per)	3.53
Sr—Tl	SrTl	(CsCl)	3.48
Y—O	Y$_2$O$_3$	(Tl$_2$O$_3$)	2.25
	YBO$_3$	(cal)	2.40
	YOF	(LaOF)	2.34-2.42
	YAlO$_3$	(per)	2.60
	Y$_3$Al$_2$(AlO$_4$)$_3$	(ga)	2.40-2.46
	Y$_3$Fe$_2$(FeO$_4$)$_3$	(ga)	2.37-2.43
Y—F	YOF	(LaOF)	2.26-2.27
Y—Al	YAlO$_3$	(per)	3.18
Y—Y	metal	(hex)	3.56-3.64
Zr—C	ZrC	(NaCl)	2.34
Zr—N	ZrN	(NaCl)	2.31
Zr—O	ZrO	($C_{\infty v}$)	1.73
	ZrO$_2$	(fl)	2.20
	ZrSiO$_4$	(D_{4h}^{19})	2.05
	CaZrO$_3$	(per)	2.00
	SrZrO$_3$	(per)	2.05
	BaZrO$_3$	(per)	2.20
	PbZrO$_3$	(per)	2.32
Zr—P	ZrP	(NaCl)	2.63
Zr—S	ZrS$_2$	(CdI$_2$)	2.58
Zr—Cl	ZrCl$_4$	(T_d)	2.34
	Cs$_2$ZrCl$_6$	(O_h^5)	2.45
Zr—Se	ZrSe$_2$	(CdI$_2$)	2.67
Zr—Zr	metal	(hex)	3.18-3.23
	metal	(bcc)	3.13
Nb—C	NbC	(NaCl)	2.23
Nb—N	NbN	(NaCl)	2.20
Nb—O	NbO$_2$	(ru)	1.97-2.09
	NaNbO$_3$	(per)	1.95
	KNbO$_3$	(per)	2.01
Nb—Cl	NbCl$_5$	(D_{3h})	2.29
Nb—Br	NbBr$_5$	(D_{3h})	2.46
Nb—Nb	metal	(bcc)	2.86
Mo—O	MoO$_2$	(ru)	1.92-2.13
	MoO$_3$	(D_{2h}^{16})	1.88-2.45
	Ag$_2$MoO$_4$	(sp)	1.83
Mo—Mo	metal	(bcc)	2.73

結合	物質	構造	距離
Tc—Tc	metal	(hex)	2.74
Ru—O	RuO_2	(ru)	1.98
Ru—S	RuS_2	(py)	2.35
Ru—Se	$RuSe_2$	(py)	2.47
Ru—Ru	metal	(hex)	2.65-2.70
Ru—Te	$RuTe_2$	(py)	2.66
Rh—O	Rh_2O_3	(cor)	1.96-2.13
Rh—F	RhF_3	(D_3^7)	2.01
Rh—P	Rh_2P	(fl)	2.39
Rh—S	RhS_2	(py)	2.33
Rh—Rh	metal	(fcc)	2.69
Pd—F	PdF_2	(ru)	2.15-2.16
	PdF_3	(D_3^7)	2.09
Pd—As	$PdAs_2$	(py)	2.49
Pd—Pd	metal	(fcc)	2.74
	PdSb	(NiAs)	2.78
Pd—Sb	PdSb	(NiAs)	2.73
	$PdSb_2$	(py)	2.69
Pd—Te	PdTe	(NiAs)	2.77
	$PdTe_2$	(CdI_2)	2.66
Ag—N	$AgNO_2$	(C_{2v}^{20})	2.06
Ag—O	Ag_2O	(O_h^4)	2.05
	$AgNO_2$	(C_{2v}^{20})	2.69
	$AgClO_3$	(C_{4h}^5)	2.47-2.55
	$AgMnO_4$	(C_{2h}^5)	~2.21
	$AgBrO_3$	(C_{4h}^5)	2.47-2.55
	Ag_2MoO_4	(sp)	2.43
	Ag_2PbO_2	(C_{2h}^6)	2.08-2.10
Ag—F	AgF	(NaCl)	2.46
	Ag_2F	(CdI_2)	2.24
	$AgZnF_3$	(per)	2.81
Ag—S	Ag_3AsS_3	(C_{3v}^6)	2.40
	Ag_3SbS_3	(C_{3v}^6)	2.40
Ag—Cl	AgCl	(NaCl)	2.77
	$Cs_2AgAuCl_2$	(D_{4h}^{17})	2.36
Ag—Zn	AgZn	(CsCl)	2.73
	$AgZnF_3$	(per)	3.44
Ag—Br	AgBr	(NaCl)	2.89
Ag—Ag	metal	(fcc)	2.89
Ag—Cd	AgCd	(CsCl)	2.89
Ag—I	AgI	(znb)	2.80
Ag—La	AgLa	(CsCl)	3.26
Ag—Ce	AgCe	(CsCl)	3.23
Cd—N	Cd_3N_3	(Tl_2O_3)	2.30
Cd—O	CdO	(NaCl)	2.35

結合	物質	構造	距離
Cd—O	$CdCO_3$	(cal)	2.32
	$CdSnO_3$	(per)	2.68
	$CdCeO_3$	(per)	2.71
	Cr_2CdO_4	(sp)	2.00
Cd—F	CdF_2	(fl)	2.32
	$KCdF_3$	(per)	2.15
Cd—P	Cd_3P_2	(D_{4h}^{15})	2.52
Cd—S	CdS	(znb)	2.52
	CdS	(wu)	2.51
	Cr_2CdS_4	(sp)	2.21
	In_2CdS_4	(sp)	2.56
Cd—Cl	$CdCl_2$	($CdCl_2$)	2.65
	CH_4CdCl_3	(D_{2h}^{16})	2.60-2.72
	$RbCdCl_3$	(D_{2h}^{16})	2.60-2.72
	$CsCdCl_3$	(per)	2.60
Cd—As	Cd_3As_2	(D_{4h}^{15})	2.60
Cd—Se	CdSe	(znb)	2.62
	CdSe	(wu)	2.63
	Cr_2CdSe_4	(sp)	2.48
Cd—Br	$CdBr_2$	($CdCl_2$)	2.76
	$CsCdBr_3$	(per)	2.67
Cd—Cd	metal	(hex)	2.98-3.29
	CdSb	(D_{2h}^{15})	2.99
Cd—Sn	$CdSnO_3$	(per)	3.30
Cd—Sb	CdSb	(D_{2h}^{15})	2.80-2.91
Cd—Te	CdTe	(znb)	2.78
Cd—I	CdI_2	(CdI_2)	2.98
Cd—La	CdLa	(CsCl)	3.38
Cd—Ce	CdCe	(CsCl)	3.35
	$CdCeO_3$	(per)	3.32
Cd—Pr	CdPr	(CsCl)	3.31
In—N	InN	(wu)	2.13
In—O	In_2O_3	(Tl_2O_3)	2.15
	$InBO_3$	(cal)	2.23
	In_2MgO_4	(sp)	2.25
In—P	InP	(znb)	2.54
In—S	In_2MgS_4	(sp)	2.59
	In_2FeS_4	(sp)	2.57
	In_2CoS_4	(sp)	2.55
	In_2NiS_4	(sp)	2.53
	In_2CdS_4	(sp)	2.60
	In_2HgS_4	(sp)	2.58
In—As	InAs	(znb)	2.62
In—In	metal	(D_{4h}^{17})	3.24-3.36
In—Sb	InSb	(znb)	2.80
Sn—O	SnO	($C_{\infty v}$)	2.30
	SnO_2	(ru)	2.35
	$CaSnO_2$	(per)	

結合	物質	構造	距離
Sn—O	SrSnO$_3$	(per)	2.02
	CdSnO$_3$	(per)	1.90
	BaSnO$_3$	(per)	2.05
	Mg$_2$SnO$_4$	(sp)	1.85
	Co$_2$SnO$_4$	(sp)	1.86
	Zn$_2$SnO$_4$	(sp)	2.09
Sn—S	SnS	(D_{2h}^{16})	2.62-3.40
	SnS$_2$	(CdI$_2$)	2.56
	Cu$_2$FeSnS$_4$	(D_{2d}^{11})	2.42
Sn—Cl	SnCl$_2$	($C_{\infty v}$)	2.42
	SnCl$_4$	(T_d)	2.33
	Cs$_2$SnCl$_6$	(O_h^5)	2.43
Sn—As	SnAs	(NaCl)	2.84
Sn—Sn	metal	(di)	2.80
	metal(white tin)	(D_{4h}^{19})	3.02-3.17
Sn—Sb	SnSb	(NaCl)	3.06
Sn—Te	SnTe	(NaCl)	3.14
Sn—I	SnI$_4$	(T_h^6)	2.63
Sb—O	Sn$_2$O$_3$	(O_h^7)	2.22
	LiSnO$_3$	(D_{2h}^6)	2.00-2.05
	Sb$_2$ZnO$_4$	(D_{4h}^{13})	1.87-2.01
	BiSbO$_4$	(C_{2h}^6)	2.52-2.93
Sb—F	SnF$_3$	(C_s)	2.03
	NaSbF$_6$	(T_h^6)	1.95
	K$_2$SbF$_5$	(D_{2h}^{17})	2.02-2.08
Sb—S	CuSbS$_2$	(D_{2h}^{16})	2.44-2.57
	Ag$_3$SbS$_3$	(C_{3v}^5)	2.45
Sb—Cl	SbCl$_3$	(C_{3v})	2.37
	SbCl$_5$	(D_{3h})	2.31-2.43
Sb—Br	SbBr$_3$	(C_{3v})	2.51
Sb—Sb	metal	(As)	2.90
	ZnSb	(D_{2h}^{15})	2.81
	CdSb	(D_{2h}^{15})	2.81
Sb—I	SbI$_3$	(D_3^7)	3.08
Te—O	TeO$_2$	(ru)	2.10-2.29
Te—F	TeO$_6$	(O_h)	1.82
Te—Cl	TeCl$_2$	(mol)	2.36
	TeCl$_4$	(C_{2v})	2.33
Te—Br	TeBr$_2$	(C_{2v})	2.51
Te—Te	element	(Se)	2.86
I—O	HIO$_3$	(D_2^4)	1.81-1.89
	KIO$_3$	(per)	2.23
	KIO$_4$	(C_{4h}^6)	1.80
	KIO$_2$F$_2$	(C_{2v}^5)	1.92
	RbIO$_3$	(per)	2.26
	CsIO$_3$	(per)	2.33
I—F	KIO$_2$F$_2$	(C_{2v}^5)	1.95
	IF$_7$	(D_{5h})	1.83-1.94

結合	物質	構造	距離
I—Cl	ICl	($C_{\infty v}$)	2.30
	KICl$_4$	(C_{2h}^5)	2.34
	NH$_4$BrICl	(D_{2h}^{16})	2.38
I—Br	NH$_4$BrICl	(D_{2h}^{16})	2.50
I—I	I$_2$	($D_{\infty h}$)	2.66
	element	(I)	2.68
	CsI$_3$	(D_{2h}^{16})	2.83-3.04
Cs—O	CsIO$_3$	(per)	3.30
Cs—F	CsF	($C_{\infty v}$)	2.35
	CsF	(NaCl)	3.00
	CsCaF$_3$	(per)	3.20
Cs—S	Cs$_2$S$_6$	(C_2^1)	3.48
Cs—Cl	CsCl	(CsCl)	3.57
	CsCl	(NaCl)	3.51
	CsCl$_2$I	(D_{3d}^5)	3.66
	Cs$_2$CuCl$_4$	(D_{2h}^{16})	3.42
	CsCdCl$_3$	(per)	3.67
	CsHgCl$_3$	(per)	3.84
Cs—Ca	CsCaF$_3$	(per)	3.92
Cs—Br	CsBr	(CsCl)	3.71
	CsCdBr$_3$	(per)	3.77
	CsHgBr$_3$	(per)	4.07
Cs—I	CsI	(CsCl)	3.95
	CsIO$_3$	(per)	4.05
Cs—Cs	metal	(bcc)	5.24
Ba—Li	BaLiF$_3$	(per)	3.46
Ba—O	BaO	(NaCl)	2.76
	BaO.NiO	(D_{2h}^{17})	2.80-2.84
	NiO.3BaO	(D_{3d}^6)	2.82
	Ba$_3$(PO$_4$)$_2$	(D_{3d}^5)	2.71-3.23
	BaTiO$_3$	(D_{6h}^4)	2.78-2.96
	BaTiO$_3$	(per)	2.80
	BaZrO$_3$	(per)	2.95
	BaSnO$_3$	(per)	2.89
	BaCeO$_3$	(per)	3.09
	BaPrO$_3$	(per)	3.07
	BaThO$_3$	(per)	3.16
	BaUO$_3$	(per)	3.11
Ba—F	BaF$_2$	(fl)	2.68
	BaLiF$_3$	(per)	2.82
Ba—S	BaS	(NaCl)	3.18
Ba—Cl	BaCl$_2$	(fl)	3.18
Ba—Ti	BaTiO$_3$	(per)	3.44
Ba—Se	BaSe	(NaCl)	3.31
Ba—Zr	BaZrO$_3$	(per)	3.63
Ba—Sn	BaSnO$_3$	(per)	3.56
Ba—Te	BaTe	(NaCl)	3.50
Ba—Ba	metal	(bcc)	4.35
Ba—Ce	BaCeO$_3$	(per)	2.80

結合	物質	構造	距離
Ba－Pr	BaPrO$_3$	(per)	3.78
Ba－Th	BaThO$_3$	(per)	3.88
Ba－U	BaUO$_3$	(per)	3.81
La－N	LaN	(NaCl)	2.63
La－O	La$_2$O$_3$	(Tl$_2$O$_3$)	2.42
	La$_2$O$_3$	(La$_2$O$_3$)	2.43-2.68
	LaOF	(LaOF)	2.50-2.59
	LaVO$_3$	(per)	2.76
	LaCrO$_3$	(per)	2.76
	LaMnO$_3$	(per)	2.74
	LaFeO$_3$	(per)	2.75
	LaCoO$_3$	(per)	2.70
	LaGeO$_3$	(per)	2.75
La－F	LaF$_3$	(D_{6h}^4)	2.35-2.39
	LaOF	(LaOF)	2.41-2.42
La－P	LaP	(NaCl)	3.01
La－V	LaVO$_3$	(per)	3.39
La－Cr	LaCrO$_3$	(per)	3.38
La－Mn	LaMnO$_3$	(per)	3.36
La－Fe	LaFeO$_3$	(per)	3.37
La－Co	LaCoO$_3$	(per)	3.30
La－Ga	LaGe$_2$	(AlB$_2$)	3.34
	LaGaO$_3$	(per)	3.37
La－As	LaAs	(NaCl)	3.06
La－Sb	LaSb	(NaCl)	3.24
La－La	metal	(fcc)	3.74
	metal	(hex)	3.73-3.75
La－Bi	LaBi	(NaCl)	3.28
Ce－N	CeN	(NaCl)	2.50
Ce－O	CeO$_2$	(fl)	2.35
	Ce$_2$O$_3$	(La$_2$O$_3$)	2.40-2.64
	CeVO$_3$	(per)	2.76
	CeCrO$_3$	(per)	2.75
	CaCeO$_3$	(per)	1.93
	SrCeO$_3$	(per)	2.14
	CdCeO$_3$	(per)	1.92
	BaCeO$_3$	(per)	2.19
	PbCeO$_3$	(per)	1.91
Ce－P	CeP	(NaCl)	2.95
Ce－S	CeS	(NaCl)	2.89
Ce－V	CeVO$_3$	(per)	3.38
Ce－Cr	CeCrO$_3$	(per)	3.37
Ce－Ga	CeGa$_2$	(AlB$_2$)	3.30
Ce－As	CeAs	(NaCl)	3.03
Ce－Sb	CeSb	(NaCl)	3.20
Ce－Ce	metal	(fcc)	3.64
	metal	(hex)	3.65
Ce－Bi	CeBi	(NaCl)	3.24
Pr－N	PrN	(NaCl)	2.58
Pr－O	PrO$_2$	(fl)	2.33
	Pr$_2$O$_3$	(La$_2$O$_3$)	2.38-2.62
	Pr$_2$O$_3$	(Tl$_2$O$_3$)	2.38
	PrOF	(LaOF)	2.46-2.55
	PrVO$_3$	(per)	2.75
	PrCrO$_3$	(per)	2.75
	PrCoO$_3$	(per)	2.66
Pr－F	PrOF	(LaOF)	2.37-2.39
Pr－P	PrP	(NaCl)	2.93
Pr－V	PrVO$_3$	(per)	3.37
Pr－Cr	PrCrO$_3$	(per)	3.37
Pr－Co	PrCoO$_3$	(per)	3.26
Pr－As	PrAs	(NaCl)	3.00
Pr－Sb	PrSb	(NaCl)	3.17
Pr－Pr	metal	(fcc)	3.65
	metal	(hex)	3.64-3.67
Pr－Bi	PrBi	(NaCl)	3.22
Nd－N	NdN	(NaCl)	2.57
Nd－O	Nd$_2$O$_3$	(La$_2$O$_3$)	2.38-2.62
	Nd$_2$O$_3$	(Tl$_2$O$_3$)	2.34
	NdOF	(LaOF)	2.44-2.53
	NdVO$_3$	(per)	2.75
	NdCrO$_3$	(per)	2.75
	NdCoO$_3$	(per)	2.66
Nd－F	NdOF	(LaOF)	2.36-2.37
Nd－P	NdP	(NaCl)	2.91
Nd－V	NdVO$_3$	(per)	3.37
Nd－Cr	NdCrO$_3$	(per)	3.37
Nd－Co	NdCoO$_3$	(per)	3.26
Nd－As	NdAs	(NaCl)	2.98
Nd－Sb	NdSb	(NaCl)	3.15
Nd－Nd	metal	(hex)	3.63-3.66
Sm－O	SmO	(NaCl)	2.51
	Sm$_2$O$_3$	(Tl$_2$O$_3$)	2.31
	SmOF	(LaOF)	2.40-2.49
	SmVO$_3$	(per)	2.75
	SmCrO$_3$	(per)	2.73
	SmCoO$_3$	(per)	2.65
Sm－F	SmOF	(LaOF)	2.32-2.33
Sm－V	SmVO$_3$	(per)	3.37
Sm－Cr	SmCrO$_3$	(per)	3.34
Sm－Co	SmCoO$_3$	(per)	3.25
Eu－O	Eu$_2$O$_3$	(Tl$_2$O$_3$)	2.31
	EuOF	(LaOF)	2.39-2.48
Eu－F	EuF$_2$	(fl)	2.51
	EuOF	(LaOF)	2.31-2.32

結合	物質	構造	距離
Eu—S	EuS	(NaCl)	2.98
Eu—Se	EuSe	(NaCl)	3.08
Eu—Te	EuTe	(NaCl)	3.28
Gd—N	GdN	(NaCl)	2.50
Gd—O	Gd_2O_3	(Tl_2O_3)	2.30
	GdOF	(LaOF)	2.38-2.47
	$GdMnO_3$	(per)	2.70
Gd—F	GdOF	(LaOF)	2.30--2.31
Gd—Mn	$GdMnO_3$	(per)	3.31
Gd—Gd	metal	(hex)	3.58-3.63
Tb—O	Tb_2O_3	(Tl_2O_3)	2.25
	TbOF	(LaOF)	2.37-2.46
Tb—F	TbOF	(LaOF)	2.29-2.30
Tb—Tb	metal	(hex)	3.55-3.59
Dy—O	Dy_2O_3	(Tl_2O_3)	2.25
Dy—Dy	metal	(hex)	3.51-3.58
Ho—O	Ho_2O_3	(Tl_2O_3)	2.25
Ho—Ho	metal	(hex)	3.49-3.56
Er—O	Er_2O_3	(Tl_2O_3)	2.24
Er—Er	metal	(hex)	3.47-3.56
Tu—O	Tu_2O_3	(Tl_2O_3)	2.24
Tu—Tu	metal	(hex)	3.45-3.53
Yb—O	Yb_2O_3	(Tl_2O_3)	2.21
Yb—Se	YbSe	(NaCl)	2.93
Yb—Te	YbTe	(NaCl)	3.17
Yb—I	YbI_2	(CdI_2)	3.12
Yb—Yb	metal	(fcc)	3.86
Lu—O	Lu_2O_3	(Tl_2O_3)	2.21
Hf—C	HfF	(NaCl)	2.23
Hf—O	HfO_2	(fl)	2.22
	$SrHfO_3$	(per)	2.04
Hf—Hf	metal	(hex)	3.13-3.20
Ta—C	TaC	(NaCl)	2.22
Ta—N	TaN	(wu)	1.85
Ta—O	TaO	(NaCl)	2.22
	$NaTaO_3$	(per)	1.94
	$KTaO_3$	(per)	2.00
Ta—Ta	metal	(bcc)	2.86
W—O	WO_3	(ru)	1.91-2.14
	$NaWO_3$	(per)	1.93

結合	物質	構造	距離
W—Cl	WCl_6	(C_{3i}^2)	2.24
W—W	metal	(bcc)	2.74
Re—S	ReS_2	(py)	2.32
Re—Re	metal	(hex)	2.74-2.76
Os—O	OsO_2	(ru)	1.98-2.01
	OsO_4	(C_2^3)	(?)1.66
Os—S	OsS_2	(py)	2.34
Os—Se	$OsSe_2$	(py)	2.47
Os—Te	$OsTe_2$	(py)	2.66
Os—Os	metal	(hex)	2.66-2.74
Ir—O	IrO_2	(ru)	1.97-1.98
Ir—P	Ir_2P	(fl)	2.40
Ir—Sn	$IrSn_2$	(fl)	2.74
Ir—Ir	metal	(fcc)	2.71
Pt—Al	$PtAl_2$	(fl)	2.56
Pt—P	PtP_2	(py)	2.37
Pt—S	PtS_2	(CdI_2)	2.40
Pt—Cl	K_2PtCl_4	(D_{4h}^1)	2.32
Pt—Ga	$PtGa_2$	(fl)	2.56
Pt—As	$PtAs_2$	(py)	2.49
Pt—Se	$PtSe_2$	(CdI_2)	2.50
Pt—In	$PtIn_2$	(fl)	2.76
Pt—Sn	PtSn	(NiAs)	2.73
	$PtSn_2$	(fl)	2.78
Pt—Sb	PtSb	(NiAs)	2.75
	$PtSb_2$	(py)	2.69
Pt—Te	$PtTe_2$	(CdI_2)	2.66
Pt—Pt	metal	(fcc)	2.77
	PtSb	(NiAs)	2.72
	PtSn	(NiAs)	2.70
Pt—Bi	$PtBi_2$	(py)	2.79
Au—Al	$AuAl_2$	(fl)	2.60
Au—Cl	$CsAg_2AuCl_6$	(D_{4h}^{17})	2.30
Au—Zn	AuZn	(CsCl)	2.75
Au—Ga	$AuGa_2$	(fl)	2.62
Au—Cd	AuCd	(NaCl)	2.90
Au—In	$AuIn_2$	(fl)	2.81
Au—Sn	AuSn	(NiAs)	2.84
Au—Sb	$AuSb_2$	(py)	2.77
Au—Au	metal	(fcc)	2.88
	AuSn	(NiAs)	2.54
Hg—F	HgF_2	(fl)	2.40
Hg—S	HgS	(znb)	2.53
	Cr_2HgS_4	(sp)	2.50
	In_2HgS_4	(sp)	2.59

結合	物質	構造	距離
Hg—Cl	$HgCl_2$	(D_{2h}^{16})	2.23-2.27
	$CsHgCl_3$	(per)	2.72
Hg—Se	HgSe	(znb)	2.63
Hg—Br	$HgBr_2$	(C_{2v}^{12})	2.48
	$CsHgBr_3$	(per)	2.88
Hg—Te	HgTe	(znb)	2.79
Hg—I	HgI_2	(D_{4h}^{15})	2.78
Hg—Hg	metal	(D_{3d}^5)	3.00-3.47
Tl—N	Tl_2N_3	(La_2O_3)	2.42-2.68
Tl—O	Tl_2O_3	(Tl_2O_3)	2.25
Tl—F	$TlAlF_4$	(D_{4h}^1)	2.88
Tl—Cl	TlCl	(CsCl)	3.31
Tl—Se	TlSe	(D_{4h}^{18})	2.68-3.42
Tl—Br	TlBr	(CsCl)	3.44
Tl—Sb	TlSb	(CsCl)	3.32
Tl—I	TlI	(CsCl)	3.65
Tl—Tl	metal	(bcc)	3.36
	metal	(hex)	3.41-3.47
Tl—Bi	TlBi	(CsCl)	3.45
Pb—O	PbO	(C_{2v}^5)	2.18
	Pb_2O_3	(C_{2h}^2)	1.94-2.81
	PbO_2	(ru)	2.15-2.16
	$PbTiO_3$	(per)	2.75
	$PbZrO_3$	(per)	3.28
	$PbCeO_3$	(per)	2.69
	Ag_2PbO_2	(C_{2h}^6)	2.28-2.37
Pb—F	PbF_2	(fl)	2.58
Pb—S	PbS	(NaCl)	2.97
Pb—Cl	$PbCl_2$	(D_{2h}^{16})	2.67-3.29
Pb—Ti	$PbTiO_3$	(per)	3.37
Pb—Se	PbSe	(NaCl)	3.04
Pb—Zr	$PbZrO_3$	(per)	4.02
Pb—Te	PbTe	(NaCl)	3.24
Pb—I	PbI_2	(CdI_2)	3.13
Pb—Ce	$PbCeO_3$	(per)	3.30
Pb—Pb	metal	(fcc)	3.50
Bi—O	$BiAsO_4$	(C_{4h}^6)	2.49-2.59
	$BiSbO_4$	(C_{2h}^6)	~2.2-3.0
Bi—F	BiF_3	(O_h^5)	2.56
Bi—S	Bi_2S_3	(D_{2h}^{16})	3.05
	Bi_2PbS_4	(D_{2h}^{16})	2.64-3.07
Bi—Te	Bi_2Te_3	(D_{3d}^5)	3.12
Bi—I	BiI_3	(C_{3i}^2)	3.09
Bi—Bi	metal	(As)	3.10
Po—O	PoO_2	(fl)	2.56
Po—F	PoF_2	(fl)	2.41

結合	物質	構造	距離
Ac—O	Ac_2O_3	(La_2O_3)	2.52-2.86
Th—O	ThO_2	(fl)	2.42
	$BaThO_3$	(per)	2.24
Th—P	ThP	(NaCl)	2.91
Th—S	ThS	(NaCl)	2.84
Th—As	ThAs	(NaCl)	2.98
Th—Se	ThSe	(NaCl)	2.94
Th—Th	metal	(fcc)	3.57
Pa—O	PaO	(NaCl)	2.48
	PaO_2	(fl)	2.36
U—C	UC	(NaCl)	2.50
U—N	UN	(NaCl)	2.44
	UN_2	(fl)	2.30
	U_2N_3	(Tl_2O_3)	2.25
U—O	UO	(NaCl)	2.46
	UO_2	(fl)	2.36
	$BaUO_3$	(per)	2.20
U—P	UP	(NaCl)	2.80
U—S	US	(NaCl)	2.74
U—As	UAs	(NaCl)	2.88
U—Se	USe	(NaCl)	2.88
U—Te	UTe	(NaCl)	3.08
U—Bi	UBi	(NaCl)	3.18
U—U	metal	(D_{2h}^{17})	2.71-3.36
	metal	(bcc)	3.01
Np—N	NpN	(NaCl)	2.45
Np—O	NpO	(NaCl)	2.50
	NpO_2	(fl)	2.35
Np—Np	metal	(bcc)	3.05
Pu—C	PuC	(NaCl)	2.46
Pu—N	PuN	(NaCl)	2.45
Pu—O	PuO	(NaCl)	2.48
	PuO_2	(fl)	2.33
Pu—S	PuS	(NaCl)	2.77
Pu—Pu	metal	(fcc)	3.28
	metal	(bcc)	3.15
Am—O	AmO	(NaCl)	2.48
	AmO_2	(fl)	2.32
	Am_2O_3	(Tl_2O_3)	2.33

表 7A-2

結晶構造	簡略名	対称性
CsCl	(CsCl)	$O_h^1(Pm3m)$
perovskite	(per)	$O_h^1(Pm3m)$
face-centered cubic	(fcc)	$O_h^5(Fm3m)$
diamond	(di)	$O_h^7(Fd3m)$
spinel	(sp)	$O_h^7(Fd3m)$
NaCl	(NaCl)	$O_h^5(Fm3m)$
fluorite	(fl)	$O_h^5(Fm3m)$
body-centered cubic	(bcc)	$O_h^9(Im3m)$
garnet	(ga)	$O_h^{10}(Ia3d)$
CdI_2	(CdI_2)	$D_{3d}^3(R\underline{3}m1)$
pyrite	(py)	$T_h^6(Pa3)$
zinc-blende	(znb)	$T_d^2(F\underline{4}3m)$
Tl_2O_3	(Tl_2O_3)	$T_h^7(Ia3)$
NiAs	(NiAs)	$D_{6h}^4(P6_3/mmc)$
hexagonal close packing	(hex)	$D_{6h}^4(P6_3/mmc)$
graphite	(gr)	$D_{6h}^4(P6_3/mmc)$
rutile	(ru)	$D_{4h}^{14}(P4_2/mnm)$
aragonite	(ar)	$D_{2h}^{16}(Pnma)$
calcite	(cal)	$D_{3d}^6(R\underline{3}c)$
corundum	(cor)	$D_{3d}^6(R\underline{3}c)$
$CdCl_2$	($CdCl_2$)	$D_{3d}^5(R\underline{3}m)$
LaOF	(LaOF)	$D_{3d}^5(R\underline{3}m)$
La_2O_3	(La_2O_3)	$D_{3d}^3(P3m\underline{1})$
AlB_2	(AlB_2)	$D_{3d}^3(P\underline{3}m1)$
wurtzite	(wu)	$C_{6v}^4(P6_3mc)$
ilmenite	(il)	$C_{3i}^2(R\underline{3})$

表 7A-3　他の結晶の空間群

Schönflies	Hermann-Mauguin	Schönflies	Hermann-Mauguin
O_h^1	$Pm3m$	D_{2h}^2	$(Pnnn)$
O_h^4	$Pn3m$	D_{2h}^3	$Pmmn$
O_h^5	$Fm3m$	D_{2h}^6	$Pnna$
O_h^7	$Fd3m$	D_{2h}^{12}	$Pnnm$
O^6	$P4_332$	D_{2h}^{14}	$Pbcn$
T_h^5	$Im3$	D_{2h}^{15}	$Pbca$
T_h^6	$Pa3$	D_{2h}^{16}	$Pnma$
T_d^1	$P\bar{4}3m$	D_{2h}^{17}	$Cmcm$
T_d^3	$I\bar{4}3m$	D_{2h}^{19}	$Cmmm$
T_d^6	$I\bar{4}3d$	D_{2h}^{24}	$Fddd$
T^4	$P2_13$	D_{2h}^{27}	$Ibca$
		D_{2h}^{28}	$Imma$
D_{6h}^4	$P6_3/mmc$	D_2^3	$P2_12_12$
C_6^3	$P6_5$	D_2^4	$P2_12_12_1$
C_6^6	$P6_3$	D_{2v}^8	$P\bar{4}n2$
		D_{2d}^{11}	$I\bar{4}2m$
D_{4h}^1	$P4/mmm$	D_{2d}^{12}	$I\bar{4}2d$
D_{4h}^5	$P4/mbm$	D_{2d}^{17}	$Cmcm$
D_{4h}^{13}	$P4_2/mbc$	C_{2h}^2	$I2_1/m$
D_{4h}^{15}	$P4_2/nmc$	C_{2h}^3	$B2/m$
D_{4h}^{17}	$I4/mmm$	C_{2h}^5	$P2_1/b$
D_{4h}^{18}	$I4/mcm$	C_{2h}^6	$B2/b$
D_{4h}^{19}	$I4_1/amd$	C_{2h}^{17}	$Cmcm$
C_{4h}^3	$P4/n$	C_{2v}^5	$Pca2_1$
C_{4h}^5	$I4/m$	C_{2v}^7	$Pmn2_1$
C_{4h}^6	$I4_1/a$	C_{2v}^{12}	$Cmc2_1$
		C_{2v}^{14}	$Amm2$
C_{3d}^5	$R\bar{3}m$	C_{2v}^{16}	$Ama2$
D_{3d}^6	$R\bar{3}c$	C_{2v}^{17}	$Aba2$
D_{3i}^1	$P\bar{3}$	C_{2v}^{19}	$Fdd2$
D_3^4	$P3_121$	C_{2v}^{20}	$Imm2$
D_3^6	$R3_221$	C_2^1	$P2$
D_3^7	$R32$	C_2^3	$B2$
C_{3v}^5	$R3m$	C_s^3	Bm
C_{3v}^6	$R3c$	C_i^1	$P\bar{1}$
C_{3i}^2	$R\bar{3}$	S_4^2	$I\bar{4}$

結晶の点群や空間群を表すのに，シェーンフリース（Schönflies）記号やヘルマン - モーガン（Hermann-Mauguin）記号がよく使用される。

シェーンフリース記号では点群を次のように表す。

1) 対称要素として n 回の回転軸のみがある場合は C_n
2) 対称軸が何本もある場合は主軸の n 回転軸それに直交する n 本の 2 回転軸作られる 2 面体群を D_n とする
3) 対称心と n 回転軸の群を C_{ni}
4) 主軸とこれに直交する鏡面があれば C_{nh} または D_{nh}
5) 主軸を含む鏡面があれは C_{nv}
6) 主軸とそれに直交する 2 回転軸があり，鏡映面がこの両軸を含む場合は D_{nv}，鏡映面が主軸を含み 2 つの 2 回転軸を 2 等分している場合を D_{nd}
7) 正四面体群を T
8) 正八面体群を O
9) 4 回の回映軸がある場合を S_4 と表す

空間群を表すには点群記号の右肩に番号を付けて同じ点群に属する空間群を区別する。

ヘルマン-モーガン記号では，空間群の場合最初に空間格子のブラベー格子記号が付けられる。これらは基本格子 P，基面心格子 C，体心格子 I，面心格子 F，菱面体格子は R で表す。これに点群記号が続き，点群の対称操作を次のように表す。

1) 回転軸を n（n は数字で 1, 2, 3, 4, 6），
2) n 回転反像軸を（$\underline{1}, \underline{2}, \underline{3}, \underline{4}, \underline{6}$），
3) n 回転軸に垂直な鏡映面を持つ場合は n/m，
4) n 回転（回転反像）軸に垂直な 2 回転軸を持つ場合は $n(n\underline{2})$，
5) n 回転（回転反像）軸に平行な鏡映面を持つ場合は $nm(n\underline{m})$ のように表す，
6) また 2 重らせん軸を持つ場合は 2_1，3 重らせん軸をもつ場合は 3_1，3 重らせんの向きが左回りの場合は 3_2 のように表す。

注）n 回転反像軸を（$\underline{1}, \underline{2}, \underline{3}, \underline{4}, \underline{6}$）は通常は上付きのバーで表されるが，この表では下線で表している。

8 遷移金属錯体の電子状態と化学結合

　金属錯体とは金属に非金属（配位子）が配位結合した化合物で，多種多様な構造と性質を持つ金属錯体が存在する。金属原子を中心に2～12の配位子が結合するが，4配位で正四面体構造や6配位の正八面体構造を取るものが多い。それらは様々な特性を持ち，特有の美しい色彩を呈するものが多く，古くから顔料として，またその光学特性（光吸収・発光，光電子移動，光磁性など）を利用した機能材料として開発研究が進められている。さらに化学反応を促進する触媒としての機能を利用して，多様な有機化合物の合成に用いられており，また酵素の活性中心（ヘモグロビン等）となる物質で，体内では代謝経路で重要であるばかりでなく，古くから多様な発酵機能が利用されている。

　代表的な金属錯体としてアンミン錯体（例：$[Cu(NH_3)_4]$），シアノ錯体（$[Fe(CN)_6]^{4-}$），ハロゲノ錯体（$[FeCl_4]^-$），アクア錯体（$[Fe(H_2O)_6]^{2+}$）などがあり，前章で取り上げたオキソアニオンもオキソ錯体を作る。また中心の金属原子を複数個含む多核錯体（クラスター錯体，$Mn_2(CO)_{10}$など）も多様な機能を有する物質として研究が進められている。

　この章では，金属錯体（特にd軌道が関与する遷移金属錯体）の分子軌道の基礎理論について述べ，電子状態と化学結合について議論をする。ここでは遷移金属のd軌道が重要になるので，前章までに述べてきたσ軌道やπ軌道とd軌道との軌道間相互作用およびd軌道レベルの構造について検討を行う。

8-1　金属錯体の化学結合

　配位結合を含む化合物やイオンおよび基を一般的に金属錯体と呼んでいる。配位結合とは，電子対を持つ供与体である配位子と，金属イオンなどの受容体との結合のことである。配位子は，孤立電子対を持つ電気陰性度の大きい分子やイオン（ハロゲン化物イオン，酸化物イオン，アンモニア，水などの窒素や酸素原子を含む分子やイオン）で，金属の空軌道に配位子の孤立電子対を受け入れることにより，結合が形成されると説明される。金属錯体は金属をM，配位子をLと書くと$[ML_n]^{m+}$のように表される。

　しかし分子軌道論によれば，このような結合は，金属と配位子との一般的な共有結合（イオン結合も含む）で説明できる。遷移金属イオンは空軌道としてd軌道やf軌道があり，またその外側の主量子数が1つ大きいs軌道やp軌道が，結合に関与することができるので，多様な配位結合が可能になる。遷移金属錯体では，金属原子のdレベル構造がその物性に重要な役割

を果たす場合が多く，dレベルの微細構造を取り扱うことが必要になる。

　金属イオンと配位子との結合を，単純に静電的な相互作用で扱う理論を結晶場理論と呼んでいる。これに対して，分子軌道論で共有結合を考慮する理論を配位子場理論と呼んでいる。配位子場理論は正確な分子軌道理論を用いることにより，分子構造，吸収スペクトル，磁性，安定性，反応機構など多くの定量的な説明に用いることができる。これとは別に，Paulingはd^2sp^3混成軌道を用いて遷移金属錯体の磁性を説明している。しかし，この理論は電子状態の一般的な説明には不適当である。

　遷移金属錯体の金属と配位子との結合は，一般に配位子のσ結合およびπ結合を含む。遷移金属と配位子との相互作用の強さは，配位子の軌道がどのように関与してくるかによって決まる。また，遷移金属のd軌道レベルは，配位子との相互作用によって配位子場分裂を起こす（結晶場理論では結晶場分裂と呼ぶ）。このレベル分裂の大きさは，配位子との相互作用が大きくなると大きくなり，吸収スペクトルなどの種々の物性に影響する。また遷移金属イオンでは，d軌道は部分的に占有されるので，一般に常磁性イオンになる。このため，d軌道の電子状態にはスピン状態[*1]が関与する。常磁性イオンでは，スピンが上向きと下向きの軌道レベルが分裂する。これをスピン分裂と呼ぶことにすると，d軌道レベルの微細構造は，配位子場分裂の大きさとスピン分裂の大きさによって決まる。遷移金属イオンの分光スペクトルの解析には，さらに正確な電子状態の理論が必要になる。この理論では電子間の相互作用を正確に考慮する必要があり，分子軌道論の範囲を超えているのでここでは取り扱わない。

8-2　金属錯体の分子軌道

　金属錯体の分子軌道計算を行うことにより，金属と配位子との相互作用がわかり，安定性や光学的性質，そして磁性の問題を扱うことができる。ただし色（吸収スペクトル）の説明は前述のようにd電子間相互作用を考慮した配位子場理論などの多電子理論が必要である。分子軌道論では，金属イオンのd軌道と配位子との相互作用は，模式的には図8-1のように示すことができる。

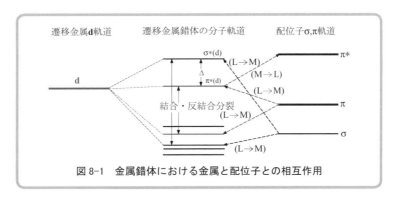

図8-1　金属錯体における金属と配位子との相互作用

　遷移金属イオンのd軌道は，電気陰性度の大きい配位子のσやπ軌道と相互作用して結合

[*1] スピン分極については付録8Aおよび次章でも述べる。

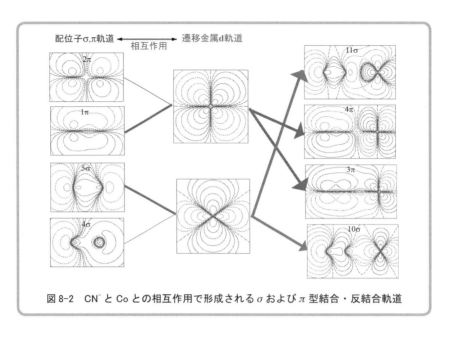

図 8-2 CN⁻ と Co との相互作用で形成される σ および π 型結合・反結合軌道

・反結合軌道を形成する。図 8-2 には配位子（CN⁻）が金属（Co）に接近し相互作用した場合に形成される結合・反結合軌道の等高線をプロットして示した。結合軌道の主成分は，配位子の σ および π 軌道で，エネルギーレベルは，やはり配位子の軌道レベルで形成される価電子帯の中に存在する。反結合軌道の主成分は金属の d 軌道で，配位子の σ および π 軌道との相互作用で形成され，エネルギーレベルは，価電子帯（valence band）と金属の sp 軌道から形成される励起軌道レベル（図 8-1 には示されていない）との間の，エネルギーギャップ中に存在する。

金属と配位子との相互作用の強さは，配位子の軌道の関与の仕方によって変化する。まず，金属 d 軌道で配位子の方向を向く σ 型軌道（正八面体 6 配位の場合は e_g 軌道；d_{3z2-r2}, d_{x2-y2}）と配位子の σ 軌道との相互作用が生じる。この相互作用で，占有されていた σ 軌道から金属 d 軌道（正八面体 6 配位の場合は e_g 軌道）への電荷移行が起こる（σ donation，σ 供与，図 8-1 の L → M）。さらに金属の π 型軌道（正八面体 6 配位の場合は t_{2g} 軌道；d_{xy}, d_{yz}, d_{zx}）と配位子の π 軌道との相互作用がそれに加わる（π donation，π 供与）。さらに相互作用が強い場合は，非占有であった配位子の反結合性 π^* 軌道が結合に関与する。この場合は，金属から π^* 軌道への逆方向の電荷移行が起こることになる（π back donation，π 逆供与，M → L）。

金属と配位子との相互作用の強さは，当然エネルギーレベルに現れることになる。反結合的な σ 型と π 型の遷移金属 d レベル（正八面体 6 配位の場合は e_g と t_{2g} レベル）の分裂の大きさは相互作用の強さによる。遷移金属錯体の色は，d-d 遷移と呼ばれる d 電子状態間での遷移によって決まるが，実験的には吸収スペクトルで測定される。この吸収スペクトルから見積もられた，d レベル分裂（配位子場分裂）と金属—配位子の相互作用の強さとの関係は，分光化学系列とよばれている。多くの金属錯体についての経験から

$CN^- > NO_2^- > SO_3^{2-} > en > NH_3 > NO_2^- > H_2O > NCS^- > NO_3^- > SO_4^{2-} > OH^-$
$> F^- > N_3^- > Cl^- > SCN^- > Br^- > I^-$

の順序とされている。

8-3 CrO_4^{2-}, MnO_4^- の電子状態

前章7-5節で，オキソアニオンとして取り上げた CrO_4^{2-}, MnO_4^- は金属錯体とも考えられる。ここでは，その d 軌道レベルの詳細について考察してみよう。図8-3は，図7-11 の CrO_4^{2-}, MnO_4^- のレベル構造をもう一度示したものである。ここでは，遷移金属 d 軌道との相互作用に重点を置いて話を進める。金属 d 軌道は，対称軌道としては e ブロックと t_2 ブロックに属する。正四面体4配位の対称軌道は表7-4で与えられているが，d 軌道が関係する部分を取り出して表8-1に示した。遷移金属 d 軌道と，配位子の対称軌道との相互作用でできる結合軌道は，1e や $5t_2$ 軌道である。これらは配位子の軌道が主成分で，それらのレベルは価電子バンドの中に存在している。また，反結合軌道は 2e と $7t_2$ でこれらは遷移金属の d 軌道が主成分であり，

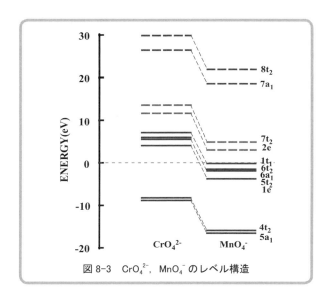

図 8-3 CrO_4^{2-}, MnO_4^- のレベル構造

表 8-1 T_d 群の d 軌道を含む対称ブロックの対称軌道

対称ブロック	Md軌道	L_4 対称軌道
e(1)	$d_{x^2-y^2}$	$(1/2\sqrt{2})\{(-\chi_{p_x}+\chi_{p_y})^{(1)}+(-\chi_{p_x}-\chi_{p_y})^{(2)}+(\chi_{p_x}+\chi_{p_y})^{(3)}+(\chi_{p_x}-\chi_{p_y})^{(4)}\}$
e(2)	$d_{3z^2-r^2}$	$(1/2\sqrt{6})\{(\chi_{p_x}+\chi_{p_y}+2\chi_{p_z})^{(1)}+(\chi_{p_x}-\chi_{p_y}-2\chi_{p_z})^{(2)}+(-\chi_{p_x}+\chi_{p_y}-2\chi_{p_z})^{(3)}+(-\chi_{p_x}-\chi_{p_y}+2\chi_{p_z})^{(4)}\}$
$t_2(x)$	d_{xy}	$(1/2)\{\chi_s^{(1)}+\chi_s^{(2)}-\chi_s^{(3)}-\chi_s^{(4)}\}$ $(1/2)\{\chi_{p_x}^{(1)}+\chi_{p_x}^{(2)}+\chi_{p_x}^{(3)}+\chi_{p_x}^{(4)}\}$ $(1/2\sqrt{2})\{(\chi_{p_y}-\chi_{p_z})^{(1)}+(-\chi_{p_y}+\chi_{p_z})^{(2)}+(-\chi_{p_y}-\chi_{p_z})^{(3)}+(\chi_{p_y}+\chi_{p_z})^{(4)}\}$
$t_2(y)$	d_{yz}	$(1/2)\{\chi_s^{(1)}-\chi_s^{(2)}+\chi_s^{(3)}-\chi_s^{(4)}\}$ $(1/2)\{\chi_{p_y}^{(1)}+\chi_{p_y}^{(2)}+\chi_{p_y}^{(3)}+\chi_{p_y}^{(4)}\}$ $(1/2\sqrt{2})\{(\chi_{p_x}-\chi_{p_z})^{(1)}+(-\chi_{p_x}-\chi_{p_z})^{(2)}+(-\chi_{p_x}+\chi_{p_z})^{(3)}+(\chi_{p_x}+\chi_{p_z})^{(4)}\}$
$t_2(z)$	d_{zx}	$(1/2)\{\chi_s^{(1)}-\chi_s^{(2)}-\chi_s^{(3)}+\chi_s^{(4)}\}$ $(1/2)\{-\chi_{p_z}^{(1)}-\chi_{p_z}^{(2)}-\chi_{p_z}^{(3)}-\chi_{p_z}^{(4)}\}$ $(1/2\sqrt{2})\{(\chi_{p_x}+\chi_{p_y})^{(1)}+(-\chi_{p_x}+\chi_{p_y})^{(2)}+(\chi_{p_x}-\chi_{p_y})^{(3)}+(-\chi_{p_x}-\chi_{p_y})^{(4)}\}$

CrO_4^{2-} や MnO_4^- では空軌道である。したがって，これらの遷移金属イオンは d^0 配置である。d 軌道よりエネルギーの高い空軌道の $7a_1$ と $8t_2$ は，金属の 4s および 4p 軌道が主成分である。一般的に，遷移金属錯体のレベル構造では，このように配位子の軌道で形成される価電子レベルと，金属の sp レベルとのエネルギーギャップの中に d レベルが存在する。これらの d レベルは，CrO_4^{2-} や MnO_4^- では空軌道であるが，一般にはいくつかの電子で占有され d^n 配置をとる。d レベルが部分的に占有され，あるいは HOMO, LUMO に関係するので，これらの物質の物理的・化学的性質は d レベル構造で決まることになる。したがって，これらの性質を十分理解するためには，d 電子状態をできるだけ正確に理解することが必要である。上でも述べたように，d レベル構造を決める要因の 1 つは，金属と配位子との相互作用である。この相互作用は d レベルの配位子場分裂として現れる。もう 1 つの要因は，スピン分極による d レベルの分裂，スピン分裂である[*1]。この章では配位子場分裂についてもう少し詳しく述べることにする。

8-4　d 軌道レベルの配位子場分裂

遷移金属イオンの配位子場分裂は，遷移金属イオンの周りの配位子の構造によって決まる。典型的な構造として，正八面体 6 配位構造および正四面体 4 配位構造がある。これらの対称性は，O_h 群および T_d 群で表される。

まず，金属イオンに 6 つの原子が配位した，O_h 対称の正八面体構造について考えてみよう。配位子との相互作用で，図 8-4 に示すように d レベルが三重縮退の t_{2g} レベルと二重縮退の e_g レベルの 2 つに分裂する。これらのレベルを作る軌道は，e_g では $d_{x^2-y^2}$ と $d_{3z^2-r^2}$ であり，t_{2g} では d_{zx}, d_{yz}, d_{xy} である。配位原子 X の p 軌道が結合に関与すると考えると，図 8-5 に示すような対称軌道が遷移金属 d 軌道と相互作用する。金属の d 軌道のうち，e_g の $d_{x^2-y^2}$ と $d_{3z^2-r^2}$ は x, y, z 軸上にある配位子の方向を向いた軌道であり，配位子の軌道とは σ 型の相互作用をする。これに対して t_{2g} の d_{zx}, d_{yz}, d_{xy} は，配位子からずれた方向に広がっており，π 型の相互作用をする。このような場合，d 軌道と配位子の対称軌道との重なりは σ 型の方が π 型より大きくなる[*2]。

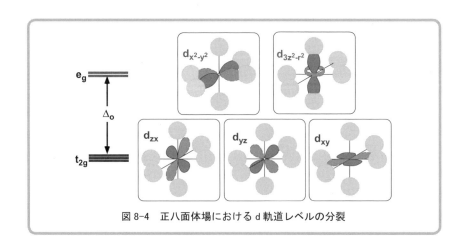

図 8-4　正八面体場における d 軌道レベルの分裂

[*1]　付録 8A を参照。
[*2]　重なり積分の定量的な評価は付録 6A を参照。

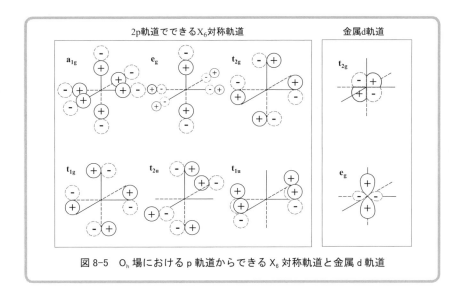

図 8-5 O_h 場における p 軌道からできる X_6 対称軌道と金属 d 軌道

金属 d 軌道は反結合軌道であるので，σ 型相互作用をする e_g レベルが π 型の t_{2g} レベルより高いエネルギーに上がることになる。e_g と t_{2g} とのレベルエネルギーの差 Δ_O（あるいは $10D_q$）は配位子場分裂と呼ばれている。添字の O は O_h 場の意味である。

次に，CrO_4^{2-} や MnO_4^- のように 4 つの配位子と結合した正四面体構造（Td 場）の場合を考えてみよう。この場合は，図 8-6 に示すように正八面体構造の場合とは逆に t_2 レベルが上に e レベルが下になる。この図から定性的にわかるが，d 軌道と配位子の X_4 対称軌道との重なり積分は t_2 の方が e より大きくなる[*1]。配位子場分裂の大きさは，一般に八面体場の方が四面体場より大きい。また金属イオンの酸化数が大きくなると大きくなり，遷移金属の原子番号が大きくなると大きくなる傾向がある。

ここまでは，正八面体や正四面体といった対称性の高い構造の場合を考えてきた。次は，八面構造の格子が歪んで対称性が低くなった場合について，d レベルがどうなるかを調べてみ

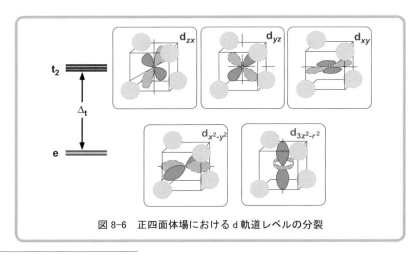

図 8-6 正四面体場における d 軌道レベルの分裂

[*1] 付録 6A を参照。

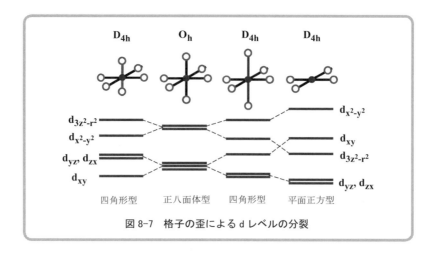

図 8-7 格子の歪による d レベルの分裂

よう。この場合も配位子軌道との相互作用の強さ，すなわち重なり積分の大きさで，レベルの分裂の仕方が決まる。一般的には対称性が高いほどレベルの縮退度が高く，対称性が低くなるとレベルの縮退が解ける。図 8-7 にレベル分裂の変化の様子を示した。正八面体構造では最も対称性が高く O_h 群で表される。格子軸が z 方向に縮んだ場合 D_{4h} 対称になり対称性が低くなる。この場合，二重縮退した e_g 軌道のうち z 方向に伸びた $d_{3z^2-r^2}$ の方が，$d_{x^2-y^2}$ より配位子軌道との重なりが大きくなる。そのため縮退が解けレベルが分裂し，$d_{3z^2-r^2}$ レベルが $d_{x^2-y^2}$ レベルより高くなる。また三重縮退の t_{2g} では，z 方向に広がりのある d_{zx}, d_{yz} 軌道の方が d_{xy} より配位子との相互作用が強く，d_{zx}, d_{yz} レベルが d_{xy} レベルより上がる。このように格子が歪むと，配位子との相互作用の変化が起こり，縮退が解けレベルの分裂の仕方が変わる。z 軸が伸びた場合はレベルの変化は逆になり，e_g では $d_{x^2-y^2}$ が $d_{3z^2-r^2}$ より上になり，t_{2g} では d_{xy} が d_{zx}, d_{yz} より上がる。z 軸がさらに伸びると $d_{x^2-y^2}$ レベルがさらに低くなり，d_{xy} レベルとの逆転が起こるようになる。レベル分裂の定量的な評価は配位子軌道との重なり積分を計算すればよい[*1]。

8-5 $[Fe(CN)_6]^{3-}$ 錯体の電子状態

それでは，実際の鉄 (III) シアノ錯体 $[Fe(CN)_6]^{3-}$ を取り上げ，Fe と $(CN)^-$ との相互作用や錯体のレベル構造について調べてみよう。このイオンのカリウム塩 $K_3[Fe(CN)_6]$ は赤血塩と呼ばれ，Fe^{2+} との反応でターンブルブルーあるいはプルシアンブルーと呼ばれる青色顔料（紺青）が生成される。この $[Fe(CN)_6]^{3-}$ は正八面体構造をとる。図 8-8 は DV-Xα 法で計算した $[Fe(CN)_6]^{3-}$ の構造と分子軌道レベルを示している。図に示すように，Fe 3d と CN^- の σ, π との相互作用で結合軌道 $1t_{2g}$, $4e_g$ および反結合軌道 $2t_{2g}$, $6e_g$ が形成される。これらの波動関数を図 8-9 に示す。

この錯体では金属と配位子との相互作用はきわめて強い。そのため形式電荷が +3 の Fe イオンの有効電荷は大きく減少し中性に近くなる。表 8-2 にマリケンの電子密度解析の結果を示した。表には配位子 CN^- の値も比較のため示した。

[*1] 付録 6A を参照。

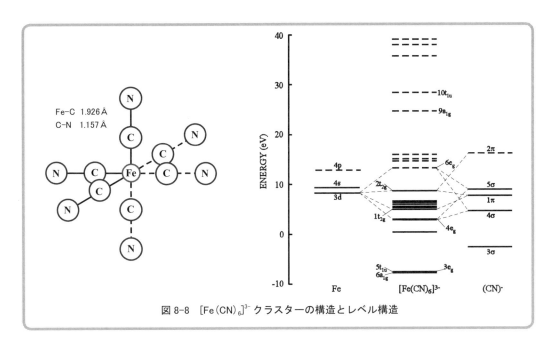

図 8-8　$[Fe(CN)_6]^{3-}$ クラスターの構造とレベル構造

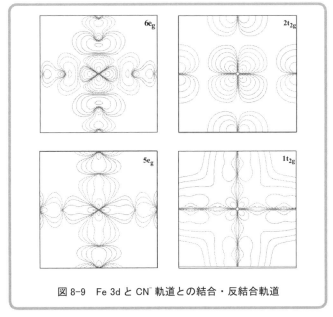

図 8-9　Fe 3d と CN^- 軌道との結合・反結合軌道

　この錯イオン中の Fe イオンの形式電荷は +3 で d^5 配置である。計算結果では，有効電荷は 0.478 で +3 からみて非常に減少しており，中性に近くなっている。これは，Fe イオンと配位子との共有結合的相互作用が非常に強いためで，Fe-C の BOP (Q_{Fe-C}) が 0.693 と大きいことからもわかる。このように，相互作用が強い錯体では σ および π 供与（配位子 σ, π 電子の金属への移行）に加えて，π 逆供与（金属から配位子の空軌道 2π への移行）が起こると考えられる。配位子 CN- 2π の成分は，C 2p: 60%，N 2p: 40%であるが，orbital population をみると，錯体では 2p 成分，特に C 2p の比率が大きくなっていることから，π 逆供与が起こっていることが確

表 8-2 [Fe(CN)$_6$]$^{3-}$ および CN$^-$ のマリケン電子密度解析

	[Fe(CN)$_6$]$^{3-}$			CN$^-$	
	Fe	C	N	C	N
orbital population					
3d	6.194				
4s	0.424				
4p	0.900				
2s		1.252	1.724	1.560	1.701
2p		2.741	3.861	2.833	3.905
net charge	0.478	0.006	−0.585	−0.395	−0.606
bond overlap population (BOP)					
Fe-C	0.693				
C-N		1.512		1.503	

かめられる。しかし，CN$^-$ は CO 分子と等電子的で，C-N は三重結合であるが，Fe に配位しても Q$_{C-N}$ 変化していない。

金属—配位子相互作用が強い場合は，配位子場分裂 Δ$_0$ すなわち 6e$_g$ と 2t$_{2g}$ とのレベル差が大きくなる。[Fe(CN)$_6$]$^{3-}$ の場合，Δ$_0$ = 4.56 eV と非常に大きい。遷移金属イオンは一般的に常磁性イオンになる。したがって正確にはスピン状態を考慮して計算する必要がある。上の計算はスピン状態を考慮しない計算（非スピン分極計算）である。DV-Xα 法では，スピン状態を含めた計算（スピン分極計算）も容易に行うことができる。d 軌道レベルの構造は配位子場分裂 Δ とスピン分極によるスピン分裂 S の 2 つの因子が関係する。図 8-10 はスピン分極した計算を行い，レベル構造を非スピン分極計算の場合と比較したものである。金属—配位子相互

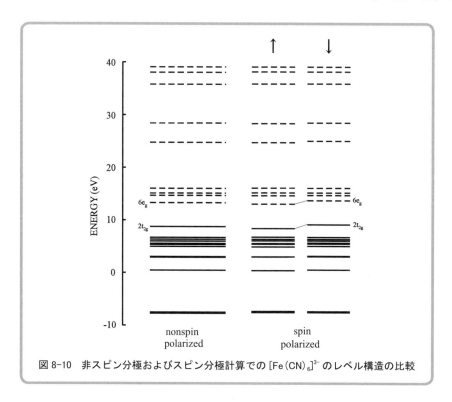

図 8-10 非スピン分極およびスピン分極計算での [Fe(CN)$_6$]$^{3-}$ のレベル構造の比較

作用が強い場合は Δ>S となり，スピン分極が小さい低スピン状態になる。図からわかるように [Fe(CN)$_6$]$^{3-}$ の場合は Δ>S となり，計算で低スピン状態が得られる。スピン分極に関しては次章でも詳しく述べる。

8-6　Co(Ⅲ) 錯体の化学結合と分光化学系列

金属には，様々な配位子が結合して，錯体を形成する。金属と配位子との相互作用の強さが，配位子によって変化するので，錯体の性質も様々に変化する。前述のように，相互作用の強さは配位子場分裂と相関しており，光学スペクトルにも現れる。配位子場分裂の大きさは，光学スペクトルから経験的に分光化学系列として整理されている。このことを分子軌道計算によって調べてみよう。

金属や配位子の種類は様々であるが，遷移金属イオンとして Co^{3+} を選び，種々の配位子が結合した八面体構造の錯体を計算してみる。図 8-11 は DV-Xα 法で計算した種々の Co(Ⅲ) 錯体の分子軌道レベルである。配位子として分光化学系列に挙げられているものをいくつか取り上げた。図では，配位子は左から分光化学系列の順に並べてあるが，計算結果はこれとよく対応していることがわかる。

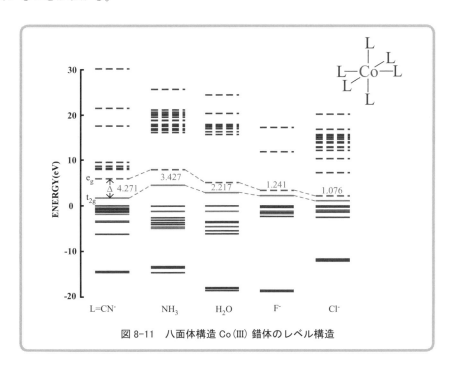

図 8-11　八面体構造 Co(Ⅲ) 錯体のレベル構造

金属―配位子相互作用は，配位子場分裂 Δ で評価することができるが，分子軌道法では金属と配位子との共有結合的相互作用の強さ，すなわち軌道の混合の度合いで評価できる。たとえば軌道の混合の度合いは，遷移金属 d レベルの e$_g$ や t$_{2g}$ における配位子軌道の成分から評価することができる。また共有結合的相互作用が強い場合は，金属のイオン性が小さくなることと対応しているので，有効電荷あるいは正味電荷からも評価できる。表 8-4 は，配位子場分裂

表 8-3 Co(III)L₆ 錯体における Co —配位子相互作用

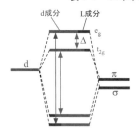

		L = CN⁻	NH₃	H₂O	F⁻	Cl⁻
Δ (eV)	exp.	4.31	2.84	2.26	1.29	
	calc.	4.27	3.43	2.22	1.24	1.08
d character in e_g (%)		55	70	78	75	64
net charge for Co(III)		0.38	1.73	1.95	1.34	0.62

の実験値と計算値およびマリケンの電子密度解析の結果得られた配位子場分裂，金属イオンの正味電荷（イオン性）と，d 軌道の配位子軌道成分を比較して示した。DV-Xα 法で得られた Δ の値は，実験値とよく一致していることがわかる。すなわち分光化学系列を理論的によく説明できることを示している。

相互作用が強くなると，一般的にイオン性が小さくなる。しかし，Co(III) 錯体のイオン性の理論値は，Δ 値の変化とは必ずしも一致しない。これは，Co イオンの有効電荷が配位子のイオン価や配位子の電気陰性度にも依存するためと考えられる。理論的には，共有結合的相互作用の大きさは，軌道成分から評価するのが最も適切と思われるが，Δ 値の変化とはよく対応していない。これもイオン性の場合と同じような原因と考えられる。

付　録

8A　スピン分極

　一般に軌道が部分的に占有された開殻系の原子やイオンは常磁性を示す。フントの規則 (Hund's rules) によると，このような電子系では，複数のエネルギー項が存在し，エネルギーが最小になるのは全スピン量子数 S が最大になる項である。また S が最大の項が複数ある場合は，全軌道角運動量の量子数 L が最大の項である。フントの規則の S が最大になるというのは，電子のスピンができるだけ揃うことである。この概要はスピン分極を考慮した量子論で理解することができる。非相対論のシュレディンガー方程式では，交換相互作用でスピンの効果を考慮することができる。交換ポテンシャルは $X\alpha$ 法では，上向きスピンの電子に対しては

$$V_{ex\uparrow}(\mathbf{r}) = -3\alpha \left[\frac{3}{4\pi} \rho_\uparrow(\mathbf{r})\right]^{1/3} \tag{8A-1}$$

のように与えられる。下向きスピンに対しても同様であり，上向きスピン軌道と下向きスピン軌道とのエネルギー差 $\Delta\varepsilon_{\uparrow\downarrow}$ は

$$\Delta\varepsilon_{\uparrow\downarrow} = -3\alpha \left[\frac{3}{4\pi}\right]^{1/3} \left[\int \phi_\uparrow^* \rho_\uparrow^{1/3} \phi_\uparrow d\mathbf{r} - \int \phi_\downarrow^* \rho_\downarrow^{1/3} \phi_\downarrow d\mathbf{r}\right] \tag{8A-2}$$

である。したがって，ある軌道に電子が 1 個占有している場合図 8A-1 に示すように上向きスピンと下向きスピンの電子間でエネルギーレベルの差が生じる。このようなエネルギー状態では，もう 1 つの電子が加えられた場合上向きスピンの軌道レベルを占有する方がエネルギーは低くなり，したがってスピンが揃うように配置する。

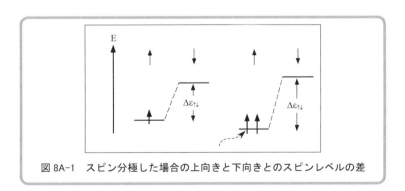

図 8A-1　スピン分極した場合の上向きと下向きとのスピンレベルの差

　一電子のシュレディンガー方程式は

$$\left[-\frac{1}{2}\nabla_1^2 - \sum_v \frac{Z_v}{r_{1v}} + \int \frac{\rho(\mathbf{r}_2)}{r_{12}} d\mathbf{r}_2 + V_{Xk}(\mathbf{r}_1)\right] \phi_k(\mathbf{r}_1) = \varepsilon_{k\uparrow} \phi_k(\mathbf{r}_1) \tag{8A-3}$$

と書かれるが，ハートリー・フォック法では V_{Xk} は交換ポテンシャルで

$$V_{Xk}(\mathbf{r}_1) = \frac{\sum_l \int \phi_k^*(\mathbf{r}_1)\phi_l^*(\mathbf{r}_2)(1/r_{12})\phi_l(\mathbf{r}_1)\phi_k(\mathbf{r}_2)d\mathbf{r}_2}{\phi_k^*(\mathbf{r}_1)\phi_k(\mathbf{r}_1)} \tag{8A-4}$$

と表される。また Xα 法では (8A-1) で与えられる。交換ポテンシャルに関しては 4 章の 4-3 および 4-4 節や付録 4B でまた Xα 法における交換相関ポテンシャルに関しては付録 4C に詳しく述べられている。

スピン分極した計算を "ATOMXA" を用いて Ti^{3+} イオンについて行ってみる。軌道のエネルギーレベルは表 8A-1 に示すような結果が得られる。すなわち 3d 軌道は上向きスピンの軌道に 1 個の電子が占有した場合，スピンが上向きと下向きでは約 1.3 eV のスピン分裂が起きることがわかる。

表 8A-1　自由イオン $Ti^{3+}(d^1)$ のエネルギーレベル

軌道	エネルギーレベル(eV)	
	上向きスピン	下向きスピン
1s	-4862.800	-4862.792
2s	-564.026	-563.546
2p	-477.700	-477.328
3s	-93.601	-92.265
3p	-70.520	-69.196
3d	-34.734	-33.431
4s	-25.805	-24.847
4p	-20.343	-19.508

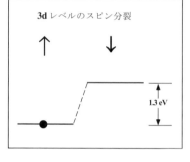

分子に関してもスピン分極を考慮した計算を行うと，分子中のスピン状態を議論することができる。まず最も簡単な H_2 分子について考えてみる。H_2 分子のスピン分極を考慮しない分子軌道に関しては 5 章の 5-2 節で詳しく述べられている。分子軌道として結合軌道および反結合軌道が得られ，原子間距離が変化すると図 8A-2 のようになる。両軌道レベルは原子間距離が

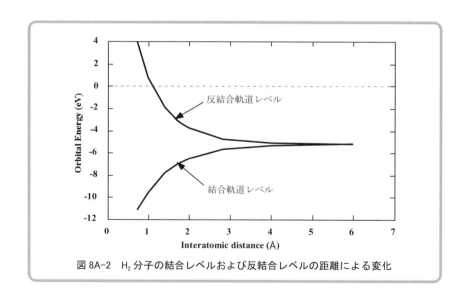

図 8A-2　H_2 分子の結合レベルおよび反結合レベルの距離による変化

大きいところでは原子軌道レベルに一致するようになるが，距離が小さくなると分裂し結合軌道レベルは低下し，反結合レベルは上昇する．ところがこのような計算は特に距離が大きいところでは物理的に奇妙なことが起こっているのである．すなわち距離が非常に大きいところでは H_2 分子中の結合軌道を占有する2個の電子は2個のH原子に分かれて離れていく．実際には電子はスピンをもっているので1個の電子はスピンが上向きでもう1つは下向きであるはずである．しかしスピン分極を考慮しない計算をすると，分子軌道には上向きスピンと下向きスピンの電子が全く同じ数だけ存在していると考える．したがって2個の原子が遠く離れ，それぞれの原子が1個の電子を所有してH原子となるが，この1個の電子は上向きスピンと下向き電子がそれぞれ半分ずつ存在するという非現実的な状態を計算していることになる．

つぎにスピン分極を取り入れた計算をしてみる．スピン状態は不明なので初期条件として1つの原子は上向き軌道に1個の電子が占有し，もう1つの原子には上向きスピンと下向きスピンが半分ずつ入っていると仮定する．このようにしてSCFの計算を行うと，結合，反結合レベルの変化は図8A-3のようになる．図には上に示した非スピン分極計算の結果も示してある．スピン分極計算によると，原子間距離が 1.5 Å までは非スピン分極計算の場合と一致しているが，それより大きくなると結合，反結合レベルともに外れてくることがわかる．結合レベルは非スピン分極計算の場合より低下してほぼ一定の値になる．

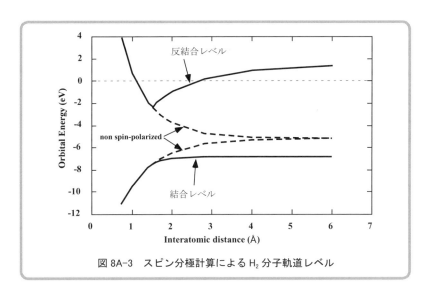

図 8A-3　スピン分極計算による H_2 分子軌道レベル

このことをもう少し詳しく調べてみる．まず分子軌道関数について調べてみる．非スピン分極計算では，2個のH原子 H_A, H_B は等価と考えるので結合軌道は図8A-4に示すように2個の原子で偏りの無い軌道関数になる．R=0.74Å は平衡原子間距離である．原子間距離が大きくなっても定性的には変化がないことがわかる．

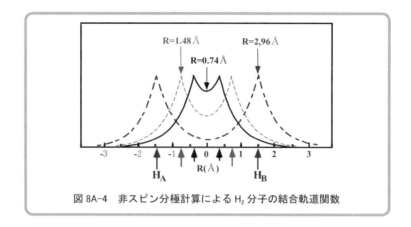

図 8A-4　非スピン分極計算による H₂ 分子の結合軌道関数

次にスピン分極計算による結合軌道の波動関数を調べてみると図 8A-5 のようになる。この場合，平衡原子間距離（R=0.74Å）ではスピンが分極していないので，非スピン分極計算の結果と同じである（2 個の電子はスピンが上向きと下向きの結合軌道に 1 個ずつ占有すると考える）。

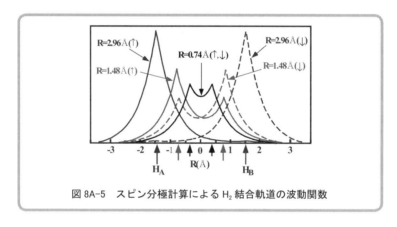

図 8A-5　スピン分極計算による H₂ 結合軌道の波動関数

しかし距離が R=1.48 Å に広がるとスピン分極が起こり，波動関数に偏りが出来，上向きスピンと下向きスピンでは波動関数が異なってくる。R=1.48 Å では上向きスピンの波動関数は原子 A にやや偏り，下向きスピンの波動関数は原子 B に偏っていることがわかる。距離がさらに大きくなると波動関数の偏りがさらに大きくなることがわかる。このことは距離が大きく 2 個の H 原子が分離すると，上向きスピンの電子は原子 A に，下向きスピンの原子は原子 B に分かれていくことを意味している。そこでスピン分極の大きさを調べてみることにする。図 8A-6 は原子 A, B の有効スピン密度（スピンが上向き電子と下向き電子の有効電荷の差）の原子間距離による変化および分子軌道の変化を模式的に示している。ただし H₂ 分子は平衡原子間距離（R=0.74A）で安定に存在するので，スピン分極せず波動関数は両スピンで全く同じになる。

それでは，スピンも含めた分子の電子状態を分子軌道論の立場で考えてみよう。図 8A-7 にスピン分極を考慮した H₂ 分子の分子軌道形成機構を模式的に示した。原子 A と B を考え，原子 A は上向きスピンの軌道に 1 個の電子が占有しスピン分極していると考える。また原子 B

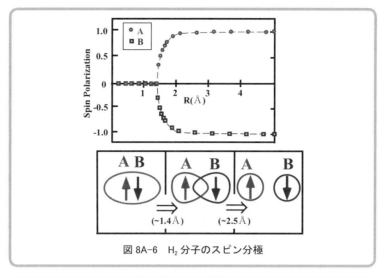

図 8A-6　H₂ 分子のスピン分極

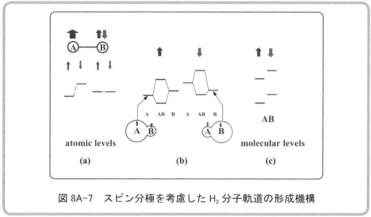

図 8A-7　スピン分極を考慮した H₂ 分子軌道の形成機構

はスピン分極しない状態，すなわち上向きと下向きスピンの軌道に半分ずつの電子が占有している状態を仮定する（図 (a) を参照）。この場合の原子 A および B の軌道レベルは図に示すように原子 A はスピン分裂し，B は分裂しない。これらの A および B の原子軌道が相互作用し，分子軌道が形成されるが上向きと下向きスピンの軌道は独立なのでそれぞれ上向き軌道は上向き軌道と，また下向き軌道は下向き軌道と相互作用して分子軌道が形成される（図 (b) 参照）。H_2 分子の 2 個の電子は，上向きスピンの結合軌道と下向きスピンの結合軌道にそれぞれ 1 個ずつ占有するが，これらの軌道は原子レベルの相対位置を反映してそれぞれ原子 A および B に偏っている。この場合，両原子の相互作用が大きく軌道の重なりが大きいときはスピン分極が小さくなり，また軌道の重なりが小さいときはスピン分極が大きくなる。

次に遷移金属の 2 原子分子について調べてみる。この場合は d 軌道からできる分子軌道に電子が占有していく。図 8A-8 に Sc_2 および Ti_2 のレベル構造とスピン密度を示した。これらの 2 原子分子は金属結晶の原子間距離を仮定して計算した。まず Sc_2 の場合（図 (a) 参照），スピン分極が起こり上向きと下向きスピンのレベルが分裂していることがわかる。価電子領域の

最低レベルは 4s 軌道が主成分の軌道でその上に 3d レベルが広がって存在している．電子は 4s レベルと上向きスピンの 4 つの 3d レベルを占有している（占有レベルは実線，非占有レベルは破線で示す）．したがって分子全体が上向きのスピン分極していることがわかる．レベル図の右は原子 A および B 成分を示しているが，両原子とも上向きスピンの d レベルが占有されており，両原子が等価にスピン分極していることがわかる．レベル図の下にはスピン密度（$\Delta\rho_{\uparrow\downarrow} = \rho_\uparrow - \rho_\downarrow$）の等高線を示した（実線は $\rho_\uparrow$ が正，破線は負の等高線を示す）．Sc_2 では 2 個の Sc 原子が強磁性的に結合しているということになる．

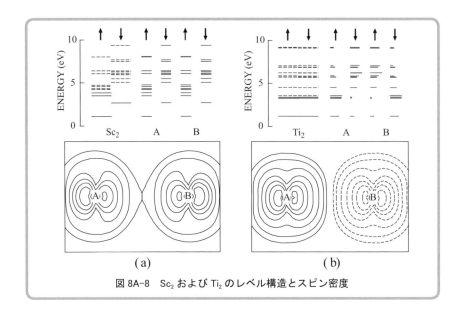

図 8A-8 Sc_2 および Ti_2 のレベル構造とスピン密度

次に図 (b) には Ti_2 の結果を示した．この場合，上下スピンのレベルが一致しているので全体のレベル構造はスピン分極していないように見える．しかし原子 A, B の成分に分けてみると，原子 A は上向きスピンのレベルが原子 B は下向きスピンのレベルが占有されていることがわかる．したがって分子全体は両スピンが等価に存在するが，上向きスピンは原子 A に下向きスピンは原子 B に分極して存在することになる．このことはレベル図の下のスピン密度の等高線で確認することができる．この場合は 2 つの Ti 原子が反強磁性的に結合していることがわかる．

このように $3d^1 4s^2$ 配置の Sc では強磁性的に，また d 電子が 1 個多い Ti では反強磁性的な相互作用が働くが，そのメカニズムは H_2 分子と類似の説明ができる．図 8A-9 は d 軌道から分子軌道が形成される場合の 2 原子分子のスピン状態を説明している．

H 原子の 1s 軌道と違って，5 つの d 軌道が関与するので結合軌道・反結合軌道はエネルギー的に広がりバンドを作る．Sc_2 の場合は 4 個の d 電子が上向きスピンの d 軌道だけに入るので分子全体として上向きスピンに分極する．Ti_2 では d 電子が増えるので，今度は下向きスピンの軌道にも入るようになり，分子全体のスピン分極はなくなる．しかし上向きスピンの軌道は原子 A に偏り，下向きスピンの軌道は逆に原子 B に偏っているため両原子はそれぞれ上向き，

下向きにスピン分極し反強磁性的な配列になる。

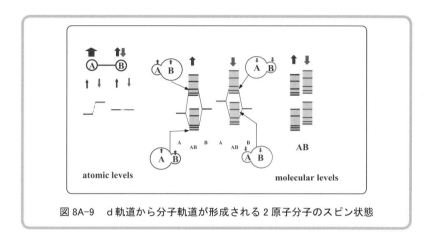

図 8A-9　d 軌道から分子軌道が形成される 2 原子分子のスピン状態

金属の原子番号が大きくなり d 電子の数が増えていくと上向き，下向きの結合軌道が占有されてしまうまでは，反強磁性的なスピン状態が保たれそれを過ぎると，今度は反結合軌道に，しかし再び上向きスピンで入るようになるので強磁性的なスピン状態になる。またスピン分極は減少していき Cu_2 では d 軌道による上下のスピン軌道がすべて占有されスピン分極は 0 になる。実際に，これらの 2 原子分子を計算してスピン分極をプロットすると図 8A-10 に示すようになり，上述のことが確かめられる。ただ d バンド内ではレベルが込み合っていて，特に V_2 や Co_2 では複数のレベルがほとんど縮退しているので電子状態が不安定になる。そのためスピン状態も不安定である。このようなスピン状態の計算は計算実習 VIIIB で Ti_2 を例として取り上げられているので，実際に計算してみると良く理解できる。

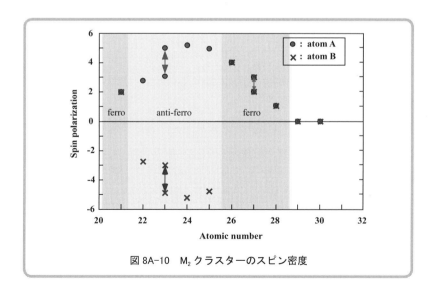

図 8A-10　M_2 クラスターのスピン密度

上にも述べたが，d バンド内ではレベルが込み合っていて電子状態は複雑である。これは原子間の相互作用による。原子間の相互作用は d 軌道間の重なりや軌道の占有状態による。した

がって，原子間距離が変化するなど，原子間相互作用が変化するとdバンド内の電子構造が，そしてスピン状態も変化する可能性がある。Ti_2クラスターについて，原子間距離を変化させてスピン状態を計算してみると，図8A-11に示す結果が得られる。距離が小さいところでは強磁性的で，大きくなるとスピン分極が0になり，その後反強磁性的になるが，ある限定された距離では強磁性的になり大変複雑な変化をすることがわかる。これらの原因は原子間距離が変化することでレベル構造が変化し，それを反映してスピン状態が大きく変わるためである。

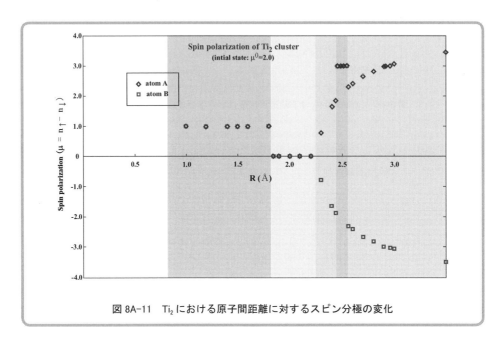

図8A-11　Ti_2における原子間距離に対するスピン分極の変化

　分子軌道法では変分原理を利用してエネルギーが極小の状態を見つける。実際には，まず初期状態を仮定しセルフ・コンシステント法で波動関数を変化させながら，エネルギー極小の状態へ近づけていくという方法をとる。この方法では，エネルギー最小の基底状態の他にエネルギーの低い準安定状態が存在する場合，初期状態をその準安定状態の近くに取ったときにはその準安定状態に落ち着く場合がある。

　スピン状態を調べるときもこのように初期条件によって基底スピン状態でなく，準安定なスピン状態が計算される場合があるので注意をする必要がある。Ti_2では結晶中の原子間距離を仮定すると反強磁性的な配列をするが，この場合でも初期条件の違いによってスピン状態が異なってくる。図8A-12に初期条件を変化させたときのスピン分極の変化を示した。このようにスピン分極の初期値μ^0が1.8までは反強磁性になるが，それより分極が強くなると強磁性配列になることがわかる。

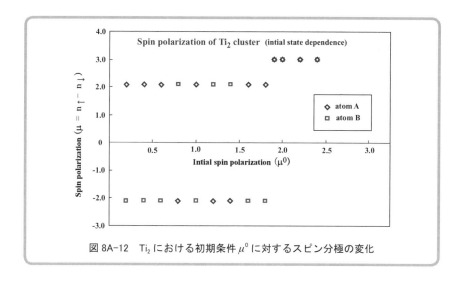

図 8A-12　Ti_2 における初期条件 μ^0 に対するスピン分極の変化

鉄は低温相（α-Fe）では強磁性を示すが，高温相（γ-Fe）では非磁性になることが知られている。そこで小さいクラスターモデルを仮定してそのスピン状態を計算してみよう。

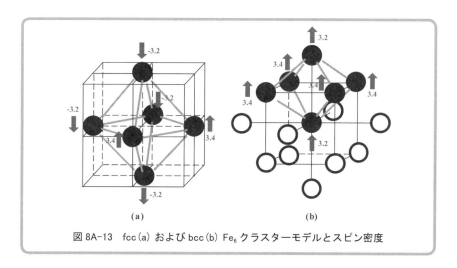

図 8A-13　fcc(a) および bcc(b) Fe_6 クラスターモデルとスピン密度

図 8A-13 に Fe_6 クラスターモデルとクラスター内の各原子のスピン密度の計算結果を示した。図 (a) は γ-Fe の結晶構造 fcc 格子から取り出した最小の Fe_6 クラスターで，(b) は α-Fe の bcc 格子から取り出したクラスターである。クラスターの構造は (a) では各原子は等価であるが，(b) では (a) に比べ上下の 2 原子間の距離が縮まった形になっている。これらのクラスターについてスピン分極の計算を行ってみると，(a) の場合すべての原子がスピン分極するもののそれらの方向がばらばらになる。またスピン分極の大きさは 3.2 あるいは 3.4 である。これらの原子は等価であるにもかかわらず，このように分極の大きさも方向も不安定で SCF の繰り返しの間に変化する。これは強磁性的な相互作用と反強磁性的な相互作用が共存しているためと思われる。(b) の場合はスピン分極の大きさは 3.2 と 3.4 になるが，分極はすべて上向きで強磁性的な配列になり，α-Fe の強磁性を説明できる結果になる。図 8A-14 に α-Fe について報告

されているバンド計算の結果 (a) と bcc-Fe$_{15}$ クラスター（図 8A-13(b) 全体のクラスター）について計算された状態密度 (b) を比較した。もちろん定量的には比較できないが，定性的には強磁性を示す結晶の電子状態の特徴を再現していると思われる。

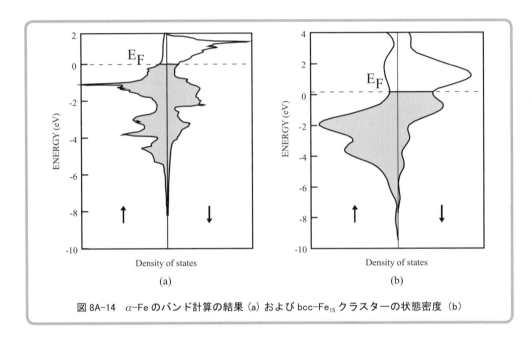

図 8A-14　α-Fe のバンド計算の結果 (a) および bcc-Fe$_{15}$ クラスターの状態密度 (b)

　以上のようにクラスターのスピン分極計算によって物質の磁気的性質を議論することが可能となるが，定量的にはクラスターの構造やサイズの違いにより結果が違ってくるし，また SCF 計算の初期状態の違いで準安定なスピン状態を計算する可能性もあり，それらの条件を考慮して議論することが必要になる。

9 金属化合物の電子状態と化学結合

　この章では金属化合物の電子状態と化学結合を取り上げる。きわめて多くの金属化合物の実在が知られており，それらは様々な化学組成，結晶構造を持ち，有用な物理的・化学的を持っている。また多くの固体金属化合物は様々な電子材料，磁気材料，光学材料，構造材料，触媒などに幅広く利用されていて大変重要な物質である。しかし周期表の2/3以上の元素が金属で，金属化合物すなわち金属元素と，金属元素あるいは非金属元素との組み合わせは無数で，しかも3元以上の多元系を考えると系統的に整理することは不可能に近い。結晶構造に関しては膨大な資料を整理したWyckoff[1]やGalasso[2]らの文献があるが，その他の物理的・化学的性質に関しての詳細は基本的に不明なところが多く残されていて，それらをよく理解すればより有用な多くの材料が開発されることはいうまでもない。

　ここでは無数にある金属化合物のうちの2元系化合物，特に重要と考えられるセラミックスの基本物質となる金属酸化物について述べる。さらにその他の固体金属化合物のうち，いくつかの典型的な結晶構造（岩塩型，ヒ化ニッケル型，閃亜鉛鉱型，ウルツ鉱型）を選び，それらの構造をもつ炭化物，窒化物，硫化物などの電子状態と化学結合状態について議論を進めてみる。

9-1　金属酸化物
9-1-1　金属酸化物の分類

　金属酸化物は地球上で存在する最も多種多様な物質の1つで，酸化物セラミックスを始めとしていろいろな用途で使用されている材料である。金属酸化物は，化学的な観点から金属元素で分類することができ，典型元素の金属酸化物および遷移金属元素の酸化物に大別できる。典型元素の金属酸化物の結晶は一般に無色透明で電気的には絶縁体である。

　表9-1には代表的な典型元素の酸化物を示した。これらのうち炭素，窒素，硫黄，ハロゲン元素，希ガス元素の酸化物などを除くほとんどが固体の金属酸化物である。これら典型元素酸化物の酸化数は酸素の酸化数を -2 とすると，ほとんどが典型元素の族で固定していることが特徴である。IA族のアルカリ金属は $+1$，2A族のアルカリ土類金属は $+2$，3B族は $+3$ というように固定した酸化数をとる。アルカリ金属酸化物では Na_2O_2 や NaO_2 などが存在するが，これらは過酸化物や超酸化物と呼ばれ酸素が O^- や O_2^- の価数をとっているので，アルカリ金属はすべて $+1$ 価である。また重元素の Pb などは同族より低い原子価の2価の PbO といった

酸化物が存在することが知られている。金属ではないが，6B 族の S や 7B 族の Cl はいろいろな価数をとり，酸化物でもいろいろな酸化数のものが存在する。

表 9-1 代表的な典型元素の酸化物

	1A	2A	2B	3B	4B	5B	6B	7B	0
2	Li_2O	BeO		B_2O_3	CO CO_2	N_2O NO NO_3			
3	Na_2O Na_2O_2 NaO_2	MgO		Al_2O_3	SiO_2	P_4O_6 P_4O_{10}	SO_2 SO_3	Cl_2O ClO_2	
4	K_2O K_2O_2 KO_2	CaO	ZnO	Ga_2O_3	GeO_2	As_4O_6 As_4O_{10}	SeO_2 SeO_3		
5	Rb_2O Rb_2O_2 $Rb9O_2$	SrO	CdO	In_2O_3	SnO_2	Sb_4O_6 Sb_2O_5	TeO_2 TeO_3	In_2O_5	XeO_2 XeO_4
6	Cs_2O $Cs_{11}O_3$	BaO	HgO	Tl_2O Tl_2O_3	PbO PbO_2	Bi_2O_3			

遷移金属元素の酸化物は典型元素の酸化物と違って，一般的に同じ元素でもいろいろな酸化数の酸化物が存在する。表 9-2 に代表的な遷移金属の酸化物を示した。例えば Ti は +2 から +4 価，V は +2 から +5 価の酸化物が存在する。その理由として遷移金属元素では $(n+1)$ s 軌道に電子が占有した後，n d 軌道に電子が占有していく電子配置をとるが，それ程大きなエネルギーが必要なく d 軌道に電子が出入りできることがあげられる。

表 9-2 遷移金属の代表的二元系酸化物

酸化数	3A	4A	5A	6A	7A	8	8	8	1B
+1		Ti_2O							Cu_2O
+2		TiO	VO NbO		MnO	FeO	CoO	NiO	CuO Ag_2O_2
+3	Sc_2O_3 Y_2O_3	Ti_2O_3	V_2O_3	Cr_2O_3		Fe_2O_3	Rh_2O_3		
+4		TiO_4 ZrO_2 HfO_2	VO_2 NbO_2 TaO_2	CrO_2 MoO_2 WO_2	MnO_2 TcO_2 ReO_2	RuO_2 OsO_2	RhO_2 IrO_2	PtO_2	
+5			$V_2O_5^l$ Nb_2O_5 Ta_2O_5						
+6				CrO_3^c MoO_3^l WO_3					
+7					Re_2O_7				
+8						RuO_4^m OsO_4^m			

m: 分子状, c: 鎖状, l: 層状

9-1-2 典型元素酸化物

次に金属酸化物の電子状態を調べてみよう。まず典型元素の酸化物の電子状態を調べるため，Mg^{2+} の周りに 6 個の O^{2-} が配位子した MgO_6^{10-} クラスターを仮定して，DV-Xα 法で計算してみると，図 9-1 に示すレベル構造が得られる。一般的に金属酸化物のレベル構造は，O 2s, 2p 軌道が主成分の電子で占有された価電子バンドと，エネルギーギャップを挟んで高エネルギーの金属 s, p 軌道が主成分のレベルから構成されている。分子軌道的には，結合的軌道は O 2s, 2p 軌道が主成分で価電子バンドの中にあり，反結合的軌道は金属 s, p 軌道が主成分の軌道ということができる。

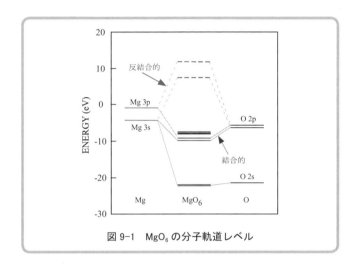

図 9-1　MgO_6 の分子軌道レベル

固体の金属酸化物の構造は MgO_6 のように金属に 6 個の O が配位した八面体型 MO_6 や 4 個の O が配位した四面体型 MO_4 が基本単位となり，これらがつながった構造のものが多い。MO_6 や MO_4 多面体の連結の仕方には幾種類かあり，実際の結晶構造はこれらのつながり方で決まる。

図 9-2 に八面体の場合の 3 種類の連結を示した。それらは頂点すなわち 1 個の酸素を共有する場合，稜すなわち 2 個の酸素を共有する場合，そして面すなわち 3 個の酸素を共有する場合である。これらのつながり方の違いで対称性も違い異なった構造が形成される。また多面体の

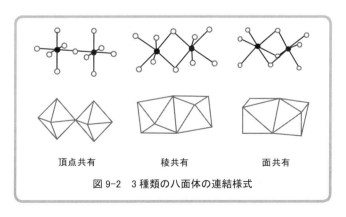

頂点共有　　　稜共有　　　面共有
図 9-2　3 種類の八面体の連結様式

中心にある金属原子間の距離が違ってくるので，それらの相互作用が異なることになる．金属酸化物の電子状態は大雑把には基本単位の多面体の電子状態で決まるが，詳細には多面体のつながり方が重要になる．

酸化マグネシウム MgO は岩塩型結晶構造をとるので，3 次元的に MgO_6 多面体が頂点を共有しながらつながって結晶ができ上がっていることになる．MgO の電子構造の概略は図 9-1 の MgO_6 クラスターのようになっているが，これがつながって固体になると図 9-3 のように分子軌道レベルが集まってバンドを作る．すなわち結合的軌道を含む O 2s および 2p 軌道が主成分のレベルが価電子バンドを作る．また Mg 3s および 3p 軌道からできる反結合レベルが伝導バンドをつくる．図 9-3 にはそれぞれの電子がつくる電子雲を模式的に示したが，価電子バンドの電子は陰イオン O^{2-} 周りに局在しており，伝導バンドの電子は陽イオン Mg^{2+} の周辺だけではなく結晶全体に広がっていることがわかる．MgO の場合，電子は価電子バンドを完全に占有していて，伝導バンドは全く空軌道である．バンドギャップは〜 8 eV と広いので，絶縁体であり，無色透明になる．

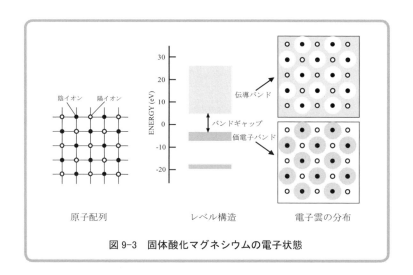

図 9-3　固体酸化マグネシウムの電子状態

つぎに典型元素酸化物の電子状態の一般的な性質を調べてみよう．例として MgO と同様の岩塩型構造の酸化物を選び，DV-Xα 法を用いてモデルクラスターの計算してみる．モデルは図 9-4 に示す 2 価金属の $M_{13}O_{14}^{2-}$ クラスターを用いることにする．このクラスターは小さいので正確には結晶の電子状態を表すには十分ではない．そこでクラスターの周りの格子点の位置に $\pm 2e$ の点電荷をおいて，結晶中に埋め込まれたような環境を作って計算をすることにする[*1]．

実際に計算する酸化物はアルカリ土類金属酸化物で，これらはすべて岩塩型構造をとる．計算において原子では励起軌道になる d 軌道を含めてある．得られた結果からそれらのレベル

[*1] 詳細は付録 9A を参照されたい．また結晶中の静電場におけるポテンシャルの計算は計算実習 IXA で取り扱われる．また計算実習 IXB では，$Mg_{13}O_{14}^{2-}$ クラスターの計算がとり扱われている．

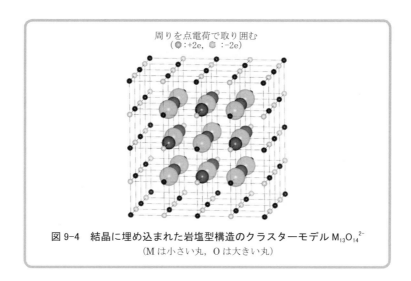

図 9-4　結晶に埋め込まれた岩塩型構造のクラスターモデル $M_{13}O_{14}^{2-}$
（M は小さい丸，O は大きい丸）

構造をプロットすると図 9-5 のようになる。この図では電子が占有した価電子バンドのトップ（HOMO）を 0 eV にそろえてプロットしてある。一般的には，これらの電子構造は占有された価電子バンドと，バンドギャップ（HOMO と LUMO とのエネルギーギャップ）を挟んで高エネルギーにあり金属の s, p, d 軌道からできた空の伝導バンドで記述できる。バンドギャップは金属が重くなるにしたがって狭くなり，このクラスターモデルの計算では MgO, CaO, SrO, BaO で 8.77 eV, 7.60 eV, 5.97 eV, 4.60 eV となっている。この変化の 1 つの要因としてイオン性が考えられる。電気陰性度は金属が重くなるほど小さくなるが，Ca, Sr, Ba ではほとんど変化しないと考えられる。クラスター計算の結果では，Ca, Sr, Ba の順にイオン性が小さくなるが，Sr と Ba ではほとんど変化がない。また Mg はイオン性が小さい。したがってバンドギャップの変化は他の要因も関係しているが，特に金属が重くなると浅い内殻の d レベルと伝導バンドにある励起 d レベルの位置が関係していると思われる。

ここで用いたクラスターは結晶のモデルとしては十分な大きさではない。そこでクラス

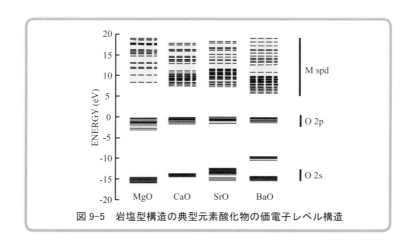

図 9-5　岩塩型構造の典型元素酸化物の価電子レベル構造

ターサイズによる電子構造の変化を調べてみた。酸化マグネシウムについて $Mg_{13}O_{14}^{2-}$ と $Mg_{43}O_{38}^{10+}$ および $Mg_{55}O_{68}^{26-}$ クラスターのレベル構造を図9-6に比較して示した。バンドギャップは $Mg_{13}O_{14}^{2-}$ の 8.77 eV からサイズが大きくなると 7.32 eV, 7.23 eV とやや小さくなる。

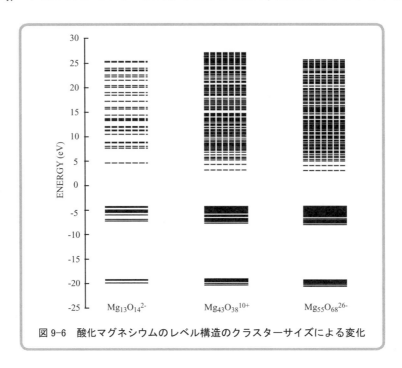

図9-6 酸化マグネシウムのレベル構造のクラスターサイズによる変化

9-1-3 遷移金属酸化物

金属酸化物の電子構造はO 2s, 2pによる価電子バンドとその上に数eVのバンドギャップを挟んで金属のs, p, dによる伝導バンドで形成されている。遷移金属の場合はd軌道に電子が部分的に占有する電子状態をとる。したがって遷移金属の酸化物ではd軌道の振る舞いが重要になる。具体的にはバンドギャップの中にdレベルが現れ、その構造が電子状態の詳細を決めることになる。図9-7に典型元素酸化物と遷移金属酸化物の電子構造の特徴を模式的に示した。遷移金属酸化物では、図に示すようにバンドギャップ中にdレベルが存在し、金属周りの化学的環境でレベル構造が変化する。

遷移金属のdレベルは原子の場合は縮退しているが、化合物では化学的な環境でdレベルが分裂し、いろいろな構造をもつ。例えば6つの配位子が結合した場合八面体構造をもち、その場合のdレベルは、図9-7に示すように配位子場によって t_{2g} と e_g との2つに分裂する[*1]。レベル分裂の大きさはd軌道の広がりの方向性による。また配位子軌道との相互作用でd軌道は反結合的になる。したがって配位子の方向に向いた e_g 軌道のレベルはエネルギーが高く、t_{2g} 軌道レベルは低くなる[*2]。

実際の固体化合物では結晶が少し歪んで正八面体からずれる場合が多い。その場合はdレベ

[*1] 配位子場におけるdレベルの分裂に関しては8章で詳しく説明されている。
[*2] 相互作用の定量的な評価は付録6Aを参照。

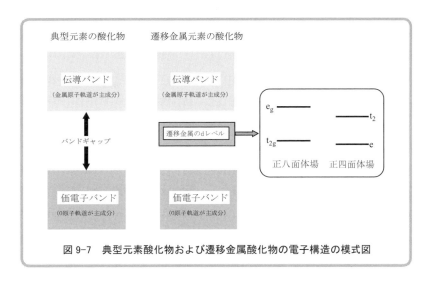

図 9-7 典型元素酸化物および遷移金属酸化物の電子構造の模式図

ルも分裂が進んで複雑になっていく（図 8-7 を参照）。配位子が 4 つ結合した正四面体の場合は正八面体の場合と逆に t_2 が高エネルギーに e が低エネルギーになる。このように遷移金属 d レベルは配位子との相互作用で分裂する。この配位子場分裂 Δ が d レベル構造を決める 1 つの大きな要因になる。

遷移金属イオンの d レベル構造を決めるもう 1 つの要因はスピン分極である[*1]。遷移金属の d 軌道は部分的に占有されているので，一般的に常磁性イオンになる。孤立した遷移金属イオンはフント（Hund）の法則に従って最大のスピン状態になる[*2]。この原因の 1 つとして交換相互作用があげられる。実際に遷移金属イオンのスピン分極した計算を行うと，このことが確かめられる。例えば孤立した Ti^{3+} イオンの計算を行うと図 9-8 の結果が得られる。この場合，d^1 配置の d 電子は上向きスピンとする。図のように上向きと下向きスピンで 1.3 eV の分裂が起こる。したがって d 電子がもう 1 つ増えるとエネルギーの低い上向きレベルに入りフントの法則が成り立つ。このスピン分裂の大きさはスピン分極の大きさ（上向きスピンと下向きスピンの電子数の差）に比例する。Fe^{2+} イオンを取り上げ，いろいろなスピン状態を仮定して計算すると，図 9-9 に示すようにスピン分極 μ に対してスピン分裂 $S = \Delta\varepsilon_{\uparrow\downarrow}$ は直線的変化する。このように d レベル構造はスピン分極にも影響される。

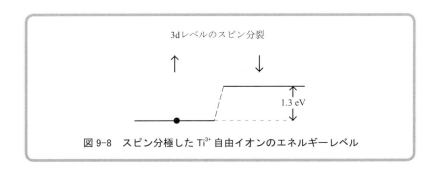

図 9-8 スピン分極した Ti^{3+} 自由イオンのエネルギーレベル

[*1] スピン分極に関しては付録 8A で詳しく述べられている。
[*2] 付録 8A の図 8A-1 を参照。

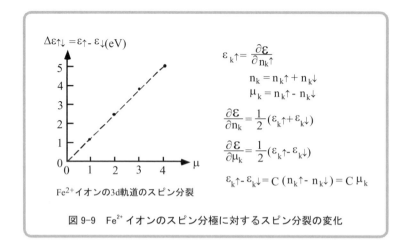

図 9-9 Fe^{2+} イオンのスピン分極に対するスピン分裂の変化

　遷移金属酸化物の磁気的な性質は遷移金属イオンのスピン状態によって左右される。スピン状態は大きく分けてフントの法則に従う高スピン状態とフントの法則に従わない低スピン状態が存在する。これらのスピン状態を決めるのは図 9-10 に示すように配位子場分裂 Δ とスピン分極 S との相対的な大きさである。

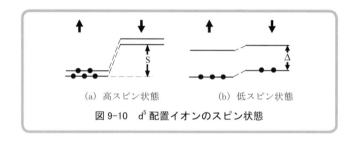

(a) 高スピン状態　　(b) 低スピン状態
図 9-10　d^5 配置イオンのスピン状態

　すなわち，図 (a) の配位子との相互作用が弱く $\Delta<S$ の場合は，フントの法則に従って高スピン状態，図 (b) の配位子との相互作用が強く，$S<\Delta$ の場合はフントの法則に従わず低スピン状態が実現する。このような高スピンと低スピン両方が可能なのは電子配置が d^4 配置から d^7 配置までの場合である。Fe^{2+} や Fe^{3+} イオンは d^6 や d^5 配置なので高スピン状態と低スピン状態の両方が可能である。一般には鉄酸化物の場合は，配位子との相互作用が小さいので配位子場分裂 Δ が小さく高スピン状態をとるが，理論的には両スピン状態を仮定して計算することができる。図 9-11 に FeO_6^{10-} (Fe^{2+}) および FeO_6^{9-} (Fe^{3+}) クラスターについて高スピンおよび低スピン状態を仮定して計算したレベル構造と Fe 3d 軌道の波動関数を示した。高スピン状態では Fe^{2+} および Fe^{3+} でスピン分極 μ は 4 および 5 になるが，低スピン状態では 0 および 1 である。またレベル構造も高スピンと低スピン状態で大きく違っていることがわかる。このことが磁気的性質のみならず他の物理的，化学的性質にも強く反映される。図には Fe d 軌道が主成分の軌道 $2t_{2g}$ および $4e_g$ 軌道の波動関数をプロットしてある。これらの軌道は形式的には Fe 3d 軌道である。また配位子 O との相互作用が小さいが，それでも図からわかるように O 2p 軌道成分がかなり混じっていることがわかる。これらの波動関数はスピンが上向きのものである

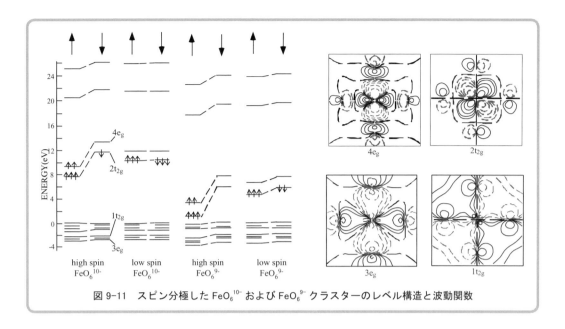

図 9-11　スピン分極した FeO_6^{10-} および FeO_6^{9-} クラスターのレベル構造と波動関数

が，下向きはわずかに違っている。

9-1-4　岩塩型，コランダム型およびルチル型構造の遷移金属酸化物

遷移金属元素は上に述べたようにいろいろな原子価を取り得る。酸化物の場合もいろいろな酸化数の酸化物が存在するが，特に 2 価および 3 価の酸化物が多い。またいくつかの 4 価の酸化物も存在が知られている。3d 遷移金属酸化物の場合は，2 価では岩塩型構造をとるものが多く，3 価ではコランダム構造をとるものが多く存在する。また 4 価ではルチル型構造の酸化物が存在する。そこで岩塩型構造のモデルとして上で取り上げた $M_{13}O_{14}^{2-}$ クラスターの計算を行って，得られた電子構造を図 9-12 に示した。ここで ScO, CrO, CuO 以外は岩塩型構造の酸化物が存在することが知られている。この図からわかるように d レベルが価電子バンド（O 2p

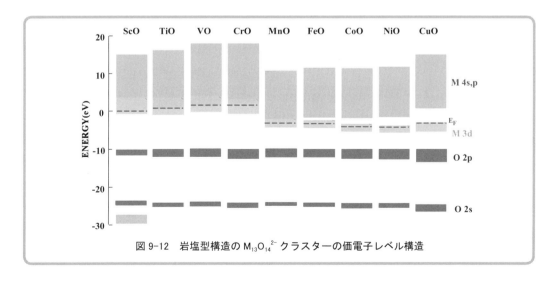

図 9-12　岩塩型構造の $M_{13}O_{14}^{2-}$ クラスターの価電子レベル構造

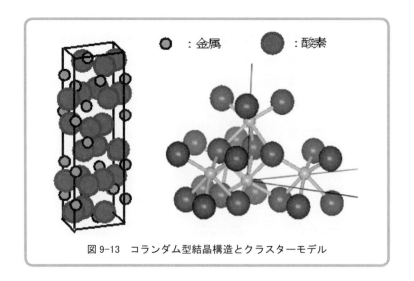

図 9-13 コランダム型結晶構造とクラスターモデル

バンド）と伝導バンド（金属 s,p バンド）との間のバンドギャップ中に現れる。d レベルは原子番号とともに低下し，それに伴って O 2p バンドの幅が広くなっていく傾向がある。フェルミ・レベル（E_F，クラスター計算では HOMO と仮定した）は d レベル中に存在する。

コランダム構造のモデルとして $M_5O_{21}^{27-}$ クラスターを仮定して計算を行った。図 9-13 にコランダム型結晶構造を示した。この構造は酸化物イオンが六方最密充填構造をとり，その八面体隙間の 2/3 を金属イオンが占めている。金属には酸化物イオンが 6 配位して，酸化物イオンには金属が 4 配位している。計算で得られた電子構造を図 9-14 に示した。ここで Ti_2O_3, V_2O_3, Cr_2O_3, Fe_2O_3 は実際にコランダム構造の酸化物が存在することが知られている。一般的なレベル構造の性質は M^{2+} 酸化物の場合に類似しているが，全体的に M 3d レベルが低下している。したがって，O 2p 軌道との相互作用が強いことが予想される。O 2p バンドの幅が広いのはそのためと考えられる。

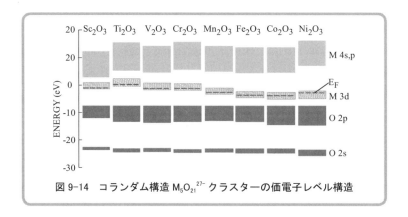

図 9-14 コランダム構造 $M_5O_{21}^{27-}$ クラスターの価電子レベル構造

ルチル型構造は図 9-15 に示すように正方晶の構造である。この構造を持つ 3d 遷移金属酸化物としては TiO_2, CrO_2, $\alpha\text{-}MnO_2$ の存在が知られている。その他の金属酸化物もこの構造を仮定して，$(M_{11}O_{40})^{36-}$ クラスターをモデルとして電子状態の計算を行った。このモデルクラスター

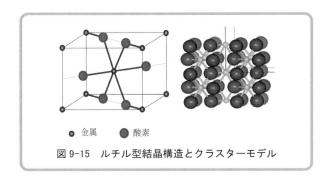

図9-15 ルチル型結晶構造とクラスターモデル

の電子構造を計算し，図9-16に示した。これらの酸化物の電子構造の特徴を2価および3価の酸化物と比較してみると次のようなことがいえる。

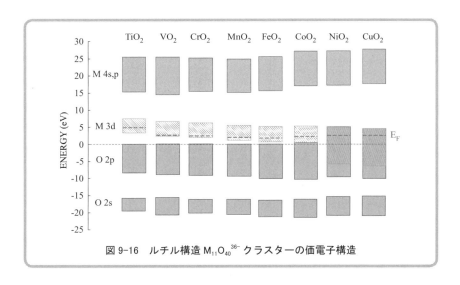

図9-16 ルチル構造 $M_{11}O_{40}^{36-}$ クラスターの価電子構造

まずO 2pバンドとM 4spバンドの中間に位置するM 3dレベルが大きく低下している。そしてFeO_2からは3dレベルがO 2pバンドに潜り込むように低下し，特にNiO_2やCuO_2では，M 3d成分はほとんどO 2pバンド全域で重なって分布するようになる。またO 2p, 2sバンドの幅が非常に大きくなっている。これらのことからこれらの酸化物では，金属イオンと酸化物イオンとの共有結合的な相互作用が極めて強く，金属および酸素軌道が大きく混ざり合っていることがわかる。すなわち，このような高原子価の遷移金属酸化物では共有性が異常に強く，特に周期の後半の金属酸化物ではイオン性が異常に低下し，金属が+4価のイオンとしては存在し難くなることを示している。実際にFeO_2以下の酸化物の存在は知られていない。

以上典型的な2価, 3価, 4価の3d遷移金属酸化物の電子状態について調べてみた。その結果，金属の原子価が高くなるにしたがって，金属3dレベルが低下するのでO 2pバンドにエネルギーが接近し，そのため共有結合性が強くなる。特に周期後半の高原子価酸化物では，もし存在するとすればイオン性が極端に小さく有効電荷が形式電荷から大きくずれ，典型的なイオン結合的酸化物とは大きく異なった性質を示すことが予想される。

9-2 金属化合物

ここでは種々の機能性材料として興味深い金属化合物（主として遷移金属化合物）の電子状態と化学結合を考える。金属化合物は様々な結晶構造を取るが，金属と非金属の組成が1対1の典型的な岩塩型（NaCl型），ヒ化ニッケル型（NiAs型），閃亜鉛鉱型（ZnS型），ウルツ鉱型（ZnO型）構造を持つ化合物を取り上げ，それらの電子状態と化学結合状態を調べる。ZnS型およびZnO型化合物では，遷移金属のみならず典型元素の化合物で興味深い物性を示すものが多く存在するので，それらも含めて議論することにする。これら金属化合物MX（Mは金属，Xは非金属）においては，NaCl型とNiAs型ではMおよびXともに周りに別の原子が6配位し，ZnS型とZnO型では4配位した構造になる。またNaCl型とZnS型は立方最密充填（ccp or fcc）構造を基本とし，NiAs型とZnO型では六方最密充填（hcp）構造が基本構造である。これらの結晶構造に適切なクラスターモデルを構築しDV-Xα法で電子状態計算を行う。クラスター中の原子の電荷は酸化物ではO^{2-}と仮定してクラスターの電荷を決めたが，ここではすべての原子の初期状態は中性とした。したがってクラスター全体の電荷は中性として計算されている。また磁性に興味深い化合物も多いが，ここではスピン状態は考慮しないことにする。さらにこの章では化合物の基本構造の違いによる化学結合性の違いも議論する。

9-2-1 岩塩型（NaCl型）化合物

岩塩型（NaCl型）遷移金属化合物MXは侵入型化合物といわれ，非金属原子Xが原子番号の小さいH, B, C, N, Oなどの場合はfccの遷移金属格子の八面体隙間に入ることで形成される。特に周期表IVa属（Ti, Zr, Hf），Va属（V, Nb, Ta），VIa属（Cr, Mo, W）遷移金属の化合物は金属的な電気伝導性を持ちながら，一方で高融点，超硬耐熱的で堅くてもろいという固体化合物特有の性質を持つ。またこれらの金属化合物には原子空孔が存在し不定比組成のものが多い。このような性質はそれら化合物の電子状態に起因していると思われるので，それらの電子状態及び結合状態を理解することが重要である。ここではNaCl型遷移金属化合物のいくつかを取り上げ，図9-17に示すクラスターモデル$M_{87}X_{92}$を用いてDV-Xα法により電子状態と結合性を調べ

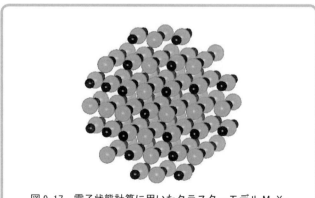

図9-17　電子状態計算に用いたクラスターモデル $M_{87}X_{92}$
大きい球は金属原子，小さい球は非金属原子を示す。

てみる。このようなクラスターでは，表面に露出している原子と内部の原子では化学環境が異なり，表面ではダングリングボンドを含む特有の表面電子状態が現れる。そのためクラスターを内部（$M_{55}X_{62}$）と表面部分（$M_{32}X_{30}$）とに分けて分析することにする。

（1）チタン化合物

まず代表的なチタン化合物を取り上げてみる。チタン化合物 TiC, TiN, TiO は NaCl 型結晶構造をもつ。これらの電子構造は，今まで用いてきたレベル構造の代わりに各レベルに幅を付け重ね合わせた状態密度（Density of States, DOS）の形のバンド構造として表すことにする。チタン化合物の電子構造は，図 9-18 で示す模式的な状態密度で表すことができる。図に示すように X 2p が主成分の価電子バンドの上に Ti 3d バンドが，さらに幅の広い Ti 4s,4p 成分の伝導バンドが重なり合った構造で説明できる。電子で占有された最高準位（ここではフェルミ・レベル E_F とする）は，TiC では C 2p バンドと Ti 3d バンドの中間に位置し，TiN, TiO ではそれより少しずつ高いレベルに上がる。これらの化合物では Ti 3d と X 2p, 2s との軌道間相互作用が強く，X 2p バンドには Ti 3d 成分が，また Ti 3d バンドには X 2s, 2p 成分がかなり含まれることが考えられる。実際に DV-Xα 法を用いて $Ti_{87}X_{92}$（X = C, N, O）クラスターの計算を行って電子状態と化学結合を調べてみる。クラスターの内部の状態密度をプロットすると図 9-19 が得られる。このうち X 原子軌道成分と Ti 成分とはそれぞれを実線および破線で示した。

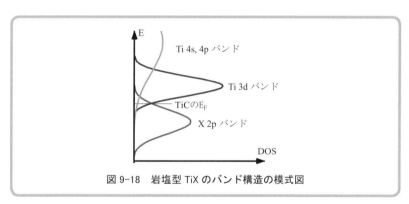

図 9-18　岩塩型 TiX のバンド構造の模式図

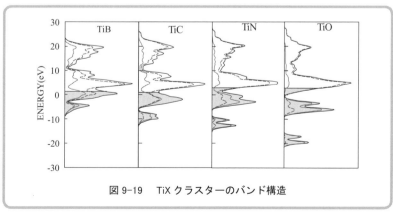

図 9-19　TiX クラスターのバンド構造

系統的な比較のため仮想的な TiB のクラスターモデルの計算結果も図に示してある．図からわかるように TiC の場合，E_F（ここでは最高占有軌道で占有バンドは陰で示す）を挟んで C 原子軌道からなる価電子バンドと Ti 原子軌道から成る伝導バンドが重なり合っていて，しかも両成分がお互いにかなりの割合で混ざり合っている．このような場合，Ti-C 間の強い共有結合的相互作用が生じ，それに伴って金属 Ti から非金属 C への電荷移行が起こる．TiN，TiO では価電子数が 1 つずつ増加するので，E_F が上昇していく．また，Ti 軌道と X 軌道との混ざり具合が徐々に減少するので，共有結合性が小さくなっていくことが考えられる．より定量的に理解するためにマリケンの電子密度解析を行った．図 9-20 はクラスター内部の部分電荷についての結果を示している．

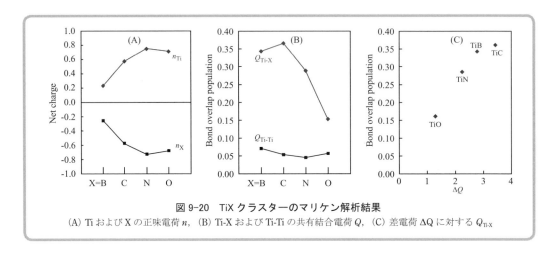

図 9-20 TiX クラスターのマリケン解析結果
(A) Ti および X の正味電荷 n，(B) Ti-X および Ti-Ti の共有結合電荷 Q，(C) 差電荷 ΔQ に対する $Q_{\text{Ti-X}}$

図の (A) は Ti および X の正味電荷 (net charge) n，(B) は共有結合電荷 (bond overlap population) Q を示す．これらの化合物がイオン結晶と仮定すると，形式的に $\text{Ti}^{4+}\text{C}^{4-}$，$\text{Ti}^{3+}\text{N}^{3-}$，$\text{Ti}^{2+}\text{O}^{2-}$ と表される．しかしクラスター計算の解析では，それらの有効電荷は $\text{Ti}^{+0.57}\text{C}^{-0.58}$，$\text{Ti}^{+0.76}\text{N}^{-0.74}$，$\text{Ti}^{+0.71}\text{O}^{-0.69}$ となり，形式電荷からは大きくはずれるので，共有結合性がかなり強いといえる．このことは図 (B) の $Q_{\text{Ti-X}}$ からも確認できる．クラスター全体では電荷は中性であるが，内部クラスターと表面クラスターとでは電荷の偏りができ，厳密には内部クラスター内では中性，すなわち $n_{\text{Ti}} = -n_{\text{X}}$ とはならない．また上述の形式電荷と有効電荷との差，差電荷は共有結合性の強さを表す指針と考えられる．この量（ΔQ とする）は TiC; $4-0.58 = 3.42$，TiN; $3-0.75 = 2.25$，TiO; $2-0.70 = 1.30$ となる．図 (C) は ΔQ に対する共有結合電荷をプロットしたもので，共有結合電荷は ΔQ に比例して増加していくことがわかる．これらの化合物はこのように共有結合性が強いが，その中では TiC，TiN，TiO の順にその性質が弱くなり，TiO ではイオン性もかなり強くなるといえる．仮想的な TiB の場合イオン性は TiC よりもずっと小さくなるが，共有結合性は TiC 程度である．

(2) 3d, 4d, 5d 遷移金属の炭化物

岩塩型構造を持つ炭化物として，IVa 族では TiC に加えて ZrC, HfC が存在する．これらの炭化物はよく似た物理的・化学的性質を有するが，電子状態からそれらの比較を行ってみる．図 9-21 にこれら炭化物のクラスターモデルによるバンド構造を比較した．TiC では上に述べたように Ti 3d と C 2p 軌道との共有結合性が強く，価電子バンドおよび伝導バンドにおける軌道の混ざりが大きいが，ZrC, HfC でも同様のことがいえる．もう少し定量的に示すため，マリケンの電子密度解析による金属の正味電荷と共有結合電荷を表 9-3 に示した．表には Va 族遷移金属の VC, NbC, TaC の値も比較のため示した．4d, 5d 金属の炭化物では n_M が 3d 金属よりかなり小さく中性に近くなり，またかなり強い共有結合性を示す．ΔQ_{M-C} は 4d, 5d 金属でも 3d 金属とほとんど変わらないかわずかに大きくなり，やはり共有結合性の強い化合物である．

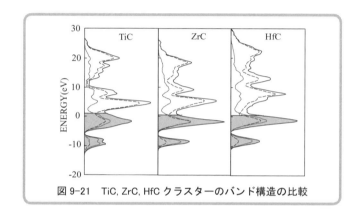

図 9-21 TiC, ZrC, HfC クラスターのバンド構造の比較

表 9-3 TiC, ZrC, HfC の正味電荷 n と共有結合電荷 Q

	n_M	Q_{M-C}		n_M	Q_{M-C}
TiC	0.578	0.360	VC	0.493	0.370
ZrC	0.285	0.367	NbC	0.218	0.383
HfC	0.394	0.380	TaC	0.244	0.391

(3) 3d 遷移金属窒化物

侵入型 3d 遷移金属の窒化物として ScN, TiN, VN, CrN が存在する．これらの電子状態は基本的に炭化物と類似しているが，N の価電子数が C より 1 個多いことによって違いが生じる．図 9-22 はこれらのバンド構造を示した．これらも金属 M と窒素 N の成分がよく混ざり共有結合性が強いことを示し，バンド構造の形状もよく似ている．しかし価電子数が金属の原子番号と共に 1 個ずつ増加するのでフェルミ・レベル E_F の位置が相対的に上昇する．

これらの電子状態の変化をより詳細に調べるため電子密度分析の結果を図 9-23 に示した．この図からわかるように，金属と窒素の n_M, n_N は金属の原子番号と共に少しずつ減少して行く．これに対して Q_{M-N} の変化は僅かである．

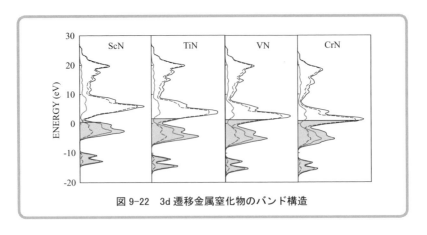

図 9-22 3d 遷移金属窒化物のバンド構造

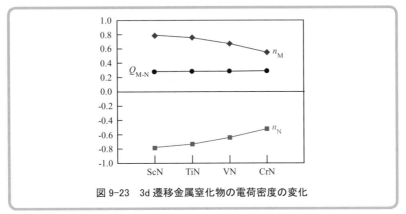

図 9-23 3d 遷移金属窒化物の電荷密度の変化

9-2-2 ヒ化ニッケル型 (NiAs 型) 化合物

典型的な金属化合物 MX として，M 原子が立方最密充填構造 (fcc) をとり，その八面体隙間のすべてを X 原子が占めると，NaCl 型構造になるが，X 原子が六方最密充填構造 (hcp) をとる場合は，NiAs 型構造 (図 9-24) になる。NaCl 型では M, X 両原子とも正八面体の 6 配位構造をとるが，NiAs 型では Ni 原子 (M 原子) は八面体 6 配位型をとるのに対して As 原子 (X 原子) は図 (b) に示すように三角プリズム型の 6 配位構造をとる。一般に共有結合が強い場合

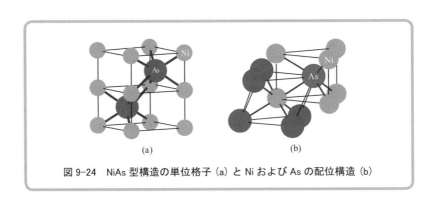

図 9-24 NiAs 型構造の単位格子 (a) と Ni および As の配位構造 (b)

にこの構造をとると考えられている。酸化物以外の 3d 遷移金属カルコゲナイドの多くはこの構造をとる。

NiAs 型化合物は磁性材料として興味がもたれ，CrTe, MnAs, MnBi, MnSb は強磁性体で高いキューリー点をもつ（CrTe; 334K, MnBi; 633K）。また NiS, CoS, FeS, VS, FeSe, CrSe, VSe, CoTe, MnTe は反強磁性を示す物質である。ここではクラスターモデルに基づいて，系統的に一般的な電子状態と化学結合状態について検討してみる。

DV-Xα クラスター計算は，主に図 9-25 に示す $M_{71}X_{72}$（M = 3d 遷移金属，X = S, Se, Te, As, Sb, Sn）について行った。図中の灰色の球は金属 M，黒色の球は非金属 X を示す。ここでもクラスター内部と表面では電子密度の偏りが見られるので，上で述べたように内部と表面を分離して解析し，結晶の電子状態に近いと思われるクラスター内部の電子状態について議論することにする。

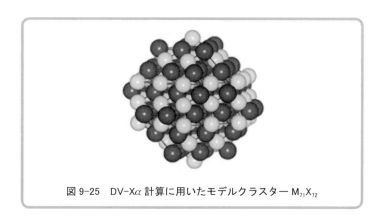

図 9-25　DV-Xα 計算に用いたモデルクラスター $M_{71}X_{72}$

（1）3d 遷移金属硫化物

まず 3d 遷移金属の硫化物の電子構造を調べてみる。図 9-26 は TiS, CrS, β-FeS, β-NiS のバンド構造を示す。何れの場合も S 原子軌道が主成分の価電子バンドがフェルミ・レベル E_F の下に存在し，その上に金属 d 軌道が主成分のバンドが重なっている。それぞれのバンド中では，金属成分と S 成分がよく混ざっていて共有結合性が強いことが予想される。また金属の原子番号が大きくなるにつれて d バンドのエネルギーが下がり，価電子バンドとの重なりが顕著に

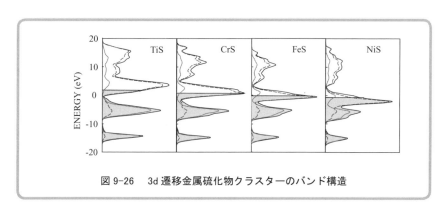

図 9-26　3d 遷移金属硫化物クラスターのバンド構造

（2）遷移金属カルコゲナイド

次に 3d 遷移金属カルコゲナイドの電子密度を調べるため，金属 M およびカルコゲン X の正味電荷 n_M, n_X および共有結合電荷 Q_{M-M}, Q_{M-X} を表 9-4 にまとめた。表にはカルコゲナイド以外に NiAs, NiSb, NiSn の結果も示してある。まず NiAs 型化合物は一般に正味電荷が小さいことと，共有結合電荷が大きいことから共有結合性が強い金属化合物であるといえる。また図 9-27 には n_M と Q_{M-X}, Q_{M-M} をプロットした。図 (a) の n_M は硫化物，セレン化物，テルル化物とも金属の原子番号とともに減少していく。特に注目すべきは 3d 周期後半の Fe 以降で，FeS 以外の化合物は n_M が負になることである。ポーリングの電気陰性度では 3d 遷移金属元素 M はカルコゲン元素 X より電気的に陽性 (M:Sc 1.36, Ti 1.54, V 1.63, Cr 1.66, Mn 1.55, Fe 1.83, Co 1.88,

表 9-4　NiAs 型 3d 遷移金属カルコゲナイドの正味電荷と共有結合電荷

	ScTe	TiS	TiSe	VS	VSe	VTe
n_M	0.485	0.365	0.176	0.255	0.099	0.226
n_X	−0.458	−0.344	−0.154	−0.223	−0.065	−0.184
Q_{M-X}	0.245	0.254	0.283	0.271	0.286	0.275
Q_{M-M}	0.097	0.038	0.106	0.090	0.146	0.124

	CrS	CrSe	CrTe	MnTe	FeS	FeSe	FeTe
n_M	0.200	0.046	0.128	0.137	0.044	−0.188	−0.189
n_X	−0.175	−0.017	−0.099	−0.134	−0.040	0.185	0.197
Q_{M-X}	0.273	0.284	0.282	0.257	0.276	0.296	0.308
Q_{M-M}	0.112	0.127	0.112	0.059	0.073	0.105	0.132

	CoS	CoSe	NiS	NiSe	NiTe	NiAs	NiSb	NiSn
n_M	−0.110	−0.318	−0.105	−0.305	−0.383	−0.455	−0.348	−0.224
n_X	0.129	0.315	0.120	0.312	0.382	0.438	0.336	0.203
Q_{M-X}	0.288	0.301	0.263	0.270	0.274	0.336	0.317	0.294
Q_{M-M}	0.108	0.148	0.108	0.139	0.126	0.185	0.207	0.233

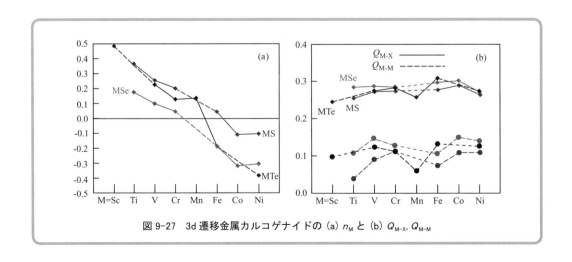

図 9-27　3d 遷移金属カルコゲナイドの (a) n_M と (b) Q_{M-X}, Q_{M-M}

Ni 1.91, X:S 2.58, Se 2.55, Te 2.1) である。したがって，通常金属化合物 MX では金属 M は正，非金属 X は負の電荷をもつと考えられているが，NiAs 型化合物の場合は異常な電荷状態を示す場合がある。この性質はセレン化物やテルル化物でより強くなる。この原因は明確ではないが，1 つは金属 M とカルコゲン X の原子レベルの相対的な位置関係である。M 3d レベルは原子番号とともに徐々に低下し X np レベルと交叉して，周期表の後半の金属では X np レベルより下に位置するようになる傾向がある。

(3) NiAs 型化合物の化学結合

この化合物の特徴として，上に述べたように M と X との共有結合性が強いことがあげられる。そこで Ti および V のカルコゲナイドについて，n_M および Q_{M-X} の値を NaCl 型化合物と比較してみると表 9-5 のようになる。NaCl 型構造の TiS, VS は存在しないので（カッコつきで示した），仮想的なクラスターモデルの計算結果である。まず NaCl 型 TiO, VO と仮想的な NaCl 型 TiS, VS とを比較してみると，TiS, VS では n_M の値が TiO, VO に比較して非常に小さい値になる。同時に Q_{M-X} は TiO, VO よりかなり大きくなっている。このことから TiS, VS では TiO, VO に比べ，共有結合性が強くなり NaCl 型としては存在しにくくなると考えられる。セレン化物やテルル化物についても硫化物と同様なことがいえる。

表 9-5　NaCl 型および NiAs 型化合物における n_M と Q_{M-X} との比較

NaCl type	n_M	Q_{M-X}	NiAs type	n_M	Q_{M-X}
TiO	0.706	0.158	TiS	0.365	0.256
(TiS)	0.432	0.258	TiSe	0.176	0.284
VO	0.655	0.162	VS	0.255	0.258
(VS)	0.309	0.260	VSe	0.099	0.280
			VTe	0.226	0.266

上で示した図 9-27(b) は Q_{M-X} および Q_{M-M} のプロットであるが，Q_{M-X} はかなり大きく 0.3 程度の値をとるが変化はそれほど大きくない。また Q_{M-M} は小さく〜0.1 程度の値であるが，Q_{M-M} の変化については後に述べる。

NiAs 型化合物は hcp が基本構造である。純粋な hcp 型金属でも，実際は最密充填の hcp 格子をとらない。理想的な hcp 格子では，格子定数 a_0 と c_0 の比が $c/a = 1.63299$ であるが，実際の hcp 構造をとるいくつかの結晶をあげると，He; 1.633, Be;1.567, Li; 1.637, Na;1.614, Mg;1.624, β-Ca;1.886, Ti;1.588, Co;1.623, Ni;1.634, Zn;1.856, Zr;1.593, Hf;1.582, Dy;1.574, Er;1.571 などである。これらのうち Be や希土類は 1.633 よりかなり小さく，β-Ca や Zn ではかなり大きくなる。NiAs 型金属化合物でも同様で，c/a が 1.633 から大きく外れるものが多い。ここで取り扱っている化合物で c/a が最大のものは TiS;1.934，また最小のものは NiSn ; 1.266 である。図 9-28 に TiS と NiSn の配位構造を比較してみた。

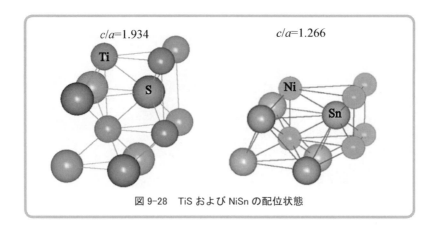

図 9-28 TiS および NiSn の配位状態

この図からわかるように同じ NiAs 構造でも a 軸，c 軸方向の相対構造がかなり違ってきて，金属原子間の結合状態，特に c 軸方向の金属原子間の結合が異なってくることが予想される。そこで最近接金属原子間距離にある c 軸方向の金属原子間（$d_{\text{M-M}} = c/2$）の $Q_{\text{M-M}}$ を c/a に対してプロットすると図 9-29 のようになる。図には ab 面上にある第 2 近接金属間（$d'_{\text{M-M}} = a$）の結合電荷 $Q'_{\text{M-M}}$ の値もプロットした（×印）。c/a 値が大きくなると $d_{\text{M-M}}$ が大きくなるので $Q_{\text{M-M}}$ は急激に小さくなる。黒丸を実線で結んだ [NiAs] は c/a 値を仮想的に変化させたクラスターについて計算した結果である。$d'_{\text{M-M}}$ は元々大きく $Q'_{\text{M-M}}$ の値も小さいか負の値をとるが，c/a が大きいところではある程度の大きさになる。TiS（$c/a = 1.934$）では $d'_{\text{M-M}}$ が $d_{\text{M-M}}$ より少し大きいにもかかわらず $Q'_{\text{M-M}}$ の値は $Q_{\text{M-M}}$ より大きくなる。これは Ti の場合，d 軌道の広がりが比較的大きく，ab 面でも結合がかなり強くなり，その圧力で c 方向に延びると考えることができる。またカルコゲンイオン間の結合は弱く，構造を決める要因にはならないといえる。

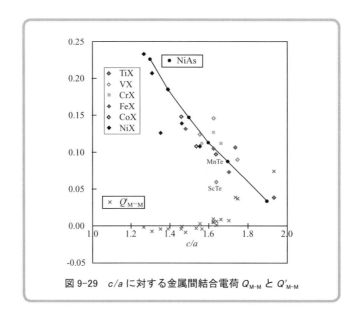

図 9-29 c/a に対する金属間結合電荷 $Q_{\text{M-M}}$ と $Q'_{\text{M-M}}$

9-2-3 閃亜鉛鉱型（ZnS型）化合物

閃亜鉛鉱（Zincblende, ZnS）がとる結晶構造で，遷移金属を含む多くの金属原子Mと，プニクトゲン原子（窒素族原子）やカルコゲン原子（酸素族原子）など非金属原子Xとの化合物が存在する。Mのfcc格子の四面体隙間の1つ置きにXが占有すると，図9-30に示すZnS型構造となる。原子周りの配位構造は4：4でMおよびXの周りにともに4個の別の原子が正四面体を作るように配位する。MとXが同一原子ではダイヤモンド構造になる。また共有結合性の強いMX型化合物がこの構造を作るといわれている。多くのMX化合物がZnS型と次節で述べるウルツ鉱型（ZnO型）との両方の構造をとるが，共有結合が弱い場合はZnO型構造をとる傾向が強いといわれている。この構造の化合物のいくつかは重要な半導体化合物である。III-V族化合物ではAlP(As), GaP(As), InP(As), II-VI族ではZnS, ZnSe, ZnTe, CdSなどが存在する。III-V族，II-VI族以外ではSiCやCuのハロゲン化物などが存在する。重い金属のCdS, CdSe, などはエネルギーギャップが小さく，赤外領域で光導電性がある。その他多くはダイオード，マイクロ波検出器，蛍光（ルミネッセンス）材料などに利用されている。

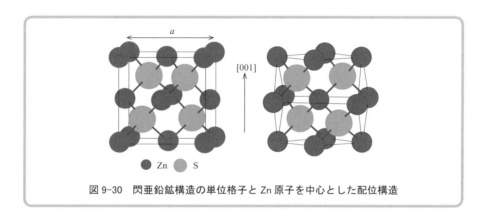

図 9-30 閃亜鉛鉱構造の単位格子と Zn 原子を中心とした配位構造

この構造の化合物は化学的にも多様であり，半導体的な性質をもつものが多いが，遷移金属Mnのカルコゲナイドは金属的でありCuのハロゲナイドも金属的と思われ，電子状態の面でも多様性に富んでいる。これらの化合物の電子状態と化学結合状態をDV-Xαクラスター法で調べてみる。モデルとして金属Mが中心のTd対称の$M_{79}X_{80}$クラスターを用いた。図9-31に

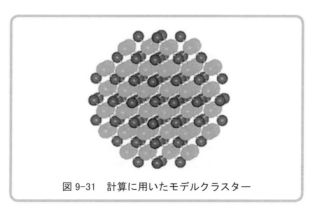

図 9-31 計算に用いたモデルクラスター

$M_{79}X_{80}$ クラスターの構造を示す。今まで述べたのと同様のやり方でクラスターを内部と表面部分とに分けたモデルを用いて計算されている。

(1) ZnS 型化合物の電子構造

III-V 族化合物のうち種々の金属リン化物のバンド構造を図 9-32 に示した。図は内部クラスターの部分状態密度を示した[*1]。電子で充満した価電子バンドはリン（P）の 3s, 3p 成分（実線）が主成分で，バンドギャップを挟んで上に金属 M の s, p バンド（破線）が存在する。M の原子番号が大きくなるとバンドギャップが狭くなっていくが，これらすべて半導体的（あるいは絶縁体的）な電子構造を示している。全般的に M と P の原子軌道成分の混ざりが大きく共有結合が大変強いことが予想される。特に BP ではその傾向が強く価電子バンド，伝導バンドともバンド幅が著しく広い。III-V 族化合物のヒ化物もリン化物と類似の電子構造をもち，M と As との軌道の混ざりが大きいが，共有結合性は少し弱い（図は省略）。

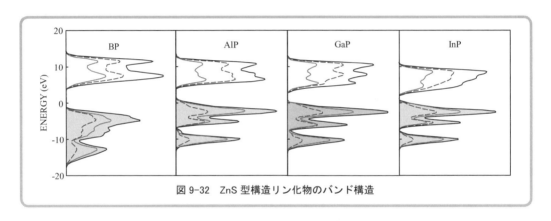

図 9-32 ZnS 型構造リン化物のバンド構造

II-VI 族化合物のうち種々の硫化物のバンド構造を図 9-33 に示した。これらのうち Mn 化合物はフェルミ・レベルが Mn の d バンド内にあり金属的であるが，それ以外は上に述べたリン化物と同様半導体的である。これらの化合物もリン化物ほどではないがかなり強い共有結合性

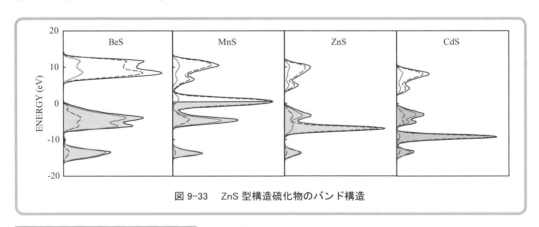

図 9-33 ZnS 型構造硫化物のバンド構造

*1 ZnS 型や ZnO 型のプニクトゲン化物やカルコゲン化物では半導体的なバンド構造を持つものが多い。このような場合，ここで用いたクラスターモデルでは表面に主成分を持つレベルがバンドギャップを埋め，結晶内部の電子状態を示さない。そこで内部クラスターにいくらかの成分を持つものでも，表面準位状態と思われるレベルは取り除いて内部状態密度とした。

を示す。同様にII-VI族化合物のセレン化物の電子構造および原子軌道の相互作用も硫化物とよく類似している（図は省略）。この場合もMn化合物は金属的である。

図9-32に示したIII-V族化合物の金属Mは典型元素である。この場合は共有結合性が強いが、固有のイオン価を持つ典型元素であるためイオン性も強いと考えられる。II-VI族化合物の場合は遷移金属を含んでいる。この場合は遷移金属のdレベルの位置が重要になる。MがMnではフェルミ・レベルがdバンド内にあり金属的になるが、Znではdバンドが価電子バンドの底に位置するようになり、またCdではさらに低下し、これらは半導体的な電子構造を示す。

(2) ZnS型化合物の電子状態と化学結合

ZnS型化合物の電子状態を調べ、表9-6(a)、(b)にまとめた。表9-6(a)はプニクトゲン化物（窒素族化合物）の正味電荷と共有結合電荷である。表に示したAlNとGaNは別の結晶構造を取るが、系統的に調べるため仮想モデルについて計算を行った。これらの化合物の正味電荷は形式電荷に比べ全般に小さくイオン性は大きくないことがわかる。ただしこの構造を取らない

表 9-6(a)　ZnS型プニクトゲン化物の正味電荷と共有結合電荷

化合物	n_M	n_X	Q_{M-X}	Q_{M-M}
BN	0.681	−0.663	0.594	−0.01
BP	0.028	0.005	0.615	−0.009
BAs	−0.037	0.073	0.576	−0.006
(AlN)	1.031	−1.009	0.468	0.004
AlP	0.426	−0.432	0.521	−0.003
AlAs	0.289	−0.300	0.505	−0.003
AlSb	0.445	−0.464	0.482	−0.001
(GaN)	0.679	−0.657	0.469	−0.001
GaP	0.183	−0.189	0.513	−0.003
GaAs	0.066	−0.074	0.490	−0.003
GaSb	0.212	−0.224	0.476	−0.002
InP	0.031	−0.040	0.495	−0.004
InAs	−0.112	0.101	0.480	−0.004
InSb	0.050	−0.061	0.482	−0.003

表 9-6(b)　ZnS型カルコゲン化物の正味電荷と共有結合電荷

化合物	n_M	n_X	Q_{M-X}	Q_{M-M}
BeS	0.437	−0.436	0.430	−0.002
BeSe	0.277	−0.272	0.427	−0.006
BeTe	0.401	−0.396	0.400	−0.001
β-MnS	0.242	−0.222	0.390	−0.001
β-MnSe	0.059	−0.045	0.416	−0.001
ZnO	0.548	−0.541	0.315	0.003
ZnS	0.193	−0.193	0.411	−0.002
ZnSe	−0.005	0.002	0.422	−0.002
CdS	0.078	−0.091	0.395	−0.001
CdSe	−0.139	0.123	0.419	−0.002
CdTe	−0.039	0.040	0.408	−0.002

仮想的な AlN, GaN についてはかなり大きなイオン性を示し，この構造が最も安定でないことと対応していると考えられる。

表 9-6(b) にはカルコゲン化物（酸素族化合物）の正味電荷と共有結合電荷を示した。これらの化合物も全般的にイオン性はプニクトゲン化物同様小さいのが特徴である。ここで ZnO のイオン性が比較的大きいが，この物質はウルツ鉱型構造が最安定であることと対応していると思われる。NiAs 型化合物の場合にも述べたが，一般に金属化合物中では金属は陽イオンと考えるが，ZnS 型化合物中でも上述の NiAs 型化合物の場合と類似して，M および X が重い元素になると正負のイオン性が小さくなり，時には逆転するものが現れる。例えば BAs, InAs, ZnSe, CdSe, CdTe では M が負，X が正の電荷を示している。この傾向は X が周期表の第 4 周期元素で一番強い。

ZnS 型構造を持つ化合物として上に上げたもの以外に β-SiC や Cu のハロゲン化物が存在する。Si と C は同じ第 4 族元素であるが，β-SiC では Si が正，C が負のやや大きいイオン性をもつ。また Cu ハロゲン化物ではハロゲンの原子番号が大きくなると，プニクトゲン化物やカルコゲン化物と同様に正負の逆転が起こる。

ZnS 型構造を持つ化合物 MX の電子状態と化学結合を調べてきたが，上でも述べたように一般的にイオン性が小さく重い元素では MX の正負が逆転して M が負に，X が正のイオン性を示し，共有結合性も強いといえる。

9-2-4　ウルツ鉱型（ZnO 型）化合物

ウルツ鉱（Wurtzite）は ZnS が天然に存在する多形の 1 つである。ZnO もこれと同じ結晶構造で天然に存在する。ウルツ鉱型（ZnO 型）構造は六方最密充填構造（hcp）における単位格子の原子位置に Zn 原子が占め，それらの Zn 原子の垂直方向に単位格子の 3/8 だけ変位させた位置に O 原子を置いた構造として表される。閃亜鉛鉱型（ZnS 型）構造の場合と同様にそれぞれの原子の周りに 4 個の別の原子が四面体を作るように取り囲んでいる。図 9-34 に ZnO 型構造を ZnS 型構造と比較してその配位構造を示した。ZnS 型構造は立方晶系であるが，(111) 方

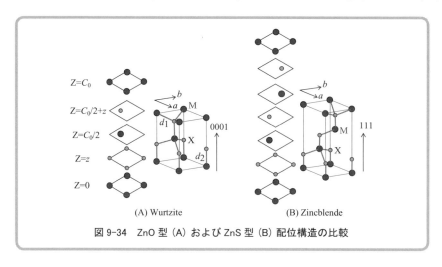

図 9-34　ZnO 型 (A) および ZnS 型 (B) 配位構造の比較

向を c 軸にとり，ZnO 型構造と比較している。

II-VI 族型の ZnO 型化合物中で重要な酸化物として，BeO は大きい熱伝導性と小さい電気伝導性を示す。また ZnO の不定比組成では Zn 原子が過剰に存在し n 型伝導性を示すことで知られている。DV-Xα クラスターモデル計算に用いた基本的なクラスターは図 9-35 に示す $M_{81}X_{90}$ である。このクラスターも内部クラスターと表面クラスターとに分けて解析し，内部クラスターについて議論する。

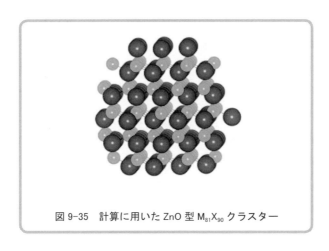

図 9-35　計算に用いた ZnO 型 $M_{81}X_{90}$ クラスター

(1) II-VI 族および III-V 族化合物の電子構造

II-VI 族で ZnO 型構造を持つ典型的な化合物として亜鉛のカルコゲナイドがあげられる。図 9-36 にこれらの化合物のバンド構造を示した。カルコゲン原子の ns, np 軌道が主成分の価電子バンドが占有され，その上にわずかのエネルギーギャップを挟んで Zn の 4s, 4p バンドが存在する。価電子バンドの底辺近くの状態密度の高い部分は Zn 3d 軌道成分からなる。この d バンドはカルコゲンの原子番号が大きくなるにしたがってバンド幅が狭く急峻になる。これらは電気的には半導体で，ZnO, ZnS, ZnSe, ZnTe のバンドギャップはそれぞれ 3.2, 3.6, 2.7, 2.25eV

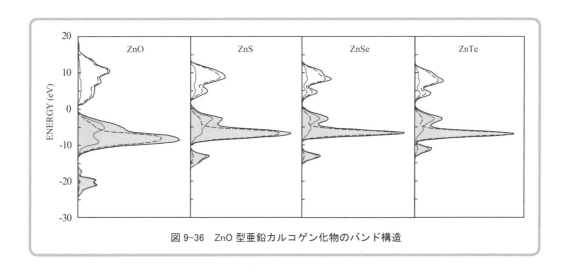

図 9-36　ZnO 型亜鉛カルコゲン化物のバンド構造

と報告されている。またこれらのカルコゲナイドは立方晶のZnS型構造の多形も存在するので，両構造はエネルギー的に近いと思われる。

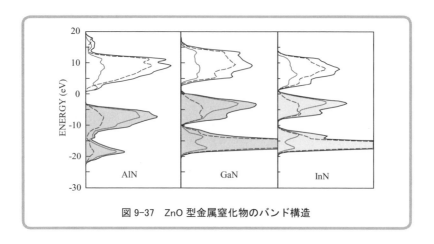

図9-37　ZnO型金属窒化物のバンド構造

次にⅡ-V族ZnO型化合物の金属窒化物を取り上げてみる。図9-37にAlN, GaN, InNのバンド構造を示した。これらの金属は典型元素であるが，GaおよびInは価電子バンドの底に浅い内殻の状態密度が大きい3dおよび4dバンドが重なっている。AlNは熱伝導率が高く電気絶縁性が高い物質として知られているが，GaN, InNはバンドギャップが小さく半導体でありLEDとして用いられる実用材料である。これらのバンドギャップは6.3, 3.4, 0.7eVと報告されている。

(2) Ⅱ-Ⅵ族およびⅢ-V族化合物の電子状態と化学結合

ZnO型化合物の結合性は一般的にZnS型化合物の場合と同様共有結合が強いといえる。表9-7にZnO型化合物のモデルクラスターについての正味電荷と共有結合電荷を示した。酸化物と窒化物のイオン性は比較的大きいが，カルコゲン化物はイオン性が小さくセレン化物やテルル化物中の各原子は中性に近い。共有結合性はQ_{M-X}が0.4程度で一般的にかなり強いといえる。

表9-7　ZnO型化合物の正味電荷nと共有結合電荷Q

	n_M	n_X	Q_{M-X}		n_M	n_X	Q_{M-X}
AlN	0.976	−0.881	0.414	α-SiC	0.734	−0.697	0.501
GaN	0.706	−0.687	0.462	AgI	−0.361	0.382	0.334
InN	0.525	−0.513	0.410	CuBr	−0.214	0.244	0.315
BeO	0.807	−0.808	0.361	CuCl	0.055	−0.014	0.212
ZnO	1.009	−0.998	0.229	CuI	−0.189	0.229	0.321
CdS	0.126	−0.149	0.377	CuH	−0.080	0.078	0.187
CdSe	−0.117	0.104	0.333	MgTe	0.508	−0.532	0.356
MnS	0.251	−0.230	0.392				
γ-MnSe	0.085	−0.071	0.411				
MnTe	0.065	−0.045	0.369				
ZnS	0.197	−0.198	0.412				
ZnSe	0.000	0.006	0.419				
ZnTe	0.099	−0.100	0.440				

そのうち ZnO は比較的共有結合性が小さい。全般的に，ZnO 型化合物は共有結合性の強い化合物といえる。しかし，中には AlN や ZnO などイオン性も大きい化合物も存在する。

9-2-5 結晶構造の違いによる化学結合性の違い

この章では NaCl 型，NiAs 型，ZnS 型，ZnO 型構造の金属化合物 MX の電子状態と化学結合について述べてきた。金属 M と非金属 X との組み合わせで，それぞれある特定の結晶構造をとるが，なぜそのような構造が安定になるのかという理由はそれほど明確でない。

上で述べたように，NaCl 型と NiAs 型では M（あるいは X）の周りに X（あるいは M）が 6 配位する構造である。それに対して ZnS 型と ZnO 型ではお互いに 4 配位する。一般に電気陰性度から見て金属化合物 MX 中では M は陽イオン，X は陰イオンと考える。7 章で述べたように，ポーリングのイオン半径比則では，それらのイオン半径の比 r_M/r_X が 0.22～0.41 では 4 配位，0.41～0.73 では 6 配位の構造をとる。しかし実際には，化合物中の原子間は多かれ少なかれ共有結合性を持っており，厳密にはイオンの剛体球では表すことができないので，この法則に合わない場合も多い。さらに上で見てきたように共有結合性が強くて，金属が必ずしも陽イオン，非金属が陰イオンとはならず，逆のイオン性をとる場合も少なからず存在する。

（1）共有結合性からの考察

構造の対称性からみると，NaCl 型と ZnS 型は立方晶で，NiAs 型と ZnO 型は六方晶である。それぞれの金属化合物がそのような構造をとる場合の化学結合状態を検討してみる。まず NaCl 型と NiAs 型化合物の共有結合性について調べてみる。同じ組成で同じ構造を持つ化合物はほとんど存在しないので，仮想的な化合物のモデルについての計算結果を比較する。表 9-8 に 6 配位化合物 NaCl 型および NiAs 型の Ti および Ni の酸化物と硫化物の正味電荷 n と共有結合電荷 Q を示した。NaCl 型の TiS と NiS は存在しない，また NiAs 型 TiO と NiO は存在しないので仮想モデルで計算した結果である。NaCl 型と NiAs 型でイオン性や共有結合性に大きな違いは見られない。ただし金属原子間の共有結合性 Q_{M-M} は NiAs 型化合物の方が強い傾向がある。

次に表 9-9 に 4 配位化合物 ZnS 型および ZnO 型化合物の正味電荷と共有結合電荷を示した。この場合は両結晶構造でエネルギーが近いと考えられ，Zn 化合物のように同じ組成で両方の結晶構造を取る化合物は多い。表中で AlN と GaN は ZnS 型を取らないので仮想モデルの計算結果である。ただし ZnO の正味電荷は ZnS 型で $n_M = 0.55$，ZnO 型で $n_M = 1.01$ とかなりイオ

表 9-8 NaCl 型および NiAs 型酸化物と硫化物の正味電荷 n と共有結合電荷 Q

	NaCl type					NiAs type			
Material	n_M	n_X	Q_{M-X}	Q_{M-M}	Material	n_M	n_X	Q_{M-X}	Q_{M-M}
TiO	0.714	−0.685	0.161	0.057	(TiO)	0.743	−0.681	0.163	0.171
(TiS)	0.432	−0.407	0.278	0.021	TiS	0.365	−0.344	0.254	0.038
NiO	0.387	−0.367	0.165	0.020	(NiO)	0.406	−0.394	0.173	0.105
(NiS)	−0.048	0.052	0.278	0.001	β-NiS	−0.105	0.120	0.263	0.108

ン性に違いがある。全般的に ZnO 以外両結晶構造で電子状態と共有結合性の顕著な違いは見られない。したがって共有結合性は結晶構造が少し異なるだけで基本的な変化はないと考えられる。

表 9-9　ZnS 型および ZnS 型の化合物の正味電荷と共有結合電荷

ZnS type					ZnO type				
Material	n_M	n_X	Q_{M-X}	Q_{M-M}	Material	n_M	n_X	Q_{M-X}	Q_{M-M}
ZnO	0.548	−0.541	0.315	0.003	ZnO	1.009	−0.998	0.229	0.004
ZnS	0.193	−0.193	0.411	−0.002	ZnS	0.197	−0.198	0.412	−0.002
ZnSe	−0.005	0.002	0.422	−0.002	ZnSe	0.000	0.006	0.419	−0.003
(AlN)	1.031	−1.009	0.468	0.004	AlN	0.976	−0.881	0.414	0.008
(GaN)	0.679	−0.657	0.469	−0.001	GaN	0.706	−0.687	0.462	0.000
CuBr	−0.235	0.250	0.322	−0.002	CuBr	−0.214	0.244	0.315	−0.001
CuCl	−0.018	0.040	0.278	−0.001	CuCl	0.055	−0.014	0.212	0.000

(2) イオン性による静電相互作用からの考察

ここでは金属が陽イオン、非金属が陰イオンと考え、それぞれの結晶構造における両イオンにかかる静電ポテンシャルについて調べてみる。陽、陰イオンの電荷は±e とする。

まず 6 配位構造の NaCl 型と NiAs 構造との比較をしてみる。NaCl 型は fcc 構造で、一方のイオンの八面体隙間にもう一方のイオンが占める。NiAs 構造は hcp 構造の陰イオンの八面体隙間に陽イオンが占める。比較のため NaCl 型構造については (111) 方向を c 軸にとる。最密充填面の積層構造は hcp では ABAB, fcc では ABCABC となる。NiAs 型構造では理想的な六方最密充填構造を仮定する。すなわち格子定数の比が $c/a = (8/3)^{1/2} = 1.63299$ とする。図 9-38 に (111) 方向を c 軸にとった NaCl 型構造おける陽および陰イオンに作用する静電相互作用を

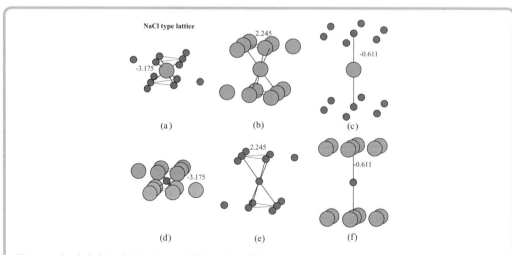

図 9-38　(111) 方向を c 軸とした NaCl 型格子と中心が陽イオンの (a), (b), (c) および陰イオンの (d), (e), (f) に作用する静電ポテンシャル

(a), (d) は最近接、(b), (e) は第 2 近接、(c), (f) は第 3 近接積層による静電ポテンシャル、小さい丸は陽イオン、大きい丸は陰イオン

示した。中心が陰イオンおよび陽イオンに対する静電ポテンシャルを示している。図の大きい丸は陰イオン，小さい丸は陽イオンを示す。図中の数字で示した静電ポテンシャルは中心イオンと線で結んだ原子グループからの値であり，たとえば (a) と (d) では中心イオンにかかる最近接の 6 個のイオンからの引力ポテンシャルで，正の値は斥力，負は引力ポテンシャルである。静電ポテンシャルの計算は理想格子（両構造で同一原子間距離，$d_{MX} = 1.0$ Å，hcp 格子では $c/a = (8/3)^{1/2}$ とする）を用い，ポテンシャル値は原子単位で示した。また (a) と (d) は中心と異なるイオンで形成される最近接の積層，すなわち (a) では陽イオン，(d) では陰イオンの最近接層からの静電ポテンシャル，(b) と (e) では中心と同じイオンの第 2 近接層からの，(c) と (f) では異なるイオンからできる第 3 近接層からの静電ポテンシャルを示す。NaCl 型では陽および陰イオンは等価な格子点なので (a) と (d)，(b) と (e)，(c) と (f) は同じ相互作用になる。

次に NiAs 構造の場合を図 9-39 に示す。この場合の場合も図 9-38 と同様に (a), (b), (c) は中心が陰イオン，(d), (e), (f) は中心が陽イオンで最近接 (a), (d)，第 2 近接 (b), (e)，第 3 近接層 (c), (f) による静電ポテンシャルを示す。NaCl 型と NiAs 型とを比較すると，最近接積層からの相互作用は全く同じである（両構造の (a) と (d) との比較）。ところが第 2 近接積層からの相互作用の場合，陰イオンでは（図 (b)）等しいが，陽イオンの相互作用（図 (e)）は異なることが分かる。これは両構造の積層構造の違いからくるもので，NaCl 型では 6 配位の陽イオンからの +2.245 の斥力ポテンシャル（イオンあたり 0.374）がかかるが，NiAs 型では上下 2 配位の陽イオンから強い斥力（イオンあたり 0.459）が働く。このためイオン性が強い場合は NiAs 型ではエネルギー的に高く不安定になるので，静電エネルギーが低い NaCl 型になるよう積層がずれるような力が働くことが考えられる。

次に同じように 4 配位構造の ZnS 型と ZnO 型との比較をしてみる。ZnS 型構造は fcc, ZnO

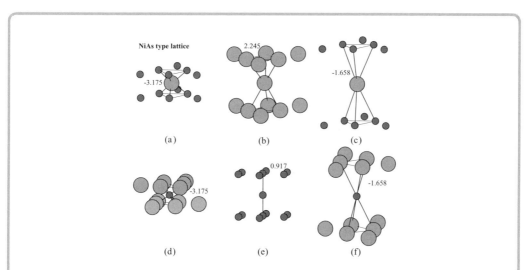

図 9-39　NiAs 型格子と中心が陽イオン (a), (b), (c) および陰イオン (d), (e), (f) に作用する静電ポテンシャル
(a), (d) は最近接，(b), (e) は第 2 近接，(c), (f) は第 3 近接積層による静電ポテンシャル，小さい丸は陽イオン，大きい丸は陰イオン

型構造は hcp が基本構造である。上に述べた NaCl 型の場合と同じように ZnS 型は (111) 方向を c 軸にとる。また ZnO 型は理想的な六方最密充填構造を仮定する。これらの結晶構造における両イオンにかかる静電ポテンシャルを図 9-40 に示した。図では陽イオンを中心にして (a), (d) はその上下の最近接層，(b), (e) は第 2 近接，(c), (f) は第 3 近接積層による静電ポテンシャルを示す。中心イオンの最近接層と第 2 近接層では，両構造の静電ポテンシャルは全く等しい。しかし第 3 近接層では中心イオンの上の層では一致しているが，下の層では両積層構造の違いを反映して異なるポテンシャルになる。すなわち ZnO 格子では 1 つの陰イオンから -0.318 の引力ポテンシャルを受けるが，ZnS 格子では 3 つのイオンから -0.829（イオンあたり -0.276）のポテンシャルを受けることになる。したがってイオン性が大きくなると，ZnS 格子の第 3 層の下側の層がずれて ZnO 格子に変化するほうがエネルギー的に低くなることが予想される。このためイオン性の大きい物質では ZnO 構造をとり易くなることが説明できる。

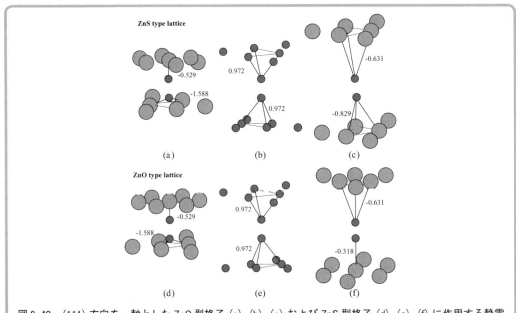

図 9-40 (111) 方向を c 軸とした ZnO 型格子 (a), (b), (c) および ZnS 型格子 (d), (e), (f) に作用する静電ポテンシャル

この章では，いくつかの基本的な金属化合物を取り上げ，それらの電子状態と化学結合について記述した。またそれらがなぜそのような結晶構造を取るのかについての検討を行った。これらは金属化合物のごく一部についての議論であるが，他の多くの化合物の理解に役立つと考えられる。

参考文献

1) R.W.G. Wyckoff, "Crystal Structures", vol 1, John Wiley & Sons, 1965 など．
2) 『図解ファインセラミックスの結晶化学―無機固体化合物の構造と性質（第 2 版）』, F・S. ガラッソー（著），加藤誠軌 植松敬三（訳），アグネ技術センター (1987).

付　録

9A　イオン結晶中の静電場（Madelung potential）

イオン結晶中の格子点にはその周りを取り囲むイオンによる静電場が働いている。このような静電場によるポテンシャルをマーデルング・ポテンシャル（Madelung potential）と呼んでいる。マーデルング場は各結晶構造に対応するマーデルング定数から簡単に計算することができる。例えば，岩塩型構造のイオン結晶の場合，図 9A-1 に示すように，中心に陽イオンを置くと最近接に 6 個の陰イオンが，第 2 近接に 12 個の陽イオン，第 3 近接に 8 個の陰イオンというように±イオンが取り囲み，中心イオンに場を作る。図中の式は中心位置のポテンシャルである。ここで Z はイオンの価数，R は最近接イオン間の距離で，A_M はマーデルング定数と呼ばれ結晶構造が決まれば値が決まる。いろいろな結晶構造に対する A_M の値は表 9A-1 のようになる。

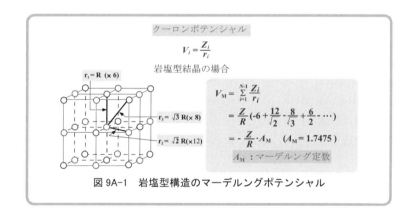

図 9A-1　岩塩型構造のマーデルングポテンシャル

表 9A-1　種々の結晶のマーデルング定数

結晶構造	A_M
岩塩型	1.74756
塩化セシウム型	1.76267
閃亜鉛鉱型	1.63806
ウルツ鉱型	1.64132
蛍石型	5.0387
ルチル型	4.1860
コランダム型*	25.0312

＊は c/a 比に依存する。

イオン結晶の電子状態をクラスターモデルで計算する場合，一般に陽イオンと陰イオンの数が異なったり，価数が異なるのでクラスター自身が電荷をもち，エネルギーレベルが結晶中のものと違いが生じる。そのような場合，クラスターを取り囲むイオンによるマーデルング場を

考慮すると結晶中における電子状態の近似計算ができる．1個のイオンに働くポテンシャルはマーデルング定数で決まるが，クラスターの場合は簡単ではなく，その形状やサイズで異なってくる．例えば岩塩 NaCl のクラスターモデルとして図 9A-2(A) のような $NaCl_6^{5-}$ を考え，その計算を行ってみる．$NaCl_6^{5-}$ クラスターは，それを取り囲む±のイオンにより図 (B) に示す静電ポテンシャルの影響を受ける．

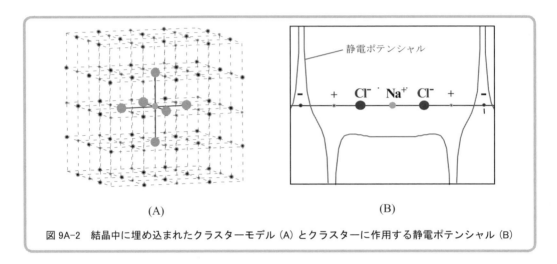

図 9A-2　結晶中に埋め込まれたクラスターモデル (A) とクラスターに作用する静電ポテンシャル (B)

すなわち静電ポテンシャルの井戸に嵌め込まれたクラスター (Embedded cluster) として存在する．図 9A-3 にクラスターのエネルギーレベルを示した．図 (A) は孤立した $NaCl_6^{5-}$ クラスターのレベル構造で，(B) はマーデルング・ポテンシャルを考慮したクラスターのレベル構造である．静電ポテンシャルが働かない孤立したクラスターでは Na 3s, 3p と Cl 3s, 3p からできる価電子レベルが，真空準位（ENERGY=0）より高くなり不安定になるので存在できないと考えられる．このクラスターをマーデルング場に置いたクラスターを仮定して計算すると価電子レベルが図 (B) のように真空準位より下がり安定になることがわかる．

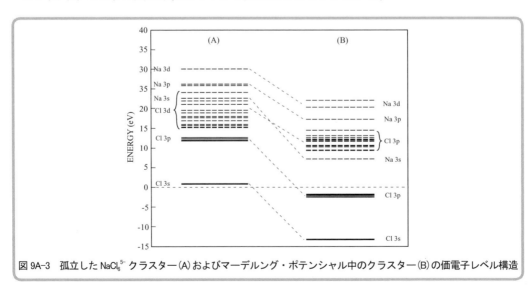

図 9A-3　孤立した $NaCl_6^{5-}$ クラスター(A)およびマーデルング・ポテンシャル中のクラスター(B)の価電子レベル構造

マーデルング・ポテンシャルは厳密には原子クラスターを切り取った残りの結晶中の無限個のイオンによる静電ポテンシャルを計算しなければならない。しかしこのプログラムではEvjen法（H.M.Evjen, Phys.Rev.39(1932) 675）を用いて有限範囲のイオンによる静電ポテンシャルで計算する。この方法によれば，電荷の大きさを計算範囲の内部では1，表面では1/2，コーナーでは1/4，エッジでは1/8とする（図9A-4を参照）。この方法でイオン結晶場を効率的に取り入れることが可能となる。

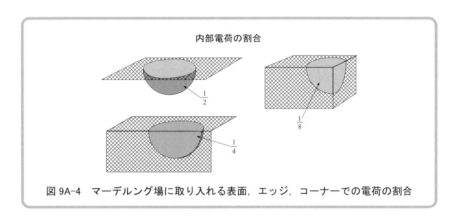

図9A-4　マーデルング場に取り入れる表面，エッジ，コーナーでの電荷の割合

マーデルング・ポテンシャルは計算実習IXAにおいてプログラム"MADELG"を用いて計算できる。このプログラムはイオン結晶中のある範囲の格子点をくりぬき，その周りを取り囲んでいる格子点に点電荷を置いて，それらによる静電場を計算するものである。したがって結晶中から切りだした原子クラスターを，そこに嵌め込んだクラスターモデル（Embedded cluster model）の計算を行う場合の外部場マーデルング・ポテンシャルを計算し，そのポテンシャルを評価することができる。このプログラムはDV-Xα計算プログラム"DVSCAT"中にもサブルーチンとして組み込まれていて，embedded clusterの電子状態計算ができる。

このプログラムを用いると，結晶の表面や界面，また格子欠陥近傍のポテンシャルを作ることができ，そのような局所場における電子状態の計算が可能になる。

10 分子と電磁波との相互作用

　近い将来，光（電磁波）の技術（フォトニクス）を利用する文明がますます発展すると期待される。物質に電磁波が作用すると様々な物理現象，化学現象が起こる。物質は電磁波と共鳴して屈折，反射，エネルギーの吸収などが起こる。エネルギーを吸収する際，物質は励起状態になり，様々な着色，発光（ルミネッセンス），光電現象が起こる。また励起状態では構造変化や構造欠陥を起こし，様々な物理的・化学的性質が変化する（フォトクロミズム）。従来からこれらの物理・化学現象を利用した新しい光学材料の開発が進められ，発電，情報通信，また物質のプロセス・加工技術，特性評価・分析技術などに広く応用されている。さらに機能高度化のため光学的性質の飛躍的向上を目指した研究や，新規な性質を持つ人工物質（メタマテリアル）の開発研究も進められている。近年では太陽光などのエネルギー変換材料のさらなる高性能化が求められているが，将来は光の輸送や蓄光技術の高度化が求められる時代が来ることが予想される。物質の性質も複雑であり，電磁波の性質も複雑であり，それらの相互作用はより複雑であるが，将来の技術開発のためには物質と電磁波との相互作用の理解は避けて通れないことも事実である。

　この章では，物質と電磁波との相互作用について述べる。物質も電磁波も最も単純化したモデルで取り扱うが，その中で特に基本的な電磁波の吸収と放出について，量子論に基づいたできるだけ正確な理論的理解が得られるよう述べる。内容はまず，電磁波について簡単に述べる。次に，電磁波の吸収と放出に関する大枠の理論としてアインシュタインの理論について述べる。この理論に基づいて遷移確率の定量的な計算を行うためには，電磁波中のハミルトニアンの導出とディラックの時間依存の摂動論の展開，またプランクの輻射理論が必要で，これらのあらすじについて述べる。

　また理解を深めるために電磁波，電磁波中のハミルトニアン，時間依存の摂動論，プランクの輻射理論に関しては付録にまとめてあるので参考にしていただきたい[*1]。

　さらにX線吸収および放出スペクトルの理論計算，また光電子スペクトルの理論計算は計算実習で行うことができる[*2]。

[*1] 電磁波中のハミルトニアンの導出に関しては付録10A，時間依存の摂動論は付録10B，電磁波に関しては付録10Cと付録10D，プランクの輻射理論に関しては付録10Eに述べられている。
[*2] 計算実習 XA, B, C では DV-Xα 法で行った物質の電子状態計算を利用していくつかの簡単な分子を例にあげX線スペクトルと光電子分光スペクトルの計算を行う。

10-1　電磁波

分子が電磁波の場に入ると，エネルギーを吸収して，基底状態から励起状態へ，また電磁波を放出して，励起状態からエネルギーの低い励起状態や基底状態へ遷移したりする。電磁波は，その波長によってマイクロ波，赤外線，可視光線，紫外線，X線，γ線に分類できるが，それらの境界は厳密なものではない。図 10-1 に電磁波の名称，波長およびエネルギーをまとめた。図には振動数 (ν)，エネルギー (eV)，波数 (cm^{-1})，波長 (Å, μm, m) が示されている。マイクロ波は，主に分子の回転状態，赤外線は振動状態，またガンマ線は原子核状態に関係するので，ここでは電子状態の遷移に強く関係する可視光線，紫外線，X線を考えることにする。

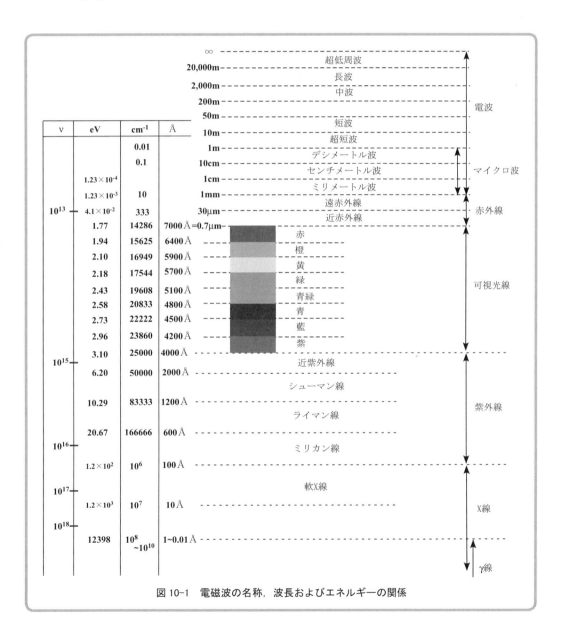

図 10-1　電磁波の名称，波長およびエネルギーの関係

電磁波は，互いに相互作用した振動する電場 $\mathbf{E}$ と磁場 $\mathbf{B}$ の波であり，真空中では速度 c（光の速度）で伝播していく。マックスウェルの基礎方程式から

$$\left. \begin{array}{l} \mathbf{E} = \mathbf{E}_\nu^0 \sin(\mathbf{k}\cdot\mathbf{r}-2\pi\nu t-\alpha) \\ \mathbf{B} = \mathbf{B}_\nu^0 \sin(\mathbf{k}\cdot\mathbf{r}-2\pi\nu t-\alpha) \end{array} \right\} \qquad (10\text{-}1)$$

が導かれる[*1]。ここで，$\mathbf{k}$ は波数ベクトル，$\mathbf{r}$ は伝播方向にベクトルを持ち，ν は振動数で $2\pi\nu$ は角速度 ω に等しい。$\mathbf{E}$ と $\mathbf{B}$ とは互いに直交しており，$|\mathbf{E}_\nu^0|=c|\mathbf{B}_\nu^0|$ の関係がある。また，波の進行方向に垂直に振動する横波である。$\mathbf{E}_\nu^0$ および $\mathbf{B}_\nu^0$ が変化しない電磁波は直線偏光，それらが左回転する場合左円偏光（左旋光），右回転する場合右円偏光（右旋光）という。図 10-2 は直線偏光の場合の電場と磁場の変化を示す。

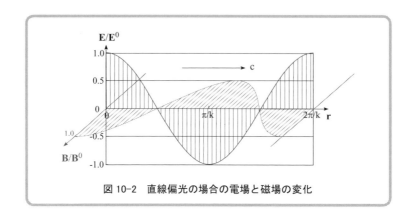

図 10-2　直線偏光の場合の電場と磁場の変化

自然界の光は，種々の波長，$\mathbf{E}_\nu^0$ の方向，直線偏光，円偏光の電磁波が混ざり合っている。また，電磁波は粒子性を持っており，振幅も一定の $\mathbf{r}$ によらない波ではなく，図 10-3 に示すような有限の区間でのみ有限の振幅をもつ波と考えられる。

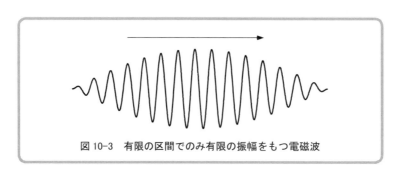

図 10-3　有限の区間でのみ有限の振幅をもつ電磁波

10-2　輻射の遷移確率に関するアインシュタインの理論

分子と電磁波との相互作用の結果現れる代表的な現象として，電子状態間の電磁波の吸収や放出（電子スペクトルとして観測される）があげられる。電子スペクトルを的確に解析し理解するためには，まずはピーク・エネルギーとピーク強度の理論計算を行い，電子論的な理解

[*1]　付録 10C および付録 10D を参照。

を深めることが必要である。ピーク・エネルギーは，ボーアの理論により電子状態間のエネルギー差に等しい。DV-Xα分子軌道法では，スレーターの遷移状態[*1]の計算を行うことによって，軌道緩和を取り入れた遷移エネルギーを，簡便に計算することができる[*2]。一方，ピーク強度は，後に述べる摂動の行列要素を計算することによって求めることができる。実際のピーク強度の定量的な計算は，ディラックの定数変化の方法[*3]およびプランクの熱輻射の理論[*4]をアインシュタインの遷移確率の理論に適用することにより実行できる。

電磁波の吸収・放出に関しては，アインシュタインの輻射場の理論を用いることができる。今，物体中にある熱平衡の空洞を考える。空洞中に原子が存在し，原子のエネルギーレベルがE_1およびE_2の状態1および状態2の間で起こる輻射のエネルギーのやりとりを考える（図10-4を参照）。$E_2 > E_1$とすると，2から1に遷移するとき，$E_2 - E_1 = h\nu$に等しいエネルギーの光

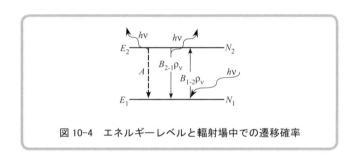

図10-4　エネルギーレベルと輻射場中での遷移確率

子を放出し，1から2に遷移するときは$h\nu$の光子を吸収する。この原子はこのような$h\nu$の振動モードの光子で空洞とのエネルギーのやり取りを行っている。また，状態1にはN_1個の原子が，状態2にはN_2個の原子が存在すると考える。アインシュタインの理論では，まずエネルギーの高い2の状態にある系は，自然にエネルギーを放出して状態1に遷移する確率があり，これをAとする。これと同時に，輻射場中では電磁波の振動に共鳴し，エネルギーを放出して2から1へ遷移する確率があり，これは輻射場のエネルギー密度ρ_νに比例すると考えられるので，$B_{2\to1}\rho_\nu$とする。これと逆に，共鳴によってエネルギーを吸収して，1から2へ遷移する確率があり，これも同様に$B_{1\to2}\rho_\nu$と考える。このように，単位時間に$N_1 \cdot B_{1\to2}\rho_\nu$個の原子が光子を吸収して状態1から2に上り，$N_2(A+B_{2\to1}\rho_\nu)$個の原子が光子を放出して2から1に落ちる。$A$は輻射場に無関係の係数で，自然放出係数，$B_{2\to1}$は誘導放出係数，あるいは$B_{1\to2}$は吸収係数と呼ばれる。後でわかるように，誘導放出係数と吸収係数とは等しく$B_{1\to2} = B_{2\to1}$で，これを単にBと書くことにする。この2つの状態のみを考えると

$$\frac{dN_1}{dt} = -\frac{dN_2}{dt} = -N_1 B\rho_\nu + N_2 (A + B\rho_\nu) \tag{10-2}$$

である。定常状態では，$dN_1/dt = -dN_2/dt = 0$でN_1とN_2は時間に関係なく決まり

[*1] 付録4Eを参照。
[*2] 4-4節ハートリー・フォック・スレーター法を参照のこと。
[*3] 付録10Bを参照。
[*4] 付録10Eを参照。

$$N_1 B\rho_\nu = N_2(A + B\rho_\nu), \qquad \frac{N_2}{N_1} = \frac{B\rho_\nu}{A+B\rho_\nu} \tag{10-3}$$

となる。またボルツマン統計によると

$$\frac{N_2}{N_1} = \exp\left(\frac{-h\nu}{kT}\right) \tag{10-4}$$

なので，式 (10-3) に代入すると

$$\frac{A}{B} = [\exp(h\nu/kT) - 1]\rho_\nu \tag{10-5}$$

が得られる。ここで，k はボルツマン定数である。プランクの理論[*1] によると

$$\rho_\nu = \frac{8\pi\nu^2}{c^3} \frac{h\nu}{\exp(h\nu/kT) - 1} \tag{10-6}$$

と表されるので，これを代入すると

$$A = \frac{8\pi h\nu^3}{c^3} B \tag{10-7}$$

となることが分かる。

　アインシュタインの遷移確率を定量的に求めるには，後で述べるように式 (10-6) で与えられる輻射場のエネルギー密度の値が必要になる。

10-3　電磁場中におけるハミルトニアンと摂動項

　量子論において，原子や分子と電磁波との相互作用を考えるときには，輻射場中での電子のハミルトニアンを，正確に記述しなければならない。マクスウェルの定義式[*2] では，電場 $\mathbf{E}$ および磁束密度 $\mathbf{B}$ は，スカラーポテンシャル ϕ とベクトルポテンシャル $\mathbf{A}$ を用いて

$$\mathbf{E} = -\nabla\phi - \frac{1}{c}\frac{\partial \mathbf{A}}{\partial t}, \qquad \mathbf{B} = \nabla \times \mathbf{A} \tag{10-8}$$

と表される。輻射の電磁場中では，$\phi = 0$ なので

$$\mathbf{E} = -\frac{1}{c}\frac{\partial \mathbf{A}}{\partial t}$$

となる。また，ベクトルポテンシャル $\mathbf{A}$ は

$$\mathbf{A} = \mathbf{A}_\nu^0 \cos(\mathbf{k}\cdot\mathbf{r} - 2\pi\nu t - \alpha) \tag{10-9}$$

と表すことができる。したがって，電場および磁場は式 (10-1) の代わりに

$$\left.\begin{array}{l} \mathbf{E} = -k\mathbf{A}_\nu^0 \sin(\mathbf{k}\cdot\mathbf{r} - 2\pi\nu t - \alpha) \\ \mathbf{B} = -\mathbf{k}\times\mathbf{A}_\nu^0 \sin(\mathbf{k}\cdot\mathbf{r} - 2\pi\nu t - \alpha) \end{array}\right\} \tag{10-10}$$

と書くこともできる。ここで，$k = |\mathbf{k}| = 2\pi/\lambda = 2\pi\nu/c$ である。このような電磁場中でのハミルトニアンは

[*1]　付録 10E を参照。

[*2]　付録 10C を参照。

$$H = -\frac{\hbar^2}{2m_e}\nabla^2 + \frac{ie\hbar}{m_e c}\mathbf{A}\cdot\nabla + V$$

$$= H^0 + H' \tag{10-11}$$

と書ける*1。ここで，V は原子あるいは分子のポテンシャルである。この式の右辺の第1項と第3項との和は，摂動のない場合のハミルトニアン

$$H^0 = -\frac{\hbar^2}{2m_e}\nabla^2 + V \tag{10-12}$$

で，第2項が輻射による摂動

$$H' = \frac{ie\hbar}{m_e c}\mathbf{A}\cdot\nabla \tag{10-13}$$

になる。

　今，摂動時に電子軌道が変化しないと仮定すると，一電子近似で取り扱うことができる。摂動のない場合，軌道 l の波動関数を ψ_l とすると

$$H^0\psi_l = \varepsilon_l\psi_l \tag{10-14}$$

が成り立ち，行列 $\mathbf{H}^0$ は対角化されている。ここで ε_l は軌道 l の一電子エネルギーである。すなわち

$$(\mathbf{H}^0)_{ml} = \int \psi_m^* H^0 \psi_l \, d\tau = \delta_{ml}\varepsilon_l \tag{10-15}$$

である。輻射場では，輻射の電磁波を摂動と考えると，

$$(\mathbf{H})_{ml} = \int \psi_m^*(H^0 + H')\psi_l \, d\tau = \delta_{ml}\varepsilon_l + (\mathbf{H}')_{ml} \tag{10-16}$$

であり，非対角項は

$$(\mathbf{H}')_{ml} = \int \psi_m^* H' \psi_l \, d\tau = \int \psi_m^* \left(\frac{ie\hbar}{m_e c}\mathbf{A}\cdot\nabla\right)\psi_l \, d\tau \tag{10-17}$$

と書くことができる。

この場合の波動関数 ψ_l は

$$\psi_l(\mathbf{r}, t) = \phi_l(\mathbf{r})\exp\left(-i\frac{\varepsilon_l}{\hbar}t\right) \tag{10-18}$$

と表され，$\phi_l(\mathbf{r})$ は分子の場合には，DV-Xα 法などで計算することができる。ただし，ψ_l は時間 t の因子 $\exp\{-i(\varepsilon_l/\hbar)\cdot t\}$ を含んでいる。

10-4　分子と電磁波との相互作用

　分子が，10-1 節で述べた，電磁波の影響を受けた場合について考えてみる。簡単な分子では，そのサイズは数Å程度である。したがって，可視光線，紫外線，軟X線までの電磁波の波長は，関係する軌道のサイズよりずっと長い。輻射の電場と磁場は，ベクトルポテンシャル $\mathbf{A}$ から式 (10-10) のように表される。図 10-5 は，例えば，サイズ 10 Å の分子が軟X線あるいはX線に相当する波長，10 Å (1.2 KeV) および 100 Å (0.12 KeV) の電磁波の，輻射場に入った

---

*1　付録 10A を参照。

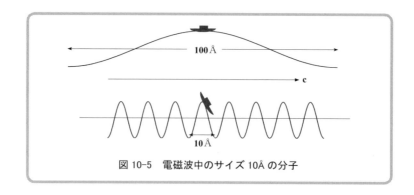

図 10-5　電磁波中のサイズ 10Å の分子

ときの様子を模式的に示している。波長が，100 Å 以上の電磁波の場合は，この分子中では，場の変化はほとんどないことがわかる。波長が 10 Å 以下の場合は，分子内で場の振動があり，X 線散乱の原因になり，より短い場合は原子散乱因子をもたらす。この場合でも，関係の深い内殻軌道のサイズは小さいので（〜 0.1 Å），軌道内での場の変化は小さい。時間的には，電磁波は速度 c で伝播する。波長が 10 Å の場合は，$\nu = c/\lambda$ なので $3 \times 10^{17}/s$，100 Å の場合は $3 \times 10^{16}/s$ 振動することになる（ただし 1 原子秒は $\tau^0 = 2.42 \times 10^{-17} s$ である）。

今，電磁波の波長が，軌道のサイズより大きい場合を考えることにする。軌道の広がりを考えると，$kr = 2\pi r/\lambda$ は 1 より小さいので

$$\mathbf{A} = \mathbf{A}^0 \left[\left\{1 - \frac{1}{2}(kr)2 + \cdots\right\} \cos(2\pi\nu t - \alpha) - (kr)\sin(2\pi\nu t - \alpha) \right]$$

$$\cong \mathbf{A}^0 \cos(2\pi\nu t - \alpha) \tag{10-19}$$

となる。t に関する項は別として，$\mathbf{A}$ を定数と考えてよい。

実際の輻射場では，いろいろな振動数 ν の電磁波が存在するので

$$\mathbf{A} = \sum_\nu \mathbf{A}_\nu^0 \cos(2\pi\nu t - \alpha_\nu)$$

と書くことができるが，位相のずれ α_ν の効果は，結果的には統計的に α_ν と $-\alpha_\nu$ とで相殺され 0 と考えてよいので

$$\mathbf{A} = \sum_\nu \mathbf{A}_\nu^0 \cos(2\pi\nu t) \tag{10-20}$$

と表すことにする。$\mathbf{A}_\nu^0$ には，元来は位置 $\mathbf{r}$ に関する振動が $\cos(\mathbf{k} \cdot \mathbf{r})$ のような形で含まれているが，上述のように波長が波動関数のサイズよりずっと大きい場合を考えているので，空間的には一定と考えてよい。

このように考えると，式 (10-17) の輻射の摂動項は

$$(\mathbf{H}')_{ml} = \int \psi_m^* \left(\frac{ie\hbar}{m_e c} \mathbf{A} \cdot \nabla\right) \psi_l d\tau = \left(\frac{ie\hbar}{m_e c} \mathbf{A}\right) \int \psi_m^* \nabla \psi_l d\tau \tag{10-21}$$

と書ける。また，波動力学では，運動量を $\mathbf{p}$ とすると $-i\hbar\nabla = \mathbf{p}$ であり，$\mathbf{p}$ の行列要素は

$$\frac{1}{m_e}(\mathbf{p})_{ml} = \frac{d}{dt}(\mathbf{r})_{ml} \tag{10-22}$$

と置くことができる。また

$$\frac{\mathrm{d}}{\mathrm{d}t}(\mathbf{r})_{ml} = \frac{i(\varepsilon_m - \varepsilon_l)}{\hbar}(\mathbf{r})_{ml} \tag{10-23}$$

と置き換えられる。ここで，ε_l および ε_m は，軌道 l および m のエネルギーである。結局，式 (10-21) は

$$(\mathbf{H}')_{ml} = -\frac{i(\varepsilon_m - \varepsilon_l)}{\hbar c}\mathbf{A}\cdot(e\mathbf{r})_{ml} = -\frac{i(\varepsilon_m - \varepsilon_l)}{\hbar c}\mathbf{A}\cdot\int\psi_m^* e\mathbf{r}\psi_l d\tau \tag{10-24}$$

と書くことができる。式 (10-22) および (10-23) については章末のメモ 1 を参照のこと。

波動関数 ψ_l は，式 (10-18) で，また $\mathbf{A}$ は式 (10-20) で表されるので，これらを式 (10-24) に代入すると

$$\begin{aligned}(\mathbf{H}')_{ml} &= -\frac{i(\varepsilon_m - \varepsilon_l)}{\hbar c}\sum_\nu \mathbf{A}_\nu^0 \cdot \cos(2\pi\nu t)\int\psi_m^*(\mathbf{r})\,\mathrm{e}^{i(\varepsilon_m/\hbar)t} e\mathbf{r}\phi_l(\mathbf{r})\,\mathrm{e}^{-i(\varepsilon_l/\hbar)t} d\tau \\ &= -\frac{i(\varepsilon_m - \varepsilon_l)}{\hbar c}\mathbf{M}_{ml}\sum_\nu \mathbf{A}_\nu^0 \frac{1}{2}(\mathrm{e}^{2\pi i\nu t} + \mathrm{e}^{-2\pi i\nu t})\mathrm{e}^{i(\varepsilon_m - \varepsilon_l)t/\hbar} \\ &= -\frac{\pi i}{c}\nu_{ml}\mathbf{M}_{ml}\sum_\nu \mathbf{A}_\nu^0\left\{\mathrm{e}^{2\pi i(\nu + \nu_{ml})t} + \mathrm{e}^{-2\pi i(\nu - \nu_{ml})t}\right\}\end{aligned} \tag{10-25}$$

となる。ここで，$\mathbf{M}_{ml}$ は双極子モーメントの行列要素で

$$\mathbf{M}_{ml} = \int\phi_m^*(\mathbf{r}) e\mathbf{r}\phi_l(\mathbf{r}) d\tau \tag{10-26}$$

である。また，$\varepsilon_m - \varepsilon_l = h\nu_{ml}$ (ν_{ml} は l から m への遷移エネルギーをもつ光子の振動数) と書いた。

分子が電磁波と相互作用すると，そのエネルギーを吸収したり，エネルギーを電磁波として放出する。実験的には，分光スペクトルとして観測される。スペクトルのピーク・エネルギーは $\varepsilon_m - \varepsilon_l$ に対応する。また，摂動の行列要素 $(\mathbf{H}')_{ml}$ は後に述べるように，スペクトル強度に関係する。

10-5 電磁波の吸収および放出の遷移確率

理論的には，アインシュタインによって与えられた，自然放出係数 A および誘導放出係数 B を計算すれば，電磁波の吸収・放出スペクトルのピーク強度が求められる。これらの値を，定量的に計算するには，ディラックの摂動論を用いることができる。この方法では波動関数の係数は時間変化する。摂動が働き時間に従って遷移が進行するので，時間について積分を行う。遷移確率は波動関数の係数から求まり，その係数は上に述べた摂動項を時間について積分して得られる。そして電磁波のエネルギーが遷移する電子状態間のエネルギーに極めて近いときのみ確率が高くなることがわかる。また実際の電磁波が分子にあたる方向は全立体角に分布していることも考慮する必要がある。ディラックの摂動論[*1]は，ここでは詳細は省略するが，要約すると次のようになる。

まず，輻射のない場でのシュレディンガー方程式は，10-3 節で述べたように式 (10-14)，すなわち

[*1] 付録 10B の時間を含む摂動論で詳しく述べられている。

$$H^0\psi_n = \varepsilon_n\psi_n$$

と表される。ここで，ψ_n は電子系の波動関数であるが，各電子軌道が摂動時に変化しないと仮定すると，ψ_n を軌道 n の波動関数と考えてよい（一電子近似）。この軌道関数は，式 (10-18) で示したように

$$\psi_n(\mathbf{r},t) = \phi_n(\mathbf{r})\exp\left(-i\frac{\varepsilon_n}{\hbar}t\right)$$

と表され，座標関数 $\phi_n(\mathbf{r})$ と時間因子 $\exp\{-i(\varepsilon_n/\hbar)t\}$ の積で書かれる。ここで，ε_n は軌道 n の一電子エネルギーである。上に述べたように，$\phi_n(\mathbf{r})$ は分子軌道法などで計算される軌道関数である。輻射場において波動関数 Ψ は

$$\Psi(\mathbf{r},t) = \sum_{n=0}^{\infty} a_n(t)\psi_n(\mathbf{r},t) \tag{10-27}$$

と書くことができ，シュレディンガー方程式

$$(H^0 + H')\Psi = i\hbar\frac{\partial\Psi}{\partial t}$$

を満たす。ここで $a_n(t)$ は時間変化する係数であり，H' は輻射による摂動である。輻射がないときの基底状態は，電子が軌道 l を占有していて，その他は空軌道と考える。今，電子が軌道 l から m へ遷移を考えることにする。$t = 0$ では $a_l(0) = 1$，$a_m(0) = 0$ （$m \neq l$）とする。短い時間 t' の間に摂動 H' が働き，その間摂動は変化しないとする。その間 $a_l(t')$ は徐々に減少し，その他の軌道の係数 $a_m(t')$ は，わずかに増加する。$a_m(t')$ の時間変化は，時間を含む摂動論から

$$\frac{\mathrm{d}a_m(t)}{\mathrm{d}t} = -\frac{i}{\hbar}\int\psi_m{}^*H'\psi_l d\tau \tag{10-28}$$

と与えられる。摂動の行列要素 $(H')_{ml}$ は，既に式 (10-25) で

$$(\mathbf{H}')_{ml} = \int\psi_m{}^*H'\psi_l d\tau = -\frac{\pi i}{c}\nu_{ml}\mathbf{M}_{ml}\sum_\nu \mathbf{A}_\nu^0\{e^{2\pi i(\nu+\nu_{ml})t} + e^{-2\pi i(\nu-\nu_{ml})t}\} \tag{10-29}$$

と与えられている。したがって

$$\frac{\mathrm{d}a_m(t)}{\mathrm{d}t} = -\frac{i}{\hbar}(\mathbf{H}')_{ml}$$

$$= -\frac{2\pi^2}{hc}\nu_{ml}\mathbf{M}_{ml}\sum_\nu \mathbf{A}_\nu^0\{e^{2\pi i(\nu+\nu_{ml})t} + e^{-2\pi i(\nu-\nu_{ml})t}\} \tag{10-30}$$

となる。

電磁波のエネルギーを放出あるいは吸収して，状態 l から状態 m に遷移する確率は $a_m^*(t)a_m(t)$ で表される。今 $a_m(0) = 0$ であり，式 (10-30) を時間についての積分を $t = 0$ から $t = t'$ まで行うと

$$a_m(t') = -\frac{2\pi^2}{hc}\nu_{ml}\mathbf{M}_{ml}\sum_\nu \mathbf{A}_\nu^0\int_0^{t'}\{e^{2\pi i(\nu+\nu_{ml})t} + e^{-2\pi i(\nu-\nu_{ml})t}\}\mathrm{d}t$$

$$= -i\frac{\pi}{hc}\nu_{ml}\mathbf{M}_{ml}\sum_\nu \mathbf{A}_\nu^0\left\{\frac{1-e^{2\pi i(\nu+\nu_{ml})t'}}{\nu+\nu_{ml}} + \frac{1-e^{-2\pi i(\nu-\nu_{ml})t'}}{\nu-\nu_{ml}}\right\} \tag{10-31}$$

となる。

　電磁波のエネルギーを放出あるいは吸収して，時間が $t=0$ から t' の間に状態 l から状態 m へ遷移する確率は，上で述べたように $a_m{}^*(t')\,a_m(t')$ である。輻射場で摂動が働き，輻射の吸収あるいは放出が起こるが，式 (10-31) 右辺の和の $[1-\exp\{2\pi i(\nu\pm\nu_{ml})t'\}]/(\nu\pm\nu_{ml})$ の項の中で分母の $\nu+\nu_{ml}$ あるいは $\nu-\nu_{ml}$ が非常に小さい場合のみ寄与が大きくなる。放出の場合は $\nu+\nu_{ml}$ の項が，吸収の場合は $\nu-\nu_{ml}$ の項が重要になる。今，電磁波の吸収を考えると $\nu=\nu_{ml}$ 近辺の電磁波のみが重要なので，$\mathbf{A}_\nu^0$ を $\mathbf{A}_{\nu_{ml}}^0$ とすると

$$a_m(t') = i\frac{\pi}{hc}\nu_{ml}\mathbf{M}_{ml}\mathbf{A}_{\nu_{ml}}^0\sum_\nu\frac{1-e^{-2\pi i(\nu-\nu_{ml})t'}}{\nu-\nu_{ml}} \tag{10-32}$$

放出の場合は

$$a_m(t') = -i\frac{\pi}{hc}\nu_{ml}\mathbf{M}_{ml}\mathbf{A}_{\nu_{ml}}^0\sum_\nu\frac{1-e^{2\pi i(\nu+\nu_{ml})t'}}{\nu+\nu_{ml}} \tag{10-33}$$

と考えればよい。したがって

$$\begin{aligned}a_m{}^*(t')a_m(t') &= \frac{\pi^2}{h^2c^2}\nu_{ml}^2\sum_\nu(\mathbf{M}_{ml}\mathbf{A}_{\nu_{ml}}^0)^2\frac{1-e^{2\pi i(\nu\pm\nu_{ml})t'}}{\nu\pm\nu_{ml}}\frac{1-e^{-2\pi i(\nu\pm\nu_{ml})t'}}{\nu\pm\nu_{ml}} \\ &= \frac{4\pi^2}{h^2c^2}\nu_{ml}^2\sum_\nu(\mathbf{M}_{ml}\mathbf{A}_{\nu_{ml}}^0)^2\frac{\sin^2\pi(\nu\pm\nu_{ml})t'}{(\nu\pm\nu_{ml})^2}\;(\text{複合同順})\end{aligned} \tag{10-34}$$

と書くことができる。吸収の場合は $-$ を，放出の場合は $+$ をとることになる。

　輻射場では，振動数 ν はほとんど連続的なスペクトルになっていると考えられるので，振動数 ν の和を積分で置き換えると，式 (10-34) は

$$a_m{}^*(t')a_m(t') = \frac{4\pi^4}{h^2c^2}\nu_{ml}^2(\mathbf{M}_{ml}\cdot\mathbf{A}_{\nu_{ml}}^0)^2\int_{-\infty}^{\infty}\frac{\sin^2\pi(\nu\pm\nu_{ml})t'}{\{\pi(\nu\pm\nu_{ml})\}^2}d\nu \tag{10-35}$$

と書ける。ここで，$\sin^2\{\pi(\nu\pm\nu_{ml})t'\}/\{\pi(\nu\pm\nu_{ml})\}^2$ は図 10-6 に示すように δ 関数の性質を持つ。

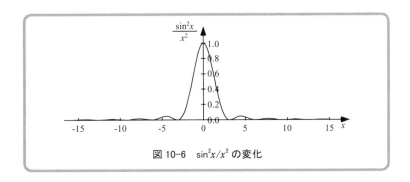

図 10-6　$\sin^2 x/x^2$ の変化

図の横軸は $x=\pi(\nu\pm\nu_{ml})t'$ とすればよい（可視・紫外光の振動数は $\nu=10^{14}\sim 10^{15}s^{-1}$）。式 (10-35) 右辺の被積分関数の値は図の縦軸 ($\sin^2 x/x^2$) に t'^2 をかけた値になるが，積分は図の横軸の dx を $\pi t'$ で割った値 ($d\nu=dx/\pi t'$) との積になるので，積分値は t' に比例する。式 (10-35) の値は

$$\int_{-\infty}^{\infty} \frac{\sin^2 x}{x^2} dx = \pi$$

であることを用いると

$$a_m^*(t')a_m(t') = \frac{4\pi^2}{h^2 c^2} \nu_{ml}^2 (\mathbf{M}_{ml} \cdot \mathbf{A}_{\nu_{ml}}^0)^2 t' \tag{10-36}$$

となる。

　電磁波の進む方向は，位置のベクトル $\mathbf{r}$ から見てあらゆる角度を取り得る。したがって，ベクトル $\mathbf{M}_{ml}$ と $\mathbf{A}_{\nu_{ml}}^0$ とのなす角を θ とすると，$(\mathbf{M}_{ml} \cdot \mathbf{A}_{\nu_{ml}}^0)^2 = |\mathbf{M}_{ml}|^2 |\mathbf{A}_{\nu_{ml}}^0|^2 \cos^2\theta$ であり，全立体角 (4π) での平均をとると

$$\overline{(\mathbf{M}_{ml} \cdot \mathbf{A}_{\nu_{ml}}^0)^2} = |\mathbf{M}_{ml}|^2 |\mathbf{A}_{\nu_{ml}}^0|^2 \iint \cos^2\theta \sin\theta \, d\theta d\phi/4\pi = \frac{1}{3} |\mathbf{M}_{ml}|^2 |\mathbf{A}_{\nu_{ml}}^0|^2 \tag{10-37}$$

である。また，ベクトル・ポテンシャル $\mathbf{A}_\nu$ の 2 乗 $|\mathbf{A}_\nu|^2$ は，エネルギー密度と関係するが，式 (10-10)，(10-20) および (10-1) から

$$\mathbf{E} = -\frac{2\pi\nu}{c} \sum_\nu \mathbf{A}_\nu^0 \sin(2\pi\nu t - \alpha_\nu) = \sum_\nu \mathbf{E}_\nu^0 \sin(2\pi\nu t - \alpha_\nu)$$

と書ける。ここで $k = 2\pi\nu/c$ である。したがって

$$\mathbf{E}_\nu^0 = -\frac{2\pi\nu}{c} \mathbf{A}_\nu^0$$

である。電磁理論によれば，電磁波のエネルギー密度 ρ_ν は

$$\rho_\nu = \frac{1}{8\pi} (E_\nu^0)^2 = \frac{1}{8\pi} \left(\frac{2\pi\nu}{c} A_\nu^0\right)^2 = \frac{\pi\nu^2}{2c^2} |\mathbf{A}_\nu^0|^2 \tag{10-38}$$

と書くことができるので（章末のメモ 2 を参照），式 (10-36) は

$$a_m^*(t')a_m(t') = \frac{8\pi^3}{3h^2} |\mathbf{M}_{ml}|^2 \rho_{\nu_{ml}} t' \tag{10-39}$$

となる。

　式 (10-39) の $a_m^*(t')a_m(t')$ は，初め初期状態 l にあった電子が，電磁波のエネルギーを吸収あるいは放出して，時間 t' の後に状態 m に存在する割合を示していて，時間 t' に比例することになる。したがって，l から m への遷移確率 P_{ml} は，これを t' で割って

$$P_{ml} = \frac{a_m^*(t')a_m(t')}{t'} = \frac{8\pi^3}{3h^2} |\mathbf{M}_{ml}|^2 \rho_{\nu_{ml}} = \frac{2\pi}{3\hbar^2} |\mathbf{M}_{ml}|^2 \rho_{\nu_{ml}} \tag{10-40}$$

となる。これがアインシュタインの吸収確率 $B_{l \to m} \rho_\nu$ に対応する。すなわち，10-2 節で述べた吸収係数あるいは誘導放出係数が

$$B_{l \to m} = B_{m \to l} = \frac{8\pi^3}{3h^2} |\mathbf{M}_{ml}|^2 = \frac{2\pi}{3\hbar^2} |\mathbf{M}_{ml}|^2 \tag{10-41}$$

で与えられることになる。また式 (10-7) から自然放出係数 A は，$\nu = \nu_{ml}$ とすると

$$A = \frac{8\pi h \nu_{ml}^3}{c^3} \frac{8\pi^3}{3h^2} |\mathbf{M}_{ml}|^2 = \frac{(8\pi^2)^2 \nu_{ml}^3}{3hc^3} |\mathbf{M}_{ml}|^2 = \frac{4(\varepsilon_m - \varepsilon_l)^3}{3\hbar^4 c^3} |\mathbf{M}_{ml}|^2 \tag{10-42}$$

となる。

これらの式 (10-40) および (10-42) が，電磁波の吸収および放出スペクトルの解析や予測に用いることができる理論式である。これらの式の中で，実際に計算が必要な数値は $\varepsilon_m - \varepsilon_l$ と $\mathbf{M}_{ml}$ である。

発光スペクトルの場合，自然放出係数 A は，単位時間に1分子が遷移する確率になるので，これに濃度をかけたものが，物質の発光強度として観測される。A がピーク強度に対応するが，この場合は，B にピーク・エネルギーの3乗をかけた値に比例する。

吸収スペクトルの実験では，強度 I の光が，試料中を dx 進む間に dI だけ減衰したとき，$dI/I = -a\,dx$ の式（ランベルト・ベールの法則）に従うので，a を吸収係数として測定する。吸収係数を濃度で割ったものが，1分子当たりの吸収確率で，これを吸収断面積 σ と定義している。σ は，単位面積を1個の光量子が透過したとき，1分子によって吸収される確率であり，式 (10-40) の $P = B\rho_\nu$ に対応している。エネルギー密度 ρ_ν は振動数が ν から $\nu+d\nu$ までの密度であるが，$\varepsilon = h\nu$ が ε から $\varepsilon+d\varepsilon$ までの1光量子のエネルギー密度（$h\nu/c$）を用いることにし

$$\rho_\nu d\nu \to \frac{h\nu}{c} d(h\nu) = \frac{h\nu}{c} h\,d\nu$$

と換算すると

$$\sigma_{ml} = \frac{8\pi^3}{3h^2} |\mathbf{M}_{ml}|^2 \frac{h\nu_{ml}}{c} h = \frac{4\pi^2}{3\hbar c} h\nu_{ml} |\mathbf{M}_{ml}|^2$$

$$= \frac{4\pi^2}{3} \alpha_0 (\varepsilon_m - \varepsilon_l) |(\mathbf{r})_{ml}|^2 \tag{10-43}$$

となる。ここで $\alpha_0 (= e^2/\hbar c = 1/137.0360)$ は微細構造定数，また $h\nu_{ml} = \varepsilon_m - \varepsilon_l$ とおき，$\mathbf{M}_{ml}$ を

$$\mathbf{M}_{ml} = \int \phi_m^*(\mathbf{r}) e\mathbf{r} \phi_l(\mathbf{r}) d\tau = e \int \phi_m^*(\mathbf{r}) \mathbf{r} \phi_l(\mathbf{r}) d\tau = e(\mathbf{r})_{ml} \tag{10-44}$$

と書き換えた。

実際の分子などの計算では，$\mathbf{r} = x\mathbf{i} + y\mathbf{j} + z\mathbf{k}$ と x, y, z 方向の成分に分けて

$$|(\mathbf{r})_{ml}|^2 = |(x)_{ml}|^2 + |(y)_{ml}|^2 + |(z)_{ml}|^2$$
$$|(x)_{ml}| = \int \phi_m^*(\mathbf{r}) x \phi_l(\mathbf{r}) d\tau \tag{10-45}$$

を計算すればよい。$\mathbf{M}_{ml}$ は，双極子モーメントの行列要素であるため，この遷移は双極子遷移と呼ばれる。また，$\mathbf{r}$ が奇関数であるため，$\phi_m \phi_l$ が偶関数になると $\mathbf{M}_{ml}$ が 0 になる。例えば，原子軌道を考えると，s 軌道（偶関数）から p 軌道（奇関数）への遷移は許容されるが（$\mathbf{M}_{ml} \neq 0$），s 軌道や d 軌道（偶関数）への遷移は禁制される（$\mathbf{M}_{ml} = 0$）ことになる。これを双極子遷移の選択則（ラポルテの選択則）と呼んでいる。

スペクトルのピーク・エネルギーは，状態 l-m 間の遷移エネルギー，$E_m - E_l = h\nu_{ml}$ である。このエネルギーの理論計算としては，上で述べたように，DV-Xα 法を用いてスレーターの遷移状態の計算を行うことにより，一電子近似のもとで軌道緩和の効果を含む正確な値を求める

ことができる。また，スペクトルのピーク強度は，式 (10-42) および (10-43) で計算できる。ただし，可視・紫外光のスペクトルでは，多重項の分裂が見られる場合が多い。このような場合の理論解析には，電子間反発を正確に考慮した多電子状態の計算を行う必要がある。

10-6 光イオン化過程の理論

物質が，電磁波のエネルギーを吸収して励起状態に遷移する場合，励起軌道が真空レベル以上の連続帯にあるときは，光イオン化が起こる（光電効果）。光のエネルギーは，電子の結合エネルギー B.E.（イオン化エネルギー）と真空中に飛び出した光電子の運動エネルギー K.E. に分割でき，光電子の運動エネルギーのスペクトルを測定できる。電磁波のエネルギーを $h\nu$ とすると

$$h\nu = B.E. + K.E.$$

なので，K.E. を測定することにより，B.E.（イオン化エネルギー，I_p）がわかる。各軌道電子のイオン化エネルギーは，イオン状態と中性状態との電子系のエネルギー差

$$I_p(i) = E(n_i = n_{i0} - 1) - E(n_i = n_{i0})$$

である。一電子近似による DV-Xα 分子軌道法では，スレーターの遷移状態計算により $I_p(i) = -\varepsilon_i$ として近似よく計算できる[*1]。

光電子スペクトルのピーク強度は，軌道電子のイオン化確率に比例する。これは，光吸収の場合の吸収断面積，式 (10-43) に相当し，イオン化断面積と呼ばれ

$$\sigma_{fl} = \frac{4\pi^2}{3} \alpha_0 (\varepsilon_f - \varepsilon_l) \left| \int \phi_f^*(\mathbf{r}) \mathbf{r} \phi_l(\mathbf{r}) d\tau \right|^2 \tag{10-46}$$

で与えられる。ここで，f は終状態（イオン状態），l は初期状態（中性状態）を意味する。$\varepsilon_f - \varepsilon_l$ は，入射光のエネルギー $h\nu_{fl}$ に等しい（$h\nu_{fl} = \varepsilon_f - \varepsilon_l$）。波動関数 ϕ_f，ϕ_l ともシュレディンガー方程式

$$\left(-\frac{1}{2} \nabla^2 + V \right) \phi_i = \varepsilon_i \phi_i \tag{10-47}$$

の固有関数である。分子の場合，V は分子のポテンシャルで，初期状態の波動関数 ϕ_l は，分子軌道関数で表されるが，終状態では，エネルギーの高い連続帯の励起状態になり，真空中へ飛び出していく電子の波動関数になる。この波動関数を，正確に求めるのはかなり厄介なので，分子軌道 l に起因するピークの吸収強度 S_l を求めるのに，Gelius[1] の近似法がよく用いられる。この方法では，エネルギー ε_f におけるピーク強度は

$$S_l(\varepsilon_f) = \sum Q_i^l \sigma_i(\varepsilon_f) \tag{10-48}$$

で近似される。Q_i^l は，分子軌道 l における原子軌道 i の成分で，マリケンの電子密度解析で算出できる。$\sigma_i(\varepsilon_f)$ は，原子のイオン化断面積で，原子軌道 χ_i の電子に対する値は，式 (10-46) のように

$$\sigma_i(\varepsilon_f) = \frac{4\pi^2}{3} \alpha_0 (\varepsilon_f - \varepsilon_i) \left| \int \chi_f^*(\mathbf{r}) \mathbf{r} \chi_i(\mathbf{r}) d\tau \right|^2 \tag{10-49}$$

[*1] 詳しくは 4-6 節 p.68 や付録 4E を参照。

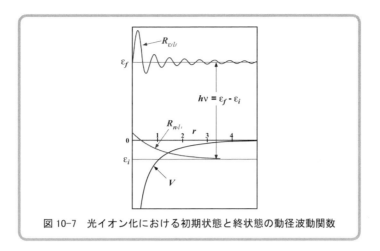

図 10-7　光イオン化における初期状態と終状態の動径波動関数

で与えられる．χ_i および χ_f はともに，原子のシュレディンガー方程式の解で

$$\chi_i(\mathbf{r}) = R_{n,l_i}(r) y_{l_i m_i}(\hat{\mathbf{r}}), \quad \chi_f(\mathbf{r}) = R_{\varepsilon,l_f}(r) y_{l_f m_f}(\hat{\mathbf{r}}) \tag{10-50}$$

のように，動径関数 R と球面調和関数 y_{lm} との積で表され，動径関数 R は動径方程式，

$$\left[-\frac{1}{2}\frac{d^2}{dr^2} - \frac{1}{r}\frac{d}{dr} + V(r) + \frac{l(l+1)}{2r^2} \right] R(r) = \varepsilon R(r) \tag{10-51}$$

の解である．初期状態の R_{n,l_i} は，原子軌道の動径関数であるが，終状態の R_{ε,l_f} は，図 10-7 に示すように，r が大きいところでは

$$rR_{\varepsilon,l_f}(r) \to \sqrt{\frac{2}{\pi k}} \cos\left\{ kr - \frac{l_f(l_f+1)}{\pi} + \delta \right\}$$

のように，球ベッセル関数の形で発散していく関数である．ここで，$\varepsilon_f = \hbar^2 k^2/2m$ である．

式 (10-49) の積分において，位置ベクトル $\mathbf{r}$ は，球面調和関数 y_{lm} を用いて

$$\mathbf{r} = \mathbf{i}x + \mathbf{j}y + \mathbf{k}z = \sqrt{\frac{4\pi}{3}}\, r(-\mathbf{i}y_{11} - \mathbf{j}y_{1-1} + \mathbf{k}y_{10}) \tag{10-52}$$

と書くことができるので ($r = |\mathbf{r}|$)，式 (10-50)，(10-52) を式 (10-49) に代入すると，原子のイオン化断面積は

$$\sigma_i(\varepsilon_f) = \frac{16\pi^2}{9} \alpha_0 (\varepsilon_f - \varepsilon_i) \, |(r)_{fi}|^2 \times \sum_{M=-1}^{1} [C_{1M}(l_f m_f; l_i m_i)]^2 \tag{10-53}$$

と表される．ここで

$$(r)_{fi} = \int R_{\varepsilon_f l_f}(r) r R_{n_i l_i}(r) \cdot r^2 dr, \tag{10-54}$$

$$C_{LM}(lm;l'm') = \int y_{lm}(\hat{\mathbf{r}}) y_{LM}(\hat{\mathbf{r}}) y_{l'm'}(\hat{\mathbf{r}}) d\hat{\mathbf{r}} \tag{10-55}$$

である．$C_{LM}(lm;l'm')$ は，Gaunt[2] の積分（章末のメモ 3 を参照）と呼ばれている関数で，角運動量合成などの理論で用いられていて，表として与えることができる．実際の，原子軌道電子のイオン化の場合に必要な値は表 10-1 に示す．

表 10-1　Value of $C_{LM}(lm;l'm') \times \sqrt{4\pi}$

$lm;l'm'$	$C_{1-1}(lm;l'm')$	$lm;l'm'$	$C_{10}(lm;l'm')$	$lm;l'm'$	$C_{11}(lm;l'm')$
0 0;1-1	1	0 0;1 0	1	0 0;1 1	1
1 1;2-2	$\sqrt{3/5}$	1 1;2 1	$\sqrt{3/5}$	1 1;2 2	$\sqrt{3/5}$
1-1;2 2	$-\sqrt{3/5}$	1 0;2 0	$\sqrt{4/5}$	1 0;2 1	$\sqrt{3/5}$
1-1;2 0	$-\sqrt{1/5}$	1-1;2-1	$\sqrt{3/5}$	1-1;2-2	$\sqrt{3/5}$
2 2;3-1	$\sqrt{3/7}$	2 2;3 2	$\sqrt{3/7}$	2 2;3 3	$\sqrt{9/14}$
2 2;3-3	$\sqrt{9/14}$	2 1;3 1	$2\sqrt{6/35}$	2 2;3 1	$-\sqrt{3/7}$
2 1;3-2	$\sqrt{3/7}$	2 0;3 0	$3\sqrt{3/35}$	2 1;3 2	$\sqrt{3/7}$
2 0;3-1	$3\sqrt{2/35}$	2-1;3-1	$2\sqrt{6/35}$	2 1;3 0	$-3\sqrt{1/35}$
2-1;3 2	$-\sqrt{3/7}$	2-2;3-2	$\sqrt{3/7}$	2 0;3 1	$3\sqrt{2/35}$
2-1;3 0	$-3\sqrt{1/35}$			2-1;3-2	$\sqrt{3/7}$
2-2;3 3	$-\sqrt{9/14}$			2-2;3-1	$-\sqrt{3/7}$
2-2;3 1	$-\sqrt{3/7}$			2-2;3-3	$\sqrt{9/14}$

原子のイオン化断面積は，式(10-54)の数値計算を行い，さらに分子軌道計算とマリケン解析の結果を用いることにより，式(10-48)で分子のイオン化確率が算出できることになる[3]。

メ モ 1

$$\boxed{1. \; \frac{1}{m_e}(\mathbf{p})_{lm} = \frac{\mathrm{d}}{\mathrm{d}t}(\mathbf{r})_{lm}} \text{ の証明}$$

$\dfrac{\mathrm{d}}{\mathrm{d}t}(\mathbf{r})_{lm} = \int \left(\dfrac{\partial \psi_l^*}{\partial t}\mathbf{r}\psi_m + \psi_l^* \mathbf{r}\dfrac{\partial \psi_m}{\partial t}\right)\mathrm{d}\tau$ である。また $\left(-\dfrac{\hbar}{2m_e}\nabla^2 + V\right)\psi_m = i\hbar \dfrac{\partial \psi_m}{\partial t}$

およびこれの複素共役から

$$\frac{\mathrm{d}}{\mathrm{d}t}(\mathbf{r})_{lm} = -\frac{1}{i\hbar}\int\left[\left(-\frac{\hbar}{2m_e}\nabla^2 + V\right)\psi_l^*\mathbf{r}\psi_m - \psi_l^*\mathbf{r}\left(-\frac{\hbar}{2m_e}\nabla^2 + V\right)\psi_m\right]\mathrm{d}\tau$$

$= \dfrac{\hbar}{2m_e}\int[\nabla^2\psi_l^*\mathbf{r}\psi_m - \psi_l^*\mathbf{r}\nabla^2\psi_m]\mathrm{d}\tau$　である。したがってまず x 成分のみを考えると，

$$\frac{2m_e i}{\hbar}\frac{\mathrm{d}}{\mathrm{d}t}(x)_{lm} = \int\left(\frac{\partial^2 \psi_l^*}{\partial x^2}x\psi_m - \psi_l^*x\frac{\partial^2 \psi_m}{\partial x^2}\right)\mathrm{d}\tau + \int\left(\frac{\partial^2 \psi_l^*}{\partial y^2}x\psi_m - \psi_l^*x\frac{\partial^2 \psi_m}{\partial y^2}\right)\mathrm{d}\tau$$

$+ \int\left(\dfrac{\partial^2 \psi_l^*}{\partial z^2}x\psi_m - \psi_l^*x\dfrac{\partial^2 \psi_m}{\partial z^2}\right)\mathrm{d}\tau$　である。右辺第1項を部分積分すると（第2項，第3項は部分積分すると0になることがわかる）

$$\int\left(\frac{\partial^2 \psi_l^*}{\partial x^2}x\psi_m - \psi_l^*x\frac{\partial^2 \psi_m}{\partial x^2}\right)\mathrm{d}x$$

$$= x\psi_m \frac{\partial \psi_l^*}{\partial x}\Big]_{x_1}^{x_2} - \int\left(\psi_m + x\frac{\partial \psi_m}{\partial x}\right)\frac{\partial \psi_l^*}{\partial x}\mathrm{d}x - \left\{x\psi_l^* \frac{\partial \psi_m}{\partial x}\Big]_{x_1}^{x_2} - \int\left(\psi_l^* + x\frac{\partial \psi_l^*}{\partial x}\right)\frac{\partial \psi_m}{\partial x}\mathrm{d}x\right\}$$

$= \int\left(\psi_l^*\dfrac{\partial \psi_m}{\partial x} - \dfrac{\partial \psi_l^*}{\partial x}\psi_m\right)\mathrm{d}x$　となる。ここで積分された項 $x\psi_m\dfrac{\partial \psi_l^*}{\partial x}\Big]_{x_1}^{x_2}$ は積分範囲を無限大

にとることを考えると，0になることを用いた。さらに部分積分すると

$$\int \left(\psi_l^* \frac{\partial \psi_m}{\partial x} - \frac{\partial \psi_l^*}{\partial x} \psi_m\right) dx = \int \psi_l^* \frac{\partial \psi_m}{\partial x} dx - \left\{\psi_l^* \psi_m\right\}_{x_1}^{x_2} - \int \left(\psi_l^* \frac{\partial \psi_m}{\partial x} dx\right) = 2 \int \psi_l^* \frac{\partial \psi_m}{\partial x} dx$$

となる。$i\hbar \frac{\partial}{\partial x} = -p_x$ として y, z の積分を加えると

$$\frac{d}{dt}(\mathbf{r})_{lm} = \frac{d}{dt} \int \psi_l^* \mathbf{r} \psi_m \, d\tau = \frac{1}{m_e} \int \psi_l^* \mathbf{p} \psi_m \, d\tau = \frac{1}{m_e} (\mathbf{p})_{lm}$$

となることがわかる。

$$\boxed{2. \quad \frac{d}{dt}(\mathbf{r})_{lm} = \frac{i(\varepsilon_m - \varepsilon_l)}{\hbar} (\mathbf{r})_{lm}} \text{ の証明}$$

$$\frac{d}{dt}(\mathbf{r})_{lm} = \int \left(\frac{\partial \psi_l^*}{\partial t} \mathbf{r} \psi_m + \psi_l^* \mathbf{r} \frac{\partial \psi_m}{\partial t}\right) d\tau \quad \text{である。波動関数は}$$

$\psi_m = \phi_m(\mathbf{r}) \cdot exp\left(-\frac{iE_m}{\hbar} t\right)$, 複素共役は $\psi_l^* = \phi_l^*(\mathbf{r}) exp\left(\frac{iE_l}{\hbar} t\right)$ である。ここで $\phi_m(\mathbf{r})$ は，通常の分子軌道計算などで求められる，時間に無関係の軌道関数である。

$\frac{\partial \psi_m}{\partial t} = -\frac{iE_m}{\hbar} \psi_m$, $\frac{\partial \psi_l^*}{\partial t} = \frac{iE_l}{\hbar} \psi_l^*$ なので

$$\frac{d}{dt}(\mathbf{r})_{lm} = \int \left(\frac{iE_l}{\hbar} \psi_l^* \mathbf{r} \psi_m - \frac{iE_m}{\hbar} \psi_l^* \mathbf{r} \psi_m\right) d\tau = \frac{i(\varepsilon_l - \varepsilon_m)}{\hbar} \int \psi_l^* \mathbf{r} \psi_m d\tau = \frac{i(\varepsilon_l - \varepsilon_m)}{\hbar} (\mathbf{r})_{lm}$$

となることがわかる。

メ モ 2　電磁波のエネルギー密度

1. 電場のエネルギー密度（真空中）

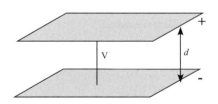
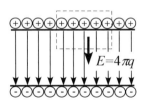

まず，コンデンサーのもつ静電エネルギー W を考える。両極に電荷のない状態から，正電荷を正極に移していき電荷が Q，電位差が V になったとする。W は，このときになされた仕事に等しい。正極へ微小の電荷 q を正極に移したとき，両極の電位差が v になったとする。そのとき，コンデンサーの容量を C とすると，$v = q/C$ の関係があり，電荷の微少量 dq ずつ正極へ移すときに，なされる仕事は vdq なので

$$W = \int_0^Q v \, dq = \frac{1}{C} \int_0^Q q \, dq = \frac{Q^2}{2C} = \frac{CV^2}{2} = \frac{QV}{2}$$

となる。

コンデンサーの電極の面積を S, 両極の間隔を d, 電荷密度を q とすると, $Q = qS$, コンデンサー内の電場を E とすると, $E = V/d$ なのでエネルギー密度 ρ_E は

$$\rho_E = \frac{QV}{2S \cdot d} = \frac{(qS)(Ed)}{2Sd} = \frac{qE}{2}$$

である。電場 E は, 電極の面積が無限大になると均一になるので, S を無限大と考えると Gauss の定理より, $\varepsilon E = 4\pi q$ (ε は誘電率) となる。したがって

$$\rho_E = \frac{\varepsilon E^2}{8\pi}$$

となる。

電磁波では, 電場 E が振動しているので, エネルギー密度はこの振動の 2 乗 $E^2 = E_0^2 \cos^2(\omega t)$ の平均を取ればよい。したがって

$$\int_0^{2\pi} \cos^2 x \, dx / 2\pi = \frac{1}{2}$$

をかけると

$$\rho_E = \frac{\varepsilon E_0^2}{16\pi}$$

となる。

2. 磁場のエネルギー密度（真空中）

無限に長いソレノイドを考えると, その中の磁場は均一である。ソレノイドの半径を r, 単位長さの巻き数を n, 電流を I とする。今, 点 P から z の距離にある単位長さのコイルによる, 点 P での磁場を考える。図のように, a, r をとると

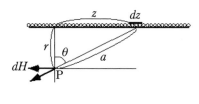

$$dH = \frac{2\pi r \cdot In\,dz}{a^2} \sin\theta$$

であるが, $a = r/\cos\theta$, $z = a\sin\theta = (\sin\theta/\cos\theta)r$, $dz = -r\,d\theta/\cos^2\theta$ なので

$$dH = \frac{2\pi r \cdot In}{(r/\cos\theta)^2} \frac{r\,d\theta}{\cos^2\theta} \sin\theta = 2\pi In \sin\theta\,d\theta$$

となる。これを θ について積分すると

$$H = 2\pi In \int_{-\pi/2}^{\pi/2} \sin\theta d\theta = 4\pi In \int_0^{\pi/2} \sin\theta d\theta = 4\pi In$$

となる。

　磁場のエネルギーは，この H を作るのに等しい仕事と考えられる．コイルの電流が 0 の状態から，I まで増加させると磁場 H が発生する．コイルの断面積を S，単位長さの巻き数 n，長さ l のソレノイドのインダクタンスを L とすると，$L = 4\pi\mu_0 n^2 lS$ なので，なされた仕事 W は

$$W = \frac{1}{2}LI^2 = 2\pi\mu_0 n^2 lS I^2 = 2\pi\mu_0 (nI)^2 lS = \frac{\mu_0 H^2}{8\pi}lS$$

となり，磁場によるエネルギー密度 ρ_M は

$$\rho_M = \frac{W}{lS} = \frac{\mu_0 H^2}{8\pi}$$

となる。

　電磁波では，磁場が電場の場合と同様，$H = H_0 \cos\omega t$ のように振動しているので，その平均をとると

$$\rho_M = \frac{\mu_0 H^2}{16\pi}$$

が得られる。

　電磁波の場合，$cB_0 = E_0$, $B_0 = \mu H_0$, $c^2 = 1/\varepsilon\mu$ なので $\varepsilon E_0^2 = \mu H_0^2$ となり，結局エネルギー密度 ρ は

$$\rho = \frac{1}{16\pi}\varepsilon E_0^2 + \frac{1}{16\pi}\mu H_0^2 = \frac{1}{8\pi}\varepsilon E_0^2$$

となる。

メモ 3　Gaunt[2] の積分

3 つのルジャンドル陪関数の積の，θ についての積分で，Gaunt によって次のように与えられた．

$$\frac{1}{2}\int_{-1}^{1} P_L^M(\mu) P_l^m(\mu) P_{l'}^{m'}(\mu) \, d\mu$$

$$= (-1)^{s-l-l'} \frac{(l+m)!(l'+m')!(2s-2l')!s!}{(l-m)!(s-l)!(s-l')!(s-M)!(2s+1)!}$$

$$= \sum_t (-1)^t \frac{(L+M+t)!(l+l'-M-t)!}{t!(L-l'-t)!(l-l'+M+t)!(l'-m'-t)!}$$

　この積分は，電子間相互作用や角運動量合成の理論などでよく使われ，Inglis や Shortley および Slater による，少し異なった積分表示の

$$C^{LM}(lm; l'm') = \int_0^{2\pi} d\phi \int_0^{\pi} Y_{LM}(\theta,\phi) Y_{lm}^*(\theta,\phi) Y_{l'm'}(\theta,\phi) \sin\theta d\theta$$

$$= (-1)^{[m+|m|+m'+|m'|+M+|M|]/2}$$

$$\times \sqrt{\frac{(L-|M|)!}{(L+|M|)!}} \sqrt{\frac{(2l+1)(l-|m|)!}{(l+|m|)!}} \sqrt{\frac{(2l'+1)(l'-|m'|)!}{(l'+|m'|)!}}$$

$$\times \frac{1}{2} \int_{-1}^{1} P_L^{|M|}(\mu) P_l^{|m|}(\mu) P_{l'}^{|m'|}(\mu) d\mu$$

や

$$C_{LM}(lm; l'm') = \int_0^{2\pi} d\phi \int_0^{\pi} y_{LM}(\theta,\phi) y_{lm}(\theta,\phi) y_{l'm'}(\theta,\phi) \sin\theta d\theta$$

がよく使われる。ここで，Y_{lm} および y_{lm} は複素数型および実数型球面調和関数

$$Y_{lm}(\theta,\phi) = \left(-\frac{m}{|m|}\right)^m \sqrt{\frac{2l+1}{4\pi} \frac{(l-|m|)!}{(l+|m|)!}} P_l^{|m|}(\cos\theta) \cdot e^{im\phi}$$

$$y_{lm}(\theta,\phi) = (i)^{(|m|-m)/2m} \sqrt{\frac{1}{2}} \{Y_{l|m|} + (-1)^{|m+1/2|-1/2} Y_{l-|m|}\}$$

である（3-3節を参照）。また $C^{LM}(lm; l'm')$ の場合は，$M \neq m\text{-}m'$ では，値は必ず 0 になるが，$C_{LM}(lm; l'm')$ においては，$(m \geq 0, m' \geq 0)$ の場合の $M = |m\text{-}m'|$ と $|m+m'|$ のときと，$(m \leq 0, m' \leq 0)$ の場合の $M = -|m\text{-}m'|$ と $M = -|m+m'|$ のときに 0 でない値になる。

参考文献

1) U. Gelius, *"Electron Spectroscopy"*, ed. by D.A.Shirley, North-Holland, Amsterdam (1977) p.311.

2) J. A. Gaunt, *Phil. Trans. Roy. Soc.* (London) **A228** (1929) 151.

3) H. Adachi, *"Theoretical Calculation of Molecular Photoelectron Spectrum by the First-Principles DV-Xα Molecular Orbital Method"*, *Advances in Quantum Chemistry* **29** (1997) 179-192. プログラム 'PES' を用いて DV-Xα 計算の結果から理論スペクトルを計算でき，また計算実習 XC でもとり上げられている。

付　録

10A　ラグランジェ方程式およびハミルトン方程式

ラグランジェ関数とハミルトン関数

質点の運動はニュートンの第2法則で表され，ポテンシャルVが存在する場合は

$$\left. \begin{aligned} \frac{d}{dt}(mv_x) &= F_x = -\frac{\partial V}{\partial x} \\ \frac{d}{dt}(mv_y) &= F_y = -\frac{\partial V}{\partial y} \\ \frac{d}{dt}(mv_z) &= F_z = -\frac{\partial V}{\partial z} \end{aligned} \right\} \tag{10A-1}$$

と書ける。ここでmは質点の質量，v_x, v_y, v_zはその速度のx, y, z成分，F_x, F_y, F_zは質点にかかる力のx, y, z成分である。また

$$v_x = \frac{dx}{dt}, \quad v_y = \frac{dy}{dt}, \quad v_z = \frac{dz}{dt} \tag{10A-2}$$

で，x, y, zは質点の位置である。運動エネルギーは

$$T = \frac{m}{2}(v_x^2 + v_y^2 + v_z^2) \tag{10A-3}$$

と書ける。

　ラグランジェ方程式やハミルトン方程式は，ニュートンの方程式をより一般的に書き直したもので，異なった座標系や力がポテンシャルだけから導けない，非保存系にも広く適用できる方程式である。座標系には，直交座標だけでなく極座標や楕円座標などがあるが，一般的に1つの質点の座標を一般化された座標q_1, q_2, q_3で表し，その時間についての微係数を$dq_1/dt = \dot{q}_1$，$dq_2/dt = \dot{q}_2, dq_3/dt = \dot{q}_3$とすれば，質点の運動は変数$q_1, q_2, q_3, \dot{q}_1, \dot{q}_2, \dot{q}_3$を与えれば記述できる。

　ラグランジェ関数は

$$L = T - V \tag{10A-4}$$

と定義される。またラグランジェ方程式は

$$\frac{d}{dt}\left(\frac{\partial L}{\partial \dot{q}_i}\right) - \frac{\partial L}{\partial q_i} = 0 \tag{10A-5}$$

と表され，この1つの方程式で運動を記述できる。

　式(10A-5)の$(\partial L/\partial \dot{q}_i)$は運動量と考えられるが，ハミルトンの方法ではこれを一般化された運動量とし$(\partial L/\partial \dot{q}_i) = p_i$とおいて，座標$q_i$とそれに関する運動量$p_i$を用いて運動方程式を表すのである。

　またハミルトン関数は

$$\mathrm{H} = \sum_j p_j \dot{q}_j - L \tag{10A-6}$$

と定義される。ここで L はラグランジュ関数であり，力がポテンシャルだけから導かれる保存系の場合は，全エネルギーに等しく $H = T + V$ となる。

ラグランジェの運動方程式

ラグランジェの方程式は式 (10A-5) で表される。今，保存系で2次元空間を運動する質点を考えることにする。直交座標 (x, y) ではニュートンの式は

$$m\frac{d^2 x}{dt^2} = m\frac{d}{dt}\dot{x} = F_x, \quad m\frac{d^2 y}{dt^2} = m\frac{d}{dt}\dot{y} = F_y \tag{10A-7}$$

である。ラグランジェ関数は $L = T - V$ であるが，運動エネルギー $T = (m/2)(\dot{x}^2 + \dot{y}^2)$ は $\dot{x}, \dot{y}$ だけの関数であり，ポテンシャル V は位置 x, y だけの関数である。式 (10A-5) 中の $(\partial L / \partial \dot{q}_i)$ は運動量の意味を持っていると述べたが

$$\frac{\partial L}{\partial \dot{x}} = \frac{\partial T}{\partial \dot{x}} = m\dot{x}, \quad \frac{\partial L}{\partial \dot{y}} = \frac{\partial T}{\partial \dot{y}} = m\dot{y} \tag{10A-8}$$

なので，確かにこれらは運動量の x, y 成分であることがわかる。これらを時間に関して微分すれば式 (10A-8) より

$$\frac{d}{dt}\left(\frac{\partial L}{\partial \dot{x}}\right) = m\frac{d\dot{x}}{dt} = F_x, \quad \frac{d}{dt}\left(\frac{\partial L}{\partial \dot{y}}\right) = m\frac{d\dot{y}}{dt} = F_y$$

である。また

$$\frac{\partial L}{\partial x} = -\frac{\partial V}{\partial x} = F_x, \quad \frac{\partial L}{\partial y} = -\frac{\partial V}{\partial y} = F_y$$

なので

$$\frac{d}{dt}\left(\frac{\partial L}{\partial \dot{x}}\right) - \frac{\partial L}{\partial x} = 0, \quad \frac{d}{dt}\left(\frac{\partial L}{\partial \dot{y}}\right) - \frac{\partial L}{\partial y} = 0 \tag{10A-9}$$

となり，ラグランジェ方程式が成り立つことが確かめられる。

次にこの運動を極座標 (r, θ) で表してみる。(x, y) 座標は

$$\left.\begin{array}{l} x = r\cos\theta, \quad y = r\sin\theta \\ \dfrac{\partial x}{\partial r} = \cos\theta, \quad \dfrac{\partial y}{\partial r} = \sin\theta \\ \dfrac{\partial x}{\partial \theta} = -r\sin\theta, \quad \dfrac{\partial y}{\partial \theta} = r\cos\theta \end{array}\right\} \tag{10A-10}$$

と変換される。また運動エネルギーは

$$T = \frac{m}{2}\left[\left(\frac{dx}{dt}\right)^2 + \left(\frac{dy}{dt}\right)^2\right] = \frac{m}{2}\left[\left(\frac{\partial x}{\partial r}\frac{dr}{dt} + \frac{\partial x}{\partial \theta}\frac{d\theta}{dt}\right)^2 + \left(\frac{\partial y}{\partial r}\frac{dr}{dt} + \frac{\partial y}{\partial \theta}\frac{d\theta}{dt}\right)^2\right]$$

$$= \frac{m}{2}\left[\left(\cos\theta\frac{dr}{dt} - r\sin\theta\frac{d\theta}{dt}\right)^2 + \left(\sin\theta\frac{dr}{dt} + r\cos\theta\frac{d\theta}{dt}\right)^2\right]$$

$$= \frac{m}{2}\bigl(\cos^2\theta \cdot \dot{r}^2 + r^2 \sin^2\theta \cdot \dot{\theta}^2 - 2r\sin\theta\,\cos\theta \cdot \dot{r}\dot{\theta}$$
$$+ \sin^2\theta \cdot \dot{r}^2 + r^2 \cos^2\theta \cdot \dot{\theta}^2 + 2r\sin\theta\,\cos\theta \cdot \dot{r}\dot{\theta}\bigr)$$
$$= \frac{m}{2}(\dot{r}^2 + r^2\,\dot{\theta}^2) \tag{10A-11}$$

となる。ここで運動エネルギーは，動径 r に関する速度 $\dot{r}$ の 2 乗と（$r \times$ 角速度 $\dot{\theta}$）の 2 乗との和に質量の (1/2) をかけたもので表される。また $\partial L/\partial \dot{r}$ は r に関する運動量と定義されるが，式 (10A-11) から

$$\frac{\partial L}{\partial \dot{r}} = \frac{\partial T}{\partial \dot{r}} = m\dot{r} = p_r \tag{10A-12}$$

となり，r に関する速度 $\dot{r}$ に m をかけたものになる。また

$$\frac{\partial L}{\partial \dot{\theta}} = mr^2\,\dot{\theta} = p_\theta \tag{10A-13}$$

である。これは $mr \times r\dot{\theta}$ なので，p_θ は角運動量に等しいことがわかる。さらに，これらの時間についての微係数をとると

$$\frac{\mathrm{d}}{\mathrm{d}t}\left(\frac{\partial L}{\partial \dot{r}}\right) = \frac{\mathrm{d}}{\mathrm{d}t}(m\dot{r}) = m\frac{\mathrm{d}^2 r}{\mathrm{d}t^2} \tag{10A-14}$$

$$\frac{\mathrm{d}}{\mathrm{d}t}\left(\frac{\partial L}{\partial \dot{\theta}}\right) = \frac{\mathrm{d}}{\mathrm{d}t}(mr^2\,\dot{\theta}) = mr^2\frac{\mathrm{d}^2\theta}{\mathrm{d}t^2} + 2mr\frac{\mathrm{d}r}{\mathrm{d}t}\frac{\mathrm{d}\theta}{\mathrm{d}t} \tag{10A-15}$$

である。

次に式 (10A-1) で $m(\mathrm{d}^2 x/\mathrm{d}t^2) = -\partial V/\partial x = F_x$, $m(\mathrm{d}^2 y/\mathrm{d}t^2) = -\partial V/\partial y = F_y$ と与えられるが

$$\frac{\mathrm{d}^2 x}{\mathrm{d}t^2} = \frac{\mathrm{d}}{\mathrm{d}t}\left(\frac{\partial x}{\partial r}\frac{\mathrm{d}r}{\mathrm{d}t} + \frac{\partial x}{\partial \theta}\frac{\mathrm{d}\theta}{\mathrm{d}t}\right) = \frac{\mathrm{d}}{\mathrm{d}t}\left(\cos\theta\frac{\mathrm{d}r}{\mathrm{d}t} - r\sin\theta\frac{\mathrm{d}\theta}{\mathrm{d}t}\right)$$
$$= \cos\theta\frac{\mathrm{d}^2 r}{\mathrm{d}t^2} - r\sin\theta\frac{\mathrm{d}^2\theta}{\mathrm{d}t^2} - 2\sin\theta\frac{\mathrm{d}\theta}{\mathrm{d}t}\frac{\mathrm{d}r}{\mathrm{d}t} - r\cos\theta\left(\frac{\mathrm{d}\theta}{\mathrm{d}t}\right)^2 \tag{10A-16}$$

$$\frac{\mathrm{d}^2 y}{\mathrm{d}t^2} = \sin\theta\frac{\mathrm{d}^2 r}{\mathrm{d}t^2} + r\cos\theta\frac{\mathrm{d}^2\theta}{\mathrm{d}t^2} + 2\cos\theta\frac{\mathrm{d}\theta}{\mathrm{d}t}\frac{\mathrm{d}r}{\mathrm{d}t} - r\sin\theta\left(\frac{\mathrm{d}\theta}{\mathrm{d}t}\right)^2 \tag{10A-17}$$

となり，これらにそれぞれ $m\cos\theta$ と $m\sin\theta$ をかけて和をとり，式 (10A-1) を用いると

$$m\cos\theta\frac{\mathrm{d}^2 x}{\mathrm{d}t^2} + m\sin\theta\frac{\mathrm{d}^2 y}{\mathrm{d}t^2} = m\frac{\mathrm{d}^2 r}{\mathrm{d}t^2} - mr\left(\frac{\mathrm{d}\theta}{\mathrm{d}t}\right)^2$$
$$= -\cos\theta\frac{\partial V}{\partial x} - \sin\theta\frac{\partial V}{\partial y} = -\frac{\partial x}{\partial r}\frac{\partial V}{\partial x} - \frac{\partial y}{\partial r}\frac{\partial V}{\partial y} = -\frac{\partial V}{\partial r} \tag{10A-18}$$

となることがわかる。また式 (10A-16) に $-mr\sin\theta$ を式 (10A-17) に $mr\cos\theta$ をかけて和をとると

$$-mr\sin\theta\frac{\mathrm{d}^2 x}{\mathrm{d}t^2} + mr\cos\theta\frac{\mathrm{d}^2 y}{\mathrm{d}t^2} = mr^2\frac{\mathrm{d}^2\theta}{\mathrm{d}t^2} + 2mr\frac{\mathrm{d}\theta}{\mathrm{d}t}\frac{\mathrm{d}r}{\mathrm{d}t}$$

$$= -\frac{\partial x}{\partial \theta}\frac{\partial V}{\partial x} - \frac{\partial y}{\partial \theta}\frac{\partial V}{\partial y} = -\frac{\partial V}{\partial \theta} \tag{10A-19}$$

となる。ところで

$$\frac{\partial L}{\partial r} = \frac{\partial T}{\partial r} - \frac{\partial V}{\partial r} \tag{10A-20}$$

であり，式 (10A-11) から

$$\frac{\partial T}{\partial r} = mr\dot{\theta}^2 \tag{10A-21}$$

なので，式 (10A-18)，(10A-20)，(10A-21) および式 (10A-11)，(10A-19) から

$$\frac{\partial L}{\partial r} = m\frac{d^2 r}{dt^2}, \quad \frac{\partial L}{\partial \theta} = \frac{\partial T}{\partial \theta} - \frac{\partial V}{\partial \theta} = mr^2 \frac{d^2 \theta}{dt^2} + 2mr\frac{d\theta}{dt}\frac{dr}{dt} \tag{10A-22}$$

となる。結局式 (10A-14)，(10A-22)，(10A-15)，(10A-22) から

$$\frac{d}{dt}\left(\frac{\partial L}{\partial \dot{r}}\right) - \frac{\partial L}{\partial r} = 0, \quad \frac{d}{dt}\left(\frac{\partial L}{\partial \dot{\theta}}\right) - \frac{\partial L}{\partial \theta} = 0 \tag{10A-23}$$

となり，極座標においてもラグランジェ方程式が成り立つことが確かめられる。ところで式 (10A-18) の右辺第 2 項の $mr\dot{\theta}^2$ は角運動量が $p_\theta = mr^2\dot{\theta}$（式 (10A-13) 参照）なので p_θ^2/mr^3 に等しく，これは遠心力に相当する。したがって運動を極座標で表した場合，直交座標では現れない遠心力が現れるということになる。

ハミルトンの運動方程式

ハミルトン関数は式 (10A-6) で与えられるが，保存系の場合はこれが全エネルギーに等しい。この関数で与えられる方程式

$$\frac{dq_i}{dt} = \frac{\partial H}{\partial p_i}, \quad \frac{dp_i}{dt} = -\frac{\partial H}{\partial q_i} \tag{10A-24}$$

はハミルトンの方程式と呼ばれ，一般化された座標 q_i と運動量 p_i で表される運動方程式で，q_i と p_i との間で対称性をもつ便利な形式になっている。この方程式が成り立つことを直交座標や極座標について確かめてみる。

ハミルトン関数は保存系では $H = T + V$ であり，2 次元直交座標では

$$T = \frac{m}{2}(v_x^2 + v_y^2) = \frac{1}{2m}(p_x^2 + p_y^2) \tag{10A-25}$$

である。一般的にはハミルトン関数は式 (10A-6) より

$$H = p_x \dot{x} + p_y \dot{y} - (T - V)$$

$$= \frac{1}{m}(p_x^2 + p_y^2) - \frac{1}{2m}(p_x^2 + p_y^2) + V$$

$$= \frac{1}{2m}(p_x^2 + p_y^2) + V \tag{10A-26}$$

となる．したがって

$$\frac{\partial H}{\partial p_x} = \frac{p_x}{m}, \quad \frac{\partial H}{\partial p_y} = \frac{p_y}{m}, \quad \frac{\partial H}{\partial x} = \frac{\partial V}{\partial x}, \quad \frac{\partial H}{\partial y} = \frac{\partial V}{\partial y} \tag{10A-27}$$

が得られる．また

$$\frac{\mathrm{d}x}{\mathrm{d}t} = \frac{p_x}{m}, \quad \frac{\mathrm{d}y}{\mathrm{d}t} = \frac{p_y}{m}, \quad \frac{\mathrm{d}p_x}{\mathrm{d}t} = m\frac{\mathrm{d}^2 x}{\mathrm{d}t^2}, \quad \frac{\mathrm{d}p_y}{\mathrm{d}t} = m\frac{\mathrm{d}^2 y}{\mathrm{d}t^2} \tag{10A-28}$$

なので式 (10A-27), (10A-28) から，また (10A-1), (10A-2) を用いて

$$\frac{\mathrm{d}x}{\mathrm{d}t} = \frac{\partial H}{\partial p_x}, \quad \frac{\mathrm{d}y}{\mathrm{d}t} = \frac{\partial H}{\partial p_y}, \quad \frac{\mathrm{d}p_x}{\mathrm{d}t} = -\frac{\partial H}{\partial x}, \quad \frac{\mathrm{d}p_y}{\mathrm{d}t} = -\frac{\partial H}{\partial y} \tag{10A-29}$$

となることがわかり，ハミルトンの方程式が成り立つことが確かめられる．

つぎにこの運動を極座標で表してみる．座標変換は式 (10A-10) に示されている．運動エネルギーは式 (10A-11) で与えられているが，ハミルトン関数は

$$H = p_r \dot{r} + p_\theta \dot{\theta} - (T - V) = \left(\frac{\partial L}{\partial \dot{r}}\right)\dot{r} + \left(\frac{\partial L}{\partial \dot{\theta}}\right)\dot{\theta} - (T - V)$$

$$= m\dot{r}^2 + mr^2 \dot{\theta}^2 - \frac{m}{2}(\dot{r}^2 + r^2 \dot{\theta}^2) + V = \frac{m}{2}(\dot{r}^2 + r^2 \dot{\theta}^2) + V$$

$$= \frac{1}{2m}\left(p_r^2 + \frac{p_\theta^2}{r^2}\right) + V \tag{10A-30}$$

と表される．ここで式 (10A-12), (10A-13) を用いた．したがって

$$\frac{\partial H}{\partial p_r} = \frac{p_r}{m}, \quad \frac{\partial H}{\partial p_\theta} = \frac{p_\theta}{mr^2}, \quad \frac{\partial H}{\partial r} = -\frac{p_\theta^2}{mr^3} + \frac{\partial V}{\partial r}, \quad \frac{\partial H}{\partial \theta} = \frac{\partial V}{\partial \theta} = 0 \tag{10A-31}$$

である．ここで角運動量 $p_\theta = mr^2 \dot{\theta}$ が定数の時を考えると

$$\frac{\mathrm{d}r}{\mathrm{d}t} = \frac{p_r}{m}, \quad \frac{\mathrm{d}\theta}{\mathrm{d}t} = \frac{p_\theta}{mr^2}, \quad \frac{\mathrm{d}p_r}{\mathrm{d}t} = m\frac{\mathrm{d}^2 r}{\mathrm{d}t^2}, \quad \frac{\mathrm{d}p_\theta}{\mathrm{d}t} = 0 \tag{10A-32}$$

である．また式 (10A-18) からわかるように

$$m\frac{\mathrm{d}^2 r}{\mathrm{d}t^2} = mr\left(\frac{\mathrm{d}\theta}{\mathrm{d}t}\right)^2 - \frac{\partial V}{\partial r} = \frac{p_\theta^2}{mr^3} - \frac{\partial V}{\partial r} \tag{10A-33}$$

である．したがって，式 (10A-31), (10A-32), (10A-33) からハミルトンの方程式

$$\frac{\mathrm{d}r}{\mathrm{d}t} = \frac{\partial H}{\partial p_r}, \quad \frac{\mathrm{d}\theta}{\mathrm{d}t} = \frac{\partial H}{\partial p_\theta}, \quad \frac{\mathrm{d}p_r}{\mathrm{d}t} = -\frac{\partial H}{\partial r}, \quad \frac{\mathrm{d}p_\theta}{\mathrm{d}t} = -\frac{\partial H}{\partial \theta}(= 0) \tag{10A-34}$$

が成り立つことがわかる．

特殊な場合のハミルトン関数

波動力学の特殊な場合には，より完全なハミルトンの方法が必要となる．例えば電磁場中の荷電粒子や相対論での動的な問題を扱う場合である．このような場合には，運動エネルギーは $T = \Sigma(i)(1/2)m\dot{x}^2$ では表せないし，ラグランジェの方程式もより正確に扱う必要がある．

電磁場中において，電場 **E** と磁束密度 **B** とはスカラーポテンシャル ϕ とベクトルポテンシャル **A** を用いて

$$\mathbf{E} = -\nabla\phi - \frac{\partial \mathbf{A}}{\partial t}, \quad \mathbf{B} = \nabla \times \mathbf{A} \tag{10A-35}$$

で表される。磁場中を荷電粒子が運動する場合，ローレンツ力

$$\mathbf{F} = e\mathbf{E} + e(\mathbf{v} \times \mathbf{B}) \tag{10A-36}$$

を受ける。ローレンツ力の x 成分は式 (10A-35) を用いると

$$\begin{aligned}F_x &= e(E_x + \dot{y}B_z - \dot{z}B_y) \\ &= e\left[-\frac{\partial\phi}{\partial x} - \frac{\partial A_x}{\partial t} + \dot{y}\left(\frac{\partial A_y}{\partial x} - \frac{\partial A_x}{\partial y}\right) + \dot{z}\left(\frac{\partial A_z}{\partial x} - \frac{\partial A_x}{\partial z}\right)\right]\end{aligned} \tag{10A-37}$$

となる。y 成分および z 成分についても同じような式が得られる。

次に，このようなローレンツ力を矛盾なく与えるラグランジェ関数を考えてみる。結論から言えば

$$\begin{aligned}L &= \frac{m}{2}\mathbf{v}^2 + e(\mathbf{v}\cdot\mathbf{A}) - e\phi \\ &= \frac{m}{2}(\dot{x}^2 + \dot{y}^2 + \dot{z}^2) + e(\dot{x}A_x + \dot{y}A_y + \dot{z}A_z) - e\phi\end{aligned} \tag{10A-38}$$

と置けばよいことがわかる。なぜならこれをラグランジェ方程式 (10A-5) に適用してみると

$$\frac{\partial L}{\partial \dot{x}} = m\dot{x} + eA_x = p_x \tag{10A-39}$$

なので

$$\begin{aligned}\frac{\mathrm{d}}{\mathrm{d}t}\left(\frac{\partial L}{\partial \dot{x}}\right) - \frac{\partial L}{\partial x} &= \frac{\mathrm{d}}{\mathrm{d}t}(m\dot{x}) + e\left(\frac{\partial}{\partial t} + \dot{x}\frac{\partial}{\partial x} + \dot{y}\frac{\partial}{\partial y} + \dot{z}\frac{\partial}{\partial z}\right)A_x \\ &\quad - e\left(\dot{x}\frac{\partial A_x}{\partial x} + \dot{y}\frac{\partial A_y}{\partial x} + \dot{z}\frac{\partial A_z}{\partial x}\right) + \frac{\partial\phi}{\partial x} \\ &= \frac{\mathrm{d}}{\mathrm{d}t}(m\dot{x}) + e\left[\frac{\partial A_x}{\partial t} + \dot{y}\left(\frac{\partial A_x}{\partial y} - \frac{\partial A_y}{\partial x}\right) + \dot{z}\left(\frac{\partial A_x}{\partial z} - \frac{\partial A_z}{\partial x}\right) + \frac{\partial\phi}{\partial x}\right] = 0\end{aligned}$$

が得られる。したがって力の x 成分は

$$\frac{\mathrm{d}}{\mathrm{d}t}(m\dot{x}) = e\left[\dot{y}\left(\frac{\partial A_y}{\partial x} - \frac{\partial A_x}{\partial y}\right) + \dot{z}\left(\frac{\partial A_z}{\partial x} - \frac{\partial A_x}{\partial z}\right) - \frac{\partial A_x}{\partial t} - \frac{\partial\phi}{\partial x}\right] \tag{10A-40}$$

となり，式 (10A-37) と一致することがわかる。すなわちラグランジェ関数を式 (10A-38) と置くと正しいローレンツ力を与えることがわかる。

次に，式 (10A-38) のラグランジェ関数を基礎にして，式 (10A-6) のハミルトン関数および式 (10A-24) のハミルトン方程式について調べてみる。ハミルトン関数は

$$H = \sum_j p_j \dot{q}_j - L$$

である。運動量 p_j はこの場合，式 (10A-39) のように表される。これから

$$\dot{x} = \frac{1}{m}(p_x - eA_x), \quad \dot{y} = \frac{1}{m}(p_y - eA_y), \quad \dot{z} = \frac{1}{m}(p_z - eA_z)$$

なので，式 (10A-38) を用いて

$$H = (m\dot{x} + eA_x)\dot{x} + (m\dot{y} + eA_y)\dot{y} + (m\dot{z} + eA_z)\dot{z} - \frac{m}{2}(\dot{x}^2 + \dot{y}^2 + \dot{z}^2)$$
$$\qquad\qquad - e(\dot{x}A_x + \dot{y}A_y + \dot{z}A_z) + e\phi$$

$$= \frac{m}{2}(\dot{x}^2 + \dot{y}^2 + \dot{z}^2) + e\phi$$

$$= \frac{1}{2m}\left[(p_x - eA_x)^2 + (p_y - eA_y)^2 + (p_z - eA_z)^2\right] + e\phi$$

$$= \frac{1}{2m}(\mathbf{p} - e\mathbf{A})^2 + e\phi \tag{10A-41}$$

と書くことができる。

波動力学では，運動量 $\mathbf{p}$ は $-i\hbar\nabla$ と置き換えられるので

$$H = \frac{1}{2m}(-i\hbar\nabla - e\mathbf{A})^2 + e\phi$$

$$= -\frac{\hbar^2}{2m}\nabla^2 + \frac{ie\hbar}{2m}(\nabla\cdot\mathbf{A} + \mathbf{A}\cdot\nabla) + \frac{e^2\mathbf{A}^2}{2m} + e\phi \tag{10A-42}$$

となる。輻射場においては $\phi = 0$ であり，ベクトルポテンシャル $\mathbf{A}$ は $\nabla\mathbf{A} = 0$ とすることができる。第 2 項は，波動関数を作用させると，$\nabla(\mathbf{A}\cdot\psi) = (\mathbf{A}\cdot\nabla)\psi + \psi(\nabla\cdot\mathbf{A}) = (\mathbf{A}\cdot\nabla)\psi$ である。また $\mathbf{A}$ は小さいと考えられるので $\mathbf{A}^2$ の項を無視すると

$$\mathrm{H} = -\frac{\hbar^2}{2m}\nabla^2 + \frac{ie\hbar}{m}\mathbf{A}\cdot\nabla \tag{10A-43}$$

となり，これが輻射場中でのハミルトン関数とすることができる。

10B 摂動論

物質の電子状態理論において，完全で厳密な波動力学的議論ができるのは水素原子などの一電子の問題に限られていて，最も簡単な多電子系，すなわちヘリウム原子や水素分子でも厳密には解くことができない。物理や化学における問題は一般に大変複雑であるが波動方程式を近似的に解くためのいろいろな工夫がなされ，エネルギー値や波動関数のできる限り正確な近似計算を行うことができる。この方法の中でシュレディンガーが提案した波動力学的摂動論がある。この方法はあるわかっている系に小さな撹乱（摂動と呼ぶ）が起こったときの状態を調べる方法で，その摂動は時間に無関係と考えられる場合に適用でき定常的な摂動論と呼ばれる。摂動に時間変化がある場合はディラックが提案した常数変化の理論で取り扱うことができ，これは時間を含む摂動論と呼ばれている。

定常的な摂動論

まずある系の波動方程式が解かれていて，波動関数が求まっているとする。このときの波動方程式は

$$H^0\psi^0 = E^0\psi^0 \tag{10B-1}$$

とする。この系に小さな撹乱が起こり，状態が少し変化する場合を考える。その場合のハミルトニアン H はあるパラメータ λ で展開して

$$H = H^0 + \lambda H' + \lambda^2 H'' + \cdots \tag{10B-2}$$

と書けるとする。この状態に対する波動方程式は

$$H\psi = E\psi \tag{10B-3}$$

である。$\lambda \to 0$ のとき式 (10B-3) は式 (10B-1) になり，このときを摂動のない系と呼ぶことにし，式 (10B-2) 中の項

$$\lambda H' + \lambda^2 H'' + \cdots$$

は摂動と呼ぶ。

摂動のない系の波動方程式を解くと，波動関数

$$\psi_0^0, \psi_1^0, \psi_2^0, \cdots, \psi_k^0, \cdots \tag{10B-4}$$

とそれに対応するエネルギー値

$$E_0^0, E_1^0, E_2^0, \cdots, E_k^0, \cdots \tag{10B-5}$$

が得られているとする。

摂動は小さいと仮定するので，摂動のない時と比べて波動関数やエネルギーの変化も小さいと考えてよい。したがって波動関数やエネルギーもパラメータ λ で展開できると考える。すなわち

$$\Psi_k = \Psi_k^0 + \lambda \Psi_k' + \lambda^2 \Psi_k'' + \cdots \tag{10B-6}$$

$$E_k = E_k^0 + \lambda E_k' + \lambda^2 E_k'' + \cdots \tag{10B-7}$$

である。これらの式 (10B-2),(10B-6),(10B-7) で表される H, Ψ, E の展開を式 (10B-3) に代入すると

$$(H^0 + \lambda H' + \lambda^2 H'' + \cdots)(\Psi_k^0 + \lambda \Psi_k' + \lambda^2 \Psi_k'' + \cdots)$$
$$= (E_k^0 + \lambda E_k' + \lambda^2 E_k'' + \cdots)(\Psi_k^0 + \lambda \Psi_k' + \lambda^2 \Psi_k'' + \cdots)$$

であるが,これを λ の同じ冪の係数でまとめると

$$(H^0 \Psi_k^0 - E_k^0 \Psi_k^0) + \lambda(H^0 \Psi_k' + H' \Psi_k^0 - E_k^0 \Psi_k' - E_k' \Psi_k^0)$$
$$+ \lambda^2 (H^0 \Psi_k'' + H' \Psi_k' + H'' \Psi_k^0 - E_k^0 \Psi_k'' - E_k' \Psi_k' - E'' \Psi_k^0) + \cdots = 0 \tag{10B-8}$$

であるが,この式が 0 になるためには λ の冪の係数がすべて 0 にならなければいけない。λ^0 の項が 0 とすると,式 (10B-1) に等しくなる。次に λ^1 の項が 0 とすると

$$(H^0 - E_k^0)\Psi_k' = (E_k' - H')\Psi_k^0 \tag{10B-9}$$

である。ψ_k' は波動関数の変化であるが,これは摂動のない波動関数で展開でき

$$\Psi_k' = \sum_l a_{lk} \Psi_l^0 \tag{10B-10}$$

と表すことができる。これを式 (10B-9) に代入すると

$$(H^0 - E_k^0) \sum_l a_{lk} \Psi_l^0 = \sum_l a_{lk}(H^0 - E_k^0)\Psi_l^0$$
$$= \sum_l a_{lk}(E_l^0 - E_k^0)\Psi_l^0 = (E_k' - H')\Psi_k^0 \tag{10B-11}$$

となる。ここで式 (10B-1) を用いた。式 (10B-11) の両辺の左から Ψ_k^{0*} をかけて積分すると左辺は

$$\int \Psi_k^{0*} \sum_l a_{lk}(E_l^0 - E_k^0)\Psi_l^0 d\tau = 0 \tag{10B-12}$$

である。なぜなら $l \neq k$ の場合は波動関数の直交性のため積分が 0 になり,また $l = k$ では $(E_l^0 - E_k^0) = 0$ であるためである。したがって

$$\int \Psi_k^{0*}(E_k' - H')\Psi_k^0 d\tau = 0 \tag{10B-13}$$

が得られる。すなわち波動関数が規格化されているとすると

$$E_k' = \int \Psi_k^{0*} H' \Psi_k^0 d\tau \tag{10B-14}$$

となる。エネルギー補正の第一次の項は $\lambda E_k'$ であるが,λ は記号の中に含めて書き 1 次の項まで考えると

$$H = H^0 + H', \quad \Psi_k = \Psi_k^0 + \Psi_k', \quad E_k = E_k^0 + E_k' \tag{10B-15}$$

と書ける。次に式 (10B-11) の両辺の左から $\Psi_j^{0*}(j \neq k)$ をかけて積分すると,左辺は波動関数の直交性から

$$\int \Psi_j^{0*} \sum_l a_{lk}(E_l^0 - E_k^0)\Psi_l^0 d\tau = a_{jk}(E_j^0 - E_k^0)$$

となり，また右辺は

$$\int \Psi_j^{0*}(E_k' - H')\Psi_k^0 d\tau = -\int \Psi_j^{0*}H'\Psi_k^0 d\tau$$

となるので，結局

$$a_{jk}(E_j^0 - E_k^0) = -\int \Psi_j^{0*}H'\Psi_k^0 d\tau \tag{10B-16}$$

が得られる。したがって

$$H'_{jk} = -\int \Psi_j^{0*}H'\Psi_k^0 d\tau \tag{10B-17}$$

と書くと

$$a_{jk} = -\frac{H'_{jk}}{E_j^0 - E_k^0} \quad (j \neq k) \tag{10B-18}$$

が得られる。したがって式 (10B-15) の波動関数は

$$\Psi_k = \Psi_k^0 - \sum_j{}' \frac{H'_{jk}}{E_j^0 - E_k^0}\Psi_j^0 \tag{10B-19}$$

となる。そしてエネルギー固有値は式 (10B-14) から

$$E_k = E_k^0 + H'_{kk} \tag{10B-20}$$

となる。

2次摂動論

摂動論において波動関数およびエネルギー固有値は式 (10B-6), (10B-7), すなわち

$$\Psi_k = \Psi_k^0 + \lambda \Psi_k' + \lambda^2 \Psi_k'' + \cdots \tag{10B-21}$$

$$E_k = E_k^0 + \lambda E_k' + \lambda^2 E_k'' + \cdots \tag{10B-22}$$

と表された。通常では1次の摂動を求めればほぼ満足すべき結果が得られ，それ以上の近似をすすめる必要はない。しかし2次の摂動が大きく重要になる場合がある。特に1次の摂動が0になる場合は2次の摂動を考慮しなければならない。

2次の摂動に関する式は式 (10B-8) の中で λ^2 の係数を 0 とおいて得られる。すなわち

$$(H^0 - E_k^0)\Psi_k'' + (H' - E_k')\Psi_k' + (H'' - E_k'')\Psi_k^0 = 0 \tag{10B-23}$$

である。1次摂動から得られた結果は

$$\Psi_k' = -\sum_j{}' \frac{H'_{jk}}{E_j^0 - E_k^0}\Psi_j^0 \tag{10B-24}$$

$$E_k' = H'_{kk} \tag{10B-25}$$

であった。また波動関数の2次の変化 Ψ_k'' を式 (10B-10) で表された1次の変化と同様摂動のない波動関数で展開でき

$$\Psi_k'' = \sum_l c_{lk}\Psi_l^0 \tag{10B-26}$$

と表し，式 (10B-24), (10B-25), (10B-26) を式 (10B-23) に代入すると

$$\sum_l c_{lk}(H^0 - E_k^0)\Psi_l^0 - \sum_j{}' \frac{H'_{jk}}{E_j^0 - E_k^0}(H' - H'_{kk})\Psi_j^0 + (H'' - E_k'')\Psi_k^0 = 0$$

となる。この式の左から Ψ_k^{0*} をかけて積分を行うと第1項は

$$\sum_l c_{lk} \int \Psi_k^{0*}(H^0 - E_k^0)\Psi_l^0 d\tau = \sum_l c_{lk} \int \Psi_k^{0*}(E_l^0 - E_k^0)\Psi_l^0 d\tau = 0$$

で第2項は

$$-\sum_j{}' \frac{H_{jk}}{E_j^0 - E_k^0}\left(\int \Psi_k^{0*} H'\Psi_j^0 d\tau - H'_{kk}\int \Psi_k^{0*}\Psi_j^0 d\tau\right) = -\sum_j{}' \frac{H'_{jk}H'_{kj}}{E_j^0 - E_k^0}$$

となる。なぜなら Σ' が $j=k$ の項を含めないことを意味しているので，上式の（ ）中の第2項が0になるからである。第3項は

$$\int \Psi_k^{0*}(H' - E_k'')\Psi_k^0 d\tau = H'_{kk} - E_k''$$

である。ここで

$$H'_{kk} = \int \Psi_k^{0*} H' \Psi_k^0 d\tau \tag{10B-27}$$

とおいた。したがって式 (10B-23) は

$$-\sum_j{}' \frac{H'_{jk}H'_{kj}}{E_j^0 - E_k^0} + H'_{kk} - E_k'' = 0$$

なので

$$E_k'' = H'_{kk} - \sum_j{}' \frac{H'_{jk}H'_{kj}}{E_j^0 - E_k^0} \tag{10B-28}$$

となる。

時間を含む摂動論

系が摂動を受けた時の時間変化の様子はディラックの常数変化の理論で取り扱うことができる。まず摂動のない場合の波動方程式を

$$H^0 \Psi^0 = i\hbar \frac{\partial \Psi^0}{\partial t} \tag{10B-29}$$

と時間を含む形で表す。これの規格化された一般解は

$$\Psi^0 = \sum_{n=0}^{\infty} a_n \Psi_n^0 = \sum_{n=0}^{\infty} a_n \phi_n(r) \exp\left(-\frac{i}{\hbar} E_n^0 t\right) \tag{10B-30}$$

と書くことができる。ここで $\sum a_n^* a_n = 1$ でかつ Ψ_n^0 は定常状態に関する時間を含む波動関数で，対応するエネルギー固有値が $E_0^0, E_1^0, E_2^0, \cdots, E_n^0, \cdots$ であるとする。摂動を受けた場合，その摂動が時間 t によって変化すると考える。その場合ハミルトニアンは，t によらない H^0 の他に，座標の関数であると共に時間 t の関数でもある摂動項 H' を含むことになる。この場合の波動方程式は

$$(H^0 + H')\Psi = i\hbar \frac{\partial \Psi}{\partial t} \tag{10B-31}$$

と書くことができる。このときの波動関数は座標と時間との関数である。式 (10B-30) の係数 a_n も時間の関数であり

$$\Psi(x_1, x_2, \cdots, y_1, \cdots, z_1, \cdots, t) = \sum_{n=0}^{\infty} a_n(t) \Psi_n^0(x_1, x_2, \cdots, y_1, \cdots, z_1, \cdots, t) \tag{10B-32}$$

と表される。これを式 (10B-31) の波動方程式に代入すると

$$\sum_{n=0}^{\infty} a_n(t) H^0 \Psi_n^0 + \sum_{n=0}^{\infty} a_n(t) H' \Psi_n^0 = i\hbar \sum_{n=0}^{\infty} \frac{da_n(t)}{dt} \Psi_n^0 + i\hbar \sum_{n=0}^{\infty} a_n(t) \frac{\partial \Psi_n^0}{\partial t} \tag{10B-33}$$

となる。この式の左辺第 1 項と右辺第 2 項は式 (10B-29) からわかるように等しいので打ち消し合い

$$\sum_{n=0}^{\infty} a_n(t) H' \Psi_n^0 = i\hbar \sum_{n=0}^{\infty} \frac{da_n(t)}{dt} \Psi_n^0 \tag{10B-34}$$

となる。この式の両辺の左から Ψ_m^{0*} をかけて積分し，波動関数の直交性を考慮すると

$$\frac{da_m(t)}{dt} = -\frac{i}{\hbar} \sum_{n=0}^{\infty} a_n(t) \int \Psi_m^{0*} H' \Psi_n^0 d\tau \tag{10B-35}$$

が得られる。

今 $t = 0$ のとき，摂動のない状態で系の波動関数が Ψ_l^0 で表される状態にあるとする。すなわち $t = 0$ で $a_l = 1, a_n = 0 \ (n \neq l)$ とする。そして短い時間 t' の間だけ摂動 H' が働くがその間は H' は t によらないとする。その場合 $t > 0$ で a_l は少しずつ減少していく。$n = l$ 以外の a_n は小さい値であると考えられる。したがって式 (10B-35) は $m = l$ のとき

$$\frac{da_l(t)}{dt} = -\frac{i}{\hbar} a_l(t) \int \Psi_l^{0*} H' \Psi_l^0 d\tau = -\frac{i}{\hbar} a_l(t) (H')_{ll} \tag{10B-36}$$

となる。これはただちに積分でき

$$a_l(t) = \exp\left[-\frac{i}{\hbar} (H')_{ll} t\right] \tag{10B-37}$$

が得られる。

$n = l$ のときは式 (10B-35) は $n = l$ 以外の a_n が小さいので $(a_l \approx 1)$ 無視すると

$$\frac{da_m(t)}{dt} = -\frac{i}{\hbar} \int \Psi_m^{0*} H' \Psi_l^0 d\tau \tag{10B-38}$$

となる。ここで Ψ_n^0 は式 (10B-30) で示されるように振幅関数 $\phi_n(\mathbf{r})$ と時間因子とに分けることができる。したがって

$$\int \Psi_m^{0*} H' \Psi_l^0 d\tau = \int \phi_m^* H' \phi_l d\tau \cdot \exp\left[\frac{i}{\hbar} (E_m^0 - E_l^0) t\right]$$

$$= (H')_{ml} \cdot \exp\left[\frac{i}{\hbar} (E_m^0 - E_l^0) t\right] \tag{10B-39}$$

と書ける。これを用いて式 (10B-38) を積分すると

$$a_m(t) = \frac{(H')_{ml}}{E_m^0 - E_l^0} \cdot \left\{1 - \exp\left[\frac{i}{\hbar} (E_m^0 - E_l^0) t\right]\right\}, \qquad (m \neq l) \tag{10B-40}$$

が得られる。

t が非常に小さいときは上式は展開でき

$$a_m(t) = -\frac{i}{\hbar}(H')_{ml}t \tag{10B-41}$$

となる。

摂動 H' が働いて最初の状態 l から遷移する結果，定常状態 m になる確率は $a_m^* a_m$ であり

$$a_m^*(t)a_m(t) = \frac{1}{\hbar^2}(H')^*_{ml}(H')_{ml}t^2 \tag{10B-42}$$

となる。

次に摂動が x 軸に平行な電場 E_x であるような場合を考えると摂動のエネルギーは

$$H' = E_x \sum_{j}^{\infty} e_j x_j = E_x \mu_x \tag{10B-43}$$

である。ここで e_j, x_j は粒子 j の電荷および x 座標である。また μ_x は系の双極子モーメントの x 成分になる。電場が電磁波による場合は

$$E_x = E_x^0(\omega)(e^{i\omega t} + e^{-i\omega t}) \tag{10B-44}$$

で与えられる。この場合式 (10B-38) は

$$\frac{da_m(t)}{dt} = -\frac{i}{\hbar}\int \Psi_m^{0*} H' \Psi_l^0 d\tau$$

$$= -\frac{i}{\hbar}\int \Psi_m^{0*} E_x \mu_x \phi_l^0 d\tau \cdot \exp\left[\frac{i}{\hbar}(E_m^0 - E_l^0)t\right]$$

$$= -\frac{i}{\hbar}E_x^0(\omega)\int \phi_m^{0*}\mu_x \phi_l^0 d\tau \cdot \left\{\exp\left[\frac{i}{\hbar}(E_m^0 - E_l^0 + \hbar\omega)t\right] + \exp\left[\frac{i}{\hbar}(E_m^0 - E_l^0 - \hbar\omega)t\right]\right\}$$

$$= -\frac{i}{\hbar}E_x^0(\omega)(\mu_x)_{ml}\cdot\left\{\exp\left[\frac{i}{\hbar}(E_m^0 - E_l^0 + \hbar\omega)t\right] + \exp\left[\frac{i}{\hbar}(E_m^0 - E_l^0 - \hbar\omega)t\right]\right\} \tag{10B-45}$$

と書ける。ここで

$$(\mu_x)_{ml} = \int \phi_m^{0*}\mu_x \phi_l^0 d\tau$$

と置いた。式 (10B-45) を t について積分すると

$$a_m(t) = (\mu_x)_{ml} E_x^0(\omega)\cdot\left\{\frac{1-\exp\left[\frac{i}{\hbar}(E_m^0 - E_l^0 + \hbar\omega)t\right]}{E_m^0 - E_l^0 + \hbar\omega} + \frac{1-\exp\left[\frac{i}{\hbar}(E_m^0 - E_l^0 - \hbar\omega)t\right]}{E_m^0 - E_l^0 - \hbar\omega}\right\} \tag{10B-46}$$

となる。

10C 電磁気学における基本的法則とマクスウェルの方程式

クーロンの法則（1785年）

空間の定点 O に電荷 q があるとき，空間の任意の点 P にある +1 の電荷は電気力

$$\mathbf{E} = \frac{q}{r^3}\mathbf{r}, \quad r = |\mathbf{r}| \tag{10C-1}$$

を受ける。ここで $\mathbf{r} = \overrightarrow{\mathrm{OP}}$ であり，$\mathbf{E}$ はベクトル場を形成し電場という。電場 $\mathbf{E}$ は，$\nabla \times \mathbf{E} = \mathbf{0}$ なのでポテンシャル

$$U = \frac{q}{r} \tag{10C-2}$$

を持ち，$\nabla = \mathbf{i}\frac{\partial}{\partial x} + \mathbf{j}\frac{\partial}{\partial y} + \mathbf{k}\frac{\partial}{\partial z}$ を用いると

$$E = -\nabla U \tag{10C-3}$$

と書ける。この U を電位という。

磁荷に対しても同様の現象が存在し，磁荷に対するクーロンの法則と呼ばれる。

ガウスの発散定理　（1813年）

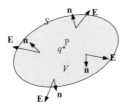

電場 $\mathbf{E}$ 内に閉曲面 S をとり，S の内部の点 P に電荷 q が存在するとする。この S に沿っての $\mathbf{E}$ の面積分を考えると

$$\int_S \mathbf{E} \cdot \mathbf{n}\,dS = q\int_S \frac{\mathbf{r}\cdot\mathbf{n}}{r^3}\,dS = 4\pi q \tag{10C-4}$$

が成り立つ。これをガウスの定理という。ここで $\mathbf{n}$ は S の単位法ベクトルで S の外側に向いているとする。式 (10C-4) 中の積分

$$\int_S \frac{\mathbf{r}\cdot\mathbf{n}}{r^3}\,dS = \omega \tag{10C-5}$$

は点 P に張る S の立体角に対応している。立体角 ω は点 P が閉曲面 S の内側にあれば $\omega = 4\pi$，外側にあれば $\omega = 0$ である。

ベクトル解析における発散定理によると

$$\int_V \nabla \cdot \mathbf{A} dv = \int_S \mathbf{A} \cdot \mathbf{n} dS \tag{10C-6}$$

が成り立つ。ここで A はベクトル場で，V は定義域内の任意の領域，S はその境界，$\mathbf{n}$ は S の単位法ベクトルである。これを式 (10C-4) に適用すると

$$\int_V \nabla \cdot \mathbf{E} dv = 4\pi q$$

が得られる。電荷 q が空間に密度 ρ で分布しているときは

$$\int_V \nabla \cdot \mathbf{E} dv = 4\pi \int_V \rho dv$$

と書かれるので

$$\nabla \cdot \mathbf{E} = 4\pi \rho \tag{10C-7}$$

と表される。

アンペールの法則　（1820 年）

電流 I とその周りにできる磁場 H との関係を表す法則で，電流の流れる方向を右ねじの進む方向とすると，右ねじの回る方向に磁場が生じる。また右手の親指を立てて手を握り電流の方向を親指の方向とすると，残りの指の方向が磁場の向きと一致する。このため，右ねじの法則あるいは右手の法則とも呼ばれる。

無限に長い直線導線に電流 I を流すとき電流の回りには同心円上で右ねじ方向の磁場ができ，閉じた経路として半径 a の同心円をとるとその上で磁場の大きさは等しく，これを H とする。アンペールの法則によれば

$$\frac{aH}{2} = I \tag{10C-8}$$

という関係が成り立つ。ここで I は電流，a は電流との距離である。すなわち

$$H = \frac{2I}{a} \tag{10C-9}$$

であるが，これはビオ・サバールの法則（1820 年）

$$d\mathbf{H} = \frac{I d\mathbf{r} \times \mathbf{r}}{r^3} \tag{10C-10}$$

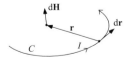

を積分したものに一致する。ここで電流の流れる曲線 C に沿っての微小変位 $d\mathbf{r}$ と I との積によって，$\mathbf{r}$ 離れた任意の点 P に発生する微小磁場を $d\mathbf{H}$ とする。この法則は磁気に関するクー

ロンの法則に対応するものである。

電流の流れる C を閉曲線として，式 (10C-10) を積分すると点 P における磁場

$$H = I \int_C \frac{d\mathbf{r} \times \mathbf{r}}{r^3} \tag{10C-11}$$

が得られる。また C を境界とする曲面 S を考え，スカラー場 U を

$$U(\mathrm{P}) = I \int_C \frac{\mathbf{r} \cdot \mathbf{n}}{r^3} dS = I\omega(\mathrm{P}) \tag{10C-12}$$

とおくと，U は $\mathbf{H}$ のポテンシャルになる。ここで右辺の ω は点 P が見込む C の立体角で式 (10C-5) を用いた。

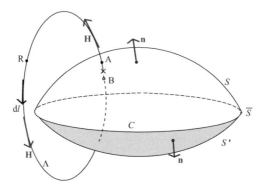

次に閉曲線 C を貫くもう 1 つの閉曲線 Λ を考え，それに沿って $\mathbf{H}$ の積分を求める。Λ 上の曲面 S に近く S の表と裏に点 A と B およびもう一点 R をとり，A から B まで $\mathbf{H}$ を Λ に沿って積分すると，積分値は $U(\mathrm{B}) - U(\mathrm{A})$ に等しくなり

$$\int_{ARB} \mathbf{H} \, dl = U(\mathrm{B}) - U(\mathrm{A}) = I\{\omega(\mathrm{B}) - \omega(\mathrm{A})\}$$

である。ここで S とつながって閉曲面 $\bar{S}$ を作る曲面 S' を考えると，点 A, B の立体角は A が $\bar{S}$ の外側にあり B が内側にあるので

$$\omega(\mathrm{A}) + \int_{S'} \frac{\mathbf{r} \cdot \mathbf{n}}{r^3} dS = 0, \quad \omega(\mathrm{B}) + \int_{S'} \frac{\mathbf{r} \cdot \mathbf{n}}{r^3} dS = 4\pi$$

であるが，A と B とが共に S に近づき，その極限では $\omega(\mathrm{B}) - \omega(\mathrm{A}) = 4\pi$ になる。したがって

$$\int_\Lambda \mathbf{H} \, dl = 4\pi I \tag{10C-13}$$

の関係が得られる。

電流 I が空間に分布している場合，その単位体積当たりの密度が $\mathbf{I}$ とすると，$\mathbf{I}$ はベクトル場を形成し，磁場 $\mathbf{H}$（ベクトル場）は

$$\mathbf{H} = \int_V \frac{\mathbf{I} \times \mathbf{r}}{r^3} dv \tag{10C-14}$$

と表される。また

$$\nabla \cdot \mathbf{H} = \int_V \nabla \cdot \frac{\mathbf{I} \times \mathbf{r}}{r^3} dv = 0 \tag{10C-15}$$

となるので，$\mathbf{H}$ はベクトルポテンシャル $\mathbf{A}$ をもち

$$\mathbf{A} = \int_V \frac{\mathbf{I}}{r} dv \tag{10C-16}$$

と表すことができ

$$\mathbf{H} = \nabla \times \mathbf{A} \tag{10C-17}$$

が成り立つ。またストークスの定理と式 (10C-13) から

$$\int_\Lambda \mathbf{H} \, d\mathbf{l} = \int_T (\nabla \times \mathbf{H}) \cdot \mathbf{n} \, dS = 4\pi \int_T \mathbf{I} \cdot \mathbf{n} \, dS$$

となる。ここで T は Λ を境界とする任意の曲面で，T を貫く $\mathbf{I}$ の総和が電流 I に対応する。T は任意なので

$$\nabla \times \mathbf{H} = 4\pi \mathbf{I} \tag{10C-18}$$

の関係が得られる。

ファラデーの（電磁誘導の）法則　（1831 年）

ソレノイド・コイルを貫く磁界に変化があったとき，コイルに誘導起電力が発生する。ソレノイド・コイルを閉曲線 C で表し，C を境界線とする任意の曲面を S とし，S の単位法ベクトルを $\mathbf{n}$ とすると，C を貫く磁束 Φ は面積分

$$\Phi = \oint_S \mathbf{B} \cdot \mathbf{n} \, dS \tag{10C-19}$$

で表される。ここで $\mathbf{B}$ は磁束密度で μ を透磁率とすると $\mathbf{B} = \mu \mathbf{H}$ である。磁束が時間的に変化するとき

$$e = -\frac{d\Phi}{dt} \tag{10C-20}$$

の起電力が発生する。ここで，$d\Phi$ は微小時間 dt の間にコイルを貫く磁束 Φ の変化である。また起電力の向きを磁束の向きに右ねじを進めるときの方向とするので，右辺のマイナスは磁束の変化を打ち消す方向に誘導起電力が発生することを意味している（レンツの法則，1833 年）。また閉曲線 C 内の起電力 e は

$$e = \int_C \mathbf{E} \cdot d\mathbf{r}$$

で与えられるので，式 (10C-20) から

$$\int_C \mathbf{E} \cdot d\mathbf{r} = -\frac{d\Phi}{dt} \tag{10C-21}$$

となるが，ストークスの定理

$$\int_S (\nabla \times \mathbf{E}) \cdot \mathbf{n} dS = \int_C \mathbf{E} \cdot d\mathbf{r} \tag{10C-22}$$

および式 (10C-19) を用いると

$$\int_S (\nabla \times \mathbf{E}) \cdot \mathbf{n} dS = -\int_S \frac{\partial \mathbf{B}}{\partial t} \cdot \mathbf{n} dS$$

が成り立つ。さらに S が任意の曲面なので

$$\nabla \times \mathbf{E} = -\frac{\partial \mathbf{B}}{\partial t} \tag{10C-23}$$

の関係が得られる。

マクスウェルの方程式 （1864年）

マクスウェルは電気・磁気学に関してそれまでに発見された重要な法則や定理を数学的に整理し，論文（1865年）および著書（1873年）で

$$\mathbf{E} = -\nabla\phi - \frac{\partial \mathbf{A}}{\partial t}, \quad \mathbf{B} = \nabla \times \mathbf{A} \tag{10C-24}$$

の2つの定義式を示した。その後ヘルツ（1890年）が理論考察を行い，電磁ポテンシャル ϕ および $\mathbf{A}$ を消去することを提案し，結局次の4つの方程式（ガウス単位系で表す）からなる基礎的な電磁方程式に纏められ，マクスウェルの方程式とよばれることになった。

$$\nabla \cdot \mathbf{B} = 0 \tag{10C-25}$$

$$\nabla \times \mathbf{E} = -\frac{1}{c}\frac{\partial \mathbf{B}}{\partial t} \tag{10C-26}$$

$$\nabla \cdot \mathbf{D} = 4\pi\rho \tag{10C-27}$$

$$\nabla \times \mathbf{H} = \frac{4\pi}{c}\mathbf{I} + \frac{1}{c}\frac{\partial \mathbf{D}}{\partial t} \tag{10C-28}$$

ここで c は光の速度，ρ は電荷密度，$\mathbf{I}$ は電流密度を表し，$\mathbf{D}$ は電束密度，$\mathbf{B}$ は磁束密度で，ε を誘電率，μ を透磁率とすると $\mathbf{D} = \varepsilon\mathbf{E}$, $\mathbf{B} = \mu\mathbf{H}$, $(\varepsilon\mu)^2 = 1/c$ の関係がある。式 (10C-25) は式 (10C-17) の $\mathbf{H}$ あるいは式 (10C-24) の $\mathbf{B}$ の発散を取れば得られる。式 (10C-26) は式 (10C-23) で示されているが，式 (10C-24) の $\mathbf{E}$ の回転を取れば求まる。式 (10C-27) は式 (10C-7) で示されているが，式 (10C-24) の $\mathbf{E}$ の発散を取りポアソンの方程式 $-\nabla^2\phi = 4\pi\rho$ から得られる。

式 (10C-28) に関しては，マクスウェルは電束電流（変位電流）の考えを導入した。電場が時間的に変化する場合は，定常電流 $\mathbf{I}$ に加えて電場の時間変化に比例する電束電流が存在すると考える。たとえば，コンデンサーが放電する場合を考える。面積が S の極板に溜まった Q の電気量が単位時間に放電すると，$J = \mathrm{d}Q/\mathrm{d}t$ の電束電流が極間を流れると考えられる。コンデンサー内の電束密度は $\mathbf{D} = 4\pi Q/S$ で与えられ

$$\mathbf{i} = \frac{1}{4\pi}\frac{\partial}{\partial t}\left(4\pi\frac{Q}{S}\right) = \frac{1}{4\pi}\frac{\partial \mathbf{D}}{\partial t}$$

の密度の電束電流が流れることになる。これを式 (10C-18) の $\mathbf{I}$ に加えると，式 (10C-18) は

$$\nabla \times \mathbf{H} = 4\pi\mathbf{I} + \frac{\partial \mathbf{D}}{\partial t}$$

となり，式 (10C-28) が得られる。

10D 電磁波の波動方程式と波動関数

電磁理論においてマクスウェルの基礎方程式（ガウス単位系）は付録 10C で議論されているように，電場 $\mathbf{E}$，磁場 $\mathbf{H}$，電流密度 $\mathbf{I}$，電荷密度 ρ とすると

$$\nabla \times \mathbf{E} + \frac{1}{c}\frac{\partial}{\partial t}\mathbf{H} = 0 \tag{10D-1}$$

$$\nabla \times \mathbf{H} - \frac{1}{c}\frac{\partial}{\partial t}\mathbf{E} = \frac{4\pi}{c}\mathbf{I} \tag{10D-2}$$

$$\nabla \cdot \mathbf{E} = 4\pi\rho \tag{10D-3}$$

$$\nabla \cdot \mathbf{H} = 0 \tag{10D-4}$$

と表される。ここで誘電率を ε，透磁率を μ とすると，$c^2 = 1/(\varepsilon\mu)$ である。また，電束密度を $\mathbf{D}$，磁束密度を $\mathbf{B}$ とすると

$$\mathbf{D} = \varepsilon\mathbf{E}, \quad \mathbf{B} = \mu\mathbf{H} \tag{10D-5}$$

である。真空中では，これらの方程式は

$$\nabla \times \mathbf{E} + \frac{1}{c}\frac{\partial}{\partial t}\mathbf{H} = 0 \tag{10D-6}$$

$$\nabla \times \mathbf{H} - \frac{1}{c}\frac{\partial}{\partial t}\mathbf{E} = 0 \tag{10D-7}$$

$$\nabla \cdot \mathbf{E} = 0 \tag{10D-8}$$

$$\nabla \cdot \mathbf{H} = 0 \tag{10D-9}$$

となる。ここで真空中の誘電率を ε_0，透磁率を μ_0 とすると，$c^2 = 1/(\varepsilon_0\mu_0)$ である。($\varepsilon_0 = 8.85418782 \times 10^{-12} \mathrm{N/V^2}$，$\mu_0 = 1.2566370614 \times 10^{-6} \mathrm{N/A^2}$)

つぎに，式 (10D-6) および (10D-7) の回転を調べてみると

$$\nabla \times \left(\nabla \times \mathbf{E} + \frac{1}{c}\frac{\partial}{\partial t}\mathbf{H}\right) = \nabla(\nabla \cdot \mathbf{E}) - \nabla^2\mathbf{E} + \frac{1}{c}\frac{\partial}{\partial t}(\nabla \times \mathbf{H})$$

$$= -\nabla^2\mathbf{E} + \frac{1}{c}\frac{\partial}{\partial t}\left(\frac{1}{c}\frac{\partial}{\partial t}\mathbf{E}\right) = -\nabla^2\mathbf{E} + \frac{1}{c^2}\frac{\partial^2}{\partial t^2}\mathbf{E} = 0$$

および

$$\nabla \times \left(\nabla \times \mathbf{H} - \frac{1}{c}\frac{\partial}{\partial t}\mathbf{E}\right) = \nabla(\nabla \cdot \mathbf{H}) - \nabla^2\mathbf{H} - \frac{1}{c}\frac{\partial}{\partial t}(\nabla \times \mathbf{E})$$

$$= -\nabla^2\mathbf{H} - \frac{1}{c}\frac{\partial}{\partial t}\left(-\frac{1}{c}\frac{\partial}{\partial t}\mathbf{H}\right) = -\nabla^2\mathbf{H} + \frac{1}{c^2}\frac{\partial^2}{\partial t^2}\mathbf{H} = 0$$

なので

$$\nabla^2 \mathbf{E} = \frac{1}{c^2} \frac{\partial^2}{\partial t^2} \mathbf{E}, \qquad \nabla^2 \mathbf{H} = \frac{1}{c^2} \frac{\partial^2}{\partial t^2} \mathbf{H} \tag{10D-10}$$

が得られる。これが電磁波に対する波動方程式である。この方程式の解は，速度 c で伝播する進行波であることが知られている。

これらの波動方程式の解，電場 $\mathbf{E}$ および磁場（磁場 $\mathbf{H}$ の代わりに磁束密度 $\mathbf{B}$ で表す）は，進行方向を $\mathbf{r}$ ($r = |\mathbf{r}|$) とし，振動数を ν とすると

$$\mathbf{E} = \mathbf{E}^0 \sin\left[2\pi\nu\left(\frac{r}{c} - t\right) - \alpha\right] = \mathbf{E}^0 \sin[\mathbf{k}\cdot\mathbf{r} - 2\pi\nu t - \alpha] \tag{10D-11}$$

$$\mathbf{B} = \mathbf{B}^0 \sin\left[2\pi\nu\left(\frac{r}{c} - t\right) - \alpha\right] = \mathbf{B}^0 \sin[\mathbf{k}\cdot\mathbf{r} - 2\pi\nu t - \alpha] \tag{10D-12}$$

と書くことができる。ここで $\mathbf{k}$ は波数ベクトル（$k = |\mathbf{k}|$）で $k = 2\pi\nu/c$ である。

それでは，式 (10D-11)，(10D-12) が式 (10D-10) の波動方程式の解になっているのかを確かめてみる。まず

$$\nabla \cdot \mathbf{E} = \mathbf{E}^0 \cdot \nabla \sin(\mathbf{k}\cdot\mathbf{r} - 2\pi\nu t)$$
$$= \mathbf{E}^0 \cdot \mathbf{k} \cos(\mathbf{k}\cdot\mathbf{r} - 2\pi\nu t)$$
$$\nabla^2 \mathbf{E} = \nabla\{\mathbf{E}^0 \cdot \mathbf{k}\cos(\mathbf{k}\cdot\mathbf{r} - 2\pi\nu t)\}$$
$$= \mathbf{E}^0 \cdot \mathbf{k} \cdot \nabla \cos(\mathbf{k}\cdot\mathbf{r} - 2\pi\nu t)$$
$$= -\mathbf{k}^2 \mathbf{E}^0 \sin(\mathbf{k}\cdot\mathbf{r} - 2\pi\nu t) = -\mathbf{k}^2 \mathbf{E}$$

なので

$$\nabla^2 \mathbf{E} = -\mathbf{k}^2 \mathbf{E} \tag{10D-13}$$

が成り立つ。同様にして

$$\nabla^2 \mathbf{B} = -\mathbf{k}^2 \mathbf{B} \tag{10D-14}$$

が得られる。また

$$\frac{\partial}{\partial t} \mathbf{E} = \mathbf{E}^0 \cos(\mathbf{k}\cdot\mathbf{r} - 2\pi\nu t)(-2\pi\nu)$$
$$= -2\pi\nu\, \mathbf{E}^0 \cos(\mathbf{k}\cdot\mathbf{r} - 2\pi\nu t)$$
$$\frac{\partial^2}{\partial t^2} \mathbf{E} = \frac{\partial}{\partial t}\{-2\pi\nu\, \mathbf{E}^0 \cos(\mathbf{k}\cdot\mathbf{r} - 2\pi\nu t)\}$$
$$= -2\pi\nu\, \mathbf{E}^0 \{-\sin(\mathbf{k}\cdot\mathbf{r} - 2\pi\nu t)\}(-2\pi\nu)$$
$$= -4\pi^2\nu^2\, \mathbf{E}^0 \sin(\mathbf{k}\cdot\mathbf{r} - 2\pi\nu t)$$
$$= -4\pi^2\nu^2\, \mathbf{E} = -\mathbf{k}^2 c^2 \mathbf{E} \tag{10D-15}$$

となり，同様に

$$\frac{\partial^2}{\partial t^2} \mathbf{B} = -\mathbf{k}^2 c^2 \mathbf{B} \tag{10D-16}$$

が得られ，式 (10D-13) と (10D-15) および式 (10D-14) と (10D-16) から

$$\nabla^2 \mathbf{E} = \frac{1}{c^2} \frac{\partial^2}{\partial t^2} \mathbf{E}, \qquad \nabla^2 \mathbf{B} = \frac{1}{c^2} \frac{\partial^2}{\partial t^2} \mathbf{B}$$

となることがわかる．すなわち式 (10D-11) および (10D-12) が式 (10D-10) の波動方程式を満足するので，その解となることがわかる．

10E　プランクの熱輻射理論

　1900年プランク（Max Planck）は黒体輻射の研究から熱輻射の理論を確立した。この理論は量子論を生み，現代物理を飛躍的に発展させる画期的な成果となった。プランクの研究の詳細は割愛するが，熱輻射理論の意味するところを簡単に説明する。

　今物体の中にある空洞を考える。物体と空洞とはある温度で輻射エネルギー（電磁波）のやり取りを行って熱平衡が成り立っていると考える。この系は，ある特定のエネルギーの輻射だけが存在しているのではなく，いろいろなエネルギー（$h\nu$）を持った電磁波が吸収・放出されている。

　温度 T における熱平衡では，E_i のエネルギーをもつ系の確率はボルツマン統計から

$$\text{probability} = \frac{\exp(-E_i/kT)}{\sum_j \exp(-E_j/kT)} \tag{10E-1}$$

である。プランクは黒体輻射の研究から，輻射のエネルギーが $E = nh\nu$ である事を結論付けた。ここで，n は正の整数で量子数あるいは光子数と呼ばれ，h はプランクが発見した定数（プランク定数），ν は電磁波の振動数である。プランクの理論では，エネルギーは必ず $h\nu$ の整数倍の値しかとらないので，プランクは $h\nu$ を量子（quantum）と呼んだ。

　このように考えると，振動数が ν の系の平均エネルギーは

$$\text{average energy} = \frac{\sum_{n=0}^{\infty} nh\nu \exp(-nh\nu/kT)}{\sum_{n=0}^{\infty} \exp(-nh\nu/kT)} \tag{10E-2}$$

となる。今，$x = \exp(-h\nu/kT)$ とおくと（$x<1$ であり），式（10E-2）の分母は

$$\sum_{n=0}^{\infty} \exp(-nh\nu/kT) = 1 + x + x^2 + x^3 + \cdots = \frac{1}{1-x} = \frac{1}{1-\exp(-h\nu/kT)} \quad \text{（幾何級数）}$$

である。同様に式（10E-2）の分子は

$$h\nu(x + 2x^2 + 3x^3 + \cdots) = xh\nu \frac{d}{dx}(1 + x + x^2 + x^3 + \cdots)$$

$$= xh\nu \frac{d}{dx}(1-x)^{-1} = \frac{xh\nu}{(1-x)^2}$$

となる。したがって，

$$\text{average energy} = \frac{xh\nu}{1-x} = \frac{h\nu}{\exp(h\nu/kT)-1} \tag{10E-3}$$

であることがわかる。また，量子数 n の平均は，これを $h\nu$ で割ったもので

$$\text{average of } n = \frac{1}{\exp(h\nu/kT)-1} \tag{10E-4}$$

である．これが，温度 T における振動数が ν の光子の数の平均ということになる．

以上のように，空洞内における，振動数が ν の光子の平均エネルギーがわかる．しかし，空洞内にはいろいろな $h\nu$ の電磁波が存在している．エネルギー密度を知るには，振動数が ν のモードの分布を知る必要がある．

今簡単のために，空洞を各辺が X, Y, Z の箱型と考えることにする．この空洞内では，電磁波は波数ベクトル $\mathbf{k}$ の成分が $k_x = n_x\pi/X, k_y = n_y\pi/Y, k_z = n_z\pi/Z$（$n_x, n_y, n_z$ は量子数で 0 あるいは正の整数である）の波数 k（$k = |\mathbf{k}| = \sqrt{k_x^2 + k_y^2 + k_z^2}$）をもっている（図 10E-1 参照）．この

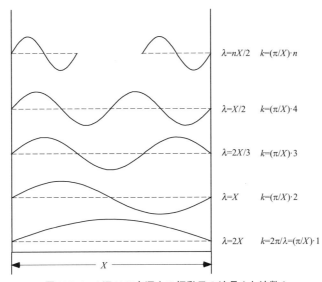

図 10E-1　1辺 X の空洞中の振動子の波長 λ と波数 k

電磁波の振動数は $k = 2\pi/\lambda = 2\pi\nu/c$（$\lambda$ は波長，c は光の速度）なので

$$\nu = \frac{ck}{2\pi} = \frac{c}{2}\sqrt{\left(\frac{n_x}{x}\right)^2 + \left(\frac{n_y}{y}\right)^2 + \left(\frac{n_z}{z}\right)^2} \tag{10E-5}$$

である．また，この振動数の電磁波には，k_x, k_y, k_z が正の整数であり，前向きと後ろ向きの2つのモードがある．したがって，この空洞中の，振動数が ν より小さい電磁波の数 $N(\nu)$ は

$$N(\nu) = 2 \times \frac{1}{8} \times \frac{4\pi}{3} \times \frac{2X\nu}{c} \times \frac{2Y\nu}{c} \times \frac{2Z\nu}{c} = \frac{8\pi\nu^3}{3c^3}V \tag{10E-6}$$

である（図 10E-2 参照）．ここで $V = XYZ$ は空洞の体積である．したがって，振動数が ν から $\nu + d\nu$ までの単位体積当たりのモードの数は

$$dN = \frac{8\pi\nu^2}{c^3}d\nu \tag{10E-7}$$

となる．

輻射のエネルギー密度 ρ_ν は，振動数が ν の光子の平均エネルギーに，そのモードの数をかけたもので表されるので，式 (10E-3) と式 (10E-7) とから

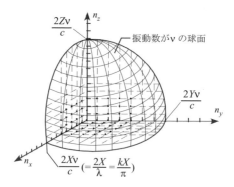

図 10E-2　振動数が ν より小さい電磁波の存在する k 空間の球

$$\rho_\nu = \frac{8\pi\nu^2}{c^3}\frac{h\nu}{\exp(h\nu/kT)-1} = \frac{8\pi h\nu^3}{c^3}\frac{1}{\exp(h\nu/kT)-1} \tag{10E-8}$$

が得られる。この式は，熱輻射の実験スペクトルと正確に一致することが確かめられている。式 (10E-8) で表される輻射のエネルギー密度のスペクトルは，図 10E-3 で示されるように，ν が小さいところでは ν^2 に比例し，大きいところでは，$\nu^3 \exp(-h\nu/kT)$ に比例して変化する。式 (10E-8) は $h\nu < kT$ では

$$\exp(h\nu/kT) = 1 + \frac{h\nu}{kT} + \frac{1}{2}\left(\frac{h\nu}{kT}\right)^2 + \cdots$$

と展開できるので

$$\rho_\nu = \frac{8\pi\nu^2}{c^3}kT$$

となる。この式はレイリー・ジーンズ (Rayleigh-Jeans) の法則と呼ばれ，kT に比例する古典論での理論式になる。しかしエネルギー密度 ρ_ν が ν に比例して増大してしまうので，事実に反することになる。実際には，プランクの式に従い $h\nu > kT$ では，量子効果で ν 大きくなると ρ_ν は減少する。輻射のエネルギー密度 ρ_ν を与える式 (10E-8) がプランクの得た輻射理論の重要な結論の 1 つである。

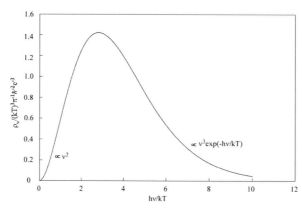

図 10E-3　輻射のエネルギー密度 ρ_ν のスペクトル

索　引

あ　行

アインシュタインの理論　260
アセチレン　143
アンペールの法則　293
アンモニア分子　135

Ti^{3+} イオン　218
イオン化エネルギー　64, 94
イオン化断面積　272, 274
イオン結晶　257
イオン性　111
イオン半径比　179
異核2原子分子　122
位　相　8
　——定数　9
一電子軌道関数　61
一電子近似　57
一電子模型　2
一般化された運動量　279
一般化された座標　279

右円偏光　262
右旋光　262
ウルツ鉱型　238
　——構造　250
運動量空間　82

永年方程式　118, 171
　——の対角化　172
エタン　143
エチレン　143
エネルギー固有値　170
エネルギーバンド理論　3
エネルギー密度　263
FeO_6^{10-} (Fe^{2+}) クラスター　234
FeO_6^{9-} (Fe^{3+}) クラスター　234
f-f 遷移　167
遠心力ポテンシャル　33

オキソアニオン　178
オキソ酸　178
オージェ電子　93, 96, 97
　——スペクトル　94
オービタルポピュレーション　176

か　行

外殻軌道レベル　58
外部電場　157
解離エネルギー　143
ガウス単位系　296
ガウスの発散定理　292
ガウントの積分　273
過塩素酸イオン　179
化学結合状態　111
化学シフト　164
化学ポテンシャル　68
角運動量　32, 44, 45
確率密度　13
重なり積分　114, 131, 145
過酸化物　227
可視光線　261
価電子バンド　230
過マンガン酸イオン　179
カルコゲン化物　250
カルコゲン原子　247
岩塩型　238
　——結晶構造　230

規格化　14, 32
基底状態　35, 224, 261
軌道　2
　d——　24
　f——　24
　p——　24
　s——　24
　π型——　119
　σ型——　119
軌道角運動量　25
　——量子数　24
軌道間遷移エネルギー　96
軌道緩和　263
軌道電子の殻　60
軌道半径　35
機能材料　206
既約表現　127, 131
吸収確率　270
吸収係数　263, 270
吸収端近傍微細構造　164
吸収断面積　271, 272
球ベッセル関数　273
球面調和関数　19, 23
　——，実数型　26
強磁性　225
強磁性的に結合　222
共鳴積分　114
共有結合　117
　——性　111
　——電荷　240
極座標　17, 279, 280
金属化合物　227
金属酸化物　227
金属窒化物　252
金属リン化物　248

空軌道　133
クープマンズの定理　64, 88
クラスターサイズ　231
クラスター錯体　206
クレブシュ・ゴルダン係数　105
クロム酸イオン　179
クーロンの法則　292
群　論　119, 120

蛍光 X 線スペクトル　94, 96, 187
蛍光 X 線分光　160
蛍光スペクトル　94, 96
ケイ酸イオン　179
形式電荷　240
結合エネルギー　143
結合軌道　111, 117
結合次数　143
結合数　143
結晶場分裂　207
結晶場理論　207
ゲリウスの近似法　272
原子価結合法　3, 111
原子間共有結合電荷　122
原子間距離　184
原子軌道　2
　——の線形結合　112
原子スペクトル　17
原子単位系　15
原子のシュレディンガー方程式　170
原子秒　15

光学材料　227, 260
交換相互作用　63, 78
交換ポテンシャル　2, 64, 79
高原子価　188, 237
高スピン状態　234
構造材料　227
光電効果　93, 272
光電子スペクトル　93
光電子分光　141, 160
　　——法　160
合流超幾何関数　107
黒体輻射　300
Co(III)錯体　215
固有値　113
　　——問題　17, 118
固有ベクトル　170
コランダム構造　235
孤立電子対　134
混成　133, 142
　　s-p——　157
混成軌道　156
　　sp^3——　141

さ 行

最近接層　256
最近接の積層　255
最密充填構造　179
左旋光　262
差電子密度　116, 134
座標変換　39
酸・塩基反応　178
三角プリズム型　242
酸化マグネシウム　230
III-V族化合物　247, 248
三重結合　143
三重縮退　141, 212
酸素族原子　247
3d 遷移金属カルコゲナイド　243
3d 遷移金属硫化物　243
酸の強さ　187
3配位構造　156

シェーク・アップ　93
シェーク・オフ　94
シェーンフリース記号　189
紫外線　261
時間依存の摂動論　260
時間因子　268
時間を含む摂動論　289

磁気材料　227
磁気量子数　21, 34
自己相互作用　61
磁性　207
自然放出係数　263, 270
磁束密度　295, 296, 297
質量補正項　110
磁場　297
磁場のエネルギー密度　277
遮蔽効果　58
遮蔽定数　58, 59
終状態　94
自由電子ガス　66, 82
自由電子模型　81
重率平均　81
シュタルク効果　17
主量子数　34
シュレディンガー方程式　1
準安定状態　224
硝酸イオン　178
常磁性　217
状態密度　239
正味電荷　122, 215, 240
初期状態　94
触媒　206, 227
真空レベル　186
シンクロトロン放射光　162
侵入型化合物　238

水素結合　134
水素原子　1
水素様原子　107
数値積分　169
ストークスの定理　295
スピン　56
スピン・角関数　105
スピン軌道　1, 63
スピン-軌道相互作用　103
スピンと軌道角運動量の結合　110
スピン分極　97, 210, 218, 233
　　——計算　214, 220
スピン分裂　210
スレーター型軌道　2
スレーター行列式　2, 63, 77
スレーターの原子単位　16
スレーターの遷移状態　68, 90, 94, 263, 272
スレーターの遷移状態法　91

正弦波　8

正四面体型遷移金属錯体　150
正四面体構造　138, 206, 211
静電ポテンシャル　65, 254
正八面体6配位　179
正八面体型遷移金属錯体　153
正八面体構造　206, 210
積層構造　254
積分型汎関数の極値問題　113
摂動　265
　　——の行列要素　267
　　——論　17
セルフ・コンシステント・チャージ法　176
セルフ・コンシステント・フィールド法　2, 56
セレン化物　244
閃亜鉛鉱型　238
　　——構造　250
遷移エネルギー　263
遷移確率　270
遷移金属元素の酸化物　227
遷移金属錯体　206
線型結合　3
全軌道角運動量の量子数　217
全スピン量子数　217
占有軌道　133

相関相互作用　3
双極子モーメント　267
相対論　101
　　——による波動力学　101
　　——原子軌道関数　104
　　——効果　70
　　——単位系　102
　　——波動方程式　102
　　——補正　109

た 行

第2近接層　255, 256
第3近接層　255, 256
対称化係数　120
対称軌道　131
対称性　119, 126
対称操作　126
対称ブロック　131
ダーウィン項　110
楕円座標　279
多核錯体　206
多重結合　143

多重項構造　70
多重項分裂　168, 272
多電子系波動関数　61
多電子系ハミルトニアン　61
多電子原子　56
多電子効果　70
多電子状態理論　70
田辺・菅野ダイヤグラム　168
多面体の連結　229
炭化物　241
ダングリングボンド　239
炭酸イオン　178
単振動　6
断熱近似　1
ターンブルブルー　212

置換演算子　63
チタン化合物　239
窒化物　241
窒素族原子　247
中間状態　94
超酸化物　227
調和振動　7
直線偏光　262
直　交　14
　　——曲線座標　20
　　——座標　17, 279

定在波　9
定常的な摂動論　286
定常波　9
低スピン状態　215, 234
d-d 遷移　167, 208
ディラックの常数変化　289
ディラック方程式　1, 70
鉄(III)シアノ錯体　212
テルル化物　244
電荷移行　124
電荷欠損　80
電荷密度　297
電気陰性度　68, 207
点　群　126, 131
点群 D_{3h}　182
点群 T_d　185
典型元素の金属酸化物　227
電子エネルギー損失分光　165
電子材料　227
電子スペクトル　93, 160, 262
電子遷移過程　94
電子線エネルギー損失分光　160

電磁波　260
　　——に対する波動方程式　298
　　——の吸収と放出　260
電子配置　69
電子分光　160
　　——法　160
電子密度　31, 116
　　——分布　57
電磁誘導の法則　295
電束電流　296
電束密度　296, 297
伝導バンド　230
電　場　297
　　——のエネルギー密度　276
電流密度　297

ド・ブローイの式　11
等核2原子分子　118, 142
動径関数　29
　　——の大きい成分　105
　　——の小さい成分　105
動径波動関数　31
動径分布関数　31
動径方程式　19
等高線プロット　133
透磁率　295, 296, 297
等速円運動　6

な 行

内殻軌道レベル　58
軟 X 線　265

2階の微分方程式　14
2次摂動論　288
二重結合　143
二重縮退　136
ニュートンの第2法則　279
II-VI 族化合物　247, 248

は 行

配位結合　206
配位子　206
配位子場分裂　207, 210, 233
配位子場理論　168, 207
排他原理　56
配置間相互作用法　3, 70
ハイトラー・ロンドン　111
ハイトラー・ロンドン・スレーター・

ポーリング法　3
ハイパー・ハートリー・フォック法　81
パウリの原理　2, 56, 77, 113
波数ベクトル　262
発　光　260
波　動　6
波動関数の節面　58
波動方程式　1
波動力学的摂動論　286
ハートリー・フォック・スレーター法　2, 56, 86
ハートリー・フォック法　2, 56, 77
ハートリー積　2, 60, 73
バネ運動　6, 7
ハミルトニアン　12
ハミルトン演算子　12
ハミルトン関数　279
　　——，特殊な場合の　283
　　——，輻射場中での　285
ハミルトン方程式　279
ハミルトン力学　17
嵌め込まれたクラスター　258
ハロゲン化物　247
汎関数　113
反強磁性的に結合　222
半経験的分子軌道法　169
反結合軌道　111, 117
バンドギャップ　231

ビオ・サバールの法則　293
ヒ化ニッケル型　238
光イオン化　272
ピーク・エネルギー　262
ピーク強度　262, 263
非経験的分子軌道法　169
非経験的方法　3
非結合軌道　132
微細構造定数　107, 271
非磁性　225
非スピン分極計算　214, 220
非占有軌道　133
左円偏光　262
ヒュッケル法　3

ファラデーの法則　295
フェルミ孔　65, 79, 87
フォトクロミズム　260
フォトニクス　260
輻射のエネルギー密度　301

輻射場　263
節　9
フックの法則　7
物質波　17
不定比組成　238
プニクトゲン化物　249
プニクトゲン原子　247
プランク定数　300
プランクの熱輻射理論　300
プランクの輻射理論　260
プルシアンブルー　212
ブロッホの定理　3
分光化学系列　215
分子軌道関数　116
分子軌道形成機構　220
分子軌道法　3, 111
分子のポテンシャル　112
フント　111
　——の規則　217
　——の法則　233, 234

ベクトルポテンシャル　264
ヘルツ　296
ヘルマン‐モーガン記号　189
変位電流　296
変換係数　147
変分原理　17, 74, 113, 224

ボーア　30
　——の理論　263
　——半径　15
　——模型　34
ポアソンの方程式　296
方位量子数　24, 34, 45
方向余弦　145
ホウ酸イオン　178
ポーリングのイオン半径　180
　——比則　179
ボルツマン定数　264
ボルン・オッペンハイマーの近似
　1

ま　行

マクスウェルの基礎方程式　262
マクスウェルの定義式　264
マクスウェルの方程式　296
マーデルング・ポテンシャル　257
マーデルング定数　257
マリケン　111

　——電子密度解析法　111
　——の電気陰性度　90
　——の電子密度解析　121, 175
水分子　130
密度汎関数法　3, 66

メタン分子　138

モデルクラスター　230

や　行

有効一電子ハミルトニアン　61
有効核電荷　58
有効軌道電子数　175
有効共有結合電荷　121
有効原子軌道電子数　121
有効電荷　122, 215, 240
有効ポテンシャル　32
誘電率　296, 297
誘導起電力　295
誘導放出係数　263, 270

4配位化合物　253
4配位構造　156

ら　行

ラグランジェ関数　279
ラグランジェ方程式　279
ラグランジュの未定乗数法　76, 114
ラゲール多項式　28
ラゲールの陪微分方程式　19
ラゲールの微分方程式　52
ラゲール陪関数　17, 29
ラゲール陪多項式　28, 52
ラプラシアン　37
ラポルテの選択則　164, 271
ランベルト・ベールの法則　271

理想格子　255
立体角　292
立方最密充填構造　238
リドベリー　16
硫化物　244
硫酸イオン　179
量子　300
　——欠損　60

　——数　1
リン酸イオン　179
ルイス構造　111, 133
ルジャンドルの多項式　22, 47, 48
　——の陪微分方程式　19, 22
　——の微分方程式　22, 49
　——陪関数　17, 22, 47
　——陪微分方程式　47
ルチル型構造　235
ルミネッセンス　260

励起状態　35, 261
レイリー・ジーンズの法則　302
レイリー・リッツの変分法　113
レンツの法則　295

ローレンツ力　284
6配位化合物　253
六方最密充填構造　236, 238

欧　文

BF$_3$　181
BF$_3$分子　181
Bohr　30
bond overlap population　122
c/a値　246
CHラディカル　157, 158
CI method　70
CNDO法　3
d^0配置　188
D$_{4h}$対称　212
discrete variational (DV) Xα法　169
Discrete Variational Xα法　132
DV-Xα法　115, 132
DV数値積分　171
EELS　165
effective charge　122
ELNES　164
Embedded cluster　258
ESCA　162
Euler angle　145
Evjen法　259
Exclusion Principle　56
Fock　2
Galasso　227
Gaspar　3
Goudsmit　56

Hartree 2	O$_h$ 群 212	Wyckoff 227
Heitler 3	orbital 2	XANES 164
HOMO 173	orbital population 121	XPS 141, 162
Hund 3	overlap population 121	Xα 交換ポテンシャル 84
J.C.Slater 189	Prewitt 180	Xα 法 3, 67
K.Siegbahn 162	quantum 300	X 線 261
Kohn 3	R.W.G. Wyckoff 189	——吸収スペクトル 160
LCAO 3, 112	SCF 2	——光電子スペクトル 141
London 3	Schrödinger 1	ZnO 型 238
LUMO 174	Schwarz 84	α 値 67, 84
Mulliken 3	Shanonn 180	α-Fe 225
Mulliken population analysis 121	Slater 2	γ-Fe 225
NaCl 型 238	STO 2	σ 供与 208
net charge 122	Uhlenbeck 56	π 供与 208
node 9	UPS 162	π 逆供与 208

足立裕彦
あだちひろひこ

- 1963年　京都大学理学部化学科卒業
- 1986年　兵庫教育大学教授
- 1992年　京都大学工学部教授
- 現　在　京都大学名誉教授

著　書　量子材料化学入門，金属材料の量子化学と量子合金設計（共著），
　　　　量子材料学の初歩（共著）　ほか

量子材料化学の基礎
りょうしざいりょうかがくのきそ

2017年5月10日　初版第1刷発行

　　　　　　　　　　　　　ⓒ　著　者　足　立　裕　彦
　　　　　　　　　　　　　　　発行者　秀　島　　　功
　　　　　　　　　　　　　　　印刷者　荒　木　浩　一

発行所　三共出版株式会社　東京都千代田区神田神保町3の2
　　　　　　　　　　　　　郵便番号 101-0051　振替 00110-9-1065
　　　　　　　　　　　　　電話 03-3264-5711　FAX 03-3265-5149
　　　　　　　　　　　　　http://www.sankyoshuppan.co.jp

一般社団法人 日本書籍出版協会・一般社団法人 自然科学書協会・工学書協会　会員

印刷・製本　アイ・ピー・エス

JCOPY ＜(社)出版者著作権管理機構 委託出版物＞

本書の無断複写は著作権法上での例外を除き禁じられています。複写される場合は，そのつど事前に，(社) 出版者著作権管理機構 (電話 03- 3513-6969, FAX 03-3513-6979, e-mail: info@jcopy.or.jp) の許諾を得てください。

ISBN 978-4-7827-0766-1

元素の周期表

凡例:
- 原子番号: 6
- 元素記号: C
- 元素名: Carbon / 炭素
- 原子量: 12.01
- 電子配置: [He]2s²2p²

周期\族	1	2	3	4	5	6	7	8	9
1	₁H Hydrogen 水素 1.008 1s¹								
2	₃Li Lithium リチウム 6.941 [He]2s¹	₄Be Beryllium ベリリウム 9.012 [He]2s²							
3	₁₁Na Sodium ナトリウム 22.99 [Ne]3s¹	₁₂Mg Magnesium マグネシウム 24.31 [Ne]3s²							
4	₁₉K Potassium カリウム 39.10 [Ar]4s¹	₂₀Ca Calcium カルシウム 40.08 [Ar]4s²	₂₁Sc Scandium スカンジウム 44.96 [Ar]3d¹4s²	₂₂Ti Titanium チタン 47.87 [Ar]3d²4s²	₂₃V Vanadium バナジウム 50.94 [Ar]3d³4s²	₂₄Cr Chromium クロム 52.00 [Ar]3d⁵4s¹	₂₅Mn Manganese マンガン 54.94 [Ar]3d⁵4s²	₂₆Fe Iron 鉄 55.85 [Ar]3d⁶4s²	₂₇Co Cobalt コバルト 58.93 [Ar]3d⁷4s²
5	₃₇Rb Rubidium ルビジウム 85.47 [Kr]5s¹	₃₈Sr Strontium ストロンチウム 87.62 [Kr]5s²	₃₉Y Yttrium イットリウム 88.91 [Kr]4d¹5s²	₄₀Zr Zirconium ジルコニウム 91.22 [Kr]4d²5s²	₄₁Nb Niobium ニオブ 92.91 [Kr]4d⁴5s¹	₄₂Mo Molybdenum モリブデン 95.94 [Kr]4d⁵5s¹	₄₃Tc Technetium テクネチウム (98) [Kr]4d⁵5s²	₄₄Ru Ruthenium ルテニウム 101.1 [Kr]4d⁷5s¹	₄₅Rh Rhodium ロジウム 102.9 [Kr]4d⁸5s¹
6	₅₅Cs C(a)esium セシウム 132.9 [Xe]6s¹	₅₆Ba Barium バリウム 137.3 [Xe]6s²	₅₇La Lanthanum ランタン 138.9 [Xe]5d¹6s²	₇₂Hf Hafnium ハフニウム 178.5 [Xe]4f¹⁴5d²6s²	₇₃Ta Tantalum タンタル 180.9 [Xe]4f¹⁴5d³6s²	₇₄W Tungsten タングステン 183.8 [Xe]4f¹⁴5d⁴6s²	₇₅Re Rhenium レニウム 186.2 [Xe]4f¹⁴5d⁵6s²	₇₆Os Osmium オスミウム 190.2 [Xe]4f¹⁴5d⁶6s²	₇₇Ir Iridium イリジウム 192.2 [Xe]4f¹⁴5d⁷6s²
7	₈₇Fr Francium フランシウム (223) [Rn]7s¹	₈₈Ra Radium ラジウム (226) [Rn]7s²	₈₉Ac Actinium アクチニウム (227) [Rn]6d¹7s²	₁₀₄Rf Rutherfordium ラザホージウム (267) [Rn]5f¹⁴6d²7s²	₁₀₅Db Dubnium ドブニウム (268) [Rn]5f¹⁴6d³7s²	₁₀₆Sg Seaborgium シーボーギウム (271) [Rn]5f¹⁴6d⁴7s²	₁₀₇Bh Bohrium ボーリウム (272) [Rn]5f¹⁴6d⁵7s²	₁₀₈Hs Hassium ハッシウム (277) [Rn]5f¹⁴6d⁶7s²	₁₀₉Mt Meitnerium マイトネリウム (276) [Rn]5f¹⁴6d⁷7s²

ランタノイド・アクチノイド

₅₈Ce Cerium セリウム 140.1 [Xe]4f¹5d¹6s²	₅₉Pr Praseodymium プラセオジム 140.9 [Xe]4f³6s²	₆₀Nd Neodymium ネオジム 144.2 [Xe]4f⁴6s²	₆₁Pm Promethium プロメチウム (145) [Xe]4f⁵6s²	₆₂Sm Samarium サマリウム 150.4 [Xe]4f⁶6s²	
₉₀Th Thorium トリウム 232.0 [Rn]6d²7s²	₉₁Pa Protactinium プロトアクチニウム 231.0 [Rn]6d³7s²	₉₂U Uranium ウラン 238.0 [Rn]5f³6d¹7s²	₉₃Np Neptunium ネプツニウム (237) [Rn]5f⁴6d¹7s²	₉₄Pu Plutonium プルトニウム (239) [Rn]5f⁶7s²	